建筑施工现场专业人员技能与实操丛书

安装施工员

牟瑛娜　主编

中国计划出版社

图书在版编目（CIP）数据

安装施工员 / 牟瑛娜主编. -- 北京 ：中国计划出
版社，2016.5
（建筑施工现场专业人员技能与实操丛书）
ISBN 978-7-5182-0391-8

Ⅰ．①安… Ⅱ．①牟… Ⅲ．①建筑安装工程－工程施
工 Ⅳ．①TU758

中国版本图书馆CIP数据核字(2016)第062957号

建筑施工现场专业人员技能与实操丛书

安装施工员

牟瑛娜 主编

中国计划出版社出版

网址：www.jhpress.com

地址：北京市西城区木樨地北里甲 11 号国宏大厦 C 座 3 层

邮政编码：100038 电话：(010) 63906433 （发行部）

新华书店北京发行所发行

北京天宇星印刷厂印刷

787mm×1092mm 1/16 30.5 印张 735 千字

2016 年 5 月第 1 版 2016 年 5 月第 1 次印刷

印数 1—3000 册

ISBN 978-7-5182-0391-8

定价：85.00 元

《安装施工员》编委会

主　编：牟瑛娜
参　编：沈　璐　周　永　苏　建　周东旭
　　　　杨　杰　隋红军　马广东　张明慧
　　　　蒋传龙　王　帅　张　进　褚丽丽
　　　　周　默　杨　柳　孙德弟　元心仪
　　　　宋立音　刘美玲　赵子仪　刘凯旋

前　言

随着现代化建筑的出现，建筑安装工程的内容不断扩展和更新，新技术、新工艺不断涌现。它主要包括建筑电气、采暖、给水排水、通风与空调等分项工程。对于整个工程建设项目而言，虽然它不像土建工程主体结构建设那样是工程的主体，但随着对建筑结构功能性与服务性要求的不断增加，建筑安装工程在整个工程建设中的投资比重将越来越大。随着建筑企业改制转型和建筑业的快速发展，以及建筑市场实际的施工现状，不少安装工程施工队伍的施工人员没有经过专业培训、学习，施工水平参差不齐，从而导致安装工程的施工质量得不到保证。为了提高安装施工员专业技术水平，加强科学施工与工程管理，确保工程质量和安全生产，我们组织编写了这本书。

本书根据《建筑与市政工程施工现场专业人员职业标准》JGJ/T 250—2011、《电气装置安装工程母线装置施工及验收规范》GB 50149—2010、《电气装置安装工程　低压电器施工及验收规范》GB 50254—2014、《建筑电气照明装置施工与验收规范》GB 50617—2010、《建筑给水排水及采暖工程施工质量验收规范》GB 50242—2002、《通风与空调工程施工规范》GB 50738—2011、《电梯安装验收规范》GB/T 10060—2011、《自动扶梯和自动人行道的制造与安装安全规范》GB 16899—2011、《智能建筑工程质量验收规范》GB 50339—2013、《智能建筑工程施工规范》GB 50606—2010、《民用闭路监视电视系统工程技术规范》GB 50198—2011、《建筑物电子信息系统防雷技术规范》GB 50343—2012 等标准编写，主要包括概述、建筑电气工程、建筑给水排水及采暖工程、通风与空调安装工程、电梯工程施工、智能建筑工程施工以及施工现场项目管理。本书内容丰富、通俗易懂；针对性、实用性强；既可供安装施工人员及相关工程技术和管理人员参考使用，也可作为建筑施工企业安装施工员岗位培训教材。

由于作者的学识和经验所限，书中仍难免存在疏漏或未尽之处，敬请有关专家和读者予以批评指正。

编　者
2015 年 9 月

目　　录

1 概述 ………………………………………………………………………… （1）
1.1 施工员的主要任务 ……………………………………………………… （1）
1.2 施工员的职责、权利和义务 …………………………………………… （3）
1.3 设备安装相关管理规定和标准 ………………………………………… （6）
1.4 施工图的识读 …………………………………………………………… （7）
　1.4.1 电气施工图识读 ……………………………………………………… （7）
　1.4.2 给水排水施工图识读 ………………………………………………… （8）
　1.4.3 采暖系统施工图识读 ……………………………………………… （10）
　1.4.4 通风空调施工图识读 ……………………………………………… （11）
2 建筑电气工程 ……………………………………………………………… （13）
2.1 电缆敷设 ……………………………………………………………… （13）
　2.1.1 电缆直埋敷设 ……………………………………………………… （13）
　2.1.2 电缆沟、电缆竖井内电缆敷设 …………………………………… （18）
　2.1.3 桥架内电缆敷设 …………………………………………………… （25）
　2.1.4 电缆低压架空及桥梁上敷设 ……………………………………… （31）
　2.1.5 电缆保护管敷设 …………………………………………………… （32）
　2.1.6 电缆排管敷设 ……………………………………………………… （36）
　2.1.7 电缆头制作 ………………………………………………………… （39）
　2.1.8 电线、电缆连接与接线 …………………………………………… （49）
　2.1.9 线路绝缘测试 ……………………………………………………… （53）
2.2 配线工程 ……………………………………………………………… （57）
　2.2.1 室内配线工程基本知识 …………………………………………… （57）
　2.2.2 槽板配线 …………………………………………………………… （59）
　2.2.3 线槽配线 …………………………………………………………… （65）
　2.2.4 护套线配线 ………………………………………………………… （72）
　2.2.5 线管配线 …………………………………………………………… （75）
　2.2.6 电缆配线 …………………………………………………………… （77）
　2.2.7 母线安装 …………………………………………………………… （82）
　2.2.8 架空线路安装 ……………………………………………………… （89）
2.3 电气照明工程 ………………………………………………………… （98）
　2.3.1 概述 ………………………………………………………………… （98）

2.3.2　照明供电线路的布置与敷设 …………………………………… (102)

2.3.3　照明装置的安装 ……………………………………………………… (105)

2.3.4　照明配电箱与控制电器的安装 ………………………………… (118)

2.4　接地与防雷 ……………………………………………………………………… (120)

2.4.1　建筑物防雷系统的安装 …………………………………………… (120)

2.4.2　建筑物接地系统的安装 …………………………………………… (134)

2.4.3　建筑物等电位联结 …………………………………………………… (152)

3　建筑给水排水及采暖工程 ……………………………………………………… (159)

3.1　室内给水系统及消火栓系统安装 ………………………………………… (159)

3.1.1　给水管道及配件安装 ……………………………………………… (159)

3.1.2　室内消火栓系统安装 ……………………………………………… (172)

3.1.3　自动喷水灭火系统安装 …………………………………………… (177)

3.1.4　气体灭火系统安装 …………………………………………………… (187)

3.1.5　给水设备安装 ………………………………………………………… (192)

3.2　室内排水系统安装 …………………………………………………………… (197)

3.2.1　室内排水方式 ………………………………………………………… (197)

3.2.2　室内排水管道安装 …………………………………………………… (200)

3.2.3　排水用附件及安装 …………………………………………………… (209)

3.3　室内卫生器具安装 …………………………………………………………… (212)

3.3.1　卫生器具安装 ………………………………………………………… (212)

3.3.2　卫生器具给水配件安装 …………………………………………… (226)

3.4　室内采暖系统安装 …………………………………………………………… (227)

3.4.1　室内采暖系统分类与组成 ………………………………………… (227)

3.4.2　管子焊接 ……………………………………………………………… (230)

3.4.3　总管在地沟内安装 …………………………………………………… (232)

3.4.4　热水供暖系统热力入口安装（热水集中采暖分户热计量系统）…… (232)

3.4.5　干管安装 ……………………………………………………………… (235)

3.4.6　立管安装 ……………………………………………………………… (238)

3.4.7　支管安装 ……………………………………………………………… (240)

3.4.8　散热器的组对及安装 ……………………………………………… (241)

3.4.9　补偿器安装 …………………………………………………………… (244)

3.4.10　管道阀门及配件安装 ……………………………………………… (245)

3.5　室外给水排水管网与建筑中水系统安装 ……………………………… (250)

3.5.1　室外给水管网的布置 ……………………………………………… (250)

3.5.2　室外排水系统分类 …………………………………………………… (250)

3.5.3　给水管道安装 ………………………………………………………… (251)

3.5.4　建筑中水系统管道及辅助设备安装 …………………………… (254)

4 通风与空调安装工程 ································ (259)

4.1 金属风管与配件制作 ···························· (259)
4.1.1 金属风管制作 ································ (259)
4.1.2 配件制作 ································· (266)

4.2 非金属与复合风管及配件制作 ···················· (267)
4.2.1 聚氨酯铝箔与酚醛铝箔复合风管及配件制作 ··········· (267)
4.2.2 玻璃纤维复合风管与配件制作 ··············· (271)
4.2.3 玻镁复合风管与配件制作 ··················· (275)
4.2.4 硬聚氯乙烯风管与配件制作 ················· (280)

4.3 风阀与部件制作 ······························· (284)
4.3.1 风阀 ····································· (284)
4.3.2 风罩与风帽 ······························· (284)
4.3.3 风口 ····································· (285)
4.3.4 消声器、消声风管、消声弯头及消声静压箱 ········· (285)
4.3.5 软接风管 ································· (286)
4.3.6 过滤器 ··································· (286)
4.3.7 风管内加热器 ····························· (286)

4.4 风管和部件的安装 ···························· (287)
4.4.1 金属风管安装 ····························· (287)
4.4.2 非金属与复合风管安装 ····················· (288)
4.4.3 软接风管安装 ····························· (289)
4.4.4 风口安装 ································· (290)
4.4.5 风阀安装 ································· (290)
4.4.6 消声器、静压箱、过滤器、风管内加热器安装 ········ (291)

4.5 空气处理设备安装 ···························· (291)
4.5.1 空调末端装置安装 ························· (291)
4.5.2 风机安装 ································· (292)
4.5.3 空气处理机组与空气热回收装置安装 ············· (292)

4.6 空调冷热源与辅助设备安装 ····················· (293)
4.6.1 蒸汽压缩式制冷（热泵）机组安装 ·············· (293)
4.6.2 吸收式制冷机组安装 ······················· (294)
4.6.3 冷却塔安装 ······························· (295)
4.6.4 换热设备安装 ····························· (295)
4.6.5 蓄热蓄冷设备安装 ························· (296)
4.6.6 软化水装置安装 ··························· (297)
4.6.7 水泵安装 ································· (297)
4.6.8 制冷制热附属设备安装 ····················· (298)

4.7 空调水系统管道与附件安装 ····················· (298)

4.7.1 管道连接 ……………………………………………………（298）

4.7.2 管道安装 ……………………………………………………（302）

4.7.3 阀门与附件安装 ……………………………………………（303）

5 电梯工程施工 ………………………………………………………（305）

5.1 电力驱动的曳引式和强制式电梯安装 ……………………………（305）

5.1.1 土建交接检验 ………………………………………………（305）

5.1.2 驱动主机 ……………………………………………………（309）

5.1.3 导轨 …………………………………………………………（324）

5.1.4 门系统 ………………………………………………………（333）

5.1.5 轿厢 …………………………………………………………（337）

5.1.6 对重（平衡重） ……………………………………………（344）

5.1.7 安全部件 ……………………………………………………（347）

5.1.8 悬挂装置、随行电缆、补偿装置 …………………………（350）

5.1.9 电气装置 ……………………………………………………（353）

5.1.10 整机调试 ……………………………………………………（363）

5.2 液压电梯安装 ………………………………………………………（368）

5.2.1 液压系统安装 ………………………………………………（368）

5.2.2 悬挂装置、随行电缆安装 …………………………………（371）

5.2.3 整机安装验收 ………………………………………………（372）

5.3 自动扶梯、自动人行道安装 ………………………………………（380）

5.3.1 自动扶梯驱动机安装 ………………………………………（380）

5.3.2 梯级与梳齿板安装 …………………………………………（384）

5.3.3 围裙板及护壁板安装 ………………………………………（388）

5.3.4 扶手系统安装 ………………………………………………（389）

5.3.5 安全保护装置安装 …………………………………………（392）

5.3.6 电气装置安装 ………………………………………………（394）

6 智能建筑工程施工 …………………………………………………（396）

6.1 综合布线系统 ………………………………………………………（396）

6.1.1 线缆敷设和终接 ……………………………………………（396）

6.1.2 信息插座的安装 ……………………………………………（398）

6.1.3 机柜、机架和配线架的安装 ………………………………（399）

6.1.4 系统测试 ……………………………………………………（399）

6.2 信息网络系统 ………………………………………………………（417）

6.2.1 计算机网络系统检测 ………………………………………（417）

6.2.2 网络安全系统检测 …………………………………………（418）

6.3 建筑设备监控系统 …………………………………………………（418）

6.3.1 暖通空调系统 ………………………………………………（418）

6.3.2 变配电系统 …………………………………………………（420）

6.3.3　公共照明系统··(421)

6.3.4　给水排水系统··(421)

6.3.5　中央管理工作站与操作分站··(422)

6.4　火灾自动报警系统··(423)

6.4.1　火灾和可燃气体探测系统··(423)

6.4.2　火灾报警控制系统··(434)

6.5　安全防范系统···(437)

6.5.1　视频安防监控系统··(437)

6.5.2　入侵报警系统···(444)

6.5.3　出入口控制系统··(446)

6.5.4　停车库（场）管理系统··(448)

6.5.5　电子巡查管理系统··(449)

6.6　防雷与接地··(450)

6.6.1　接地装置··(450)

6.6.2　接地线···(450)

6.6.3　等电位接地端子板（等电位连接带）·································(451)

6.6.4　浪涌保护器··(451)

7　施工现场项目管理··(453)

7.1　技术管理···(453)

7.1.1　技术管理作用···(453)

7.1.2　技术管理任务···(453)

7.1.3　技术管理内容···(453)

7.2　进度管理···(454)

7.2.1　施工项目进度控制原理··(454)

7.2.2　施工项目进度计划的实施和检查··(455)

7.2.3　保证工期的管理措施··(455)

7.3　成本管理···(455)

7.3.1　施工项目成本管理的内容···(455)

7.3.2　施工项目成本管理的基础工作···(457)

7.3.3　施工项目成本的主要形式···(458)

7.3.4　施工项目成本目标责任制···(459)

7.4　质量管理···(460)

7.4.1　施工质量管理的依据···(460)

7.4.2　质量管理的方法··(460)

7.4.3　施工质量管理策划的主要内容···(460)

7.4.4　施工质量影响因素的预控···(461)

7.4.5　施工质量检查与检验应遵循的原则·····································(461)

7.5　安全管理···(462)

7.5.1 施工员安全生产责任制 …………………………………………………（462）

7.5.2 施工安全控制的基本要求 …………………………………………（463）

7.5.3 安全技术交底……………………………………………………………（463）

7.5.4 施工项目安全检查要求 ……………………………………………（463）

7.6 资料管理 …………………………………………………………………（465）

7.6.1 施工日志 …………………………………………………………………（465）

7.6.2 工程技术核定…………………………………………………………（466）

7.6.3 工程技术交底…………………………………………………………（467）

7.6.4 竣工图 ……………………………………………………………………（467）

参考文献 ……………………………………………………………………………（472）

1 概　　述

1.1　施工员的主要任务

施工员在施工全过程中的主要任务是：根据工程的要求，结合现场施工条件，把参与施工的人员、施工机具和建筑材料、构配件等，科学地、有序地协调组织起来，并使他们在时间和空间上取得最佳的组合，取得较好的效益。

施工员在施工全过程中的主要任务具体在以下几个方面：

1. 施工准备工作

这里指的是施工现场的作业准备工作，它贯穿于工程开工前和各道施工工序的整个施工过程中。

（1）技术准备工作。

1）熟悉施工图纸、有关技术规范和施工工艺标准，了解设计要求及细部、节点做法，弄清有关技术资料对工程质量的要求，以便向工人进行技术交底，指导和检查各施工项目的施工。

2）熟悉施工组织设计及有关技术经济文件对施工顺序、施工方法、技术措施、施工进度及现场施工总平面布置的要求；弄清完成施工任务的薄弱环节和关键线路，研究节约材料、降低成本、提高劳动生产率的途径。

3）熟悉有关合同、经济核算资料，弄清人、财、物在施工中的需求、消耗情况，了解并制定施工预算与现场工资分配制度。

（2）现场准备。

1）对现场"三通一平"（水电供应、交通道路及通信线路畅通，完成场地平整）进行验收。

2）完成并检验现场抄平，测量放线工作。

3）组织现场临时设施施工，并根据工程进展需要逐步交付使用。

4）选定并组织施工机具进场、试运转和交付使用。

5）按照施工进度安排、现场总平面布置及安全文明生产的要求，合理组织材料、构配件陆续进场，并按现场平面布置图堆放在预先规划好的位置上。

6）全面规划，统一布置好现场施工的消防安全设施。

（3）组织准备。

1）根据施工组织设计和施工进度计划安排，分期分批组织劳动力进场，并按照不同施工对象和不同工种选定合理的劳动力组织形式及工种配备比例。

2）确定工种工序间的搭接次序、交叉的时间和工程部位。

3）合理组织分段、平行、流水、交叉作业。

4）全面安排好施工现场一、二线，前、后台，施工生产和辅助作业之间的协调配合。

2．进行施工交底

（1）施工任务交底。除按计划任务书要求向工人班组普遍进行施工任务交底外，还应重点交清任务大小、工期要求、关键进度线、交叉配合要求等，强调完成任务中的时间观念、全局观念。

（2）施工技术措施和操作方法交底。交清施工任务特点，有关技术规范、操作规程和工艺标准的要求，有关重要施工部位、细部、节点的做法及施工组织设计选定的施工方法和技术措施。

（3）施工定额和经济分配方式的交底。在交底中应明确使用何种定额，根据工程量计算出的劳动工日、机械台班、物资消耗数量、经济分配和奖罚制度等。

（4）文明、安全施工交底。根据施工任务和施工条件、特点，在交底中提出对施工安全和文明施工的要求及有关防护措施，明确施工操作中应重点注意的部位和有关事项，对常见多发事故的安全措施要反复强调，责任到人。

对新工艺、新材料、新结构，要针对工程的不同特点和不同施工人员的操作水平制订施工方案，进行专门交底。

3．在施工中实行有目标的组织协调控制

这是基层施工技术员（工长）的一项关键性工作。做好施工准备，向施工人员交代清楚施工任务要求和施工方法，只是为完成施工任务，实现建筑施工整体目标创造了一个良好的施工条件。尤其重要的是要在施工全过程中按照施工组织设计和有关技术、经济文件的要求，围绕着质量、工期、成本等既定施工目标，在每个阶段、每一工序、每张施工任务书中积极组织平衡，严格协调控制，使施工中人、财、物和各种关系能够保持最好的结合，确保工程顺利进行。一般应主要抓好以下几个环节：

1）检查班组作业前的准备工作。

2）检查外部供应条件及专业施工等协作配合单位，能否按计划进度履行合同。

3）检查工人班组能否按交底要求进入施工现场，掌握施工方法和操作要点；能否按规定时间和质量、安全文明要求完成施工任务。发现问题，应采取补救措施。

4）对关键部位组织人员加强检查，预防事故的发生。凡属关键部位施工的操作人员应具有相应的技术水平。

5）随时纠正现场施工中的违章违纪、违反操作规程及现场施工规定的行为。

6）严格质量自检、互检、交接检制度，及时完成工程隐检、预检。

7）如遇设计修改或施工条件变化，应组织有关人员修改补充原有施工方案，并随时进行补充交底，同时办理工程增量或减量记录，并办理相应的手续。

4．做好技术资料和交工验收资料的积累收集工作

在施工过程中，工长应及时积累和记录施工技术资料，包括：

1）施工日志。内容有每日施工任务进展情况，工人调动使用情况，物资供应情况，操作中的经验教训，质量、进度、安全、文明施工情况等。

2）设计修改变更。

3）混凝土、砂浆试块试验结果。

4）隐蔽工程记录。

5）施工质量检查情况等。

1.2 施工员的职责、权利和义务

1. 施工员的职责

施工员的职责是由其承担的任务决定的。在工程施工阶段，施工员代表施工单位与业主、分包单位联系、协商问题，协调施工现场的施工、设计、材料供应、工程预算等各方面的工作。施工员对项目经理负责。

（1）施工员的工程职责 施工员在项目经理的领导下，对主管的栋号（工号）的生产、技术、管理等负有全部责任。

1）认真贯彻并执行项目经理对栋号下达的季、月度生产计划，负责完成计划所定的各项指标。

2）在确保完成项目经理下达生产计划指标前提下，合理组织人力、物力，安排好班组的生产计划，并向班组进行工期、质量、安全、技术、经济效益交底，做到参与施工成员人人心中有数。

3）抓好抓细施工准备工作，为班组创造好的施工条件，搞好与分包单位协调配合，避免等工、窝工。

4）在工程开工前认真学习施工图纸、技术规范、工艺标准，进行图纸审查，对设计图存在问题提出改进性意见和建议。

5）参与施工组织设计及分项施工方案的讨论编制工作，随时提供较好的施工方法和施工经验。

6）认真贯彻项目施工组织设计所规定的各项施工要求和组织实现施工平面布置规划。

7）组织砂浆混凝土开盘鉴定工作，填报配合比申请和混凝土浇灌申请。及时通知试验工按规定做好试块。

8）对于重要部位拆模必须做好申请手续，经技术和质检部门批准后方可拆模。

9）根据施工部位、进度，组织并参与施工过程中的预检、隐检、分项工程检查。督促抓好班组的自检、互检、交接检等工作。及时解决施工中出现的问题。把质量问题消灭在施工过程中。

10）坚持上班前、下班后对施工现场进行巡视检查。对危险部位做到跟踪检查，参加小组每日班前安全检查，制止违章操作，并做到不违章指挥，发现问题及时解决。

11）坚持填写栋号施工日志，将施工的进展情况，发生的技术、质量、安全消防等问题的处理结果逐一记录下来，做到一日一记、一事一记，不得间断。

12）认真积累和汇集有关技术资料，包括技术经济洽商，隐预检资料，各项交底资料以及其他各项经济技术资料。

13）认真做好施工任务书下达，对施工班组所负责的施工单项任务完成后，严格组织任务书考核验收。

14）严格执行限额领料，对不执行限额领料小组不予结算任务书。

15）认真做好场容管理，要经常检查、督促各生产班组做好文明生产，做到活完脚下清。

16）认真贯彻技术节约措施计划，并做到落实到班组和个人。确保各项技术节约措施指标的落实。

（2）施工员的岗位职责。

1）在项目经理的直接领导下，贯彻安全第一、预防为主的方针，按规定搞好安全防范措施，把安全工作落到实处，做到净效益必须讲安全，抓生产首先必须抓安全。

2）认真识读施工图纸、编制各项施工组织设计方案和施工安全、质量、技术方案，编制各单项工程进度计划及人力、物力计划和机具、用具、设备计划。

3）组织职工按期开会学习，合理安排、科学引导、顺利完成本工程的各项施工任务。

4）协同项目经理、认真履行《建设工程施工合同》条款，保证施工顺利进行，维护企业的信誉和经济利益。

5）编制文明工地实施方案，根据本工程施工现场合理规划布局现场平面图，安排、实施、创建文明工地。

6）编制工程总进度计划表和月进度计划表及各施工班组的月进度计划表。

7）搞好分项总承包的成本核算（按单项和分部分项）单独及时核算，并将核算结果及时通知承包部的管理人员，以便及时改进施工计划及方案，争创更高效益。

8）向各班组下达施工任务书及材料限额领料单。配合项目经理工作。

（3）施工员的安全职责。

1）学习贯彻国家关于安全生产的规程、法令，认真执行上级有关安全技术、安全生产的各项规定。对自己负责的工号，或施工区域职工安全健康负责。

2）认真贯彻执行本工程的各项安全技术措施，在每项工程施工前向班组进行有针对性的书面安全交底和口头交底，对本工程搭设的架子，垂直运输设备、临时用电设施等有关设施的安全防护措施，使用前要组织有关人员验收，把安全工作贯彻到每个环节。

3）认真执行本企业制定的安全生产奖惩制度，对严格遵守安全规章、避免事故者，提出奖励意见；对违章蛮干、造成事故者，提出惩罚意见。

4）经常对工人进行安全生产教育，组织工人学习操作规程，及时传达安全生产有关文件，推广安全生产经验，做好安全记录，内容包括：安全教育、安全交底、安全检查等安全活动情况的隐患立项消项记录，奖惩记录，未遂和已遂工伤事故的等级和处理结果等。

5）组织本工地的安全员、机械员和班组长定期检查安全，每日巡视施工作业面，及时消除隐患或采取紧急防护措施，制止违章指挥。严格执行有关特殊工种持证上岗制度。

6）监督检查职工正确使用个人劳动保护用品。

7）发生工伤事故时，及时组织抢救，保护现场并立即上报。配合上级查明发生事故的原因，提出防范重复事故的措施。

（4）施工员的质量职责。

1）学习贯彻国家关于质量生产的法规、规定，认真执行上级有关工程质量和本企业质量管理的各项规定。对自己负责的工号，或施工工程质量负责。

2）制定并认真贯彻执行保证本工程质量的技术措施。使用符合标准的建筑材料和构配件；认真保养、维修施工用的机具、设备。

3）认真执行本企业制定的质量管理奖惩制度，对严格遵守操作规程施工者，提出奖励意见；对违章蛮干，造成质量事故者，提出惩罚意见。

4）经常对工人进行工程质量教育，组织工人学习操作规程，及时传达保证工程质量的有关文件，推广质量保证管理经验；领导本人管辖范围的班组开展质量日活动；检查班组长每日上班前的质量讲话；加强工程施工质量专业检查并做好记录，内容包括：质量教育、自检、互检和交接检记录，质量隐患立项消项记录、奖惩记录，未遂和已遂质量事故的等级和处理结果等。

5）组织本工地的质量员和班组长等有关人员认真执行自检、互检和交接检制度，每日巡视施工作业面，及时消除质量隐患或采取紧急措施。

6）创造良好的施工操作条件，加强成品保护。

7）发生质量事故后，应保护现场并立即上报。配合上级查明发生事故原因，提出防范重复事故的措施。

2. 施工员的权力

根据施工员的职责和任务，施工员应具备以下权力：

1）在分部分项、单位工程施工中，在行政管理上（如对劳动人员组合、人员调动、规章制度等）有权处理和决定，发现问题，应及时请示和报告有关部门。

2）根据施工要求，对劳动力、施工机具和材料等，有权合理使用和调配。

3）对上级已批准的施工组织设计、施工方案和技术安全措施等文件，要求施工班组认真贯彻执行。未经有关人员同意，不得随意变动。

4）对不服从领导和指挥，违反劳动纪律和违反操作规程人员，经多次说服教育不改者，有权停止其工作，并作出严肃处理。

5）发现不按施工程序施工，不能保证工程质量和安全生产的现象，有权加以制止，并提出改进意见和措施。

6）督促检查施工班组做好考勤日报，检查验收施工班组的施工任务书，发现问题进行处理。

3. 施工员的义务

1）对上级下达的各项经济技术指标，应积极主动地组织施工人员完成任务。

2）努力学习和认真贯彻建筑施工方针政策和有关部门规定，学习好国家和建设部等有关部门的技术标准、施工规范、操作规程和先进单位的施工经验，不断提高施工技术和施工管理水平。

3）牢固树立"百年大计，质量第一"的思想，以为用户服务和对国家，对人民负责的态度，坚持工程回访和质量回访制度，虚心听取用户的意见和建议。

4）信守合同，协议，做到文明施工，保证工期，信誉第一，不留尾巴，工完场清。

5）主动积极做好施工班组的政治思想工作，关心职工生活。

6）正确树立经济效益和社会效益、环境效益统一的观点。

1.3　设备安装相关管理规定和标准

1.现行国家标准

1）《电梯安装验收规范》GB/T 10060—2011

2）《组合式空调机组》GB/T 14294—2008

3）《自动扶梯和自动人行道的制造与安装安全规范》GB 16899—2011

4）《信息安全技术　信息系统安全等级保护基本要求》GB/T 22239—2008

5）《电气装置安装工程母线装置施工及验收规范》GB 50149—2010

6）《火灾自动报警系统施工及验收规范》GB 50166—2007

7）《电气装置安装工程66kV及以下架空电力线路施工及验收规范》GB 50173—2014

8）《民用闭路监视电视系统工程技术规范》GB 50198—2011

9）《110kV～750kV架空输电线路施工及验收规范》GB 50233—2014

10）《现场设备、工业管道焊接工程施工规范》GB 50236—2011

11）《建筑给水排水及采暖工程施工质量验收规范》GB 50242—2002

12）《通风与空调工程施工质量验收规范》GB 50243—2002

13）《电气装置安装工程　低压电器施工及验收规范》GB 50254—2014

14）《给水排水管道工程施工及验收规范》GB 50268—2008

15）《建筑电气工程施工质量验收规范》GB 50303—2002

16）《电梯工程施工质量验收规范》GB 50310—2002

17）《综合布线系统工程验收规范》GB 50312—2007

18）《智能建筑设计标准》GB 50314—2015

19）《智能建筑工程质量验收规范》GB 50339—2013

20）《建筑物电子信息系统防雷技术规范》GB 50343—2012

21）《安全防范工程技术规范》GB 50348—2004

22）《出入口控制系统工程设计规范》GB 50396—2007

23）《智能建筑工程施工规范》GB 50606—2010

24）《建筑电气照明装置施工与验收规范》GB 50617—2010

25）《通风与空调工程施工规范》GB 50738—2011

2.现行行业标准

1）《既有采暖居住建筑节能改造能效测评方法》JG/T 448—2014

2）《民用建筑电气设计规范》JGJ 16—2008

3）《围护结构传热系数现场检测技术规程》JGJ/T 357—2015

4）《建筑给水塑料管道工程技术规程》CJJ/T 98—2014

5）《建筑屋面雨水排水系统技术规程》CJJ 142—2014

6）《城市照明自动控制系统技术规范》CJJ/T 227—2014

7）《排水工程混凝土模块砌体结构技术规程》CJJ/T 230—2015

1.4 施工图的识读

1.4.1 电气施工图识读

1. 识图基本方法

电气施工图应结合电工、电子线路等相关基础知识，结合电路元器件的结构和工作原理看图。同时还应结合典型电路看图。典型电路就是常见的基本电路，如电动机正、反转控制电路，顺序控制电路，行程控制电路等，不管多么复杂的电路，总能将其分割成若干个典型电路，先搞清每个典型电路的原理和作用，然后再将典型电路串联组合起来看，就能大体把一个复杂电路看懂了。此外，在看各种电气图时，一定要看清电气图的技术说明。它有助于了解电路的大体情况，便于抓住看图重点，达到顺利看图的目的。

2. 识图基本步骤

（1）阅读说明书。对任何一个系统、装置或设备，在看图之前应首先了解它们的机械结构、电气传动方式、对电气控制的要求、电动机和电器元件的大体布置情况以及设备的使用操作方法，各种按钮、开关、指示器等的作用。此外还应了解使用要求、安全注意事项等。对系统、装置或设备有一个较全面完整的认识。

（2）看图纸说明。图纸说明包括图纸目录、技术说明、元器件明细表和施工说明书等。

识图时，首先要看清楚图纸说明书中的各项内容，弄清设计内容和施工要求，这样就可以了解图纸的大体情况和抓住识图重点。

（3）看标题栏。图纸中标题栏也是重要的组成部分，它包括电气图的名称及图号等有关内容，由此可对电气图的类型、性质、作用等有明确认识。

（4）看概略图。看图纸说明后，就要看概略图，从而了解整个系统或分系统的概况，即它们的基本组成、相互关系及其主要特征，为进一步理解系统或分系统的工作方式、原理打下基础。

（5）看电路图。电路图是电气图的核心，对一些小型设备，电路不太复杂，看图相对容易些。对一些大型设备，电路比较复杂，看图难度较大，不论怎样都应按照由简到繁、由易到难、由粗到细的步骤逐步看深、看透，直到完全明白、理解。一般应先看相关的逻辑图和功能图。

（6）看接线图。接线图是以电路图为依据绘制的，因此要对照电路图来看接线图。看接线图时，也要先看主电路，再看辅助电路。看接线图要根据端子标志、回路标号，从电源端顺次查下去，弄清楚线路的走向和电路的连接方法，即弄清楚每个元器件是如何通过连线构成闭合回路的。

3. 识读注意事项

1）必须熟悉电气施工图的图例、符号、标注及画法。
2）必须具有相关电气安装与应用的知识和施工经验。
3）能建立空间思维，正确确定线路走向。

4）电气图与土建图对照识读。

5）明确施工图识读的目的，准确计算工程量。

6）善于发现图中的问题，在施工中加以纠正。

1.4.2　给水排水施工图识读

1. 给水排水施工图作用

建筑给水排水施工图是建筑给水排水工程施工的依据和必须遵守的文件。它主要用于解决给水及排水方式，所用材料及设备的型号、安装方式、安装要求，给水排水设施在房屋中的位置及建筑结构的关系，与建筑物中其他设施的关系，施工操作要求等一系列内容，是重要的技术文件。

2. 给水排水施工图组成

（1）平面图。在设计图纸中，根据建筑规划，用水设备的种类、数量，要求的水质、水量，均要在给水和排水管道平面布置图中表示；各种功能管道、管道附件、卫生器具、用水设备，如消火栓箱、喷头等，均应用各种图例表示；各种横干管、立管、支管的管径、坡度等，均应标出。平面图上管道都用单线绘出，沿墙敷设不注管道距墙面距离。

通常一张平面图上可以绘制几种类型管道，对于给水和排水管道可以在一起绘制。若图纸管线复杂，也可以分别绘制，以图纸能清楚表达设计意图而图纸数量又很少为原则。

建筑内部给水排水，以选用的给水方式来确定平面布置图的张数；底层及地下室必绘；顶层若有高位水箱等设备，也必须单独绘出。建筑中间各层，如卫生设备或用水设备的种类、数量和位置都相同，绘一张标准层平面布置图即可；否则，应逐层绘制。各层图面若给水、排水管垂直相重，平面布置可错开表示。平面布置图的比例，一般与建筑图相同。常用的比例尺为1∶100；施工详图可取1∶50～1∶20。

在各层平面布置图上，各种管道、立管应编号标明。

（2）系统图。系统图，又称"轴测图"，其绘法取水平、轴测、垂直方向，完全与平面布置图比例相同。系统图上不仅应标明管道的管径、坡度，标m，支管与立管的连接处，还应标明管道各种附件的安装标高。标高的±0.000应与建筑图一致。系统图上各种立管的编号，应与平面布置图一致。为方便施工安装和概预算应用，系统图均应按给水、排水、热水等各系统单独绘制，系统图中对用水设备及卫生器具的种类、数量和位置完全相同的支管、立管，可不重复完全绘出，但应用文字标明。当系统图立管、支管在轴测方向重复交叉影响识图时，可断开移到图面空白处绘制。

建筑居住小区给水排水管道，一般不绘系统图，但应绘管道纵断面图。

（3）详图。当某些设备的构造或管道之间的连接情况在平面图或系统图上表示不清楚又无法用文字说明时，将这些部位进行放大的图称作详图。详图表示某些给水排水设备及管道节点的详细构造及安装要求。有些详图可直接查阅标准图集或室内给水排水设计手册等。

（4）设计说明。设计说明就是指用文字来说明设计图样上用图形、图线或符号表达不清楚的问题，主要包括：采用的管材及接口方式；管道的防腐、防冻、防结露的方法；卫生器具的类型及安装方式；所采用的标准图号及名称；施工注意事项；施工验收应达到的质量要求；系统的管道水压试验要求及有关图例等。

设计说明可直接写在图样上，工程较大、内容较多时，则要另用专页进行编写。如果有水泵、水箱等设备，还须写明其型号规格及运行管理要求等。

（5）设备及材料明细表。为了能使施工准备的材料和设备符合图样要求，应对重要工程中的材料和设备，编制设备及材料明细表，以便做出预算施工备料。

1）设备及材料明细表应包括：编号、名称、型号规格、单位、数量、质量及附注等项目。

2）施工图中涉及的管材、阀门、仪表、设备等均需列入表中，不影响工程进度和质量的零星材料。允许施工单位自行决定时可不列入表中。

3）施工图中选定的设备对生产厂家有明确要求时，应将生产厂家的厂名写在明细表的附注里。

4）施工图还应绘出工程图所用图例。

5）所有以上图纸及施工说明等应编排有序，写出图纸目录。

3. 给水排水施工图的识读内容

阅读主要图纸之前，应首先看说明和设备材料表，然后以系统为线索深入阅读平面图和系统图及详图。阅读时，应将三种图相互对照一起看。先看系统图，对各系统做到大致了解。看给水系统图时，可由建筑的给水引入管开始，沿水流方向经干管、立管、支管到用水设备；看排水系统图时，可由排水设备开始，沿排水方向经支管、横管、立管、干管到排出管。

（1）平面图的识读　施工图纸中最基本和最重要的图纸是建筑给水排水管道平面图。常用的比例是 1∶100 和 1∶50 两种。它主要表明建筑物内给水排水管道及卫生器具和用水设备的平面布置。图上的线条都是示意性的，同时管配件如活接头、补心、管箍等也不需画出来，所以在识读图纸时还必须熟悉给水排水管道的施工工艺。

（2）系统图的识读　给水排水管道系统图主要表明管道系统的立体走向。在给水系统图上，卫生器具不画出来，只须画出龙头、淋浴器莲蓬头、冲洗水箱等符号；用水设备，则应画出示意性的立体图，并在旁边注以文字说明。在排水系统图上也只画出相应的卫生器具的存水弯或器具排水管。

（3）详图的识读　室内给水排水工程的详图包括节点图、大样图、标准图，主要是管道节点、水表、消火栓、水加热器、开水炉、卫生器具、过墙套管、排水设备、管道支架等的安装图。这些图都是根据实物用正投影法画出来的，画法与机械制图画法相同，图上都有详细尺寸，可供安装时直接使用。

4. 给水排水施工图识读的注意事项

成套的专业施工图首先要看它的图样目录，然后再看具体图样，并应注意以下几点：

1）给水排水施工图所表示的设备和管道一般采用统一的图例，在识读图样前应查阅和掌握有关的图例，了解图例代表的内容。

2）给水排水管道纵横交叉，平面图难以表明它们的空间走向，一般采用系统图表明各层管道的空间关系及走向。识读时为了解系统全貌，应将系统图和平面图对照识读。

3）系统图中图例及线条较多，应按一定流向进行，一般给水系统识读顺序为：房屋引入管→水表井→给水干管→给水立管→给水横管→用水设备；排水系统识读顺序为：排水设备→排水支管→横管→立管→排出管。

4）结合平面图、系统图及说明看详图，了解卫生器具的类型、安装形式、设备规格型号、配管形式等，搞清系统的详细构造及施工的具体要求。

5）识读图样时应注意预留孔洞、预埋件、管沟等的位置及对土建的要求，为方便施工配合还须对照查看有关的土建施工图样。

1.4.3　采暖系统施工图识读

1. 采暖系统施工图内容

（1）平面图。平面图表示的是建筑物内供暖管道及设备的平面布置，主要内容如下：

1）楼层平面图。楼层平面图指中间层（标准层）平面图，应标明散热设备的安装位置、规格、片数（尺寸）及安装方式（明设、暗设、半暗设），立管的位置及数量。

2）顶层平面图。除有与楼层平面图相同的内容外，对于上分式系统，要标明总立管、水平干管的位置；干管管径大小、管道坡度以及干管上的阀门、管道固定支架及其他构件的安装位置；热水采暖要标明膨胀水箱、集气罐等设备的位置、规格及管道连接情况。

3）底层平面图。除有与楼层平面图相同的有关内容外，还应标明供热引入口的位置、管径、坡度及采用标准图号（或详图号）。下分式系统表明干管的位置、管径和坡度；上分式系统表明回水干管（蒸汽系统为凝水干管）的位置、管径和坡度。管道地沟敷设时，平面图中还要标明地沟位置和尺寸。

（2）系统图。系统图与平面图配合，反映了供暖系统全貌，系统采用前实后虚的画法，表达前后的遮挡关系。系统图上标注各管段管径的大小、水平管的标高、坡度、散热器及支管的连接情况，对照平面图可反映系统的全貌。

（3）详图。详图又称大样图，是平面图和系统图表达不够清楚而又无标准图时的补充说明图。详图包括有关标准图和绘制的节点详图。

1）标准图。在设计中，有的设备、器具的制作和安装，由于某些节点、结构做法和施工要求是通用的、标准的，因此设计时直接选用国家和地区的标准图集和设计院的重复使用图集，不再绘制这些详细图样，只在设计图纸上注出选用的图号，即通常使用的标准图。有些图是施工中通用的，但非标准图集中使用的，因此，习惯上人们把这些图与标准图集中的图一并称为重复使用图。

2）节点详图。用放大的比例尺，画出复杂节点的详细结构。一般包括用户入口、设备安装、分支管大样、过门地沟等。

（4）设计和施工图说明　采暖设计说明书一般写在图纸的首页上，内容较多时也可单独使用一张图。主要内容有：热媒及其参数；建筑物总热负荷；热媒总流量；系统形式；管材和散热器的类型；管子标高是指管中心还是指管底；系统的试验压力；保温和防腐的规定以及施工中应注意的问题等。设计和施工说明书是施工的重要依据。

（5）设备及主要材料明细表　在设计采暖施工图时，为方便做好工程开工前的准备，应把工程所需的散热器的规格和分组片数、阀门的规格型号、疏水器的规格型号以及设计数量和质量列在设备表中；把管材、管件、配件以及安装所需的辅助材料列在主要材料表中。

2．采暖系统施工图的识读方法

识读采暖施工图的基本方法是将平面图与系统对照。从供热系统入口开始，沿水流方向按供水干管、立管、支管的顺序到散热器，再由散热器开始，按回水支管、立管、干管的顺序到出口为止。

1）采暖进口平面位置及预留孔洞尺寸、标高情况。

2）入口装置的平面安装位置，对照设备材料明细表查清选用设备的型号、规格、性能及数量；对照节点图、标准图，搞清各入口装置的安装方法及安装要求。

3）明确各层采暖干管的定位走向、管径及管材、敷设方式及连接方式。明确干管补偿器及固定支架的设置位置及结构尺寸。对照施工说明，明确干管的防腐、保温要求，明确管道穿越墙体的安装要求。

4）明确各层采暖立管的形式、编号、数量及其平面安装位置。

5）明确各层散热器的组数、每组片数及其平面安装位置，对照图例及施工说明，查明其型号、规格、防腐及表面涂色要求。当采用标准层设计时，因各中间层散热器布置位置相同而只绘制一层，而将各层散热器的片数标注于一个平面图中，识读时应按不同楼层读得相应片数。散热器的安装形式，除四、五柱型有足片可落地安装外，其余各型散热器均为挂装。散热器有明装、明装加罩、半暗装、全暗装加罩等多种安装方式，应对照建筑图纸、施工说明予以明确。

6）明确采暖支管与散热器的连接方式。

7）明确各采暖系统辅助设备的平面安装位置，并对照设备材料明细表，查明其型号、规格与数量，对照标准图明确其安装方法及安装要求。

1.4.4 通风空调施工图识读

采暖施工图识读方法与步骤同样适合于通风空调施工图的阅读，但由于通风空调工程的风、水系统比较复杂，因此它的施工图包括的内容也相当丰富，使得通风空调施工图的阅读过程也显得复杂得多。

1．通风空调施工图识图的基础

通风空调施工图的识图基础，需要特别强调并掌握的是以下几类：

（1）通风空调的基本原理与通风空调系统的基本理论。这些是识图的理论基础，没有这些基本知识，纵使有很高的识图能力，也无法读懂通风空调施工图的内容。因为通风空调施工图是专业性图纸，因此没有专业知识为辅垫，就不可能读懂图纸。

（2）投影与视图的基本理论。关于投影与视图的基本理论是任何图纸绘制的基础，也是任何图纸识图的前提。

（3）通风空调施工图的基本规定。通风空调施工图的一些基本规定，如线型、图例符号、尺寸标注等，直接反映在图纸上，有时并没有辅助说明，因此掌握某些规定有助于识图过程的顺利完成，不仅帮助我们认识通风空调施工图，而且有助于提高识图的速度。

2．通风空调施工图的识图方法与步骤

首先阅读图纸目录，根据图纸目录了解该工程图纸的概况，包括图纸张数、图幅大小及名称、编号等信息；然后阅读施工说明，根据施工说明了解该工程概况，包括空调系统的形式、划分及主要设备布置等信息；在这基础上，确定哪些图纸是代表着该工程的特点、是这些图纸中的典型或重要部分，图纸的阅读就从这些重要图纸开始；再阅读有代表性的图纸，在第二步中确定了代表该工程特点的图纸，现在就根据图纸目录，确定这些图纸的编号，并找出这些图纸进行阅读，在通风空调施工图中，有代表性的图纸基本上都是反映空调系统布置、空调机房布置、冷冻机房布置的平面图，因此通风空调施工图的阅读基本上是从平面图开始的，先是总平面图，然后是其他的平面图。

阅读辅助性图纸，对于平面图上没有表达清楚的地方，就要根据平面图上的提示（如剖面位置）和图纸目录找出该平面图的辅助图纸进行阅读，这包括立面图、侧立面图、剖面图等。对于整个系统可参考系统轴测图。

阅读其他内容，在读懂整个通风空调系统的前提下，再进一步阅读施工说明了解设备及主要材料表，了解通风空调系统的详细安装情况，同时参考加工、安装详图，从而完全学会图纸的全部内容。

总之，在识读通风空调施工图时，首先必须看懂设计安装说明，从而对整个工程建立一个全面的概念。接着识读冷冻水和冷却水流程图以及送、排风示意图，领会了流程图后，再识读各楼层、各房间的平面图就比较清楚了。局部详图是对平面图上无法表达清楚的部分做出补充。

识读过程中，除要领会通风与空调施工图外，还应了解与土建图纸的地沟、孔洞、竖井、预埋件的位置是否相符，与其他专业图纸的管道布置有无碰撞。

2 建筑电气工程

2.1 电缆敷设

2.1.1 电缆直埋敷设

电缆直接埋地敷设是电缆敷设方法中最为广泛的一种，通常在电缆根数较少、敷设距离较长时采用。

电缆直埋敷设是沿已选定的线路挖掘沟道，然后把电缆埋在地下沟道内。因电缆直埋在地下，不需要其他设施，所以施工简便，造价低，电缆散热也好。

电缆直埋敷设的工序包括：挖样洞、开挖电缆沟、拉引电缆以及敷设电缆。

1. 电缆埋设要求

1）在电缆线路路径上有可能使电缆受到机械损伤、化学作用、地下电流、震动、热影响、腐殖物质、虫鼠等危害的地段，应采用保护措施。

2）电缆埋设深度应符合下列要求：

①电缆表面距地面的距离不应小于0.7m，穿越农田时不应小于1m；66kV及以上的电缆不应小于1m；只有在引入建筑物、与地下建筑交叉以及绕过地下建筑物处，可埋设浅些，但是应采取保护措施。

②电缆应埋设于冻土层以下。若无法深埋，应采取措施，防止电缆受到损坏。

3）电缆之间、电缆与其他管道、道路、建筑物等之间平行和交叉时的最小距离，应符合表2-1的规定。严禁将电缆平行敷设于管道的上面或下面。

表2-1 电缆之间、电缆与管道、道路、建筑物之间平行和交叉时的最小允许净距

序号	项 目	最小允许净距（m）		备 注
		平行	交叉	
1	电力电缆间及其与控制电缆间			1. 控制电缆间平行敷设的间距不作规定；序号1、3项，当电缆穿管或用隔板隔开时，平行净距可降低为0.1m； 2. 在交叉点前后1m范围内，若电缆穿入管中或用隔板隔开，交叉净距可降低为0.25m
	（1）10kV及以下	0.10	0.50	
	（2）10kV及以上	0.25	0.50	
2	控制电缆	—	0.50	
3	不同使用部门的电缆间	0.50	0.50	

续表 2 - 1

序号	项　目	最小允许净距（m）		备　注
		平行	交叉	
4	热力管道（管沟）及热力设备	2.0	0.50	1. 虽净距能满足要求，但是检修管路可能伤及电缆时，在交叉点前后 1m 范围内，尚应采取保护措施； 2. 当交叉净距不能满足要求时，应将电缆穿入管中，则其净距可减为 0.25m； 3. 对序号第 4 项，应采取隔热措施，使电缆周围土壤的温升不超过 10℃； 4. 电缆与管径大于 800mm 的水管，平行间距应大于 1m，若不能满足要求，应采取适当防电化腐蚀措施，特殊情况下，平行净距可酌减
5	油管道（管沟）	1.0	0.50	
6	可燃气体及易燃液体管道（管沟）	1.0	0.50	
7	其他管道（管沟）	0.50	0.50	
8	铁路路轨	3.0	1.0	
9	电气化铁路路轨　交流	3.0	1.0	
	直流	10.0	1.0	
10	公路	1.50	1.0	
11	城市街道路面	1.0	0.7	
12	电杆基础（边线）	1.0	—	
13	建筑物基础（边线）	0.6	—	
14	排水沟	1.0	0.5	
15	独立避雷针集中接地装置与电缆间	5.0		

注：当电缆穿管或者其他管道有防护设施（例如管道保温层等）时，表中净距应从管壁或防护设施的外壁算起。

4）电缆与铁路、公路、城市街道、厂区道路交叉时，应敷设于坚固的保护管（钢管或水泥管）或隧道内。管顶距轨道底或路面的深度不小于 1m，管的两端伸出道路路基边各 2m；伸出排水沟 0.5m，在城市街道应伸出车道路面。

保护管的内径应比电缆的外径大 1.5 倍。电缆钢保护管的直径可按表 2 - 2 选择，若选用钢管，则应在埋设前将管口加工成喇叭形。

表 2 - 2　电缆钢保护管管径选择表

钢管直径（mm）	纸绝缘三芯电力电缆截面（mm²）			四芯电力线缆截面（mm²）
	1kV	6kV	10kV	
50	≤70	≤25		≤50
70	95 ~ 150	35 ~ 70	≤60	70 ~ 120
80	185	95 ~ 150	70 ~ 120	150 ~ 185
100	240	185 ~ 240	150 ~ 240	240

5）直埋电缆的上、下方须铺以不小于 100mm 厚的软土或沙层，并且盖以混凝土保护板，其覆盖宽度应超过电缆两侧各 50mm，也可用砖块代替混凝土盖板。

6）同沟敷设两条及以上电缆时，电缆之间，电缆与管道、道路、建筑物之间平行交叉时的最小净距应符合表 2－1 的规定，电缆之间不得重叠、交叉、扭绞。

7）堤坝上的电缆敷设，其要求与直埋电缆相同。

2．挖样洞

在设计的电缆路线上先开挖试探样洞，以了解土壤情况和地下管线布置，若有问题，应及时提出解决办法。样洞大小一般长为 0.4～0.5m，宽与深为 1m。开挖样洞的数量可根据地下管线的复杂程度决定，一般直线部分每隔 40m 左右开一个样洞；在线路转弯处、交叉路口和有障碍物的地方均需开挖样洞。开挖样洞时要仔细，不要损坏地下管线设备。

根据设计图纸及开挖样洞的资料决定电缆走向，用石灰粉画出开挖范围（宽度），一根电缆通常为 0.4～0.5m，两根电缆为 0.6m。

电缆需穿越道路或铁路时，应事先将过路导管全部敷设完毕，以便于敷设电缆顺利进行。

3．开挖电缆沟

挖土时应垂直开挖，不可上狭下宽，也不能掏空挖掘。挖出的土放在距沟边 0.3m 的两侧。若遇有坚石、砖块和腐殖土则应清除，换填松软土壤。

施工地点处于交通道路附近或较繁华的地方，其周围应设置遮拦和警告标志（日间挂红旗、夜间挂红色桅灯）。电缆沟的挖掘深度通常要求为 800mm，还须保证电缆敷设后的弯曲半径不小于规定值。电缆接头的两端以及引入建筑物和引上电杆处，要挖出备用电缆的余留坑。

4．拉引电缆

电缆敷设时，拉引电缆的方法主要包括人力拉引和机械拉引。当电缆较短较轻时，宜采用人力拉引；当电缆较重时，宜采用机械拉引。

（1）人力拉引。电缆人工拉引一般是人力拉引、滚轮和人工相结合的方法。该方法需要的施工人员较多，而且人员要定位，电缆从盘的上端引出，如图 2－1 所示。电缆拉引时，应特别注意的是人力分布要均匀合理，负荷适当，并且要统一指挥。为避免电缆受拖拉而损伤，常将电缆放在滚轮上。此外，电缆展放中，在电缆盘两侧还应有协助推盘及负责刹盘滚动的人员。

图 2－1　人力展放电缆

电缆人力拉引施工前，应先由指挥者做好施工交底工作。施工人员布局要合理，并且要统一指挥，拉引电缆速度要均匀。电缆敷设行进的领头人，必须对施工现场（电缆走向、顺序、排列、规格、型号、编号等）十分清楚，以防返工。

（2）机械拉引。当敷设大截面、重型电缆时，宜采用机械拉引方法。机械拉引方法牵引动力包括：

1）慢速卷扬机牵引。为保证施工安全，卷扬机速度在8m/min左右，不可过快，电缆也不宜太长，注意防止电缆行进时受阻而被拉坏。

2）拖拉机牵引旱船法。将电缆架在旱船上，在拖拉机牵引旱船骑沟行走的同时，将电缆放入沟内，如图2-2所示。该方法适用于冬季冻土、电缆沟以及土质坚硬的场所。敷设前应先检查电缆沟，平整沟的顶面，沿沟行走一段距离，试验确无问题时方可进行。在电缆沟土质松软以及沟的宽度较大时不宜采用。

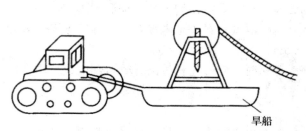

图2-2　拖拉机牵引旱船展放电缆示意图

施工时，可用图2-3的做法，先将牵引端的线芯与铅（铝）包皮封焊成一体，以防线芯与外包皮之间相对移动。做法是将特制的拉杆插在电缆芯中间，用铜线绑扎后，再用焊料把拉杆、导体、铅（铝）包皮三者焊在一起。注意封焊应严密，以防潮气入内。

（a）拉杆　　　　（b）拉杆与电缆线芯绑扎在一起　　　　（c）封焊前　　　　（d）封焊后

图2-3　电缆末端封焊拉杆做法

1—绑线；2—铅（铝）包

5. 敷设电缆

1）直埋电缆敷设前，应在铺平夯实的电缆沟内先铺一层100mm厚的细砂或软土，作为电缆的垫层。直埋电缆周围是铺砂好还是铺软土好，应根据各地区的情况而定。

软土或砂子中不应含有石块或其他硬质杂物。若土壤中含有酸或碱等腐蚀性物质，则不能做电缆垫层。

2）在电缆沟内放置滚柱，其间距与电缆单位长度的重量有关，一般每隔3~5m放置一个（在电缆转弯处应加放一个），以不使电缆下垂碰地为原则。

3）电缆放在沟底时，边敷设边检查电缆是否受伤。放电缆的长度不要控制过紧，应按全长预留1.0%~1.5%的裕量，并且作波浪状摆放。在电缆接头处也要留出裕量。

4）直埋电缆敷设时，严禁将电缆平行敷设在其他管道的上方或下方，并且应符合下列要求：

①电缆与热力管线交叉或接近时，若不能满足表 2 - 1 所列数值要求，应在接近段或交叉点前后 1m 范围内作隔热处理，方法如图 2 - 4 所示，使电缆周围土壤的温升不超过 10℃。

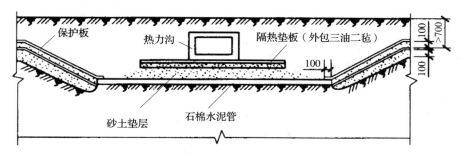

图 2 - 4　电缆与热力管线交叉隔热作法

②电缆与热力管线平行敷设时距离不应小于 2m。若有一段不能满足要求时，可以减少但是不得小于 500mm。此时，应在与电缆接近的一段热力管道上加装隔热装置，使电缆周围土壤的温升不得超过 10℃。

③电缆与热力管道交叉敷设时，其净距虽能满足不小于 500mm 的要求，但是检修管路时可能伤及电缆，应在交叉点前后 1m 的范围内采取保护措施。

若将电缆穿入石棉水泥管中加以保护，其净距可减为 250mm。

5）10kV 及以下电力电缆之间，及 10kV 以下电力电缆与控制电缆之间平行敷设时，最小净距为 100mm。

10kV 以上电力电缆之间及 10kV 以上电力电缆和 10kV 及以下电力电缆或与控制电缆之间平行敷设时，最小净距为 250mm。特殊情况下，10kV 以上电缆之间及与相邻电缆间的距离可降低为 100mm，但是应选用加间隔板电缆并列方案；若电缆均穿在保护管内，并列间距也可降至为 100mm。

6）电缆沿坡度敷设的允许高差以及弯曲半径应符合要求，电缆中间接头应保持水平。多根电缆并列敷设时，中间接头的位置宜相互错开，其净距不宜小于 500mm。

7）电缆铺设完后，再在电缆上面覆盖 100mm 的砂或软土，然后盖上保护板（或砖），覆盖宽度应超出电缆两侧各 50mm。板与板连接处应紧靠。

8）覆土前，沟内若有积水则应抽干。覆盖土要分层夯实，最后清理场地，做好电缆走向记录，并且应在电缆引出端、终端、中间接头、直线段每隔 100m 处和走向有变化的部位挂标志牌。

标志牌可采用 C15 钢筋混凝土预制，安装方法如图 2 - 5 所示。标志牌上应注明线路编号、电压等级、电缆型号、截面、起止地点以及线路长度等内容，以便维修。标志牌规格宜统一，字迹应清晰不易脱落。标志牌挂装应牢固。

9）在含有酸碱、矿渣、石灰等场所，电缆不应直埋；若必须直埋，应采用缸瓦管、水泥管等防腐保护措施。

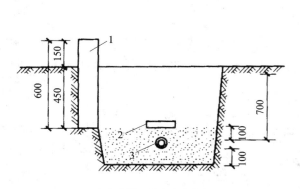
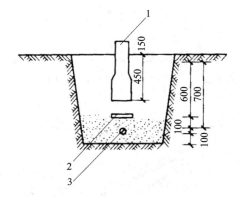

（a）埋设于送电方向右侧　　　　　　　　（b）埋设于电缆沟中心

图 2 - 5　直埋电缆标志牌的装设

1—电缆标志牌；2—保护板；3—电缆

2.1.2　电缆沟、电缆竖井内电缆敷设

1．施工准备工作

（1）施工材料（设备）准备。

1）敷设前，应对电缆进行外观检查以及绝缘电阻试验。6kV 以上电缆应作耐压和泄漏试验。1kV 以下电缆用绝缘电阻表测试，不低于 10MΩ。

所有试验均要做好记录，以便竣工试验时作对比参考，并且归档。

2）电缆敷设前应准备好砖、砂，运到沟边待用，并且准备好方向套（铅皮、钢字）标桩。

3）工具及施工用料的准备。施工前要准备好架电缆的轴辊、支架以及敷设用电缆托架，封铅用的喷灯、焊料、抹布、硬脂酸以及木、铁锯、铁剪，8 号、16 号铅丝、编织的钢丝网套（图 2 - 6），铁锹、榔头、电工工具，汽油、沥青膏等。

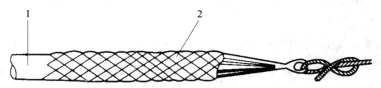

图 2 - 6　敷设电缆用的钢丝网套

1—电缆；2—16 号铅丝

4）电缆型号、规格以及长度均应与设计资料核对无误。电缆不得有扭绞、损伤以及渗漏油现象。

5）电缆线路两端连接的电气设备（或接线箱、盒）应安装完毕或已就位、敷设电缆的通道应无堵塞。

6）电缆敷设前，还应进行下列项目的复查：

①支架应齐全，油漆完整。

②电缆型号、电压、规格应符合设计。

③电缆绝缘良好；当对油浸纸绝缘电缆的密封有怀疑时，应进行潮湿判断；直埋电缆与水底电缆应经直流耐压试验合格；充油电缆的油样应试验合格。

④充油电缆的油压不宜低于 0.15MPa。

（2）工程作业条件。

1）与电缆线路安装有关的建（构）筑物的土建工程质量，应符合国家现行的建筑工程施工及验收规范中的有关规定。

2）电缆线路安装前，土建工作应具备下列条件：

①预埋件符合设计要求，并且埋置牢固。

②电缆沟、隧道，竖井及人孔等处的地坪以及抹面工作结束。

③电缆层、电缆沟、隧道等处的施工临时设施、模板以及建筑废料等清理干净，施工用道路畅通，盖板齐备。

④电缆线路铺设后，不能再进行土建施工的工程项目应结束。

⑤电缆沟排水畅通。

3）电缆线路敷设完毕后投入运行前，土建应完成的工作包括由于预埋件补遗、开孔、扩孔等需要而由土建完成的修饰工作；电缆室的门窗；防火隔墙。

2. 电缆的加热

电缆敷设时，若施工现场的温度低于设计规定，应采取适当的措施，避免损坏电缆。通常是采取加热的方法，对电缆预先进行加温，并且准备好保温草帘，以便于搬运电缆时使用。

电缆加热的方法通常包括室内加热法和电流加热法。

（1）室内加热法。室内加热法是将待加热的电缆放在暖室里，用热风机、电炉或其他方法提高室内温度，对电缆进行加温。该方法需要的时间较长，当室内温度为 5～10℃时，需 42h；室内温度为 25℃时，需 24～36h；室内温度为 40℃时，需 18h 左右。若有条件，也可将电缆放在烘房内加热 4h 之后，即可敷设。

（2）电流加热法。电流加热法是将电缆线芯通入电流，使电缆本身发热。电流加热的设备可采用小容量三相低压变压器，初级电压为 220V 或 380V，次级能供给较大的电流即可，但是加热电流不得大于电缆的额定电流。也可采用交流电焊机进行加热。

在电缆加热过程中，要经常测量电流和电缆的表面温度，10kV 以下三芯统包型电缆所需的加热电流和时间，见表 2-3。

表 2-3　电缆加热所需电流及加热时间

电缆规格	加热时的最大允许电流（A）	在四周温度为下列各数值时所需的加热时间（min）			加热时所用电压（V）电缆长度（m）				
		0℃	-10℃	-20℃	100	200	300	400	500
3×10	72	59	76	97	23	46	69	92	115
3×16	102	56	73	74	19	39	58	77	96
3×25	130	71	88	106	16	32	48	64	80

续表 2 - 3

电缆规格	加热时的最大允许电流（A）	在四周温度为下列各数值时所需的加热时间（min）			加热时所用电压（V）				
		0℃	-10℃	-20℃	电缆长度（m）				
					100	200	300	400	500
3×35	160	74	93	112	14	28	42	56	70
3×50	190	90	112	134	12	23	35	46	58
3×70	230	97	122	149	10	20	30	40	50
3×95	285	99	124	151	9	19	27	36	45
3×120	330	111	138	170	8.5	17	25	34	42
3×150	375	124	150	185	8	15	23	31	38
3×185	425	134	163	208	6	12	17	23	29
3×240	490	152	190	234	5.1	11	16	21	27

用电流法加热时，将电缆一端的线芯短路，并且予以铅封，以防进入潮气；并且应经常监控电流值以及电缆表面温度。电缆表面温度不应超过下列数值（使用水银温度计）：

3kV 及以下的电缆　　　　40℃。

6～10kV 的电缆　　　　35℃。

20～35kV 的电缆　　　　25℃。

加热后，电缆应尽快敷设。敷设前设置的时间一般不得超过 1h。

3．电缆支架安装

（1）一般规定。

1）电缆在电缆沟内以及竖井敷设前，土建专业应根据设计要求完成电缆沟以及电缆支架的施工，以便电缆敷设在沟内壁的角钢支架上。

2）电缆支架自行加工时，钢材应平直，无显著扭曲。下料后长短差应在 5mm 范围内，切口无卷边和毛刺。钢支架采用焊接时，不要有显著的变形。

3）支架安装应牢固、横平竖直。同一层的横撑应在同一水平面上，其高低偏差不应大于 5mm；支架上各横撑的垂直距离，其偏差不应大于 2mm。

4）在有坡度的电缆沟内，其电缆支架也要保持同一坡度（也适用于有坡度的建筑物上的电缆支架）。

5）支架与预埋件焊接固定时，焊缝应饱满；用膨胀螺栓固定时，选用螺栓应适配，连接紧固，防松零件齐全。

6）沟内钢支架必须经过防腐处理。

（2）电缆沟内支架安装。电缆在沟内敷设时，需用支架支持或固定，所以支架的安装非常重要，其相互间距是否恰当，将会影响通电后电缆的散热状况、对电缆的日常巡视、维护和检修等。

1）若设计无要求，电缆支架最上层至沟顶的距离不应小于 150～200mm；电缆支架间平行距离不小于 100mm，垂直距离为 150～200mm；电缆支架最下层距沟底的距离不应小于 50～100mm，如图 2-7 所示。

2）室内电缆沟盖应与地面相平，对地面容易积水的地方，可用水泥砂浆将盖间的缝隙填实。室外电缆沟无覆盖时，盖板高出地面不小于 100mm，如图 2-7（a）所示；有覆盖层时，盖板在地面下 300mm，如图 2-7（b）所示。盖板搭接应有防水措施。

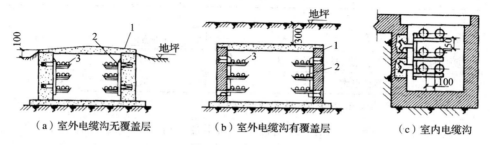

（a）室外电缆沟无覆盖层　　（b）室外电缆沟有覆盖层　　（c）室内电缆沟

图 2-7　电缆沟敷设
1—接地线；2—支架；3—电缆

（3）电气竖井支架安装。电缆在竖井内沿支架垂直敷设时，可采用扁钢支架。支架的长度可根据电缆的直径和根数确定。

扁钢支架与建筑物的固定应采用 M10×80mm 的膨胀螺栓紧固。支架每隔 1.5m 设置 1 个，竖井内支架最上层距竖井顶部或楼板的距离不小于 150～200mm，底部与楼（地）面的距离不宜小于 300mm。

（4）电缆支架接地。为保护人身安全和供电安全，金属电缆支架、电缆导管必须与 PE 线或 PEN 线连接可靠。若整个建筑物要求等电位联结，则更应如此。此外，接地线宜使用直径不小于 $\phi12$ 镀锌圆钢，并且应在电缆敷设前与全长支架逐一焊接。

4. 电缆沟内电缆敷设与固定

（1）电缆敷设。电缆在电缆沟内敷设，首先挖好一条电缆沟，电缆沟壁要用防水水泥砂浆抹面，然后把电缆敷设在沟壁的角钢支架上，最后盖上水泥板。电缆沟的尺寸根据电缆多少（通常不宜超过 12 根）而定。

该敷设方法较直埋式投资高，但是检修方便，能容纳较多的电缆，在厂区的变、配电所中应用很广。在容易积水的地方，应考虑开挖排水沟。

1）电缆敷设前，应先检验电缆沟和电缆竖井，电缆沟的尺寸以及电缆支架间距应满足设计要求。

2）电缆沟应平整，并且有 0.1% 的坡度。沟内要保持干燥，能防止地下水浸入。沟内应设置适当数量的积水坑，及时将沟内积水排出，通常每隔 50m 设一个，积水坑的尺寸以 400mm×400mm×400mm 为宜。

3）敷设在支架上的电缆，按电压等级排列，高压在上面，低压在下面，控制与通信电缆在最下面。若两侧装设电缆支架，则电力电缆与控制电缆、低压电缆应分别安装在沟的两边。

4）电缆支架横撑间的垂直净距，若无设计规定，一般对电力电缆不小于 150mm；对控制电缆不小于 100mm。

5）在电缆沟内敷设电缆时，其水平间距不得小于下列数值：

①电缆敷设在沟底时,电力电缆间为 35mm,但是不小于电缆外径尺寸;不同级电力电缆与控制电缆间为 100mm;控制电缆间距不作规定。

②电缆支架间的距离应按设计规定施工,若设计无规定,则不应大于表 2-4 的规定值。

表 2-4　电缆支架之间的距离 (m)

电缆种类	支架敷设方式	
	水平	垂直
电力电缆 (橡胶及其他油浸纸绝缘电缆)	1.0	2.0
控制电缆	0.8	1.0

注：水平与垂直敷设包括沿墙壁、构架、楼板等处所非支架固定。

6) 电缆在支架上敷设时,拐弯处的最小弯曲半径应符合电缆最小允许弯曲半径。

7) 电缆表面距地面的距离不应小于 0.7m,穿越农田时不应小于 1m;66kV 及以上电缆不应小于 1m。只有在引入建筑物、与地下建筑物交叉及绕过地下建筑物处,可埋设浅些,但是应采取保护措施。

8) 电缆应埋设于冻土层以下;当无法深埋时,应采取保护措施,以防止电缆受到损坏。

(2) 电缆固定。

1) 垂直敷设的电缆或大于 45℃ 倾斜敷设的电缆在每个支架上均应固定。

2) 交流单芯电缆或分相后的每相电缆固定用的夹具和支架,不形成闭合铁磁回路。

3) 电缆排列应整齐,尽量减少交叉。若设计无要求,电缆支持点的间距应符合表 2-5 的规定。

表 2-5　电缆支持点间距 (mm)

电缆种类		敷设方式	
		水平敷设	垂直敷设
电力电缆	全塑型	400	1000
	除全塑型外的电缆	800	1500
控制电缆		800	1000

4) 当设计无要求时,电缆与管道的最小净距应符合表 2-6 的规定,并且应敷设在易燃易爆气体管道下方。

表 2-6　电缆与管道的最小净距

管道类别		平行净距 (m)	交叉净距 (m)
一般工艺管道		0.4	0.3
易燃易爆气体管道		0.5	0.5
热力管道	有保温层	0.5	0.3
	无保温层	1.0	0.5

5. 电缆竖井内电缆敷设

（1）电缆布线。电缆竖井内常用的布线方式为金属管、金属线槽、电缆或电缆桥架以及封闭母线等。在电缆竖井内除敷设干线回路外，还可以设置各层的电力、照明分线箱以及弱电线路的端子箱等电气设备。

1）竖井内高压、低压和应急电源的电气线路，相互间应保持 0.3m 及以上距离或采取隔离措施，并且高压线路应设有明显标志。

2）强电和弱电若受条件限制必须设在同一竖井内，应分别布置在竖井两侧，或采取隔离措施，以防止强电对弱电的干扰。

3）电缆竖井内应敷设有接地干线和接地端子。

4）在建筑物较高的电缆竖井内垂直布线时（有资料介绍超过 100m），需考虑下列因素：

①顶部最大变位和层间变位对干线的影响。为保证线路的运行安全，在线路的固定、连接及分支上应采取相应的防变位措施。高层建筑物垂直线路的顶部最大变位和层间变位是建筑物由于地震或风压等外部力量的作用而产生的。建筑物的变位必然影响到布线系统，这个影响对封闭式母线、金属线槽的影响最大，金属管布线次之，电缆布线最小。

②要考虑好电线、电缆及金属保护管、罩等自重带来的荷重影响以及导体通电以后，由于热应力、周围的环境温度经常变化而产生的反复荷载（材料的潜伸）和线路由于短路时的电磁力而产生的荷载，要充分研究支持方式以及导体覆盖材料的选择。

③垂直干线与分支干线的连接方法，直接影响供电的可靠性和工程造价，必须进行充分研究。尤其应注意铝芯导线的连接和铜—铝接头的处理问题。

（2）电缆敷设。敷设在竖井内的电缆，电缆的绝缘或护套应具有非延燃性。通常采用聚氯乙烯护套细钢丝铠装电力电缆，因为此类电缆能承受的拉力较大。

1）在多、高层建筑中，一般低压电缆由低压配电室引出后，沿电缆隧道、电缆沟或电缆桥架进入电缆竖井，然后沿支架或桥架垂直上升。

2）电缆在竖井内沿支架垂直布线。所用的扁钢支架与建筑物之间的固定应采用 M10×80mm 的膨胀螺栓紧固。支架设置距离为 1.5m，底部支架距楼（地）面的距离不应小于 300mm。

扁钢支架上，电缆宜采用管卡子固定，各电缆之间的间距不应小于 50mm。

3）电缆沿支架的垂直安装如图 2-8 所示。小截面电缆在电气竖井内布线，也可沿墙敷设，此时，可使用管卡子或单边管卡子用 φ6×30mm 塑料胀管固定，如图 2-9 所示。

4）电缆在穿过楼板或墙壁时，应设置保护管，并且用防火隔板和防火堵料等做好密封隔离，保护管两端管口空隙应做密封隔离。

5）电缆布线过程中，垂直干线与分支干线的连接，通常采用"T"接方法。为了接线方便，树干式配电系统电缆应尽量采用单芯电缆；单芯电缆"T"形接头大样如图 2-10 所示。

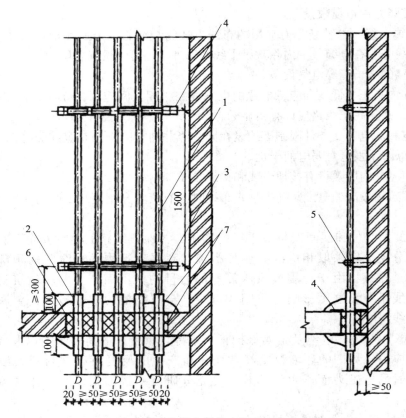

图 2-8   电缆布线沿支架垂直安装

1—电缆；2—电缆保护管；3—支架；4—膨胀螺栓；5—管卡子；6—防火隔板；7—防火堵料

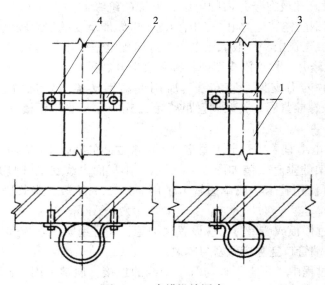

图 2-9   电缆沿墙固定

1—电缆；2—双边管卡子；3—单边管卡子；4—塑料胀管

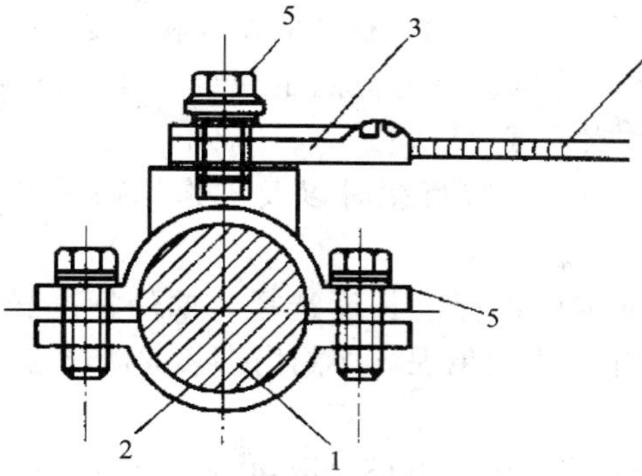

图 2 – 10 单芯电缆"T"形接头大样图

1—干线电缆芯线；2—U 形铸铜卡；3—接线耳；4—"T"形出支线；5—螺栓、垫圈、弹簧垫圈

6）电缆敷设过程中，固定单芯电缆应使用单边管卡子，以减少单芯电缆在支架上的感应涡流。

2.1.3 桥架内电缆敷设

电缆桥架槽较深，一层格架内，可敷设很多电缆而不会下滑；电缆在槽内易于排列整齐，没有挠度。

电缆桥架敷设多适用于电缆数量较多的大中型工程，以及受通道空间限制又需敷设数量较多的场地，例如电厂主厂房和电缆夹层的明敷电缆。

1．电缆桥架的选择

（1）选择要求。

1）电缆桥架最大允许荷重见表 2 – 7。

表 2 – 7 电缆桥架最大允许荷载

电缆桥架型号	每层允许荷载（N/m）	立柱最大间距（m）	备注
QDj—1	500（300）	1.2（1.5）①	沿壁架设
QSj—2	$\frac{500（300）}{1000（750）}$	1.5（2）②	垂直吊装 沿壁架设

注：①间距为 1.5m 时，允许荷载为 300N/m。

②间距为 2.0m 时，允许荷载为 300N/m（垂直吊装）和 750N/m（沿壁架设）。

电缆桥架安装在室外时应加保护盖板，并且应考虑冰荷载和风荷载。

2）选择电缆桥架的宽度时，应预留 20%～30% 的空位，以备增添电缆。

3）对需要隔离屏蔽的电缆可采用槽形桥，否则采用梯形桥，槽形电缆桥和梯形电缆桥在车间内可以混合使用（但是边高 h 需一致）。

4）电缆桥层间距在符合规范要求的条件下允许不统一，可以按照各类电缆需要而定，以便充分利用空间。

5）立柱固定宜用预埋件，以减轻工人劳动强度和施工困难，从而加快施工进度。

6）电缆桥架按成套设备订货，编入设备清单内。

（2）托盘、梯架的选择。对于托盘、梯架的宽度和高度，按下列要求选择：

1）所选托盘、梯架规格的承载能力应满足规定。其工作均布荷载不应大于所选托盘、梯架荷载等级的额定均布荷载。

2）托盘、梯架在承重额定均布荷载时以及工作均布荷载下的相对挠度不应大于1/200。

托盘、梯架直线段，可按单件标准长度选择。单件标准长度虽然规定为2m、3m、4m、6m，但是在实际工程中，为避免现场切割伤害表面防腐层，在明确长度后，也允许供需双方商定的非标长度。

3）电缆在桥架内的填充率，电力电缆可取40%～50%，控制电缆可取50%～70%。并且应预先留有10%～25%的工程发展裕量，以便今后为增添电缆用。

（3）各类弯通和附件的选择。选择各类弯通和附件规格，应适合工程布置条件，并且与托盘、梯架配套，在同类型中规格尺寸相吻合，以利于安装。选择条件应符合以下要求：

1）选用托盘、梯架弯通的弯曲半径，不应小于该桥架上的电缆最小允许弯曲半径的规定。

2）支、吊架在一定跨距条件下，应满足单（双）侧单（多）层的工作荷载以及自重的承载要求。规格选择应按托盘、梯架相应规格层数及层间距离和跨距等条件配置，并且应满足额定均布荷载及其自重的要求，支撑间距应小于允许支撑间距。在选择支、吊架规格时，其承重能力通常可以从厂家产品技术文件中查得。

3）连接板、连接螺栓等受力附件，应与托盘、梯架、托臂等本体结构强度相适应。

2. 电缆桥架的安装

（1）安装技术要求。

1）相关建（构）筑物的建筑工程均完工，并且工程质量应符合国家现行的建筑工程质量验收规范的规定。

2）配合土建结构施工过墙、过楼板的预留孔（洞），预埋铁件的尺寸应符合设计规定。

3）电缆沟、电缆隧道、竖井内、顶棚内、预埋件的规格尺寸、坐标、标高、间隔距离、数量不应遗漏，应符合设计图规定。

4）电缆桥架安装部位的建筑装饰工程全部结束。

5）通风、暖卫等各种管道施工已经完工。

6）材料、设备全部进入现场经检验合格。

（2）安装要求。

1）电缆桥架水平敷设时，跨距通常为1.5～3.0m；垂直敷设时其固定点间距不宜大于2.0m。当支撑跨距不大于6m时，需要选用大跨距电缆桥架；当跨距大于6m时，必须进行特殊加工订货。

2）电缆桥架在竖井中穿越楼板外，在孔洞周边抹5cm高的水泥防水台，待桥架布线安装完后，洞口用难燃物件封堵死。电缆桥架穿墙或楼板孔洞时，不应将孔洞抹死，桥架进出口孔洞收口平整，并且留有桥架活动的余量。若孔洞需封堵时，可采用难燃的材料封堵好墙面抹平。电缆桥架在穿过防火隔墙及防火楼板时，应采取隔离措施。

3）电缆梯架、托盘水平敷设时距地面高度不宜低于2.5m，垂直敷设时不低于1.8m，低于上述高度时应加装金属盖板保护，但是敷设在电气专用房间（例如配电室、电气竖井、电缆隧道、设备层）内除外。

4）电缆梯架、托盘多层敷设时其层间距离通常为：控制电缆间不小于0.20m，电力电缆间应不小于0.30m，弱电电缆与电力电缆间应不小于0.5m，若有屏蔽盖板（防护罩）可减少到0.3m，桥架上部距顶棚或其他障碍物应不小于0.3m。

5）电缆梯架、托盘上的电缆可无间距敷设。电缆在梯架、托盘内横断面的填充率，电力电缆应不大于40%，控制电缆不应大于50%。电缆桥架经过伸缩沉降缝时应断开，断开距离以100mm左右为宜。其桥架两端用活动插铁板连接不宜固定。电缆桥架内的电缆应在首端、尾端、转弯以及每隔50m处设有注明电缆编号、型号、规格以及起止点等标记牌。

6）下列不同电压、不同用途的电缆如：1kV以上和1kV以下电缆；向一级负荷供电的双路电源电缆；应急照明和其他照明的电缆；强电和弱电电缆等不宜敷设在同一层桥架上，若受条件限制，必须安装在同一层桥架上时，应用隔板隔开。

7）强腐蚀或特别潮湿等环境中的梯架以及托盘布线，应采取可靠而有效的防护措施。同时，敷设在腐蚀气体管道和压力管道的上方以及腐蚀性液体管道的下方的电缆桥架应采用防腐隔离措施。

（3）吊（支）架的安装。吊（支）架的安装通常采用标准的托臂和立柱进行安装，也有采用自制加工吊架或支架进行安装。通常，为了保证电缆桥架的工程质量，应优先采用标准附件。

1）标准托臂与立柱的安装。当采用标准的托臂和立柱进行安装时，其要求如下：

①成品托臂的安装。成品托臂的安装方式包括沿顶板安装、沿墙安装和沿竖井安装等方式。成品托臂的固定方式多采用M10以上的膨胀螺栓进行固定。

②立柱的安装。成品立柱由底座和立柱组成，其中立柱采用工字钢、角钢、槽型钢、异型钢、双异型钢构成，立柱和底座的连接可采用螺栓固定和焊接。其固定方式多采用M10以上的膨胀螺栓进行固定。

③方形吊架安装。成品方形吊架由吊杆、方形框组成，其固定方式可采用焊接预埋铁固定或直接固定吊杆，然后组装框架。

2）自制支（吊）架的安装。自制吊架和支架进行安装时，应根据电缆桥架及其组装图进行定位划线，并且在固定点进行打孔和固定。固定间距和螺栓规格由工程设计确定。若设计无规定，可根据桥架重量与承载情况选用。

自行制作吊架或支架时，应按以下规定进行：

①根据施工现场建筑物结构类型和电缆桥架造型尺寸与重量，决定选用工字钢、槽钢、角钢、圆钢或扁钢制作吊架或支架。

②吊架或支架制作尺寸和数量，根据电缆桥架布置图确定。

③确定选用钢材后，按尺寸进行断料制作，断料严禁气焊切割，加工尺寸允许最大误差为+5mm。

④型钢架的揻弯宜使用台钳用手锤打制，也可使用油压揻弯器用模具顶制。

⑤支架、吊架需钻孔处，孔径不得大于固定螺栓 +2mm；严禁采用电焊或气焊割孔，以免产生应力集中。

（4）电缆桥架敷设安装。

1）根据电缆桥架布置安装图，对预埋件或固定点进行定位，沿建筑物敷设吊架或支架。

2）直线段电缆桥架安装，在直线端的桥架相互接槎处，可用专用的连接板进行连接，接槎处要求缝隙平密平齐，在电缆桥架两边外侧面用螺母固定。

3）电缆桥架在十字交叉和丁字交叉处施工时，可采用定型产品水平四通、水平三通、垂直四通、垂直三通等进行连接，应以接槎边为中心向两端各大于 300mm 处，增加吊架或支架进行加固处理。

4）电缆桥架在上、下、左、右转弯处，应使用定型的水平弯通、转动弯通、垂直凹（凸）弯通。上、下弯通进行连接时，其接槎边为中心两边各大于 300mm 处，连接时须增加吊架或支架进行加固。

5）对于表面有坡度的建筑物，桥架敷设应随其坡度变化。可采用倾斜底座，或用调角片进行倾斜调节。

6）电缆桥架与盒、箱、柜、设备接口，应采用定型产品的引下装置进行连接，要求接口处平齐，缝隙均匀严密。

7）电缆桥架的始端与终端应封堵牢固。

8）电缆桥架安装时必须待整体电缆桥架调整符合设计图和规范规定后，再进行固定。

9）电缆桥架整体与吊（支）架的垂直度与横档的水平度，应符合规范要求；待垂直度与水平度合格，电缆桥架上、下各层都对齐后，最后将吊（支）架固定牢固。

10）电缆桥架敷设安装完毕后，经检查确认合格，将电缆桥架内外清扫后，进行电缆线路敷设。

11）在竖井中敷设合格电缆时，应安装防坠落卡，用来保护线路下坠。

12）敷设在电缆桥架内的电缆不应有接头，接头应设置在接线箱内。

（5）电缆桥架保护接地。在建筑电气工程中，电缆桥架多数为钢制产品，较少采用在工业工程中为减少腐蚀而使用的非金属桥架和铝合金桥架。为了保证供电干线电路的使用安全，电缆桥架的接地或接零必须可靠。

1）电缆桥架应装置可靠的电气接地保护系统。外露导电系统必须与保护线连接。在接地孔处，应将任何不导电涂层和类似的表层清理干净。

2）为保证钢制电缆桥架系统有良好的接地性能，托盘、梯架之间接头处的连接电阻值不应大于 0.00033Ω。

3）金属电缆桥架及其支架和引入或引出的金属导管必须与 PE 或 PEN 线连接可靠，并且必须符合下列规定：

①金属电缆桥架及其支架与（PE）或（PEN）连接处应不少于 2 处。

②非镀锌电缆桥架连接板的两端跨接铜芯接地线，接地线的最小允许截面积应不小于 4mm^2。

③镀锌电缆桥架间连接板的两端不跨接接地线，但连接板两端不少于 2 个有防松螺帽或防松螺圈的连接固定螺栓。

4）当利用电缆桥架作接地干线时，为保证桥架的电气通路，在电缆桥架的伸缩缝或软连接处需采用编织铜线连接，如图 2 - 11 所示。

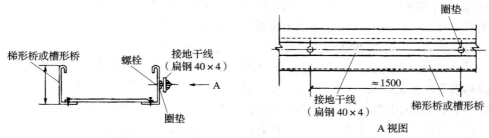

图 2 - 11　接地干线安装

5）对于多层电缆桥架，当利用桥架的接地保护干线时，应将各层桥架的端部用 $16mm^2$ 的软铜线并联连接起来，再与总接地干线相通。长距离电缆桥架每隔 30 ~ 50m 距离接地一次。

6）在具有爆炸危险场所安装的电缆桥架，若无法与已有的接地干线连接时，必须单独敷设接地干线进行接地。

7）沿桥架全长敷设接地保护干线时，每段（包括非直线段）托盘、梯架应至少有一点与接地保护干线可靠连接。

8）在有振动的场所，接地部位的连接处应装置弹簧垫圈，防止因振动引起连接螺栓松动，中断接地通路。

（6）桥架表面处理。钢制桥架的表面处理方式，应按工程环境条件、重要性、耐火性和技术经济性等因素进行选择。一般情况宜按表 2 - 8 选择适于工程环境条件的防腐处理方式。当采用表中"T"类防腐方式为镀锌镍合金、高纯化等其他防腐处理的桥架，应按规定试验验证，并且应具有明确的技术质量指标以及检测方法。

表 2 - 8　表面防腐处理方式选择

环　境　条　件				防腐层类别						
类别			代号	等级	涂漆 Q	电镀锌 D	喷涂粉末 P	热浸镀锌 R	DP	RQ	其他 T
									复合层		
户内	一般	普通型	J	3K5L、3K6	○	○	○				在符合相关规定的情况下确定
	0 类	湿热型	TH	3K5L	○	○	○	○			
	1 类	中腐蚀性	F1	3K5L、3C3	○	○	○	○	○	○	
	2 类	强腐蚀性	F2	3K5L、3C4	○	○	○	○	○	○	
户外	0 类	轻腐蚀性	W	4K2、4C2	○	○		○	○	○	
	1 类	中腐蚀性	WF1	4K2、4C3		○		○	○	○	

注：符号"○"表示推荐防腐类别。

3．桥架内电缆敷设

（1）电缆敷设。

1）电缆沿桥架敷设前，应防止电缆排列不整齐，出现严重交叉现象，必须事先就将电缆敷设位置排列好，规划出排列图表，按照图表进行施工。

2）施放电缆时，对于单端固定的托臂可以在地面上设置滑轮施放，放好后拿到托盘或梯架内；双吊杆固定的托盘或梯架内敷设电缆，应将电缆直接在托盘或梯架内安放滑轮施放，电缆不得直接在托盘或梯架内拖拉。

3）电缆沿桥架敷设时，应单层敷设，电缆与电缆之间可以无间距敷设，电缆在桥架内应排列整齐，不应交叉，并且敷设一根，整理一根，卡固一根。

4）垂直敷设的电缆每隔 1.5～2m 处应加以固定；水平敷设的电缆，在电缆的首尾两端、转弯及每隔 5～10m 处进行固定。对电缆在不同标高的端部也应进行固定。大于 45°倾斜敷设的电缆，每隔 2m 设一固定点。

5）电缆固定可以用尼龙卡带、绑线或电缆卡子进行固定。为了运行中巡视、维护和检修的方便，在桥架内电缆的首端、末端和分支处应设置标志牌。

6）电缆出入电缆沟、竖井、建筑物、柜（盘）、台处以及导管管口处等做密封处理。出入口、导管管口的封堵目的是防火、防小动物入侵、防异物跌入的需要，均是为安全供电而设置的技术防范措施。

7）在桥架内敷设电缆，每层电缆敷设完成后应进行检查；全部敷设完成后，经检验合格，才能盖上桥架的盖板。

（2）敷设质量要求。

1）在桥架内电力电缆的总截面（包括外护层）不应大于桥架有效横断面的 40%，控制电缆不应大于 50%。

2）电缆桥架内敷设的电缆，在拐弯处电缆的弯曲半径应以最大截面电缆允许弯曲半径为准，电缆敷设的弯曲半径与电缆外径的比值不应小于表 2-9 的规定。

表 2-9　电缆弯曲半径与电缆外径比值

电缆护套类型		电力电缆		控制电缆
		单芯	多芯	多芯
金属护套	铅	25	15	15
	铝	30	30	30
	皱纹铝套和皱纹钢套	20	20	20
非金属护套		20	15	无铠装 10
				有铠装 15

3）室内电缆桥架布线时，为了防止发生火灾时火焰蔓延，电缆不应用黄麻或其他易燃材料做外护层。

4）电缆桥架内敷设的电缆，应在电缆的首端、尾端、转弯及每隔 50m 处，设有编号、型号以及起止点等标记，标记应清晰齐全，挂装整齐无遗漏。

5）桥架内电缆敷设完毕后，应及时清理杂物，有盖的可盖好盖板，并且进行最后调整。

4. 电缆桥架送电试验

电缆桥架经检查无误时，可进行以下电缆送电试验：

（1）高压或低压电缆进行冲击试验。将高压或低压电缆所接设备或负载全部切除，刀闸开关处于断开位置，电缆线路进行在空载情况下送额定电压，对电缆线路进行三次合闸冲击试验，若不发生异常现象，经过空载运行合格，并且记录运行情况。

（2）半负荷调试运行。经过空载试验合格后，将继续进行半负荷试验。经过逐渐增加负荷至半负荷试验，并且观察电压、电流随负荷变化情况，并将观测数值记录好。

（3）全负荷调试运行。在半负荷调试运行正常的基础上，将全部负载全部投入运行，在 24h 运行过程中每隔 2h 记录一次运行电压、电流等情况，经过安装无故障运行调试后检验合格，即可办理移交手续，供建设单位使用。

2.1.4 电缆低压架空及桥梁上敷设

1. 电缆低压架空敷设

（1）适用条件。当地下情况复杂，不宜采用电缆直埋敷设，并且用户密度高、用户的位置和数量变动较大，今后需要扩充和调整以及总图无隐蔽要求时，可采用架空电缆。但是在覆冰严重地面不宜采用架空电缆。

（2）施工材料。架空电缆线路的电杆，应使用钢筋混凝土杆，采用定型产品，电杆的构件要求应符合国家标准。在有条件的地方，宜采用岩石的底盘、卡盘和拉线盘，应选择结构完整、质地坚硬的石料（例如花岗岩等），并进行强度试验。

（3）敷设要求。

1）电杆的埋设深度不应小于表 2 - 10 所列数值，即除 15m 杆的埋设深度不小于2.3m 外，其余电杆埋设深度不应小于杆长的 1/10 加 0.7m。

表 2 - 10　电杆埋设深度（m）

杆高	8	9	10	11	12	13	15
埋深	1.5	1.6	1.7	1.8	1.9	2	2.3

2）架空电缆线路应采用抱箍与不小于 7 根 ϕ3mm 的镀锌铁绞线或具有同等强度及直径的绞线作吊线敷设，每条吊线上宜架设一根电缆。

当杆上设有两层吊线时，上下两吊线的垂直距离不应小于 0.3m。

3）架空电缆与架空线路同杆敷设时，电缆应在架空线路的下面，电缆与最下层的架空线路横担的垂直间距不应小于 0.6m。

4）架空电缆在吊线上以吊钩吊挂，吊钩的间距不应大于 0.5m。

5）架空电缆与地面的最小净距不应小于表 2 - 11 所列数值。

表 2-11　架空电缆与地面的最小净距（m）

线路通过地区	线 路 电 压（kV）	
	高压	低压
居民区	6	5.5
非居民区	5	4.5
交通困难地区	4	3.5

2. 电缆在桥梁上敷设

1）木桥上敷设的电缆应穿在钢管中，一方面能加强电缆的机械保护，另一方面能避免因电缆绝缘击穿，发生短路故障电弧损坏木桥或引起火灾。

2）在其他结构的桥上，例如钢结构或钢筋混凝土结构的桥梁上敷设电缆，应在人行道下设电缆沟或穿入由耐火材料制成的管道中，确保电缆和桥梁的安全。在人不易接触处，电缆可在桥上裸露敷设，但是，为了不降低电缆的输送容量和避免电缆保护层加速老化，应有避免太阳直接照射的措施。

3）悬吊架设的电缆与桥梁构架之间的净距不应小于 0.5m。

4）在经常受到震动的桥梁上敷设的电缆，应有防震措施，以防止电缆长期受震动，造成电缆保护层疲劳龟裂，加速老化。

5）对于桥梁上敷设的电缆，在桥墩两端和伸缩缝处的电缆，应留有松弛部分。

2.1.5　电缆保护管敷设

当通过城市街道和建筑物间的电缆根数较多时，除了可采用架空明敷电缆或用桥架敷设电缆外，还可将一部分电缆敷设在保护管或排管内。有的地区，为了使室外地下电缆线路免受机械损伤、化学作用及腐殖物质等危害，也采用穿管敷设。

1. 电缆保护管的使用范围

在建筑电气工程中，电缆保护管的使用范围如下：

1）电缆进入建筑物、隧道，穿过楼板或墙壁的地方以及电缆埋设在室内地下时需穿保护管。

2）电缆从沟道引至电杆、设备，或者室内行人容易接近的地方、距地面高度 2m 以下的一段的电缆需装设保护管。

3）电缆敷设于道路下面或横穿道路时需穿管敷设。

4）从桥架上引出的电缆，或者装设桥架有困难以及电缆比较分散的地方，均采用在保护管内敷设电缆。

2. 电缆保护管的选用

目前，使用的电缆保护管种类包括钢管、铸铁管、硬质聚氯乙烯管、陶土管、混凝土管和石棉水泥管等。电缆保护管通常用金属管者较多，其中镀锌钢管防腐性能好，所以被普遍用作电缆保护管。

1）电缆保护钢管或硬质聚氯乙烯管的内径与电缆外径之比不得小于 1.5 倍。

2）电缆保护管不应有穿孔、裂缝和显著的凸凹不平，内壁应光滑。金属电缆保护管不应有严重锈蚀。

3）采用普通钢管作电缆保护管时，应在外表涂防腐漆或沥青（埋入混凝土内的管子可不涂）防腐层；采用镀锌管而锌层有剥落时，也应在剥落处涂漆防腐。

4）硬质聚氯乙烯管因质地较脆，不应用在温度过低或过高的场所。敷设时，温度不宜低于0℃，最高使用温度不应超过50～60℃。在易受机械碰撞的地方也不宜使用。若因条件限制必须使用，则应采用有足够强度的管材。

5）无塑料护套电缆尽可能少用钢保护管，当电缆金属护套和钢管之间有电位差时，容易因腐蚀导致电缆发生故障。

3. 电缆保护管的加工

无论是钢保护管还是塑料保护管，其加工制作均应符合下列规定：

1）电缆保护管管口处宜做成喇叭形，可以减少直埋管在沉降时，管口处对电缆的剪切力。

2）电缆保护管应尽量减少弯曲，弯曲增多将造成穿电缆困难，对于较大截面的电缆不允许有弯头。电缆保护管在垂直敷设时，管子的弯曲角度应大于90°，避免因积水而冻坏管内电缆。

3）每根电缆保护管的弯曲处不应超过3个，直角弯不应超过2个。当实际施工中不能满足弯曲要求时，可采用内径较大的管子或在适当部位设置拉线盒，以利电缆的穿设。

4）电缆保护管在弯制后，管的弯曲处不应有裂缝和显著的凹瘪现象，管弯曲处的弯扁程度不宜大于管外径的10%。若弯扁程度过大，将减少电缆管的有效管径，造成穿设电缆困难。

5）保护管的弯曲半径一般为管子外径的10倍，并且不应小于所穿电缆的最小允许弯曲半径，电缆的最小弯曲半径应符合表2-12的规定。

表2-12 电缆最小弯曲半径

电缆型式			多芯	单芯
控制电缆			10D	—
橡皮绝缘电力电缆	无铅包、钢铠护套		10D	
	裸铅包护套		15D	
	钢铠护套		20D	
聚氯乙烯绝缘电力电缆			10D	
交联聚乙烯绝缘电力电缆			15D	20D
油浸纸绝缘电力电缆	铅包		30D	
	铅包	有铠装	15D	20D
		无铠装	20D	—
自容式充油（铅包）电缆			—	20D

注：表中D为电缆外径。

6）电缆保护管管口处应无毛刺和尖锐棱角，防止在穿电缆时划伤电缆。

4．电缆保护管的连接

（1）电缆保护钢管连接。电缆保护钢管连接时，应采用大一级短管套接或采用管接头螺纹连接，用短套管连接施工方便，采用管接头螺纹连接比较美观。为了保证连接后的强度，管连接处短套管或带螺纹的管接头的长度，不应小于电缆管外径的2.2倍，均应保证连接牢固，密封良好，两连接管管口应对齐。

电缆保护钢管连接时，不宜直接对焊。当直接对焊时，可能在接缝内部出现焊瘤，穿电缆时会损伤电缆。在暗配电缆保护钢管时，在两连接管的管口处打好喇叭口再进行对焊，并且两连接管对口处应在同一管轴线上。

（2）硬质聚氯乙烯电缆保护管连接。对于硬质聚氯乙烯电缆保护管，常用的连接方法包括插接连接和套管连接两种。

1）插接连接。硬质聚氯乙烯管在插接连接时，先将两连接端部管口进行倒角，如图 2－12 所示，然后清洁两个端口接触部分的内、外面，若有油污则用汽油等溶剂擦净。接着，可将连接管承口端部均匀加热，加热部分的长度为插接部分长度的1.2～1.5倍，待加热至柔软状态后即将金属模具（或木模具）插入管中，待浇水冷却后将模具抽出。

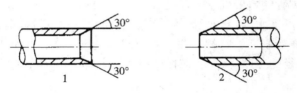

图 2－12　连接管管口加工

为了保证连接牢固可靠、密封良好，其插入深度宜为管子内径的 1.1～1.8 倍，在插接面上应涂以胶合剂粘牢密封。涂好胶合剂插入后，再次略加热承口端管子，然后急骤冷却，使其连接牢固，如图 2－13 所示。

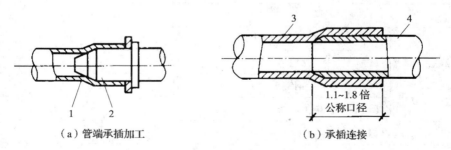

（a）管端承插加工　　　　　　　（b）承插连接

图 2－13　管口承插做法

1—硬质聚氯乙烯管；2—模具；3—阴管；4—阳管

2）套管连接。在采用套管套接时，套管长度不应小于连接管内径的1.5～3倍，套管两端应以胶合剂粘接或进行封焊连接。采用套管连接时，做法如图 2－14 所示。

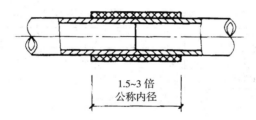

1.5~3 倍
公称内径

图 2-14 硬质聚氯乙烯管套管连接

5. 电缆保护管的敷设

（1）敷设要求。

1）直埋电缆敷设时，应按要求事先埋设好电缆保护管，待电缆敷设时穿在管内，以保护电缆避免损伤及方便更换和便于检查。

2）电缆保护钢、塑管的埋设深度不应小于 0.7m，直埋电缆当埋设深度超过 1.1m 时，可以不再考虑上部压力的机械损伤，即不需要再埋设电缆保护管。

3）电缆与铁路、公路、城市街道、厂区道路下交叉时应敷设于坚固的保护管内，通常多使用钢保护管，埋设深度不应小于 1m，管的长度除应满足路面的宽度外，保护管的两端还应两边各伸出道路路基 2m；伸出排水沟 0.5m；在城市街道应伸出车道路面。

4）直埋电缆与热力管道、管沟平行或交叉敷设时，电缆应穿石棉水泥管保护，并且应采取隔热措施。电缆与热力管道交叉时，敷设的保护管两端各伸出长度不应小于 2m。

5）电缆保护管与其他管道（例如水、石油、煤气管）以及直埋电缆交叉时，两端各伸出长度不应小于 1m。

（2）高强度保护管的敷设地点。在下列地点，需敷设具有一定机械强度的保护管保护电缆：

1）电缆进入建筑物以及墙壁处，保护管伸入建筑物散水坡的长度不应小于 250mm，保护罩根部不应高出地面。

2）从电缆沟引至电杆或设备，距地面高度 2m 及以下的一段，应设钢保护管保护，保护管埋入非混凝土地面的深度不应小于 100mm。

3）电缆与地下管道接近和有交叉的地方。

4）当电缆与道路、铁路有交叉的地方。

5）其他可能受到机械损伤的地方。

（3）明敷电缆保护管。

1）明敷的电缆保护管与土建结构平行时，通常采用支架固定在建筑结构上，保护管装设在支架上。支架应均匀布置，支架间距不宜大于表 2-13 中的数值，以免保护管出现垂度。

2）若明敷的保护管为塑料管，其直线长度超过 30m 时，宜每隔 30m 加装一个伸缩节，以消除由于温度变化引起管子伸缩带来的应力影响。

3）保护管与墙之间的净空距离不得小于 10mm；与热表面距离不得小于 200mm；交叉保护管净空距离不宜小于 10mm；平行保护管间净空距离不宜小于 20mm。

表 2－13   电缆管支持点间最大允许距离（mm）

电缆管直径	硬质塑料管	钢 管	
		薄壁钢管	厚壁钢管
20 及以下	1000	1000	1500
25～32	—	1500	2000
32～40	1500	—	—
40～50	—	2000	2500
50～70	2000	—	—
70 以上	—	2500	3000

4）明敷金属保护管的固定不得采用焊接方法。

（4）混凝土内保护管敷设。对于埋设在混凝土内的保护管，在浇筑混凝土前应按实际安装位置量好尺寸，下料加工。管子敷设后应加以支撑和固定，以防止在浇筑混凝土时受震而移位。保护管敷设或弯制前应进行疏通和清扫，通常采用铁丝绑上棉纱或破布穿入管内清除脏污，检查通畅情况，在保证管内光滑畅通后，将管子两端暂时封堵。

（5）电缆保护钢管顶过路敷设。当电缆直埋敷设线路时，其通过的地段有时会与铁路或交通频繁的道路交叉，由于不可能较长时间的断绝交通，所以常采用不开挖路面的顶管方法。

不开挖路面的顶管方法，即在铁路或道路的两侧各挖掘一个作业坑，一般可用顶管机或油压千斤顶将钢管从道路的一侧顶到另一侧。顶管时，应将千斤顶、垫块以及钢管放在轨道上用水准仪和水平仪将钢管找平调正，并且应对道路的断面有充分的了解，以免将管顶坏或顶坏其他管线。被顶钢管不宜作成尖头，以平头为好，尖头容易在碰到硬物时产生偏移。

在顶管时，为防止钢管头部变形并且阻止泥土进入钢管和提高顶管速度，也可在钢管头部装上圆锥体钻头，在钢管尾部装上钻尾，钻头和钻尾的规格均应与钢管直径相配套。也可以用电动机为动力，带动机械系统撞打钢管的一端，使钢管平行向前移动。

（6）电缆保护钢管接地。用钢管作电缆保护管时，若利用电缆的保护钢管作接地线时，要先焊好接地跨接线，再敷设电缆。应避免在电缆敷设后再焊接地线时烧坏电缆。

钢管有螺纹的管接头处，在接头两侧应用跨接线焊接。用圆钢做跨接线时，其直径不宜小于 12mm；用扁钢做跨接线时，扁钢厚度不应小于 4mm，截面积不应小于 $100mm^2$。

当电缆保护钢管采用套管焊接时，不需再焊接地跨接线。

2.1.6   电缆排管敷设

电缆排管多采用石棉水泥管、混凝土管以及陶土管等管材，适用于电缆数量不多而道路交叉较多，路径拥挤，又不宜采用直埋或电缆沟敷设的地段。电缆排管的保护效果较好，使电缆不易受到外部机械损伤，且不占用空间，运行可靠。

1. 电缆排管的敷设要求

1）电缆排管埋设时，排管沟底部地基应坚实、平整，不应有沉陷。若不符合要求，应对地基进行处理，并且夯实，以免地基下沉损坏电缆。

电缆排管沟底部应垫平夯实，并且铺以厚度不小于 80mm 厚的混凝土垫层。

2）电缆排管敷设应一次留足备用管孔数，当无法预计时，除考虑散热孔外，可留 10% 的备用孔，但是不应少于 1~2 孔。

3）电缆排管管孔的内径不应小于电缆外径的 1.5 倍，但是电力电缆的管孔内径不应小于 90mm，控制电缆的管孔内径不应小于 75mm。

4）排管顶部距地面不应小于 0.7m，在人行道下面敷设时，承受压力小，受外力作用的可能性也较小；若地下管线较多，埋设深度可浅些，但是不应小于 0.5m。在厂房内不宜小于 0.2m。

5）当地面上均匀荷载超过 100kN/m² 或排管通过铁路以及遇有类似情况时，必须采取加固措施，防止排管受到机械损伤。

6）排管在安装前应先疏通管孔，清除管孔内积灰杂物，并且应打磨管孔边缘的毛刺，防止穿电缆时划伤电缆。

7）排管安装时，应有不小于 0.5% 的排水坡度，并且在人孔井内设集水坑，集中排水。

8）电缆排管敷设连接时，管孔应对准，以免影响管路的有效管径，保证敷设电缆时穿设顺利。电缆排管接缝处应严密，不得有地下水和泥浆渗入。

9）电缆排管为便于检查和敷设电缆，在电缆线路转弯、分支、终端处应设人孔井。在直线段上，每隔 30m 以及在转弯和分支的地方也须设置电缆人孔井。

电缆人孔的净空高度不宜小于 1.8m，其上部人孔的直径不应小于 0.7m，如图 2-15 所示。

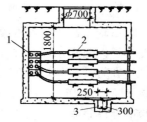

图 2-15 电缆排管人孔井坑断面图
1—电缆排管；2—电缆接头；3—集水坑

2. 石棉水泥管排管敷设

石棉水泥管排管敷设是利用石棉水泥管以排管的形式周围用混凝土或钢筋混凝土包封敷设。

（1）石棉水泥管混凝土包封敷设。石棉水泥管排管在穿过铁路、公路以及有重型车辆通过的场所时，应选用混凝土包封的敷设方式。

1）在电缆管沟沟底铲平夯实后，先用混凝土打好 100mm 厚底板，在底板上再浇注适当厚度的混凝土后，再放置定向垫块，并且在垫块上敷设石棉水泥管。

2）定向垫块应在管接头处两端 300mm 处设置。

3）石棉水泥管排放时，应注意使水泥管的套管以及定向垫块相互错开。

4）石棉水泥管混凝土包装敷设时，要预留足够的管孔，管与管之间的相互间距不应小于 80mm。若采用分层敷设时，应分层浇注混凝土并捣实。

（2）石棉水泥管钢筋混凝土包封敷设。对于直埋石棉水泥管排管，若敷设在可能发生位移的土壤中（例如流砂层、8 度及以上地震基本烈度区、回填土地段等），应选用钢筋混凝土包封敷设方式。

钢筋混凝土的包封敷设，在排管的上、下侧使用 φ16 圆钢，在侧面当排管截面高度大于 800mm 时，每 400mm 需设 $\phi12$ 钢筋一根，排管的箍筋使用 $\phi8$ 圆钢，间距为 150mm，如图 2 – 16 所示。当石棉水泥管管顶距地面不足 500mm 时，应根据工程实际另行计算确定配筋数量。

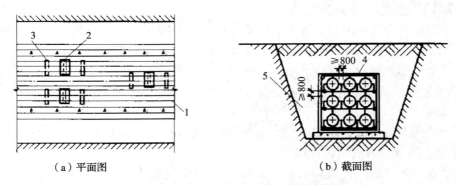

（a）平面图　　　　　　　　　（b）截面图

图 2 – 16　石棉水泥管钢筋混凝土包封敷设

1—石棉水泥管；2—石棉水泥套管；3—定向垫块；4—配筋；5—回填土

石棉水泥管钢筋混凝土包封敷设，在排管方向和敷设标高不变时，每隔 50m 须设置变形缝。石棉水泥管在变形缝处应用橡胶套管连接，并且在管端部缝隙处用沥青木丝板填充。在管接头处每隔 250mm 处另设置 $\phi20$ 长度为 900mm 的接头联系钢筋；在接头包封处设 $\phi25$ 长 500mm 套管，在套管内注满防水油膏，在管接头包封处，另设 $\phi6$ 间距 250mm 长的弯曲钢管，如图 2 – 17 所示。

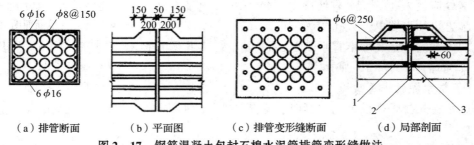

（a）排管断面　　　（b）平面图　　　（c）排管变形缝断面　　　（d）局部剖面

图 2 – 17　钢筋混凝土包封石棉水泥管排管变形缝做法

1—石棉水泥管；2—橡胶套管；3—沥青木丝板

（3）混凝土管块包封敷设。当混凝土管块穿过铁路、公路及有重型车辆通过的场所时，混凝土管块应采用混凝土包封的敷设方式，如图 2 – 18 所示。

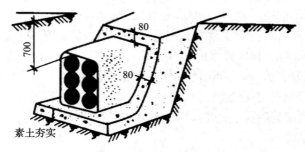

图 2 – 18　混凝土管块用混凝土包封示意图

混凝土管块的长度一般为400mm，其管孔的数量有2孔、4孔、6孔不等。现场较常采用的是4孔、6孔管块。根据工程情况，混凝土管块也可在现场组合排列成一定形式进行敷设。

1）混凝土管块混凝土包封敷设时，应先浇注底板，然后再放置混凝土管块。

2）在混凝土管块接缝处，应缠上宽为80mm、长度为管块周长加上100mm的接缝砂布、纸条或塑料胶粘布，以防止砂浆进入。

3）缠包严密后，先用1∶2.5水泥砂浆抹缝封实，使管块接缝处严密，然后在混凝土管块周围灌注强度不小于C10的混凝土进行包封，如图2－19所示。

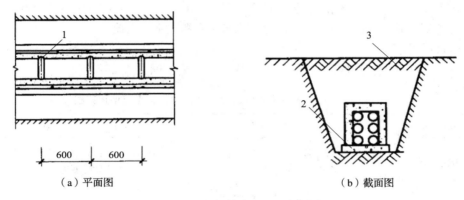

（a）平面图　　　　　　　　　　　　　（b）截面图

图2－19　混凝土管块混凝土包封敷设

1—接口处缠纱布后用水泥砂浆包封；2—C10混凝土；3—回填土

4）混凝土管块敷设组合安装时，管块之间上下左右的接缝处，应保留15mm的间隙，用1∶25水泥砂浆填充。

5）混凝土管块包封敷设，按照规定设置工作井，混凝土管块与工作井连接时，管块距工作井内地面不应小于400mm。管块在接近工作井处，其基础应改为钢筋混凝土基础。

3．电缆在排管内敷设

敷设在排管内的电缆，应按电缆选择的内容进行选用，或采用特殊加厚的裸铅包电缆。穿入排管中的电缆数量应符合设计规定。

电缆排管在敷设电缆前，为了确保电缆能顺利穿入排管，并且不损伤电缆保护层，应进行疏通，以清除杂物。清扫排管通常采用排管扫除器，把扫除器通入管内来回拖拉，即可清除积污并刮平管内不平的地方。此外，也可采用直径不小于管孔直径0.85倍、长度约为600mm的钢管来疏通，再用与管孔等直径的钢丝刷来清除管内杂物，以免损伤电缆。

在排管中拉引电缆时，应把电缆盘放在人孔井口，然后用预先穿入排管孔眼中的钢丝绳，把电缆拉入管孔内。为了防止电缆受损伤，排管管口处应套以光滑的喇叭口，人孔井口应装设滑轮。为了使电缆更容易被拉入管内，同时减少电缆和排管壁间的摩擦阻力，电缆表面应涂上滑石粉或黄油等润滑物。

2.1.7　电缆头制作

电缆敷设完成以后，其两端要剥出一定长度的线芯，以便分相与设备连接端子连接，做终端头；在电缆施工中，通常会由于电缆长度不够，需要将两根电缆的两端连接起来，这也需要做接头。电缆头制作，也是电缆施工中一项非常重要的工作。

1. 施工准备

（1）技术准备。在电缆终端头和电缆接头制作前，应熟悉电缆头制作的工艺要求和工艺参数；对于充油电缆，尚应熟悉相关事项以及真空工艺等有关规程的规定。

1）检查电缆附件部件和材料应与被安装的电缆相符。

2）检查安装工具，应齐全、完好，便于操作。

3）安装电缆附件前应先检验电缆是否受潮，是否受到损伤。检查方法如下：

用绝缘摇表摇测电缆每相线芯的绝缘电阻，1kV 及以下电缆应不小于 100MΩ，6kV 及以上电缆应不小于 200MΩ；或者做直流耐压试验测试泄漏电流。

（2）材料要求。

1）中低压挤包绝缘电缆附件的品种、特点及使用范围见表 2-14。

表 2-14　中低压挤包绝缘电缆附件的品种、特点及使用范围

品种	结构特征	适用范围
绕包式电缆附件	绝缘和屏蔽都是用带材（通常是橡胶自粘带）绕包而成的电缆附件	适用于中低压级挤包绝缘电缆终端和接头
热收缩式电缆附件	将具有电缆附件所需的各种性能的热缩管材、分支套和雨裙（户外终端）套装在经过处理后的电缆末端或接头处，加热收缩而形成的电缆附件	适用于中低压级挤包绝缘电缆和油浸纸绝缘电缆终端和接头
预制式电缆附件	利用橡胶材料，将电缆附件里的增强绝缘和半导电屏蔽层在工厂内模制成一个整体或若干部件，现场套装在经过处理后的电缆端或接头处而形成的电缆附件	适用于中压（6～35kV）级挤包绝缘电缆终端和接头
冷收缩式电缆附件	利用橡胶材料将电缆附件的增强绝缘和应力控制部件（若有的话）在工厂里模制成型，再扩径加支撑物。现场套在经过处理后的电缆末端或接头处，抽出支撑物后，收缩压紧在电缆上而形成的电缆附件	适用于中低压级挤包绝缘电缆终端和接头
浇铸式电缆附件	利用热固性树脂（环氧树脂、聚氨酯或丙烯酸酯）现场浇铸在经过处理后的电缆末端或接头处的模子或盒体内，固化后而形成的电缆附件	适用于中低压级挤包绝缘电缆和油浸纸绝缘电缆终端和接头

2）采用的附加绝缘材料除电气性能满足要求外，与电缆本体绝缘材料的硬度、膨胀系数、抗张强度和断裂伸长率等物理性能指标应接近。橡塑绝缘电缆应采用弹性大、粘接性能好的材料作附加绝缘。

3）不同牌号的高压绝缘胶或电缆油，不宜混合使用。若需混合使用时，应经过物理、化学以及电气性能试验，符合使用要求后方可混合。

（3）电缆验潮。对电缆进行验潮时，常采用清洁干净的工具将统包绝缘纸撕下几条进行检验。检验的方法包括以下三种：

1）用火柴点燃绝缘纸，若没有嘶嘶声或白色泡沫出现，表明绝缘未受潮。

2）将绝缘纸放在150~160℃的电缆油（若无电缆油，则可用100份变压器油及25~30份松香油的混合剂）或白蜡中，若无嘶嘶声或白色泡沫出现，表明绝缘未受潮。

3）用钳子把导电线芯松开，浸到150℃电缆油中，若有潮气存在，则同样会看到白色的泡沫或听到嘶嘶声。

经过检验，若发现有潮气存在，应逐步将受潮部分的电缆割除，一次切割量多少，视受潮程度决定。重复以上检验，直至没有潮气为止。

（4）施工作业条件。电缆头制作前，应先到预定的施工现场进行察看，以审视安装场地是否符合所需安装条件。若在地下水较多地区，中间接头沟的一端须挖一集水坑，并且备有小型水泵。

1）有较宽的操作场地，施工现场应干净，并且备有220V交流电源。

2）在土质较松地区，要预先放好接头基础板（混凝土板或防腐处理的方木），板长应比接头两端各长700~1000mm。

3）作业场所环境温度应在0℃以上，相对湿度应在70%以下，严禁在雨、雪、风天气中施工。

4）高空作业应搭好平台，在施工部位上方搭建好帐篷，防止灰尘侵入。

5）变压器、高低压开关柜、电缆均安装完毕，电缆绝缘合格。

2．电缆头的制作要求

1）电缆终端头或电缆接头制作工作，应由经过培训有熟练技巧的技工担任；或在前述人员的指导下进行工作。

2）在制作电缆终端头与电缆中间接头前应做好检查工作，并且符合下列要求：

①相位正确。

②绝缘纸应未受潮，充油电缆的油样应合格。

③所用绝缘材料应符合要求。

④电缆终端头与电缆中间接头的配件应齐全，并且符合要求。

3）室外制作电缆终端头和电缆中间接头时，应在气候良好的条件下进行，并且应有防止尘土和外来污染的措施。

在制作充油电缆终端头和电缆中间接头时，对周围空气的相对湿度条件应严格控制。

4）电缆头从开始剥切到制作完毕必须连续进行，一次完成，以免受潮。剥切电缆时不得伤及线芯绝缘。包缠绝缘时应注意清洁，防止杂质和潮气侵入绝缘层。

5）高压电缆在绕包绝缘时，与电缆屏蔽应有不小于5mm间隙；绕包屏蔽时，与电缆屏蔽应有不小于5mm的重叠。

绝缘纸（带）的搭叠应均匀，层间应无空隙和折皱。

6）电缆终端头的出线应保持必要的电气间距，其带电引上部分之间及至接地部分的距离应符合表2-15的规定。终端头引出线的绝缘长度应符合表2-16的规定。

表2-15　电缆头带电部分之间及至接地部分的距离

电　压（kV）		最小距离（mm）
户内	6	100
	10	125
户外	6~10	200

表2-16　电缆头引出线最小绝缘长度

电压（kV）	6	10
最小绝缘长度（mm）	270	315

7）电缆终端头、电缆中间接头的铅封工作应符合下列要求：

①搪铅时间不宜过长，在铅封未冷却前不得撬动电缆。

②铝护套电缆搪铅时，应先涂擦铝焊料。

③充油电缆的铅封应分两层进行，以增加铅封的密封性。铅封和铅套均应加固。

8）灌胶前，应将电缆终端头或电缆中间接头的金属（瓷）外壳预热去潮，避免灌胶后有空隙。环氧复合物应搅拌均匀，在浇灌时应小心，防止气泡产生。

9）电缆终端头、电缆中间接头以及充油电缆的供油管路均不应有渗漏。直埋电缆中间接头盒的金属外壳及电缆金属护套，均应做防腐处理。

对于象鼻式电缆终端头，应根据设计要求做好其防震措施。

10）单芯电缆护层保护器应密封良好，并且应装在不易接触、易观察的地方，否则，应装设防护遮拦。

11）充油电缆供油系统的安装应符合下列要求：

①供油系统与电缆间应装有绝缘管接头。

②表计应安装牢固，室外表计应有防雨措施；施工结束后应进行整定。

③调整压力油箱的油压，使其在任何情况下都不应超过电缆允许的压力范围。

12）控制电缆在下列情况下可有电缆接头，但是必须连接牢固，并且不应受到机械拉力：

①当敷设的长度超过其制造长度时。

②必须延长已敷设竣工的控制电缆时。

③当消除使用中的电缆故障时。

13）控制电缆终端头可采用干封或环氧树脂浇铸，制作方法同电力电缆终端头。其制作步骤如下：

①按实际需要长度，量出切割尺寸，打好接地卡子，即可剥去钢带和铅包。

②剥除铅包后，先将线芯间的填充物用刀割去，分开线芯，穿好塑料套管，在铅包切口处向上 30mm 一段线芯上，用聚氯乙烯带包缠 3~4 层，边包边涂聚氯乙烯胶，然后套上聚氯乙烯控制电缆终端套。

③套好聚氯乙烯终端套以后，其上口与线芯接合处再用聚氯乙烯带包缠 4~5 层，边包边刷聚氯乙烯胶。若在同一个配电柜内有许多控制电缆终端头，则应保持剥切高度一致，以利美观。

14) 电力电缆的终端头、电缆中间接头的外壳与该处的电缆金属护套及铠装层均应良好接地。接地线应采用铜绞线，其截面不宜小于 $10mm^2$。

单芯电力电缆金属护层的接地应按设计规定进行。

15) 电缆头固定应牢固，卡子尺寸应与固定的电缆相适应，单芯电缆、交流电缆不应使用磁性卡子固定，塑料护套电缆卡子固定时要加垫片，卡子固定后要进行防腐处理。

3. 电缆终端头制作

（1）低压塑料电缆终端头。低压塑料电缆终端头结构如图 2-20 所示，其制作方法如下：

1) 确定剖切尺寸。将电缆末端按规定尺寸固定好，留取的末端长度稍大于所规定的尺寸。

2) 剥除电缆护套。根据电压等级适当剥切电缆护套及布带（纸带），芯线中的黄麻应切除。分芯时应注意芯线的弯曲半径不应小于芯线直径（包括绝缘层）的 3 倍。

3) 套上分支手套。分支手套用于多芯电缆，其型号选择应依据电缆芯线数及电缆截面确定。在套分支手套时，可在其内层先包缠自粘性橡胶带，包缠的层数以手套套入时松紧合适为准。在手套外部的根部和指部，用自粘性橡胶带或聚氯乙烯胶粘带包缠防潮锥并密封。

4) 擦净芯线绝缘。用汽油或苯湿润的白布擦净芯线绝缘（必要时用锉刀或砂纸），但是橡皮绝缘电缆不可用大量溶剂擦洗，以免损坏绝缘。

5) 按要求连接接线端子。

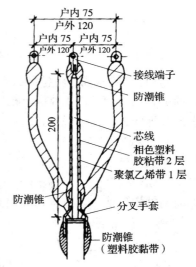

图 2-20 低压塑料电缆终端头

6) 包缠芯线绝缘。将电缆末端的绝缘削成圆锥形，然后用自粘性橡胶带包缠成防潮锥，0.5kV 电缆用聚氯乙烯胶粘带包缠。

7) 包缠芯线相色。用黄、绿、红三种颜色的聚氯乙烯胶粘带按相别从线端开始，经防潮锥向手套指部方向包缠，而后再从手套指部返回到线端。在分相色胶带外，还需用透明聚氯乙烯绝缘带包缠保护，以防相色褪色。

8) 加装防雨罩。3kV 户外电缆需加装防雨罩，在芯线末端距裸露芯线 70~80mm 处，用聚氯乙烯胶粘带包缠突起的防雨罩座，然后套上防雨罩，用自粘性橡胶带包缠并固定，再包缠相色聚氯乙烯胶粘带与透明聚氯乙烯绝缘带。

9) 按要求固定电缆头。

（2）10kV交联电力电缆热缩型终端头。传统的环氧树脂浇注式电缆终端头附件不能用于聚乙烯交联电缆，但是热缩型电缆终端头附件适用于油浸纸绝缘电缆，也适用于聚乙烯交联电缆，并取代了传统的制作工艺。其制作方法如下：

1）剥除内、外护套和铠装。电缆一端切割应整齐，并固定在制作架上。根据电缆终端头的安装位置至用电设备或线路之间的距离，确定剥切尺寸。外护套剥切尺寸（电缆端头至剖塑口的距离），一般要求户内为550mm，户外为750mm。在外护套断口以上30mm处用截面1.5mm²铜线扎紧，然后用钢锯沿外圆表面锯至铠装厚度的2/3，剥去至端部的铠装。从铠装断口以上留20mm，剥去至端部的内护层，割去填充物。如图2-21所示，并且将线芯分开成三叉形。

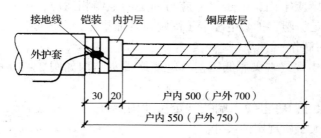

图2-21   10kV交联电缆终端头剥切尺寸

2）焊接接地线。将铠装打磨干净，刮净屏蔽层。将软铜编织带分成3股，分别在每相的屏蔽层上用截面1.5mm²铜线缠扎3圈并焊牢，再将软铜编织带与铠装焊牢，从下端引出接地线，以使电缆在运行中铠装及屏蔽层都良好接地。

3）固定三叉手套。线芯三叉处是制作电缆终端头的关键部位。先在三叉处包缠填充胶，使其呈橄榄形，最大直径应比电缆外径大15mm。填充胶受热后能与其相邻材料紧密黏结，以消除气隙，增强绝缘。套装三叉手套用液化气烤枪加热固定热缩手套时，应从中部向两端均匀加热，以利排除内部残留的气体。

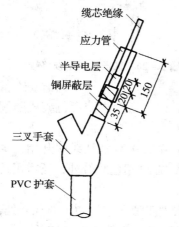

图2-22   热缩三叉手套和应力管安装

4）剥铜屏蔽层，固定应力管。如图2-22所示，从三叉手套指端以上35mm处用胶带临时固定，剥去至电缆端部的铜屏蔽层之后，便可看到灰黑色交联电缆的半导电保护层。在铜屏蔽层断口向上保留20mm半导电层，将其余剥除，并用四氯乙烯清洗剂擦净绝缘层表面。固定安装热缩应力管时，从铜屏蔽层切口向下量取20mm并作一记号，该点即为应力管的下固定点。用液化气烤枪沿底端四周均匀向上加热，使应力管缩紧固定，再用细砂布擦除应力管表面杂质。

5）压接接线端子和固定绝缘管。剥除电缆芯线顶端一段绝缘层，其长度约为接线端子孔深加5mm。将绝缘层削成"铅笔头"，并套入接线端子，用液压钳压接。在"铅笔头"处包绕填充胶，填充胶上部要搭盖住接线端子10mm，下部要填实线芯切削部分，使之成橄榄状，以密封端头。然后，将绝缘管分别从线芯套至三叉手套根部，上部应超过填充胶 10mm，以保证线端接口密封。再按上述方法加热固定后，套入密封管、相色管，经加热紧缩，即完成了户内热缩电缆头的制作。

对于户外热缩电缆头，在安装固定密封管和相色管之前，还须先分别安装固定三孔防雨裙和单孔防雨裙。

6）固定二三孔防雨裙和单孔防雨裙。将三孔防雨裙套装在三叉手套指根上方（即从三叉手套指根至三孔防雨裙孔上沿）100mm 处，第一个单孔防雨裙孔上沿距三孔防雨裙孔上沿 170mm，第二个单孔防雨裙孔上沿距第一个单孔防雨裙孔上沿 60mm。对各防雨裙分别加热缩紧固定后，套装密封管和相色管，再分别加热缩紧固定，即完成了室外电缆终端头的制作，如图 2-23 所示。

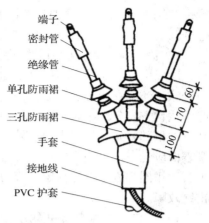

图 2-23　交联电缆热缩型户外终端头

（3）10kV 油浸纸绝缘电力电缆热缩型终端头制作。10kV 油浸纸绝缘电力电缆热缩型终端头附件包括聚氯四氟乙烯带、隔油管、应力管、耐油填充胶、三叉手套、绝缘管、密封管和相色管等，户外热缩型终端头还有三孔、单孔防雨裙。其制作方法如下：

1）剥麻被护层、铠装和内垫（护）层。电缆一端固定在制作架上，确定从电线端部到剖塑口的距离，一般户内取 660mm。户外取 760mm，并用截面 1.5mm² 铜线或钢卡在该尺寸处扎紧，剥去至端部的麻被护层，如图 2-24 所示。在麻被护层剖切口向上 50mm 处用钢带打一固定卡，并将铜编织带接地线卡压在铠装上，再剥去至端部的铠装。这时可见由沥青及绝缘纸构成的内垫层紧紧绕粘在铅包外表面，可用液化气烤枪加热铅包表面的沥青及绝缘纸，加热时应注意烘烤均匀，以免烧坏铅包。用非金属工具将沥青及绝缘纸等内垫层剥除干净。

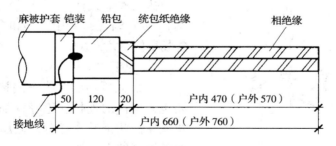

图 2-24　10kV 油浸纸绝缘电缆终端头剥切尺寸

2）焊接接地线，剥铅包，胀管。将内垫层剥除干净后，在铠装断口向上 120mm 段用锉刀打磨干净，作为铜编织带接地线焊区，用截面 1.5mm² 铜线将接地线缠绕 3 圈后焊牢。将距铠装断口 120mm 处至端部的铅包剥除，用胀管钎将铅包口胀成喇叭口，喇叭口应圆滑、无毛刺，其直径为铅包直径的 1.2 倍。从喇叭口向上沿统包纸绝缘层 20mm 处，用绝缘带缠绕 5～6 圈，以增加三叉根部的强度。用手撕去至端部的统包纸绝缘层，把线芯轻轻分开。

3）固定隔油管和应力管。电力电缆线芯部分的洁净度会影响电缆终端头的制作质量，所以应戴干净手套用四氯乙烯清洗剂清除线芯表面的绝缘油及其他杂质。为了改善应力分布，还应在线芯表面涂抹一层半导体硅脂，然后用耐油四氟带从三叉根部沿各线芯绝缘的绕包方向分别半叠绕包一层，以起阻油作用。套入隔油管至三叉根部，用液化气烤枪从三叉根部开始烘烤，先内后外、由下而上均匀加热，使隔油管收缩固定，收缩后的隔油管表面应光亮。将固定好的隔油管表面用净布擦干净后，距统包纸绝缘层 20mm 处套入应力管，用同样方法加热固定。应力管主要用来改善电场分布，使电场均匀，以免发生放电击穿故障。

4）绕包耐油填充胶和固定三叉手套。三叉口处制作是电缆终端头制作的关键。由于三叉口处易形成气隙，易发生绝缘击穿故障，所以须用耐油填充胶填充，受热后使其与相邻材料紧密粘结，以消除气隙和加强绝缘，同时还具有一定的堵油作用。在应力管下口到喇叭口下 10mm 处用填充胶绕包，再用竹签将线芯分叉口压满并填实。在喇叭口上部继续用填充胶绕包成橄榄状，使其最大直径约为电缆直径的 1.5 倍。套入三叉手套，应使指套根部紧靠三叉根部，可用布带向下勒压。加热时，先从三叉根部开始，待三叉根部一圈收紧后，再自下而上均匀加热使其全部缩紧。三叉手套用低阻材料制成，这样可使应力管与接地线有一良好的电气通路，也保证了电缆端部密封。

5）压接线端子和固定绝缘管。缆芯端部绝缘层剥除长度为接线端子孔深加 5mm。将绝缘层削成"铅笔头"，套入接线端头并用液压钳压接。用耐油填充胶在"铅笔头"处绕包成橄榄状，要求绕包住隔油管和接线端子各 10mm，以达到堵油和密封的效果。将绝缘管套至三叉口根部，上端应超过耐油填充胶 10mm，用同样方法由下而上均匀加热，使绝缘套管收缩贴紧，再套入密封管、相色管后，终端头即制作完成。

对于室外油浸式电缆终端头，还需安装固定三孔、单孔防雨裙，其安装固定方法与 10kV 交联电缆终端头的三孔、单孔防雨裙固定方法相同，如图 2-25 所示。此外，还有更为便捷的冷缩式橡塑型电缆头附件（QS2000 系列），使用时无须专用工具和热源，在易燃易爆等场所使用尤为方便。

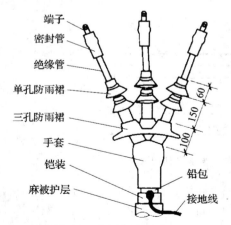

图 2-25　油浸纸绝缘电线
热缩型户外式终端头

4. 电缆中间接头制作

（1）低压塑料电缆中间接头。中间接头主要包括导体的连接、绝缘的加强、防水密封和机械保护几个基本部分。低压塑料电缆中间接头常用热缩管接头、硬塑料管接头、成形塑料管接头，以上接头内部都不加绝缘胶。制作时从开始剥切到制作完毕，必须连续进行，中间不得停顿，以免受潮。其制作方法如下：

1）根据接头盒、管的规格，按图 2-26 的尺寸，剥去电缆内外护层。

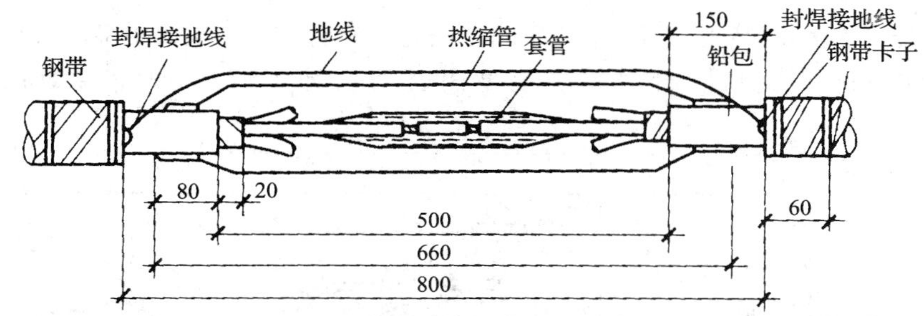

（a）热缩管接头

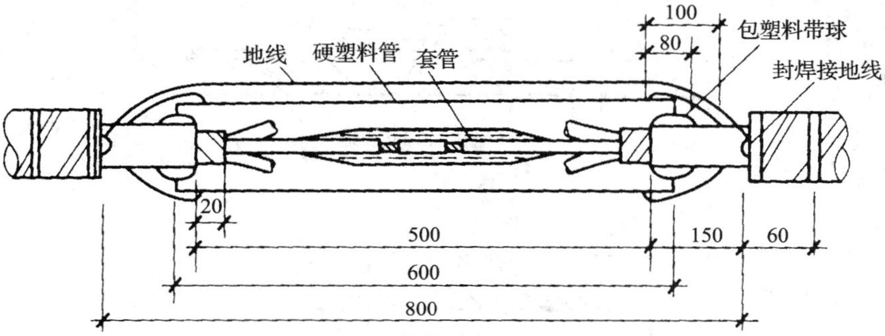

（b）塑料管接头

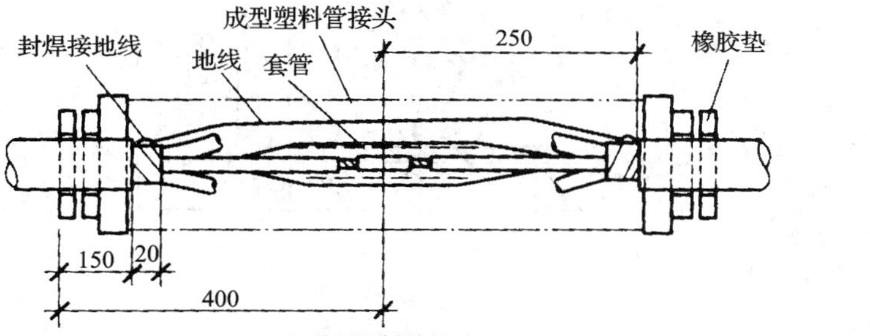

（c）成型塑料管接头

图 2-26　低压塑料电缆中间接头

2）电缆一侧用塑料布包封，套上接头套管。留 20mm，包缠布带，扎牢三芯根部。

3）根据接管长度，切去线芯绝缘。擦净线芯后，将线芯套上接管，进行压接。

4）按图 2-26 的长度，在线芯上包缠塑料带 2 层，接管上包缠 4 层，包缠长 200mm。

5）四芯中间加塑料带卷，使相间距离保持 10mm 后扎紧四芯。

6）按图 2-26（a）套上大于电缆直径 1 倍的热缩管，管内涂热熔胶后加热密封。加热时应特别注意加热时间和加热长度，并按一定方向转圈，不停地进行加热收缩，防止出现气泡和局部烧伤，以保证接头绝缘强度。按图 2-26（b）两端包缠塑料带后套入塑料管，再用塑料带封好，并涂胶合剂。按图 2-26（c）套入成型塑料管接头，用扳手上紧两端橡胶垫。

7）封焊接地线，并用钢带卡子压牢。

8）将接头用塑料布包缠两层后用塑料带扎紧，将接头放入水泥保护盒内或砌砖沟内加盖保护。如果是直埋电缆中间接头，制作完后外面还要浇一层沥青。

（2）高压电缆中间接头。高压电缆中间接头有铅套管式、环氧树脂浇注式、热缩式等。现以铅套管式中间接头为例，介绍 10kV 电缆中间接头各部分做法，如图 2-27 所示。

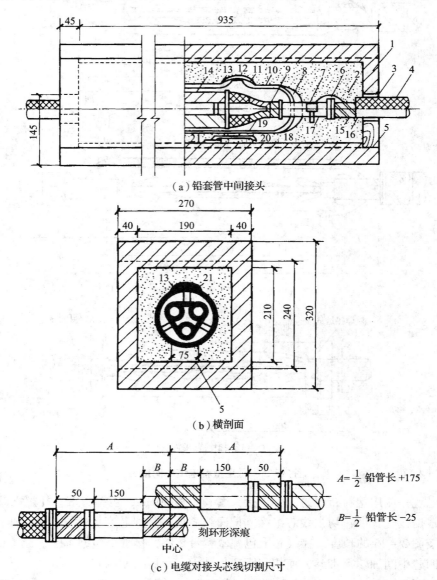

（a）铅套管中间接头

（b）横剖面

$A = \dfrac{1}{2}$ 铅管长 +175

$B = \dfrac{1}{2}$ 铅管长 −25

刻环形深痕

中心

（c）电缆对接头芯线切割尺寸

图 2-27　10kV 电缆中间接头及铅套管

1—混凝土保护盒；2—混凝土盒内上下均用细土填实；3—垫以沥青麻填料；4—电缆麻护层；

5—油浸木制端头堵；6—将钢带与铅包用铅焊接在一起；7—电源侧电缆封铅后，挂上接头铭牌；

8—封铅（铅65%＋锡35%）；9—统包绝缘外包油浸黑蜡布；10—铅套管；11—加剂孔封铅；12—加剂孔；

13—瓷隔板；14—相绝缘外缠油浸黑蜡布；15—电缆钢带保护层；16—用 1.0mm² 铜绑线 3 匝扎牢；

17—电缆铅皮；18—沥青绝缘剂；19—相绝缘外包油浸黑蜡布；20—铅管外涂三层热沥青，缠两层高丽纸；

21—用六层油浸白纱布带将三芯扎牢；A—中心至钢带的距离；B—中心至环形深痕的距离

1）铅套管。铅套管如图 2 - 28 所示，图中尺寸见表 2 - 17。

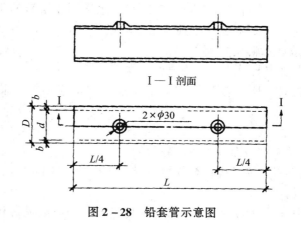

I—I 剖面

图 2 - 28　铅套管示意图

表 2 - 17　铅套管尺寸表

线芯截面（mm²）		铅套管尺寸（mm）			
10kV	6kV	D	d	b	L
16 ~ 25	16 ~ 50	96	90	3.0	500
35 ~ 50	70 ~ 95	106	100	3.0	500
70 ~ 120	120 ~ 150	116	110	3.0	550
150 ~ 185	185	132	125	3.5	550
240	240	132	125	3.5	600

2）电缆中间接头保护盒。电缆中间接头一般应设置在钢筋混凝土保护盒内，其外形如图 2 - 29 所示。

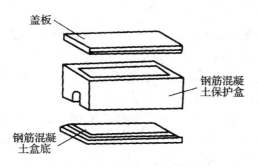

盖板

钢筋混凝土保护盒

钢筋混凝土盒底

图 2 - 29　电缆中间接头保护盒

2.1.8　电线、电缆连接与接线

1. 导线连接要求

1）接触紧密，接触电阻小，稳定性好；与同长度同截面导线的电阻比应大于 1。

2）接头的机械强度应不小于导线机械强度的80%。

3）对于铝与铝连接，若采用熔焊法，应防止残余熔剂或熔渣的化学腐蚀；对于铜与铝连接，主要防止电化腐蚀，在接头前后，要采取措施，避免这类腐蚀的存在。否则，在长期运行中，接头有发生故障的可能。

4）接头的绝缘强度应与导线的绝缘强度一样。

5）电缆芯线连接时，所用连接管和接线端子的规格应相符。采用焊锡焊接铜芯线时，不应使用酸性焊膏。

6）电缆线芯连接金具，应采用符合标准的连接管和接线端子，其内径应与电缆线芯紧密结合，间隙不应过大；截面宜为线芯截面的1.2～1.5倍。

采用压接时，压接钳和模具应符合规格要求。压接后，应将端子或连接管上的凸痕修理光滑，不得残留毛刺。

7）三芯电力电缆终端处的金属护层必须接地良好；塑料电缆每相铜屏蔽和钢铠应用焊锡焊接接地线。

2．导线绝缘层的剥切

导线绝缘层剥切方法，通常包括单层剥切法、分段剥法和斜削三种。单层剥法适用于塑料线；分段剥法适用于绝缘层较多的导线，例如橡胶线、铅皮线等；斜削法就是像削铅笔一样，如图2－30所示。

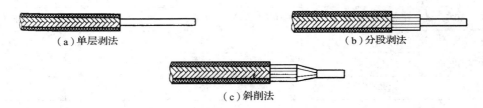

（a）单层剥法　　　　（b）分段剥法

（c）斜削法

图2－30　导线绝缘层剥切方法

3．铜、铝导线的连接

（1）铜导线连接。

1）导线连接前，为便于焊接，用砂布把导线表面残余物清除干净，使其光泽清洁。但是对表面已镀有锡层的导线，可不必刮掉，因它对锡焊有利。

2）单股铜导线的连接，包括绞接和缠卷两种方法，凡是截面较小的导线，通常多用绞接法；较大截面的导线，因绞捻困难，则多用缠卷法。

3）多股铜导线连接，包括单卷、复卷和缠卷三种方法，无论何种接法，均须把多股导线顺次解开成30°伞状，用钳子逐根拉直，并且用砂布将导线表面擦净。

4）铜导线接头处锡焊，方法因导线截面不同而不同。10mm²及以下的铜导线接头，可用电烙铁进行锡焊；在无电源的地方，可用火烧烙铁；16mm²及其以上的铜导线接头，则用浇焊法。

无论采用哪种方法，锡焊前，接头上均须涂一层无酸焊锡膏或天然松香溶于酒精中的糊状溶液。但是以氯化锌溶于盐酸中的焊药水不宜采用，因为它腐蚀铜导线。

（2）铝导线连接。铝导线与铜导线相比较，在物理、化学性能上有许多不同处。由于铝在空气中极易氧化，导线表面生成一层导电性不良并且难于熔化的氧化膜（铝本身的熔点为653℃，而氧化膜的熔点达到2050℃，而且比重也比铝大），当熔化时，它便沉积在铝液下面，降低了接头质量。因此，铝导线连接工艺比铜导线复杂，稍不注意，就会影响接头质量。

铝导线的连接方法很多，施工中常用的包括机械冷态压接、反应钎焊、电阻焊和气焊等。

4. 电缆导体的连接

1）要求连接点的电阻小而且稳定。连接点的电阻与相同长度、相同截面的导体的电阻的比值，对于新安装的终端头和中间接头，应不大于1；对于运行中的终端头和中间接头，比值应不大于1.2。

2）要有足够的机械强度（主要是指抗拉强度）。连接点的抗拉强度一般低于电缆导体本身的抗拉强度。对于固定敷设的电力电缆，其连接点的抗拉强度，要求不低于导体本身抗拉强度的60%。

3）要能够耐腐蚀。若铜和铝相接触，由于这两者金属标准电极电位差较大（铜为+0.345V；铝为−1.67V），当有电解质存在时，将形成以铝为负极、铜为正极的原电池，使铝产生电化腐蚀，从而使接触电阻增大。另外，由于铜铝的弹性模数和热膨胀系数相差很大，在运行中经多次冷热（通电与断电）循环后，会使接点处产生较大间隙而影响接触，从而产生恶性循环。所以，铜和铝的连接，是一个应该十分重视的问题。一般地说，应使铜和铝两种金属分子产生相互渗透。例如采用铜铝摩擦焊、铜铝闪光焊和铜铝金属复合层等。在密封较好的场合，若中间接头，可采用铜管内壁镀锡后进行铜铝连接。

4）要耐振动。在船用、航空和桥梁等场合，对电缆接头的耐振动性要求很高，往往超过了对抗拉强度的要求。这项要求主要通过振动（仿照一定的频率和振幅）试验后，测量接点的电阻变化来检验。即在振动条件下，接点的电阻仍应达到上述第1）项要求。

5. 电缆接线

（1）导线与接线端子连接。

1）10mm²及以下的单股导线，在导线端部弯一圆圈，直接装接到电气设备的接线端子上，注意线头的弯曲方向与螺栓（或螺母）拧入方向一致。

2）4mm²以上的多股铜或铝导线，由于线粗、载流大，在线端与设备连接时，均需装接铝或铜接线端子，再与设备相接，这样可避免在接头处产生高热，烧毁线路。

3）铜接线端子装接，可采用锡焊或压接方法。

①锡焊时，应先将导线表面和接线端子用砂布擦干净，涂上一层无酸焊锡膏，将线芯搪上一层焊锡，然后，把接线端子放在喷灯火焰上加热。当接线端子烧热时，把焊锡熔化在端子孔内，并且将搪好锡的线芯慢慢插入，待焊锡完全渗透到线芯缝隙中后，即可停止加热，使其冷却。

②采用压接方法时，将线芯插入端子孔内，用压接钳进行压接。铝接线端子装接，也可采用冷压接。

（2）导线与平压式接线桩连接。导线与平压式接线桩连接时，可根据芯线的规格采用以下操作方法：

1）单芯线连接。用螺钉或螺帽压接时，导线要顺着螺钉旋进方向紧绕一周后再旋紧（反方向旋绕在螺钉上，旋紧时导线会松出），如图2-31所示。

现场施工中，最好的方法是将导线绝缘层剥去后，芯线顺着螺钉旋紧方向紧绕一周，再旋紧螺钉，用手捏住导线头部（全线长度不宜小于40~60mm），顺时针方向旋转，线头即断开。

2）多芯铜软线连接。多股铜芯软线与螺钉连接时，可先将软线芯线做成羊眼圈状，挂锡后再与螺钉固定。也可将导线芯线挂锡后，将芯线顺着螺钉旋进方向紧绕一周，再围绕住芯线根部绕将近一周后，拧紧螺钉，如图2-32所示。

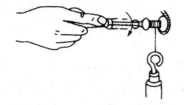

图2-31 导线在螺钉上旋绕　　　　图2-32 软线与螺钉连接

无论采用哪种方法，都要注意导线线芯根部无绝缘层的长度不能太长，根据导线粗细以1~3mm为宜。

（3）导线与针孔式接线桩连接。当导线与针孔式接线桩连接时，应把要连接的芯线插入接线桩头针孔内，线头露出针孔1~2mm。若针孔允许插入双根芯线，可把芯线折成双股后再插入针孔，如图2-33所示。若针孔较大，可在连接单芯线的针孔内加垫铜皮，或在多股线芯线上缠绕一层导线，以扩大芯线直径，使芯线与针孔直径相适应，如图2-34所示。

图2-33 用螺钉支紧的连接方法　　　　图2-34 针孔过大的连接方法

导线与针孔式接线桩头连接时，应使螺钉顶压更加平稳、牢固并且不伤芯线。若用两根螺钉顶压，则芯线线头必须插到底，使两个螺钉都能压住芯线，并应先拧牢前端的螺钉，后拧另一个螺钉。

（4）单芯导线与器具连接。单芯导线与专用开关、插座可采用插接法接线。单芯导线剥切时露出芯线长度为12~15mm，由接线桩头的针孔中插入后，压线弹簧片将导线芯线压紧，即完成接线的过程。

需要拔出芯线时，用小螺钉旋具插入器具开孔中，把导线拔出，芯线即可脱离，如图2-35所示。

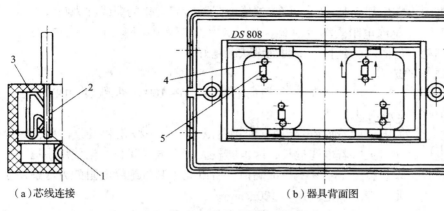

（a）芯线连接   （b）器具背面图

图 2 – 35　单芯线与器具连接

1—塑料单芯线；2—导电金属片；3—压线弹簧片；4—导线连接孔；5—螺钉旋具插入孔

2.1.9　线路绝缘测试

电缆终端和中间接头制作完毕后，应进行电气试验，以检验电缆施工质量。根据《电气装置安装工程电气设备交接试验标准》GB 50150—2006 的规定，应测量绝缘电阻、进行直流耐压试验、测量泄露电流以及电缆相位检查等。

1. 测量绝缘电阻

绝缘电阻是反映电力电缆绝缘特性的重要指标，它与电缆能够承受电击穿或热击穿的能力、绝缘中的介质损耗和绝缘材料在工作状态下的逐步劣化等，存在极为密切的关系。

测量绝缘电阻是检查电缆线路绝缘状况最简单、最基本的方法。通过测量绝缘电阻可以发现工艺中的缺陷，例如绝缘干燥不透或护套损伤受潮、绝缘受到污染和有导电杂质混入等。对于已投入运行的电缆，绝缘电阻是判断电缆性能变化的重要依据之一。

（1）绝缘电阻与电流的关系。当直流电压作用到介质上时，在介质中通过的电流 I 由泄漏电流 I_1、吸收电流 I_2、充电电流 I_3 三部分组成。各电流与时间的关系如图 2 – 36 （a）所示。

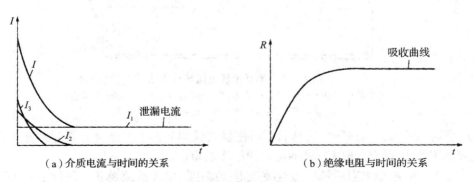

（a）介质电流与时间的关系   （b）绝缘电阻与时间的关系

图 2 – 36　介质电流和绝缘电阻与时间的关系

合成电流 I（$I = I_1 + I_2 + I_3$）随时间的增加而减小，最后达到某一稳定电流值。同时，介质的绝缘电阻由零增加到某一稳定值。绝缘电阻随时间变化的曲线称为吸收曲线，如图 2-36（b）所示。绝缘电阻受潮后，泄漏电流增大，绝缘电阻降低而且很快达到稳定值。绝缘电阻达到稳定值的时间越长，说明绝缘状况越好。

（2）兆欧表的选用。

1）兆欧表的选择。1kV 以下电压等级的电缆用 500~1000V 兆欧表；1kV 以上电压等级的电缆用 1000~2500V 兆欧表。

2）兆欧表的使用。测量绝缘电阻通常使用兆欧表。由于极化和吸收作用，绝缘电阻读测值与加电压时间有关。若电缆过长，因电容较大，充电时间长。当使用手摇式兆欧表摇测时，时间长，人易疲劳，不易测得准确值，所以此种测量绝缘电阻的方法适用于不太长的电缆，测量时兆欧表的额定转速为 120r/min。

新型兆欧表为非手摇式，内装电池，测试方便，不受电缆长度的限制。测量过程中，应读取加电压 15s 和 60s 时的绝缘电阻值 R15 和 R60，而 R60/R15 的比值称为吸收比。在同样测试条件下，电缆绝缘越好，吸收比值越大。

（3）绝缘电阻的测量。测量绝缘电阻的步骤以及注意事项如下：

1）试验前电缆要充分放电并且接地，方法是将电缆导体和电缆金属护套接地。

2）根据被试电缆的额定电压选择适当的兆欧表。

3）若使用手摇式兆欧表，应将兆欧表放置在平稳的地方，不接线空测，在额定转速下指针应指到"∞"；再慢摇兆欧表，将兆欧表用引线短路，兆欧表指针应指零。这样说明兆欧表工作正常。

4）测试前应将电缆终端套管表面擦净。兆欧表有三个接线端子：接地端子 E、屏蔽端子 G、线路端子 L。为了减小表面泄漏可这样接线：用电缆另一导体作为屏蔽回路，将该导体两端用金属软线连接到被测试的套管或绝缘上并缠绕几圈，再引接到兆欧表的屏蔽端子上，如图 2-37 所示。应注意，线路端子上引出的软线处于高压状态，不可拖放在地上，应悬空。

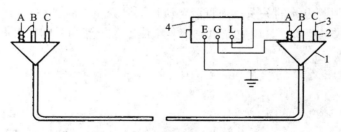

图 2-37　测量绝缘电阻接线方法

1—电缆终端；2—套管或绕包的绝缘；3—导体；4—500~2500V 兆欧表

A—第一相；B—第二相；C—第三相

5）手摇兆欧表，到达额定转速后，再搭接到被测导体上。通常在测量绝缘电阻的同时测定吸收比，所以应读取 15s 和 60s 时的绝缘电阻值。

6）每次测完绝缘电阻后都要将电缆放电、接地。电缆线路越长、绝缘状况越好，则接地时间越要长些，通常不少于 1min。

（4）对绝缘电阻值的要求。对电缆的绝缘电阻值通常不作具体规定，判断电缆绝缘情况应与原始记录进行比较，一般三相不平衡系数不应大于2.50。当手中无资料时，可参考表2-18。

表2-18　绝缘电阻试验参考值

额定电压（kV）	1	3	6~10
绝缘电阻值（MΩ）	10	200	400

由于温度对电缆绝缘电阻值有所影响，在做电缆绝缘测试时，应将气温、湿度等天气情况做好记录，以备比较时参考。该项试验宜在交接时或耐压试验前后进行。

2．直流耐压试验、测量泄露电流

直流耐压试验是电缆工程交接试验的最基本试验，也是判断电缆线路能否投入运行的最基本手段。在进行直流耐压试验的同时，要测量泄漏电流。

（1）试验方法。耐压试验包括交流和直流两种。电缆出厂时多进行交流耐压试验；但是电缆线路的预防性试验和交接试验，多采用直流耐压试验。其基本方法是在电缆绝缘上加上高于工作电压一定倍数的电压值，保持一定的时间，而不被击穿。耐压试验可以考核电缆产品在工作电压下运行的可靠程度和发现绝缘中的严重缺陷。

在进行直流耐压的同时，还应进行泄漏电流测量，其试验方法与直流耐压试验是一致的。泄漏电流试验也是直流耐压试验的一部分。

（2）试验时间。除了在交接验收或重包电缆头时进行该项试验外，运行中的电缆，对发、变、配电所的出线电缆段每年进行1次，其他三年进行1次。

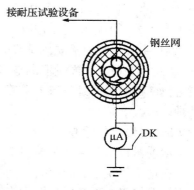

（3）试验接线与电压。采用直流耐压试验时，电缆线芯通常是接负极。因为如接正极，若绝缘中有水分存在，将会因渗性作用使水分移向电缆护层，结果使缺陷不易发现。当线芯接正极时，击穿电压较接负极时约高10%，这与绝缘厚度、温度以及电压作用时间都有关系。

电缆直流耐压试验时，其试验接线如图2-38所示，试验电压标准见表2-19。

图2-38　电力电缆直流耐压和
直流泄漏试验接线

表2-19　电缆直流耐压试验表

标　　准　＼　电缆类型及额定电压（kV）	粘油纸绝缘	不滴流油浸纸绝缘		橡胶、塑料绝缘	
	3~10	6	10	6	10
试验电压（V）	6	5	3.5	4	3.5
试验时间（min）	10	5	5	15	15

（4）试验设备的选取。电缆进行直流耐压和泄漏试验时，应根据线路的试验电压，选用适当的试验设备。有条件时应优先采用成套的直流高压试验设备，进行直流耐压和泄漏试验。

成套设备可选用 JGS 型晶体管直流高压试验器，该试验器体积小，重量较轻，适用于现场试验应用。JGS 型试验器在使用前，应先检验操作箱和倍压箱是否完好和清洁，连接插销和导线不应有断线和短路现象。然后将操作箱和倍压箱间用专用插销线牢固连接好，在操作箱背部红色接线柱上接好接地线；把操作箱的电压、电流表挡位扳到所需位置，调节电压旋钮旋至零位，电源开关和启动按钮均应在关断位置，过电压保护整定旋钮顺时针拧到最大位置。检查好交流电源电压确认为 220V 以后，插上电源插销，准备进行试验。

（5）试验操作。在实际操作中，直流耐压试验和直流泄漏试验可以同时进行。

1）做直流耐压和测量泄漏电流时，应断开电缆与其他设备的一切连接线，并且将各电缆线芯短路接地，充分放电 1~2min。

2）在电缆线路的其他端头处应加挂警告牌或派人看守，以防他人接近，在试验地点的周围做好防止闲人接近的措施。

3）试验时，试验电压可分 4~6 段均匀升压，每段停留 1min，并且读取泄漏电流值，然后逐渐降低电压，断开电源，用放电棒对被试电缆芯进行放电。

试完一相后，依上述步骤对其余两相缆芯进行试验。

4）泄漏电流对黏性油浸纸绝缘电缆，其三相不平衡系数不大于 2。当额定电压为 10kV 及其以上电缆的泄漏电流小于 20μA 及 6kV 及其以下电缆泄漏电流小于 10μA 时，其不平衡系数可不作规定。橡胶、塑料绝缘电缆的不平衡系数也可不作要求。

5）电力电缆直流耐压试验应符合表 2-19 要求。表中 V 为标准电压等级的电压。

6）试验时，若发现泄漏电流很不稳定，或泄漏电流随试验电压升高而急剧上升；泄漏电流随试验时间延长有上升等现象，电缆绝缘可能有缺陷，应找出缺陷部位，并且予以处理。

3. 电缆相位检查

电缆敷设后两端相位应一致，特别是并联运行中的电缆更为重要。

在电力系统中，相序与并列运行、电动机旋转方向等直接相关。若相位不符，会产生以下几种结果，严重时送电运行即发生短路，造成事故。

1）当通过电缆线路联络两个电源时，相位不符合会导致无法合环运行。

2）由电缆线路送电至用户时，若两相相位不对会使用户的电动机倒转。三相相位接错会使有双路电源的用户无法并用双电源；对只有一个电源的用户，在申请备用电源后，会产生无法作备用的后果。

3）用电缆线路送电至电网变压器时，会使低压电网无法合环并列运行。

4）两条及以上电缆线路并列运行时，若其中有一条电缆相位接错，会产生推不上开关的恶果。

电力电缆线路在敷设完毕与电力系统接通之前，必须按照电力系统上的相位标志进行核对。电缆线路的两端相位应一致并与电网相位相符合。

检查相位可用图 2 - 39 的方法，其中图 2 - 39 （a）是用绝缘电阻表测试。当绝缘电阻表接通时，则表示是同一相，否则就另换一相再试。每相都要试一次，做好标记。图 2 - 39 （b）是用 12 ~ 220V 单相交流电的火线接到电灯处，灯亮表示同相；不亮则另换一相再试，也是每相都要测试。

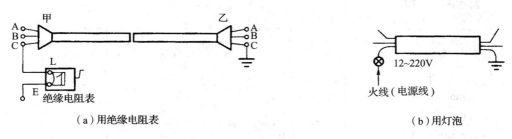

（a）用绝缘电阻表   （b）用灯泡

图 2 - 39　电缆相位检查方法

2.2　配　线　工　程

2.2.1　室内配线工程基本知识

1. 室内配线的概念

敷设在建筑物、构筑物内的配线统称为室内配线。

根据房屋建筑结构及要求的不同，室内配线分为明配和暗配两种，明配指导线直接或穿管、线槽等敷设于墙壁、顶棚的表面及桁架等处；暗配指导线穿管、线槽等敷设于墙壁、顶棚、地面及楼板等处的内部。

配线方法包括瓷瓶配线、槽板配线、线槽配线、塑料护套线配线、线管配线、钢索配线等。

2. 室内配线的基本要求

室内配线工程的施工应按已批准的设计进行，并且在施工过程中严格执行《建筑电气工程施工质量验收规范》GB 50303—2002，保证工程质量。室内配线工程施工，首先应当符合对电气装置安装的基本要求，即安全、可靠、经济、方便、美观。配线工程施工应使整个配线布置合理、整齐、安装牢固，所以要求在整个施工过程中，严格按照技术要求，进行合理的施工。

室内配线工程施工应符合以下一般规定：

1）所用导线的额定电压应大于线路的工作电压。导线的绝缘应当符合线路的安装方式和敷设环境条件。导线截面应当能满足供电质量和机械强度的要求，不同敷设方式导线线芯允许最小截面见表 2 - 20 所列数值。

2）导线敷设时，应尽量避免接头。因为常由于导线接头质量不好而造成事故。若必须接头时，应采用压接或焊接，并且应将接头放在接线盒内。

3）导线在连接和分支处，不应当受机械力的作用，导线与电器端子的连接要牢靠压实。

表 2－20　不同敷设方式导线线芯允许最小截面（mm²）

敷设方式	线芯最小截面		
	铜芯软线	铜线	铝线
敷设在室内绝缘支持件上的裸导线	—	2.5	4
2m 及以下	—	—	—
室内	—	1.0	2.5
室外	—	1.5	2.5
6m 及以下	—	2.5	4
12m 及以下	—	2.5	6
穿管敷设的绝缘导线	1.0	1.0	2.5
槽板内敷设的绝缘导线	—	1.0	2.5
塑料护套线明敷	—	1.0	2.5

4）穿入保护管内的导线，在任何情况下都不能有接头，必须接头时，应当把接头放在接线盒、开关盒或灯头盒内。

5）各种明配线应垂直盒水平敷设，并且要求横平竖直，一般导线水平高度距地不应小于 2.5m，垂直敷设不应当低于 1.8m，否则应加管槽保护，以防机械损伤。

6）明配线穿墙时应当采用经过阻燃处理的保护管保护，穿过楼板时应用钢管保护，其保护高度与楼面的距离不得小于 1.8m，但在装设开关的位置，可与开关高度相同。

7）入户线在进墙的一段应当采用额定电压不低于 500V 的绝缘导线；穿墙保护管的外侧应有防水弯头，且导线应弯成滴水弧状后才能引入室内。

8）电气线路经过建筑物、构筑物的沉降缝处，应当装设两端固定的补偿装置，导线应留有余量。

9）配线工程施工中，电气线路与管道的最小距离应当符合表 2－21 的规定。

表 2－21　电气线路与管道的最小距离（mm）

管道名称	配线方式		穿管配线	绝缘导线明配线	裸导线配线
蒸汽管	平行	管道上	1000	1000	1500
		管道下	500	500	1500
	交叉		300	300	1500
暖气管热水管	平行	管道上	300	300	1500
		管道下	200	200	1500
	交叉		100	100	1500
通风、给水排水及压缩空气管	平行		100	200	1500
	交叉		50	100	1500

注：1　蒸汽管道，当在管外包隔热层后，上下平行距离可减至 200mm。

　　2　暖气管、热水管应设隔热层。

　　3　应在裸导线处加装保护网。

10）配线工程施工结束后，应当将施工中造成的建筑物、构筑物的孔、洞、沟、槽等修补完整。

3．室内配线的施工程序

1）定位画线。根据施工图样，确定电器安装位置、导线敷设途径以及导线穿过墙壁和楼板的位置。

2）预埋预留。在土建抹灰前，把配线所有的固定点打好孔洞，埋设好支持构件，但是最好是在土建施工时配合土建搞好预埋预留工作。

3）装设绝缘支持物、线夹、支架或保护管。

4）敷设导线。

5）安装灯具及电气设备。

6）测试导线绝缘，连接导线。

7）校验、自检、试通电。

2.2.2 槽板配线

槽板配线就是把绝缘导线敷设在槽板底板或者盖板的线槽中，上部再用盖板把导线盖住。多适用于相对湿度在60%以下的干燥房屋中，例如生活间、办公室内明配敷设等。

1．槽板的选用

电气工程中，常用的槽板有两种：木槽板和塑料槽板。

（1）木槽板。木槽板的线槽有双线、三线两种，其规格和外形如图2-40所示。木槽板应当使用干燥、坚固、无劈裂的木材制成。木槽板的内外均应光滑、无棱刺，且还应经阻燃处理，应当涂有绝缘漆和防火涂料。

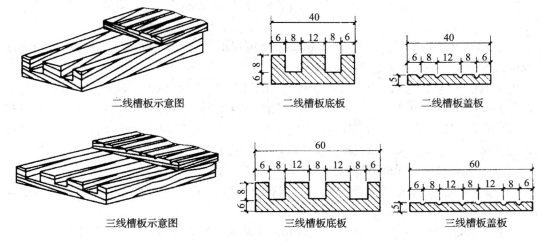

二线槽板示意图　　二线槽板底板　　二线槽板盖板

三线槽板示意图　　三线槽板底板　　三线槽板盖板

图2-40　二线、三线槽板示意图

槽板布线时，应根据线路每段的导线根数，选用合适的双线槽或者三线槽的槽板。

（2）塑料槽板。塑料槽板应无扭曲变形现象，其内外表面应光滑无棱刺、无脆裂，并应经过阻燃处理，表面上应有阻燃标识。

目前，应用最广的塑料槽板为聚氯乙烯塑料电线槽板。此种槽板耐酸、耐碱、耐油，电气绝缘的性能好，其主要技术数据：

1）工作温度：≤50℃。

2）规格：双线、三线（图2-40）。

3）击穿电压：14kV/mm。

4）色泽：白色，其他色可与厂家商定。

5）附件：接线盒，半圆弧、90°阴角、90°平头、90°阳角收线接尾。

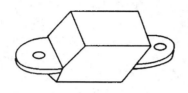

图2-41　槽板用接线盒

（3）槽板用接线盒。槽板配线使用专用接线盒，如图2-41所示。此种接线盒分木槽板用接线盒和塑料槽板用接线盒。两种接线盒的不同点主要是几何尺寸不同，都以槽的横断面尺寸来决定。用于槽板的"T"形接头处，只需要将接线盒的一侧开一个与槽板横断面相符的缺口即可。

这种槽板接线盒，通常用自熄性塑料制成，颜色为白色。

2．槽板安装

（1）安装要求。

1）槽板一般用于干燥较隐蔽的场所，导线截面积不大于10mm²；排列时应当紧贴着建筑物，整齐、牢靠，表面色泽均匀，无污染。

2）木槽板线槽内应当涂刷绝缘漆，与建筑物接触部分应涂防腐漆。

3）线槽不要太小，以避免损伤芯线。线槽内导线间的距离不小于12mm，导线与建筑物和固定槽板的螺钉之间应当有不小于6mm的距离。

4）槽板不要设在顶棚和墙壁内，亦不能穿越顶棚和墙壁。

5）槽板配线和绝缘子配线接续外，由槽板端部起300mm以内的部位，须要设绝缘子固定导线。

6）槽板底板固定间距不得大于500mm，盖板间距不应大于300mm，底板、盖板距起点或终点50mm与30mm处应当加以固定。

底板宽狭槽连接时应对口；分支接口应当做成T字三角叉接；盖板接口和底板接口应错开，距离不小于100mm；盖板无论在直接段和90°转角时，接口都应锯成45°斜口连接；直立线段槽板应用双钉固定；木槽板进入木台时，应当伸入台内10mm；穿过楼板时，应有保护管，并且离地面高度大于1200mm；穿过伸缩缝处，应使用金属软保护管作补偿装置，端头固定，管口进槽板。

（2）槽板定位划线。槽板配线施工，应在室内装修工程结束后进行，槽板安装前应当选行定位画线。

槽板布线定位划线时，应根据设计图纸，并且结合规范的相关规定，确定较为理想的线路布局。定位时，槽板应当紧贴在建筑物的表面上，排列整齐、美观，并应尽可能沿房屋的线脚、横梁、墙角等较隐蔽的部位敷设，且与建筑物的线条平行或垂直。槽板在水平敷设时，至地面的最小距离不应小于2.5m；垂直敷设时，不应小于1.8m。

为使槽板布线线路安装得整齐、美观，可以用粉线袋沿槽板水平和垂直敷设路径的一侧弹浅色粉线。

（3）槽板底板的固定。槽板布线应先固定槽板底板。可按照不同的建筑结构及装饰材料，采用不同的固定方法：

在木结构上，槽板底板可以直接用木螺丝或者钉子固定；在灰板条墙或顶棚上，可用木螺丝将底板钉在木龙骨上或龙骨间的板条上。在砖墙上，可用木螺丝或钉子把槽板底板固定在预先埋设好的木砖上，也可以用木螺丝将其固定在塑料胀管上。在混凝土上，可用水泥钉或塑料胀管固定。

无论何种方法，槽板应当在距底板端部 50mm 处加以固定，三线槽槽板应交错固定或用双钉固定，且固定点不应当设在底槽的线槽内。特别是固定塑料槽板时，底板与盖板不能颠倒使用。盖板的固定点间距小应于 300mm，在离终点（或起点）30mm 处，均应固定。

（4）槽板连接。由于每段槽板的长度各有不同，在整条线路上，不能各段都一样，尤其在槽板转弯和端部更为明显，同时，还受到建筑物结构的限制。

1）槽板对接。槽板底板对接时，接口处底板的宽度应当一致，线槽要对准，对接处斜角角度为 45°，接口应紧密，如图 2-42（a）所示。在直线段对接时，两槽板应在同一条直线上，其盖板对接如图 2-42（b）所示。底板与盖板对接时，底板与盖板均应锯成45°角，以斜口相接。拼接要紧密，底板的线槽要对正；盖板与底板的接口应错开，并且错开距离不小于 20mm，如图 2-42（c）所示。

（a）底板对接 （b）盖板对接 （c）底板与盖板拼接

图 2-42 槽板对接图

2）拐角连接。槽板在转角处应呈 90°角，连接时，可以将两根连接槽板的端部各锯成 45°斜口，并把拐角处线槽内侧削成圆弧状，以防碰伤电线绝缘，如图 2-43 所示。

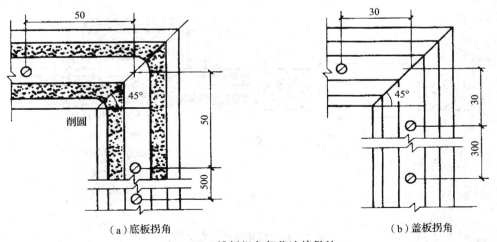

（a）底板拐角 （b）盖板拐角

图 2-43 槽板拐角部位连接做法

3）分支拼接。在槽板分支处做"T"字接法时，在分支处应当把底板线槽中部分用小锯条锯断铲平，让导线能在线槽中无阻碍地通过，如图2-44所示。

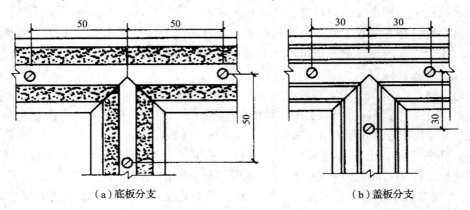

（a）底板分支　　　　　　　　（b）盖板分支

图2-44　槽板分支拼接做法

4）槽板封端。槽板在封端处应全斜角。在加工底板时应当将底板坡向底部锯成斜角。线槽与保护管呈90°连接时，可在底板端部适当位置上钻孔和保护管进行连接，把保护管压在槽板内，槽板盖板的端部也应当呈斜角封端。

3．槽板配线施工

（1）导线敷设要求。

1）槽板内敷设导线应一槽一线，同一条槽板内只应当敷设同一回路的导线，不准嵌入不同回路的导线。在宽槽内应当敷设同一相位导线。

2）导线在穿过楼板或墙壁（间壁）时，应当用保护管保护；但穿过楼板必须用钢管保护，其保护高度距地面不应低于1.8m，若在装设开关的地方，可到开关的所在位置。保护管端伸出墙面10mm。

3）导线在槽板内不得有接头或受挤压；接头应当设在接线盒内。

4）导线接头应使用塑料接线盒（如图2-45所示）进行封盖。

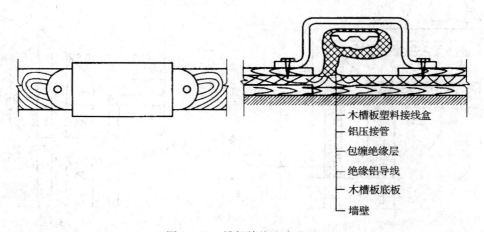

木槽板塑料接线盒
铝压接管
包缠绝缘层
绝缘铝导线
木槽板底板
墙壁

图2-45　槽板接线盒安装图

5）导线在槽板内不得有接头或受挤压，接头应当设在槽板外面的接线盒内（如图2-46所示）或电器内。

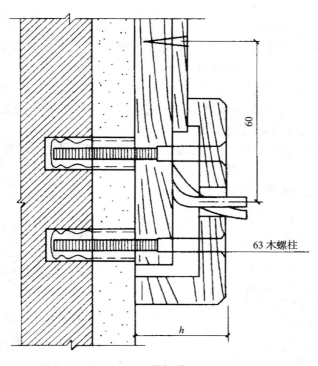

图2-46 槽板进入木台

6）槽板配线不要直接与各种电器相接，应通过底座（如木台，也叫做圆木或方木）后，再与电器设备相接。底座应当压住槽板端部，做法如图2-47所示。

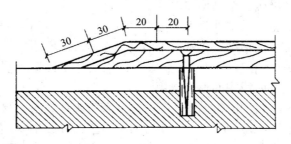

图2-47 槽板封端做法

7）导线在灯具、开关、插座及接头处，应留有余量，通常以100mm为宜。配电箱、开关板等处，则可按实际需要留出足够的长度。

8）槽板在封端处的安装是将底部锯成斜口，盖板按照底板斜度折覆固定，如图2-47所示。

9）跨越变形缝。槽板跨越建筑物变形缝处应断开，导线应当加套软管，并留有适当裕度，保护软管与槽板结合应严密。

（2）铜导线连接。单芯铜导线的连接可采用绞接法，绞接长度不要小于 5 圈。连接前先将铜线拉直，用砂布将接头打磨以便连接后涮锡。连接完后应当包缠绝缘胶布。连接方法如图 2-48 所示。

（3）单芯铝导线冷压接。

1）用电工刀或剥线钳削去单芯铝导线的绝缘层，并且消除裸铝导线上的污物和氧化铝，使其露出金属光泽。铝导线的削光长度视配用的铝套管长度而定，通常约为 30mm。

2）削去绝缘层后，铝线表面应光滑，不允许有折叠、气泡和腐蚀点，以及超过允许偏差的划伤、碰伤、擦伤和压陷等缺陷。

3）按预先规定的标记分清相线、零线和各回路，将所需连接的导线拼拢并绞扭成合股线，如图 2-49 所示，但是不能扭结过度。然后，应及时在多股裸导线头子上涂一层防腐油膏，以避免裸线头子再度被氧化。

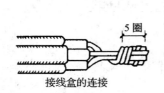

图 2-48　铜单芯导线接线盒
内连接图

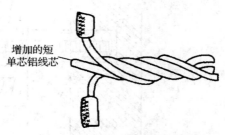

图 2-49　单芯铝导线槽板配线
裸线头拼拢绞扭图

4）对单芯铝导线压接用铝套管要进行检查：

①要有铝材材质资料。

②铝套管要求尺寸准确，壁厚均匀一致。

③套管管口光滑平整，且内外侧无毛边、毛刺，端面应当垂直于套管轴中心线。

④套管内壁应清洁，无污染，否则应当清理干净后方准使用。

5）将合股的线头插入检验合格的铝套管，让铝线穿出铝套管端头 1～3mm。套管应依据单芯铝导线拼拢成合股线头的根数选用。

6）根据套管的规格，使用相应的压接钳对铝套管施压。每个接头可以在铝套管同一边压三道坑（如图 2-50 所示），一压到位，若 φ8mm 铝套管施压后窄向为 6～

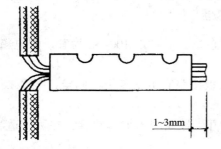

图 2-50　单芯铝导线接头同向压接图

6.2mm。压坑中心线必须在纵向同一直线上。一般情况下，尽可能采用正反向压接法，且正反向相差 180°，不得随意错向压接，如图 2-51 所示。

7）单芯铝导线压接后；在缠绕绝缘带之前，应当对其进行检查。压接接头应当到位，铝套管没有裂纹，三道压坑间距应当一致，抽动单根导线没有松动的现象。

图 2 –51　单芯铝导线接头正反向压接图

8）根据压坑数目以及深度判断铝导线压接合格后，恢复裸露部分绝缘，包缠绝缘带两层，绝缘带包缠应当均匀、紧密，不露裸线及铝套管。

9）在绝缘层外面再包缠黑胶布或者聚乙烯薄膜粘带等两层，采取半叠包法，并应将绝缘层完全遮盖，黑胶布的缠绕方向和绝缘带缠绕方向一致。

整个绝缘层的耐压强度不应低于绝缘导线本身绝缘层的耐压强度。

10）将压接接头用塑料接线盒封盖。

2.2.3　线槽配线

1. 线槽的分类及应用

在建筑电气工程中，常用的线槽有金属线槽和塑料线槽两种。

（1）金属线槽。金属线槽配线一般适用于正常环境的室内场所明敷。因金属线槽多由厚度为 0.4～1.5mm 的钢板制成，其构造特点决定了在对金属线槽有严重腐蚀的场所不应当采用金属线槽配线。具有槽盖的封闭式金属线槽，具有与金属导管相当的耐火性能，可用在建筑物顶棚内敷设。

为适应现代化建筑物电气线路复杂多变的需要，金属线槽也可以采取地面内暗装的布线方式。它是将电线或者电缆穿在经过特制的壁厚为 2mm 的封闭式矩形金属线槽内，直接敷设在混凝土地面、现浇钢筋混凝土楼板或者预制混凝土楼板的垫层内。

（2）塑料线槽。塑料线槽由槽底、槽盖及附件组成，由难燃型硬质聚氯乙烯工程塑料挤压成型的，规格较多，外形美观，可以起到装饰建筑物的作用。塑料线槽一般适用于正常环境的室内场所明敷设，也用于科研实验室或者预制板结构而无法暗敷设的工程；还适用于旧工程改造更换线路；同时也用于弱电线路吊顶内暗敷设场所。

在高温和易受机械损伤的场所不采用塑料线槽布线为宜。

2. 金属线槽的敷设

（1）线槽的选择。金属线槽内外应当光滑平整、无棱刺、扭曲和变形现象。选择时，金属线槽的规格必须符合设计要求和有关规范的规定，同时，还要考虑到导线的填充率及载流导线的根数，同时满足散热、敷设等安全要求。

金属线槽及其附件应当采用表面经过镀锌或者静电喷漆的定型产品，其规格和型号应符合设计要求，并有产品合格证等。

（2）测量定位。

1）金属线槽安装时，应根据施工设计图，用粉袋沿墙、顶棚或者地面等处，弹出线路的中心线并按照线槽固定点的要求分出匀档距，标出线槽支、吊架的固定位置。

2）金属线槽吊点及支持点的距离，应按照工程具体条件确定，一般在直线段固定间距不应大于 3m，在线槽的首端、终端、分支、转角、接头以及进出接线盒处应不大于 0.5m。

3）线槽配线在穿过楼板及墙壁时，应用保护管，且穿楼板处必须用钢管保护，其保护高度距地面不应低于1.8m。

4）过变形缝时应做补偿处理。

5）地面内暗装金属线槽布线时，应当根据不同的结构形式和建筑布局，合理确定线路路径及敷设位置：

①在现浇混凝土楼板的暗装敷设时，楼板厚度不得小于200mm。

②当敷设在楼板垫层内时，垫层厚度不得小于70mm，并应避免与其他管路相互交叉。

（3）线槽的固定。

1）木砖固定线槽。配合土建结构施工时预埋木砖。加气砖墙或者砖墙应在剔洞后再埋木砖，梯形木砖较大的一面应当朝洞里，外表面与建筑物的表面齐平，然后用水泥沙浆抹平，待凝固后，最后把线槽底板用木螺钉固定在木砖上。

2）塑料胀管固定线槽。混凝土墙、砖墙可以采用塑料胀管固定塑料线槽。根据胀管直径和长度选择钻头，在标出的固定点位置上钻孔，不应歪斜、豁口，应当垂直钻好孔后，将孔内残存的杂物清净，用木锤把塑料胀管垂直敲入孔中，直到与建筑物表面齐平，再用石膏将缝隙填实抹平。

3）伞形螺栓固定线槽。在石膏板墙或其他护板墙上，可以用伞形螺栓固定塑料线槽。根据弹线定位的标记，找好固定点位置，把线槽的底板横平竖直地紧贴建筑物的表面。钻好孔后将伞形螺栓的两伞叶掐紧合拢插入孔中，在合拢伞叶自行张开后，再用螺母紧固即可，露出线槽内的部分应当加套塑料管。固定线槽时，应先固定两端再固定中间。

（4）线槽在墙上安装。

1）金属线槽在墙上安装时，可采用塑料胀管安装。当线槽的宽度 $b \leqslant 100mm$ 时，可以采用一个胀管固定；如线槽的宽度 $b > 100mm$ 时，应当采用二个胀管并列固定。

①金属线槽在墙上固定安装的固定间距是500mm，每节线槽的固定点不应少于两个。

②线槽固定螺钉紧固后，其端部应当与线槽内表面光滑相连，线槽槽底应紧贴墙面固定。

③线槽的连接应连续无间断，线槽接口应当平直、严密，线槽在转角、分支处和端部均应有固定点。

2）金属线槽在墙上水平架空安装时，不仅可使用托臂支承，还可使用扁钢或角钢支架支承。托臂可以用膨胀螺栓进行固定，当金属线槽宽度 $b \leqslant 100mm$ 时，线槽在托臂上可采用一个螺栓固定。

制作角钢或扁钢支架时，下料后，长短偏差不得大于5mm，切口处应无卷边和毛刺。支架焊接后应当无明显变形，焊缝均匀平整，焊缝处不得出现裂纹、咬边、气孔、凹陷、漏焊等缺陷。

（5）线槽在吊顶上安装。

1）吊装金属线槽在吊顶内安装时，吊杆可以用膨胀螺栓与建筑结构固定。当在钢结构固定时，可以进行焊接固定，将吊架直接焊在钢结构的固定位置处；也可以使用万能吊具与角钢、槽钢、工字钢等钢结构进行安装，如图2-52所示。

2）吊装金属线槽在吊顶下吊装时，吊杆应如图 2-52 所示用万能吊具固定在吊顶的主龙骨上，不允许固定在副龙骨或者辅助龙骨上。

（6）线槽在吊架上安装。线槽用吊架悬吊安装时，可以根据吊装卡箍的不同型式采用不同的安装方法。当吊杆安装完成后，即可以进行线槽的组装。

1）吊装金属线槽时，可以根据不同需要，选择口向上安装或开口向下安装。

2）吊装金属线槽时，应当先安装干线线槽，后装支线线槽。

3）线槽安装时，应当先拧开吊装器，把吊装器

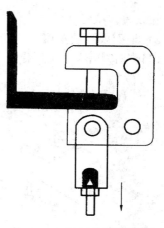

图 2-52 用万能吊具固定

下半部套入线槽上，使线槽与吊杆之间通过吊装器悬吊在一起。若在线槽上安装灯具时，灯具可用蝶形螺栓或蝶形夹卡与吊装器固定在一起，然后再把线槽逐段组装成形。

4）线槽与线槽之间应当采用内连接头或外连接头连接，并且用沉头或圆头螺栓配上平垫和弹簧垫圈用螺母紧固。

5）吊装金属线槽在水平方向分支时，应当采用二通接线盒、三通接线盒、四通接线盒进行分支连接。

在不同平面转弯时，在转变处应当采用立上弯头或者立下弯头进行连接，安装角度要适宜。

6）在线槽出线口处应当利用出线口盒［图 2-53（a）］进行连接；末端要装上封堵［图 2-53（b）］进行封闭，在盒箱出线处应当采用抱脚［图 2-53（c）］进行连接。

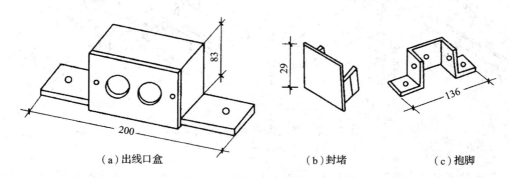

| （a）出线口盒 | （b）封堵 | （c）抱脚 |

图 2-53 金属线槽安装配件图

（7）线槽在地面内安装 金属线槽在地面内暗装敷设时，应当根据单线槽或双线槽不同结构型式选择单压板或双压板，与线槽组装好后再上好卧脚螺栓。再将组合好的线槽及支架沿线路走向水平放置在地面或楼（地）面的抄平层或楼板的模板上，最后再进行线槽的连接。

1）线槽支架的安装距离应视工程具体情况进行设置，通常应设置于直线段大于 3m

或者在线槽接头处、线槽进入分线盒200mm处。

2）地面内暗装金属线盒的制造长度一般为3m，每0.6m设一个出线口。当需要线槽与线槽相互连接时，应当采用线槽连接头，如图2-54所示。

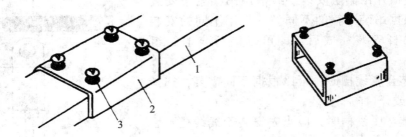

图2-54　线槽连接头示意图

1—线槽；2—线槽连接头；3—紧定螺钉

线槽的对口处应在线槽连接头中间位置上。线槽接口要平直，紧定螺钉应拧紧，使线槽在同一条中心轴线上。

3）地面内暗装金属线槽为矩形断面，不得进行线槽的弯曲加工，当遇有线路交叉、分支或弯曲转向时，一定要安装分线盒，如图2-55所示。当线槽的直线长度超过6m时，为了方便线槽内穿线也宜加装分线盒。

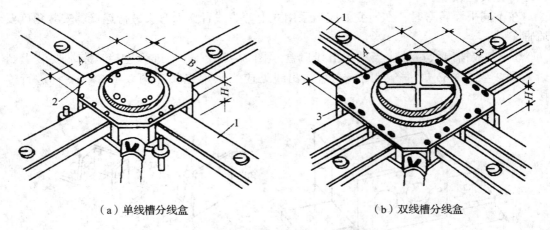

　　　（a）单线槽分线盒　　　　　　　　　　　（b）双线槽分线盒

图2-55　单双线槽分线盒安装示意图

1—线槽；2—单槽分线盒；3—双槽分线盒

线槽与分线盒连接时，线槽插入分线盒的长度不大于10mm为宜。分线盒与地面高度的调整依靠盒体上的调整螺栓进行。双线槽分线盒安装时，应当在盒内安装便于分开的交叉隔板。

4）组装好的地面内暗装金属线槽，不明露地面的分线盒封口盖，不得外露出地面；需露出地面的出线盒口和分线盒口不应突出地面，必须与地面平齐。

5）地面内暗装金属线槽端部与配管连接时，应当使用线槽与管过渡接头。当金属线槽的末端无连接管时，应当使用封端堵头拧牢堵严。

线槽地面出线口处，应使用不同需要零件与出线口安装好。

（8）线槽附件安装。线槽附件如直通、三通转角、接头、插口、盒和箱应当采用相同材质的定型产品。槽底、槽盖与各种附件相对接时，接缝处应当严实平整，无缝隙。

盒子均应两点固定，各种附件角、转角、三通等固定点不得少于两点（卡装式除外）。接线盒、灯头盒应当采用相应插口连接。线槽的终端应当采用终端头封堵。在线路分支接头处应当采用相应接线箱。安装铝合金装饰板时，应当牢固平整严实。

（9）金属线槽接地。金属的线槽必须与 PE 或 PEN 线有可靠电气连接，并符合下列要求：

1）金属线槽不应熔焊跨接接地线。

2）金属线槽不得作为设备的接地导体，当设计无要求时，金属线槽全长不少于 2 处与 PE 或 PEN 线干线连接。

3）非镀锌金属线槽间连接板的两端跨接铜芯接地线，截面积不得小于 $4mm^2$，镀锌线槽间连接板的两端不跨接接地线，但是连接板两端不少于 2 个有防松螺帽或防松垫圈的连接固定螺栓。

3．塑料线槽的敷设

塑料线槽敷设应在建筑物墙面、顶棚抹灰或者装饰工程结束后进行。敷设场所的温度不得低于 -15℃。

（1）线槽的选择。选用塑料线槽时，应当根据设计要求和允许容纳导线的根数来选择线槽的型号和规格。选用的线槽应有产品合格证件，线槽内外应当光滑无棱刺，且不应有扭曲、翘边等现象。塑料线槽及其附件的耐火及防延燃应当符合相关规定，一般氧指数不应低于 27%。

电气工程中，常用的塑料线槽的型号有 VXC2 型、VXC25 型线稽及 VXCF 型分线式线槽。其中，VXC2 型塑料线槽可以应用于潮湿和有酸碱腐蚀的场所。弱电线路多为非载流导体，自身引起火灾的可能性极小，在建筑物顶棚内敷设时，可采用难燃型带盖塑料线槽。

（2）弹线定位。塑料线槽敷设前，应当先确定好盒（箱）等电气器具固定点的准确位置，从始端至终端按顺序找好水平线或者垂直线。用粉线袋在线槽布线的中心处弹线，确定好各固定点的位置。在确定门旁开关线槽位置时，应当能保证门旁开关盒处在距门框边 0.15～0.2m 的范围内。

（3）线槽固定。塑料线槽敷设时，宜沿建筑物顶棚与墙壁交角处的墙上及墙角和踢脚板上口线上敷设。线槽槽底的固定应当符合下列规定：

1）塑料线槽布线应当先固定槽底，线槽槽底应当根据每段所需长度切断。

2）塑料线槽布线在分支时应当做成"T"字分支，线槽在转角处槽底应锯成 45°角对接，对接连接面应当严密平整，无缝隙。

3）塑料线槽槽底可用伞形螺栓固定或者用塑料胀管固定，也可用木螺丝将其固定在预先埋入在墙体内的木砖上，如图 2 - 56 所示。

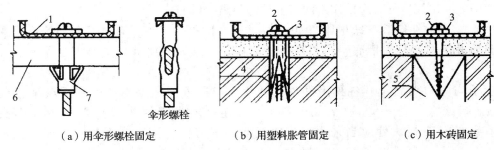

（a）用伞形螺栓固定　　　　（b）用塑料胀管固定　　　　（c）用木砖固定

图 2 - 56　线槽槽底固定

1—槽底；2—木螺丝；3—垫圈；4—塑料胀管；5—木砖；6—石膏壁板；7—伞形螺栓

4）塑料线槽槽底的固定点间距应当根据线槽规格而定。固定线槽时，应先固定两端再固定中间，端部固定点距槽底终点不得小于 50mm。

5）固定好后的槽底应紧贴建筑物表面，布置合理，横平竖直，线槽的水平度与垂直度允许偏差均不得大于 5mm。

6）线槽槽盖一般为卡装式。安装前，应当比照每段线槽槽底的长度按需要切断，槽盖的长度要比槽底的长度短一些，如图 2 - 57 所示，其 *A* 段的长度应当为线槽宽度的一半，在安装槽盖时供做装饰配件就位用。塑料线槽槽盖若不使用装饰配件时，槽盖与槽底应错位搭接。

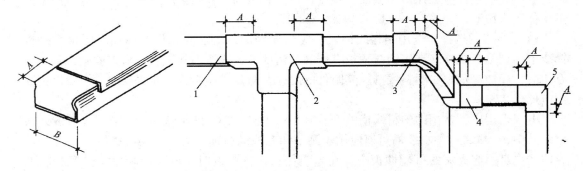

图 2 -57　线槽沿墙敷设示意图

1—直线线槽；2—平三通；3—阳转角；4—阴转角；5—直转角

槽盖安装时，应当将槽盖平行放置，对准槽底，用手一按槽盖，即可卡入槽底的凹槽中。

7）在建筑物的墙角处线槽进行转角及分支布置时，应当使用左三通或右三通。分支线槽布置在墙角左侧时使用左三通，分支线槽布置在墙角的右侧时应当使用右三通。

8）塑料线槽布线在线槽的末端应使用附件堵头封堵。

4．线槽内导线敷设

（1）金属线槽内导线的敷设。

1）金属线槽内配线前，应当清除线槽内的积水和杂物。清扫线槽时，可以用抹布擦净线槽内残存的杂物，使线槽内外保持清洁。

清扫地面内暗装的金属线槽时，可以先将引线钢丝穿通至分线盒或出线口，然后将布条绑在引线一端送入线槽内，由另一端将布条拉出，反复多次即可将槽内的杂物和积水清理干净。也可用压缩空气或者氧气将线槽内的杂物积水吹出。

2）放线前应当先检查导线的选择是否符合要求、导线分色是否正确。

3）放线时应边放边整理，不得出现挤压背扣、扭结、损伤绝缘等现象。并应将导线按回路（或系统）绑扎成捆，绑扎时应当采用尼龙绑扎带或线绳，不允许使用金属导线或绑线进行绑扎。导线绑扎好后，应当分层排放在线槽内并做好永久性编号标志。

4）穿线时，在金属线槽内不宜有接头，但是在易于检查（可拆卸盖板）的场所，可允许在线槽内有分支接头。电线电缆及分支接头的总截面（包括外护层），不应超过该点线槽内截面的75%；在不易于拆卸盖板的线槽内，导线的接头应当置于线槽的接线盒内。

5）电线在线槽内有一定余量。线槽内电线或者电缆的总截面（包括外护层）不应超过线槽内截面积的20%，载流导线不宜超过30根。若无设计要求时，包括绝缘层在内的导线总截面积不应大于线槽截面积的60%。

控制、信号或与其相类似的线路，电线或者电缆的总截面不应超过线槽内截面的50%，电线或电缆根数不限。

6）同一回路的相线和中性线，敷设于同一金属线槽内。

7）同一电源的不同回路无抗干扰要求的线路可敷设于同一线槽内；因线槽内电线有相互交叉及平行紧挨现象，敷设于同一线槽内有抗干扰要求的线路用隔板隔离，或者采用屏蔽电线且屏蔽护套一端接地等屏蔽和隔离措施。

8）在金属线槽垂直或倾斜敷设时，应当采取措施防止电线或电缆在线槽内移动，使绝缘造成损坏，拉断导线或者拉脱拉线盒（箱）内导线。

9）引出金属线槽的线路，应当采用镀锌钢管或普利卡金属套管，不宜采用塑料管与金属线槽连接。线槽的出线口应当位置正确、光滑、无毛刺。

引出金属线槽的配管管口处应有护口，电线或者电缆在引出部分不得遭受损伤。

（2）塑料线槽内导线的敷设。对于塑料线槽，导线应当在线槽槽底固定后开始敷设。导线敷设完成后，再固定槽盖。导线在塑料线槽内敷设时，应注意下列几点：

1）线槽内电线或电缆的总截面（包括外护层）不应超过线槽内截面的20%，载流导线不宜超过30根（控制、信号等线路可视为非载流导线）。

2）强、弱电线路不应当同时敷设在同一根线槽内。同一路径无抗干扰要求的线路，可以敷设在同一根线槽内。

3）放线时先将导线放开抻直，从始端到终端边放边整理，导线应当顺直，不得有挤压、背扣、扭结和受损等现象。

4）电线、电缆在塑料线槽内不得有接头，导线的分支接头应当在接线盒内进行。从室外引进室内的导线在进入墙内一段应当使用橡胶绝缘导线，严禁使用塑料绝缘导线。

2.2.4　护套线配线

护套线可以分为铅护套线和塑料护套线，目前在建筑电气工程中所采用的护套绝缘线多为塑料护套绝缘线。

塑料护套线主要用于居住以及办公等建筑室内电气照明及日用电器插座线路，可以直接敷设在楼板、墙壁等建筑物表面上，用铝片卡（钢精扎头）或者塑料钢钉电线卡作为塑料护套线的支持物，但是不得在室外露天场所明敷设。

1．护套线配线间距

塑料护套线的固定间距，应根据导线截面积的大小加以控制，一般应当控制在150～200mm之间。在导线转角两边、灯具、开关、接线盒、配电板、配电箱进线前50mm处，还应当加木榫将轧头固定；在沿墙直线段上每隔600～700mm处，也应加木榫固定。

同时，塑料护套配线时，应尽可能避开烟道和其他发热物体的表面。若与其他各类管道相遇时，应加套保护管并尽可能绕开，其与其他管道之间的最小距离应符合表2-22的规定。

表2-22　塑料护套线与其他管道的配线间距

管道类型	最小间距（mm）	
蒸汽管道	平行	1000
	下边	500
包有隔热层的蒸汽管道	平行	300
	交叉	200
电气开关和导线接头与煤气管道之间最小距离		150
暖热水管道	平行	300
	下边	200
	交叉	100
煤气管道	同一平面	500
	不同平面	20
通风、给水排水、压缩空气管道	平行	200
	交叉	100
配电箱与煤气管道之间最小距离		300

2．护套线配线施工

塑料护套线明配线应当在室内工程全部结束之后进行。在冬季敷设时，温度应不低于-15℃，以防止塑料发脆造成断裂，影响工程施工质量。

（1）施工要求。

1）护套线最好在平顶下50mm处沿建筑物表面敷设；多根导线平行敷设时，一只轧头最多夹三根双芯护套线。

2）护套线之间应当相互靠紧，穿过梁、墙、楼板、跨越线路、护套线交叉时都应套有保护管，护套线交叉时保护管应当套在靠近墙的一根导线上。

塑料护套线穿过楼板采用保护管保护时，必须使用钢管保护，其保护高度距地面不应低于 1.8m，如在装设开关的地方，可以到开关所在位置。

3）护套线过伸缩缝处，线两端应固定牢固，并且放有适当余量；暗配在空心楼板孔内的导线，洞孔口处应当加护圈保护。

4）塑料护套线在终端、转弯和进入电气器具、接线盒处，均应当装设线卡固定，线卡与终端、转弯中点、电气器具或者接线盒边缘的距离为 50～100mm。

5）塑料护套线明配时，导线应平直，不得有松弛、扭绞和曲折的现象。弯曲时，不应损伤护套线的绝缘层，弯曲半径应当大于导线外径的 3 倍。

6）在接地系统中，接地线应沿护套线同时明敷，并且应平整、牢固。

（2）画线定位。用粉线袋按照导线敷设方向弹出水平或者垂直线路基准线，同时标出所有线路装置和用电设备的安装位置，均匀地划出导线的支持点。导线沿门头线及线脚敷设时，可不必弹线，但是线卡必须紧靠门头线和线脚边缘线上。支持点间的距离应根据导线截面大小而定，一般为 150～200mm。在接近电气设备或者接近墙角处间距有偏差时，应逐步调整均匀，从而保持美观。

（3）固定线卡。在安装好的木砖上，将线卡钉在弹线上，勿使钉帽凸出，以免划伤导线的外护套。在木结构上，可以直接用钉子钉牢。

在混凝土梁或预制板上敷设时，可用胶结剂钻贴在建筑物表面上，如图 2-58 所示。粘接时，必须用钢丝刷将建筑物上粘接面上的粉刷层刷净，使线卡底座与水泥直接粘接。

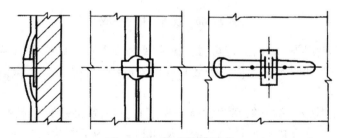

图 2-58　线卡粘接固定

（4）放线。放线是确保护套线敷设质量的重要一步。整盘护套线，不能搞乱，不可以使线产生扭曲。因此，放线时需要操作者合作，一人把整盘线按图 2-59 所示套入双手中，另一人握住线头向前拉。放出的线不可以在地上拖拉，以免擦破或弄脏电线的护套层。线放完后先放在地上，量好长度，并且留出一定余量后剪断。

若不小心将电线弄乱或扭弯，需设法校直，其方法如下：

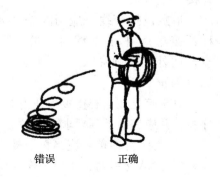

错误　　　正确

图 2-59　手工放线

1）把线平放在地上（地面要平），一个人踩住导线一端，另一个人握住导线的另一端拉紧，用力在地上甩直。

2）将导线两端拉紧，再用木柄沿导线全长来回刮（赶）直。

3）将导线两端拉紧，然后用破布包住导线，用手沿电线全长捋直。

（5）导线敷设工艺。为使线路整齐美观，一定要将导线敷设得横平竖直。几条护套线成排平行敷设时，应上下左右排列紧密，不能有明显空隙。敷线时，应当将线收紧：

1）短距离的直线部分先把导线一端夹紧，再夹紧另一端，最后再把中间各点逐一固定。

2）长距离的直线部分可以在其两端的建筑构件的表面上临时各装一幅瓷夹板，把收紧的导线先夹入瓷夹中，再逐一夹上线卡。

3）在转角部分，要顺弯按压，使导线挺直平顺后夹上线卡。

4）中间接头和分支连接处应装置接线盒，接线盒固定应当牢固。在多尘和潮湿的场所时应使用密闭式接线盒。

5）护套线应置于线卡的钉孔位（或粘贴部分）中间，然后如图 2-60 所示的步骤进行夹持操作。每夹持 4~5 个线卡后，应当目测进行一次检查，如有偏斜，可用锤敲线卡纠正。

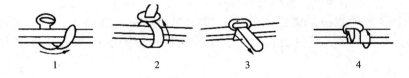

图 2-60　线卡夹持的步骤

6）塑料护套线在同一墙面上转弯时，一定要保持垂直。导线弯曲半径 R 应不小于护套线宽度的 3 倍。弯曲时不应当损伤护套和芯线外的绝缘层。铅皮护套线弯曲半径不得小于其外径的 10 倍。

（6）护套线暗敷设。护套线暗敷设就是在过路盒（断接盒）至楼板中心灯位之间穿一段塑料护套线，并在盒内留出适当余量，从而和墙体内暗配管内的普通塑料线在盒内相连接。

暗敷设护套线，应当在空心楼板穿线孔的垂直下方的适当高度设置过路盒（也称断接盒）。板孔穿线时，护套线需要直接通过两板孔端部的接头，板孔孔洞必须对直。此外，还须穿入与孔洞内径一致长度不小于 200mm 的油毡纸或铁皮制的圆筒，加以保护。

对于暗配在空心楼板板孔内的导线，必须使用塑料护套线或者加套塑料护层的绝缘的导线，并应满足下列要求：

1）穿入导线前，应当将楼板孔内的积水、杂物清除干净。

2）穿入导线时，不应损伤导线的护套层，并能便于日后更换导线。

3）导线在板孔内不得有接头。分支接头应当放在接线盒内连接。

2.2.5　线管配线

1. 配管敷设

把绝缘导线穿入保护管内敷设称之为线管配线。线管配线通常有明配和暗配两种。明配是把线管敷设于墙壁、桁架等表面明露处，要横平竖直、整齐美观、固定牢靠且固定点间距均匀。暗配是把线管敷设于墙壁、地坪或者楼板内等处，要求管路短、弯曲少、不外露，以便穿线。

（1）明配线敷设工艺。不同材质的线管敷设工艺细节略有不同，通常明配线管施工工艺流程为：

预制支架、吊架铁件及管弯 → 测定盒箱及管路固定点位置 → 管路固定 → 管路敷设 →

管路入盒箱 → 变形缝做法

1）加工工作按设计图加工好支架、吊架、抱箍、铁件、弯管及套丝（钢管）。各种线管的切断可用带锯的多用电工刀、手钢锯、专用截管器、无齿锯或者砂轮锯进行切管，切口要垂直整齐，管口应刮铣光滑，无毛刺，管内碎屑除净。管的弯曲可以采用冷弯法或者热弯法进行煨弯。

2）测定盒、箱及管路固定点位置按设计图测出盒、箱、出线口的准确位置，弹线定位；把管路的垂直点水平线弹出，按要求标出支架、吊架固定点具体尺寸位置。固定点的距离应均匀，管卡距终端、转弯中点、电气器具或者接线边缘的距离为 150～500mm。

3）管路敷设固定管路敷设固定方法分为膨胀管法、预埋木砖法、预埋铁件焊接法、稳注法、剔注法、抱箍法等。无论采用何种固定方法，均应当先固定两端的支架、吊架，然后拉直线固定中间的支架、吊架。支架、吊架的规格应符合设计要求。当设计无规定时，不应小于以下规定：扁钢支架 30mm×3mm；角钢支架 25mm×25mm×3mm；埋设支架应有燕尾，埋设深度不应小于 120mm。管子的连接方法有阴阳插入法、套接法和专用接头套接法。

4）管路与盒、箱的连接管路与盒、箱均采用端接头与内锁母连接。硬塑料管与盒（箱）连接时，伸入盒（箱）内的长度应当小于 5mm，多根管进入时应长度一致、排列均匀。对于钢管，严禁管口与敲落孔焊接，管口露出盒、箱应小于 5mm。

5）管路与其他管路的间距。管路通过建筑物变形缝时，应当在两侧装设接线盒，盒之间的塑料管外应套钢管保护。明配管时与其他管路的间距不当小于以下规定：在热水管下面时为 0.2m，上面时为 0.3m；蒸汽管下面时为 0.5m，上面时为 1m；电线管路与其他管路的平行间距不得小于 0.1m。

（2）暗敷管路工艺。暗配线管施工工艺流程为：

弹线定位 → 加工管弯 → 稳埋盒箱 → 暗敷管路 → 扫管穿带线

1）弹线定位按照设计图样要求，在砖墙、混凝土墙等处，确定盒、箱位置进行弹线定位。在混凝土楼板上，标注出灯头盒的位置尺寸。

2）加工弯管预制弯管可以采用冷搋法和热搋法。

3）稳埋盒箱一般可以分为砖墙稳埋盒箱和模板混凝土墙板稳盒。砖墙稳埋盒箱，可以预留盒箱孔洞，也可剔洞稳埋盒箱，再接短管。预留盒箱孔洞时，依据图样设计位置，随土建施工电工配合，在大约300mm处预留出进入盒箱的管子长度，将管子甩在盒箱预留孔外，管端头堵好，待最后一管一孔地进入盒箱稳埋完毕。剔洞埋盒箱时，按弹出的水平线，对照图样设计找出盒箱的准确位置，剔洞，所剔孔洞应比盒箱稍大一些。洞剔好后，清理孔中杂物并且浇水湿润。用高标号水泥砂浆填入洞内将盒箱稳端正，待水泥砂浆凝固后，最后接入短管。

4）暗敷管路暗配的线管，埋设深度与建筑物、构筑物表面的距离不得小于15mm。地面内敷设的线管，其露出地面的管口距地面高度不小于200mm为宜；进入配电箱的线管，管口高出基础面不得小于50mm。

5）扫管穿带线管路敷设完毕后，应当及时清扫线管，堵好管口，封好盒子口，等待土建完工后穿线。

2. 管内穿线

管内穿线的工艺流程一般表示为：

选择导线 → 扫管 → 穿带线 → 放线与断线 → 导线与带线的绑扎 → 管口带护口 → 导线连接 → 线路绝缘摇测

（1）选择导线。根据设计图样要求选择导线。进户线的导线最好使用橡胶绝缘导线。相线、中性线及保护线的颜色加以区别，用淡蓝色的导线作为中性线，用黄绿颜色相间的导线作为保护地线。

（2）扫管。管内穿线一般应当在支架全部架设完毕及建筑抹灰、粉刷及地面工程结束后进行。在穿线前将管中的积水以及杂物清除干净。

（3）穿带线。导线穿管时，应当先穿一根直径1.2~2.0mm的铁丝作带线，在管路的两端均应留有10~15mm的余量。当管路较长或者弯曲较多时，也可在配管时就将带线穿好。一般在现场施工中，对于管路较长，弯曲较多的情况，由一端穿入钢带线有困难，多采用从两端同时穿钢带线，且将带线头弯成小钩，若估计一根带线端头超过另一根带线端头时，用手旋转较短的一根，使两根带线绞在一起，再把一根带线拉出，此时就可以将带线的一头与需要穿的导线结扎在一起，所穿电线根数较多时，可将电线分段结扎。

（4）放线及断线。放线时，应当将导线置于放线架或放线车上。剪断导线时，接线盒、开关盒、插座盒及灯头盒内的导线预留长度是15cm；配线箱内导线的预留长度为配电箱箱体周长的1/2；出户导线的预留长度是1.5m。共用导线在分支处，可不剪断导线而直接穿过。

（5）管内穿线。导线与带线绑扎后进行管内穿线。当管路较长或者转弯较多时，在穿线的同时往管内吹入适量的滑石粉。拉线时应当由两人操作，较熟练的一人担任送线，另一人担任拉线，两人送拉动作要配合协调，不可以硬送硬拉。当导线拉不动时，两人配合反复来回拉1~2次再向前拉，不可过分勉强而将引线或者导线拉断。导线穿入钢管时，管口处应当装设护线套保护导线；在不进入接线盒（箱）的垂直管口，穿入导线后应将管口密封。同一交流回路的导线应当穿于同一根钢管内。导线在管内不得有接头和扭结，其接头应放在接线盒（箱）内。管内导线包含绝缘层在内的总截面积不应大于管子内径截面积的40%。

（6）绝缘摇测。线路敷设完毕后，需进行线路绝缘电阻值摇测，检验是否达到设计规定的导线绝缘电阻。照明电路一般选用500V、量程为0~500MΩ的兆欧表摇测。

2.2.6 电缆配线

1. 电缆直埋敷设

1）直埋电缆敷设前，应当在铺平夯实的电缆沟内先铺一层100mm厚的细砂或软土，作为电缆的垫层。直埋电缆周围是铺砂好还是铺软土好，应当根据各地区的情况而定。

软土或砂子中不应含有石块或其他硬质杂物。如果土壤中含有酸或碱等腐蚀性物质，则不能做电缆垫层。

2）在电缆沟内放置滚柱，其间距与电缆单位长度的重量有关，通常每隔3~5m放置一个，注意在电缆转弯处应加放一个，以不使电缆下垂碰地为原则。

3）电缆放在沟底时，边敷设边检查电缆是否受伤。放置电缆的长度不要控制过紧，应按全长预留1.0%~1.5%的裕量，并且作波浪状摆放。在电缆接头处也要留出裕量。

4）直埋电缆敷设时，严禁将电缆平行敷设在其他管道的上方或者下方，并应符合下列要求：

①电缆与热力管线交叉或接近时，若不能满足表2-20所列数值要求，应在接近段或交叉点前后1m范围内作隔热处理，隔热方法如图2-61所示，使电缆周围土壤的温升不超过10℃。

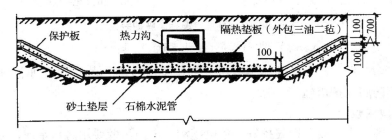

图2-61 电缆与热力管线交叉隔热作法

②电缆与热力管线平行敷设时距离不得小于2m。若有一段不能满足要求时，可以减少但不得小于500mm。这时，应在与电缆接近的一段热力管道上加装隔热装置，使电缆周围土壤的温升不应超过10℃。

③电缆与热力管道交叉敷设时，其净距虽能够满足≥500mm的要求，但检修管路时可能伤及电缆，应当在交叉点前后1m的范围内采取保护措施。

如将电缆穿入石棉水泥管中加以保护，其净距可以减为250mm。

5）10kV及以下电力电缆之间，以及10kV及以下电力电缆与控制电缆之间平行敷设时，最小净距为100mm。

10kV以上电力电缆之间以及10kV及以上电力电缆和10kV及以下电力电缆或与控制电缆之间平行敷设时，最小净距为250mm。特殊情况下，10kV以上电缆之间及与相邻电缆间的距离可降低至100mm，但应选用加间隔板电缆并列方案；如果电缆均穿在保护管内，并列间距也可降至为100mm。

6）电缆沿坡度敷设的允许高差及弯曲半径应当符合要求，电缆中间接头应保持水平。当多根电缆并列敷设时，中间接头的位置宜相互错开，其净距不宜小于500mm。

7）电缆铺设完后，再在电缆上面覆盖100mm的砂或者软土，然后盖上保护板（或砖），覆盖宽度应当超出电缆两侧各50mm。板与板连接处应紧靠。

8）覆土前，沟内如有积水则应当抽干。覆盖土要分层夯实，最后清理场地，做好电缆走向记录，并应当在电缆引出端、终端、中间接头、直线段每隔100m处和走向有变化的部位挂标志牌。

标志牌可以采用C15钢筋混凝土预制，安装方法如图2-62所示。标志牌上应注明线路编号、电压等级、电缆型号、截面、起止地点、线路长度等内容，以便于维修。标志牌规格宜统一，字迹应当清晰不易脱落。标志牌挂装应牢固。

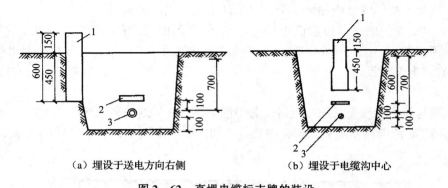

（a）埋设于送电方向右侧　　　（b）埋设于电缆沟中心

图2-62　直埋电缆标志牌的装设

1—电缆标志牌；2—保护板；3—电缆

9）在含有酸碱、矿渣、石灰等场所，电缆不应直埋；若必须直埋，应当采用缸瓦管、水泥管等防腐保护措施。

2．电缆沟内敷设

电缆在电缆沟内敷设，即先挖好一条电缆沟，电缆沟壁要用防水水泥砂浆抹面，再把电缆敷设在沟壁的角钢支架上，然后盖上水泥板。电缆沟的尺寸根据电缆多少（一般不宜超过12根）而定。

这种敷设方式较直埋式投资高，但是检修方便，能容纳较多的电缆，在厂区的变、配电所中应用很广。在容易积水的地方，应当考虑开挖排水沟。

1）电缆敷设前，应先检验电缆沟以及电缆竖井，电缆沟的尺寸以及电缆支架间距应满足设计要求。

2）电缆沟应平整，且有0.1%的坡度。沟内需要保持干燥，并能防止地下水浸入。沟内应设置适当数量的积水坑，应及时将沟内积水排出，一般每隔50m设一个，积水坑的尺寸以400mm×400mm×400mm为宜。

3）敷设在支架上的电缆，按照电压等级排列，高压在上面，低压在下面，控制与通信电缆在最下面。若两侧装设电缆支架，则电力电缆与控制电缆、低压电缆应分别安装在沟的两边。

4）电缆支架横撑间的垂直净距，无设计规定时，通常对电力电缆不小于150mm；对控制电缆不小于 100mm。

5）在电缆沟内敷设电缆时，其水平间距不应小于下列数值：

①电缆敷设在沟底时，电力电缆间为 35mm，但是不小于电缆外径尺寸；不同级电力电缆与控制电缆间为 100mm；控制电缆间距不作规定。

②电缆支架间的距离应按照设计规定施工，当设计无规定时，则不应大于表 2 - 23 的规定值。

表 2 - 23 电缆支架之间的距离 （m）

电 缆 种 类	支架敷设方式	
	水平	垂直
电力电缆 （橡胶及其他油浸纸绝缘电缆）	1.0	2.0
控制电缆	0.8	1.0

注：水平与垂直敷设包括沿墙壁、构架、楼板等处所非支架固定。

6）电缆在支架上敷设时，拐弯处的最小弯曲半径应当符合电缆最小允许弯曲半径。

7）电缆表面距地面的距离不应小于 0.7m，穿越农田时不得小于 1m；66kV 及以上电缆不应小于 1m。仅在引入建筑物、与地下建筑物交叉及绕过地下建筑物处，可埋设浅些，但应当采取保护措施。

8）电缆应埋设于冻土层以下；当无法深埋时，应当采取保护措施，以防止电缆受到损坏。

3. 电缆竖井内敷设

敷设在竖井内的电缆，电缆的绝缘或护套应当具有非延燃性。通常采用较多的为聚氯乙烯护套细钢丝铠装电力电缆，因此类电缆能承受的拉力较大。

1）在多、高层建筑中，通常低压电缆由低压配电室引出后，沿电缆隧道、电缆沟或电缆桥架进入电缆竖井，再沿支架或桥架垂直上升。

2）电缆在竖井内沿支架垂直布线。所用的扁钢支架与建筑物之间的固定应当采用 M10×80mm 的膨胀螺栓紧固。支架设置距离是 1.5m，底部支架距楼 （地）面的距离不应小于 300mm。

扁钢支架上，电缆宜采用管卡子固定，各电缆之间的间距不得小于 50mm。

3）电缆沿支架的垂直安装，如图 2 - 63 所示。小截面电缆在电气竖井内敷设，也可沿墙敷设，此时可使用管卡子或者单边管卡子用 $\phi 6 \times 30$mm 塑料胀管固定，如图 2 - 64 所示。

4）电缆在穿过楼板或墙壁时，应当设置保护管，并用防火隔板、防火堵料等做好密封隔离，保护管两端管口空隙应当做密封隔离。

5）电缆布线过程中，垂直干线与分支干线的连接，一般采用"T"接方法。为了接线方便，树干式配电系统电缆应尽可能采用单芯电缆；单芯电缆 T 形接头大样如图 2 - 65 所示。

6）电缆敷设过程中，固定单芯电缆应当使用单边管卡子，以减少单芯电缆在支架上的感应涡流。

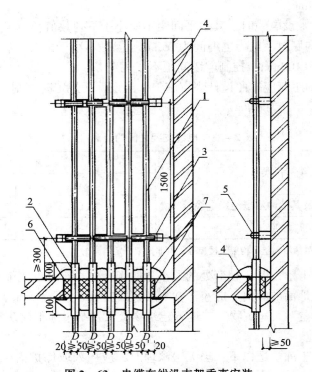

图 2 - 63　电缆布线沿支架垂直安装

1—电缆；2—电缆保护管；3—支架；4—膨胀螺栓；5—管卡子；
6—防火隔板；7—防火堵料

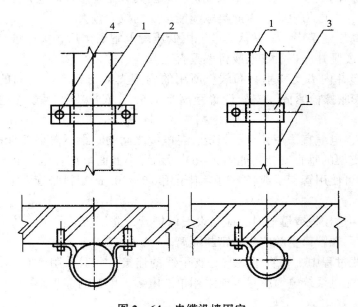

图 2 - 64　电缆沿墙固定

1—电缆；2—双边管卡子；3—单边管卡子；4—塑料胀管

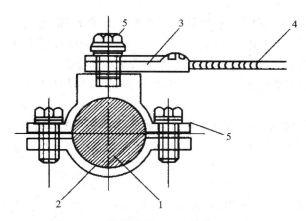

图 2 – 65　单芯电缆"T"接接头大样图

1—干线电缆芯线；2—U 形铸铜卡；3—接线耳；4—"T"出支线；5—螺栓、垫圈、弹簧垫圈

4．电缆桥架敷设

架设电缆的构架称为电缆桥架。电缆桥架按结构形式可分为托盘式、梯架式、组合式、全封闭式，按其材质分为钢电缆桥架和铝合金电缆桥架。

（1）一般规定。

1）电缆在桥架内敷设时，应当保持一定的间距；多层敷设时，层间应加隔栅分隔，以利通风。

2）为了保障电缆线路运行安全，避免相互间的干扰和影响，以下不同电压、不同用途的电缆，不宜敷设在同一层桥架上；若受条件限制需要安装在同一层桥架上时，应用隔板隔开。

①1kV 以上和 1kV 以下的电缆。

②同一路径向一级负荷供电的双路电源电缆。

③应急照明和其他照明的电缆。

④强电和弱电电缆。

3）在有腐蚀或特别潮湿的场所采用电缆桥架布线时，最好选用外护套具有较强的耐酸、碱腐蚀能力的塑料护套电缆。

（2）敷设。

1）电缆沿桥架敷设前，应当防止电缆排列不整齐，出现严重交叉现象，必须事先就将电缆敷设位置排列好，规划出排列图表，按照图表进行施工。

2）施放电缆时，对于单端固定的托臂可在地面上设置滑轮施放，放好后拿到托盘或梯架内；双吊杆固定的托盘或者梯架内敷设电缆，应将电缆直接在托盘或梯架内安放滑轮施放，电缆不得直接在托盘或者梯架内拖拉。

3）电缆沿桥架敷设时，应单层敷设，电缆与电缆之间可无间距敷设。电缆在桥架内应排列整齐，不应交叉，并且敷设一根，整理一根，卡固一根。

4）垂直敷设的电缆每隔 1.5～2m 处应当加以固定；水平敷设的电缆，在电缆的首尾两端、转弯及每隔 5～10m 处进行固定，对电缆在不同标高的端部也应当进行固定。大于 45°倾斜敷设的电缆，每隔 2m 设一固定点。

5）电缆固定可以用尼龙卡带、绑线或者电缆卡子进行固定。为了运行中巡视、维护和检修的方便，在桥架内电缆的首端、末端和分支处应当设置标志牌。

6）电缆出入电缆沟、竖井、建筑物、柜（盘）、台处以及导管管口处等做密封处理。出入口、导管管口的封堵作用是防火、防小动物入侵、防异物跌入的需要，均是为安全供电而设置的技术防范措施。

7）在桥架内敷设电缆，每层电缆敷设完成后应当进行检查；全部敷设完成后，经检验合格，才能盖上桥架的盖板。

5. 电力电缆连接

电缆敷设完毕后，各线段一定要连接为一个整体。电缆线路两个首末端称为终端，中间的接头则称为中间接头，主要作用是保证电缆密封、线路畅通。电缆接头处的绝缘等级应符合要求，使其安全可靠地运行。电缆头外壳和电缆金属护套及铠装层均应良好接地，接地线截面不小于 $10mm^2$ 为宜。

2.2.7 母线安装

1. 母线下料、矫直与弯曲

（1）母线下料。母线下料有手工下料和机械下料两种方法。手工下料可以用钢锯；机械下料可用锯床、电动冲剪机等。下料时应注意下列几点：

1）根据母线来料长度合理切割，以免浪费。

2）为便于日久检修拆卸，长母线应当在适当的部位分段，并用螺栓连接，但是接头不宜过多。

3）下料时母线要留适当裕量，防止弯曲时产生误差，造成整根母线报废。

4）下料时，母线的切断面应平整。

（2）母线矫直。运到施工现场的母线往往不是很平直的，所以，安装前必须矫正平直。矫直的方法有手工矫直和机械矫直两种。

1）机械矫直。对于大截面短型母线多用机械矫直。矫正施工时，可以将母线的不平整部分放在矫正机的平台上，再转动操作圆盘，利用丝杠的压力将母线矫正平直。机械矫直较手工矫直更为简单便捷。

2）手工矫直。手工矫直时，可将母线放在平台或者平直的型钢上。对于铜、铝母线应用硬质木锤直接敲打，而不能用铁锤直接敲打。如果母线弯曲过大，可用木锤或垫块（铝、铜、木板）垫在母线上，然后用铁锤间接敲打平直。敲打时，用力要适当，不能过猛，否则会引起母线再次变形。

对于棒型母线，矫直时应当先锤击弯曲部位，再沿长度轻轻地一面转动一面锤击，依靠视力来检查，直到成直线为止。

（3）母线弯曲。将母线加工弯制成一定的形状，称为弯曲。母线一般宜进行冷弯，但应尽可能减少弯曲。若需热弯，对铜加热温度不宜超过350℃，铝不宜超过250℃，钢不宜超过600℃。对于矩形母线，最好采用专用工具和各种规格的母线冷弯机进行冷弯，不得进行热弯；弯出圆角后，也不应进行热煨。

1）弯曲要求。母线弯曲前，应按照测好的尺寸，将矫正好的母线下料切断后，按照测出的弯曲部位进行弯曲，其要求如下：

①母线开始弯曲处距最近绝缘子的母线支持夹板边缘不得大于0.25L，但不得小于50mm。

②母线开始弯曲处距母线连接位置不得小于50mm。

③矩形母线应减少直角弯曲，弯曲处不得有裂纹以及显著的起皱，母线的最小弯曲半径应符合表2-24的规定。

表2-24 母线最小弯曲半径（R）值

母线种类	弯曲方式	母线断面尺寸（mm）	最小弯曲半径（mm）		
			铜	铝	钢
矩形母线	平弯	50×5 及其以下	2a	2a	2a
		125×10 及其以下	2a	2.5a	2a
	立弯	50×5 及其以下	1b	1.5b	0.5b
		125×10 及其以下	1.5b	2b	1b
棒形母线	—	直径为16 及其以下	50	7	50
		直径为30 及其以下	150	150	150

④多片母线的弯曲度应一致。

2）弯曲形式。母线弯曲有四种形式：平弯（宽面方向弯曲）、立弯（窄面方向弯曲）、扭弯（麻花弯）、折弯（灯叉弯），如图2-66所示。

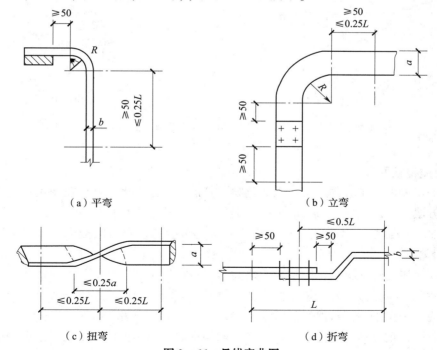

（a）平弯   （b）立弯

（c）扭弯   （d）折弯

图2-66 母线弯曲图

a—母线宽度；b—母线厚度；L—母线两支持点间的距离

①平弯：首先在母线要弯曲的部位划上记号，再将母线插入平弯机的滚轮内，需弯曲的部位放在滚轮下，校正无误后，拧紧压力丝杠，慢慢压下平弯机的手柄，使母线逐渐弯曲。

对于小型母线的弯曲，可以用台虎钳弯曲，但大型母线则需用母线弯曲机进行弯制。弯制时，先将母线扭弯部分的一端夹在台虎钳上，为免钳口夹伤母线，钳口与母线接触处应垫以铝板或硬木。母线的另一端用扭弯器夹住，之后双手用力转动扭弯器的手柄，让母线弯曲达到需要形状为止。

②立弯：将母线需要弯曲的部位套在立弯机的夹板上，然后装上弯头，拧紧夹板螺钉，校正无误后，操作千斤顶，让母线弯曲。

③扭弯：将母线扭弯部位的一端夹在虎钳上，钳口部分垫上薄铝皮或者硬木片。在距钳口大于母线宽度 2.5 倍处，使用母线扭弯器 [图 2-67（a）] 夹住母线，用力扭转扭弯器手柄，使母线弯曲达到所需要的形状为止。此种方法适用于弯曲 100mm×8mm 以下的铝母线。超过此范围就需将母线弯曲部分加热再行弯曲。

④折弯：可用于手工在虎钳上敲打成形，也可以用折弯模 [图 2-67（b）] 压成。方法是先将母线放在模子中间槽的钢框内，然后用千斤顶加压。图中 A 为母线厚度的 3 倍。

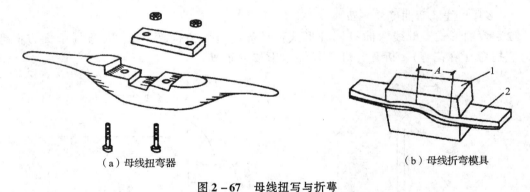

（a）母线扭弯器　　　　　　　　　　　（b）母线折弯模具

图 2-67　母线扭写与折弯

A—母线折弯部分长度；1—折弯模；2—母线

2. 母线搭接面加工

母线的接触面加工必须平整，无氧化膜，其加工方法有手工锉削及使用机械铣、刨和冲压三种方法。经加工后其截面减少值：铜母线不得超过原截面的 3%；铝母线不应超过原截面的 5%。接触面应保持洁净，并且涂以电力复合脂。具有镀银层的母线搭接面，不得任意锉磨。

对不同金属的母线搭接，除铝-铝之间可以直接连接外，其他类型的搭接，表面需进行处理。对铜-铝搭接，在干燥室内安装，铜导体表面应搪锡；在室外或者特别潮湿的室内安装，应当采用铜-铝过渡段。对铜-铜搭接，在室外或者在有腐蚀气体、高温且潮湿的室内安装时，铜导体表面必须搪锡；在干燥的室内，铜-铜也可以直接连接。钢-钢搭接，表面应搪锡或者镀锌。钢-铜或铝搭接，钢-铜搭接面必须搪锡。对铜-铝搭接，在干燥的室内，铜导体应搪锡，室外或者空气相对湿度接近 100% 的室内，应当采用铜铝过渡板，铜端应搪锡。封闭母线螺栓固定搭接面应镀银。

3. 铝合金管母线的加工制作

1）切断的管口应平整，并且与轴线垂直。

2）管子的坡口应用机械加工，坡口应当光滑、均匀、无毛刺。

3）母线对接焊口距母线支持器支板边缘距离不得小于50mm。

4）按制造长度供应的铝合金管，其弯曲度不得超过表2-25的规定。

表2-25 铝合金管允许弯曲度值

管型母线规格（mm）	单位长度（m）内的弯度（mm）	全长内的弯度（mm）
直径为150以下冷拔管	<2.0	<2.0L
直径为150以下热挤压管	<3.0	<3.0L
直径为150~250冷拔管	<4.0	<4.0L
直径为150~250热挤压管	<4.0	<4.0L

注：L为管子的制造长度（m）。

4. 放线检查

1）进入现场先依照图纸进行检查，根据母线沿墙、跨柱、沿梁至屋架敷设的不同情况，核对是否与图纸相一致。

2）放线检查对母线敷设全方向有无障碍物，有无与建筑结构或者设备、管道、通风等工程各安装部件交叉矛盾的现象。

3）检查预留孔洞、预埋铁件的尺寸、标高、方位，是否满足要求。

4）检查脚手架是否安全以及符合操作要求。

5. 支架、绝缘子安装

（1）支架安装。支架可以根据用户要求由厂家配套供应，也可自制。安装支架前，应根据母线路径的走向测量出较准确的支架位置。支架安装时，应当注意以下几点：

1）支架架设安装应符合设计规定。当在墙上安装固定时，宜与土建施工密切配合，埋入墙内或事先预留安装孔，尽可能避免临时凿洞。

2）支架安装的距离应均匀一致，两支架间距离偏差不应大于5cm。当裸母线为水平敷设时，不超过3m，当垂直敷设时，不超过2m。

3）支架埋入墙内部分必须开叉成燕尾状，埋入墙内深度应当大于150mm；当采用螺栓固定时，应使用M12×150mm开尾螺栓；孔洞要用混凝土填实，灌注牢固。

4）支架跨柱、沿梁或屋架安装时，所用抱箍、螺栓、撑架等要紧固，并且应避免将支架直接焊接在建筑物结构上。

5）遇有混凝土板墙、梁、柱、屋架等无预留孔洞时，允许使用锚固螺栓方式安装固定支架；有条件时，也可以采用射钉枪。

6）封闭插接母线的拐弯处及与箱（盘）连接处必须加支架。直段插接母线支架的距离不应大于2m。

7）封闭插接式母线支架有下列两种装形式。埋注支架用水泥砂浆的灰砂比为1∶3，所用的水泥为42.5级及其以上的水泥。埋注时，应当注意灰浆饱满、严实、不高出墙面，埋深不少于 80mm。

①母线支架与预埋铁件采用焊接固定时，焊缝应当饱满。

②采用膨胀螺栓固定时，选用的螺栓应适配，连接应当固定。同时，固定母线支架的膨胀螺栓不少于两个。

8）封闭插接式母线的吊装有单吊杆和双吊杆之分，一个吊架应当用两根吊杆，固定牢固，螺扣外露 2～4 扣，膨胀螺栓应当加平垫圈和弹簧垫，吊架应用双螺母夹紧。

9）支架及支架与埋件焊接处刷防腐油漆应当均匀，无漏刷，不污染建筑物。

（2）绝缘子安装。

1）绝缘子夹板、卡板的安装要紧固。夹板、卡板的制作规格需要与母线的规格相适配。

2）无底座和顶帽的内胶装式的低压绝缘子和金属固定件的接触面之间应垫以厚度不小于 1.5mm 的橡胶或者石棉板等缓冲垫圈。

3）支柱绝缘子的底座、套管的法兰以及保护罩（网）等不带电的金属构件，均应接地。

4）母线在支柱绝缘子上的固定点应当位于母线全长或两个母线补偿器的中心处。

5）悬式绝缘子串的安装应当符合下列要求：

①除设计原因外，悬式绝缘子串应当与地面垂直，当受条件限制不能满足要求时，可有不超过 5° 的倾斜角。

②多串绝缘子并联时，每串所受的张力应当均匀。

③绝缘子串组合时，连接金具的螺栓、销钉以及锁紧销等必须符合现行国家标准，且应完整，其穿向应一致。耐张绝缘子串的碗口应当向上，绝缘子串的球头挂环、碗头挂板及锁紧销等应互相匹配。

④弹簧销应有足够弹性，闭 1:1 销必须分开，并且不得有折断或裂纹，严禁用线材代替。

⑤均压环、屏蔽环等保护金具应当安装牢固，位置应正确。

⑥绝缘子串吊装前应当清擦干净。

6）三角锥形组合支柱绝缘子的安装，除应当符合上述规定外，还应符合产品的技术要求。

6. 裸母线安装

对矩形母线在支持绝缘子上固定的技术要求，是为保证母线通电后，在负荷电流下不发生短路环涡流效应，使母线可以自由伸缩，防止局部过热及产生热膨胀后应力增大而影响母线安全运行。裸母线安装应当符合以下规定：

1）先在支柱绝缘子上安装母线固定金具。母线在支柱绝缘子上的固定方式有：螺栓固定、卡板固定（图 2-68）、夹板固定。其中，螺栓固定是直接用螺柱将母线固定在瓷瓶上。

管形母线安装在滑动式支持器上时，支持器的轴座与管形母线之间应当有 1～2mm 的间隙。

多片矩形母线间，应当保持不小于母线厚度的间隙；相邻的间隔垫边缘间距离应大于 5mm。

2）母线敷设应当按设计规定装设补偿器（伸缩节），设计未规定时，最好每隔下列长度设一个：

①铝母线：20～30m。

②铜母线：30～50m。

③钢母线：35～60m。

母线补偿器由厚度为0.2～0.5mm的薄片叠合而成，不应有裂纹、断股和折皱现象；其组装后的总截面应当不小于母线截面的1.2倍。

3）硬母线跨柱、梁或跨屋架敷设时，母线在终端及中间分段处应当分别采用终端及中间拉紧装置。终端或者中间拉紧固定支架宜装有调节螺栓的拉线，拉线的固定点应能承受拉线张力。并且同一挡距内，母线的各相弛度最大偏差应小于10%。

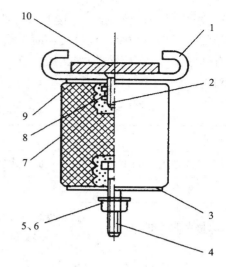

图2－68　卡板固定母线

1—卡板；2—埋头螺栓；3—红钢纸垫片；4—螺栓；
5、6—螺母、垫圈；7—瓷瓶；8—螺母；
9—红钢纸垫片；10—母线

母线长度超过300～400m而需换位时，换位不得小于一个循环。槽形母线换位段处可用矩形母线连接，换位段内各相母线的弯曲程度应当对称一致。

4）母线与母线或母线与电器接线端子的螺栓搭接面的安装，应当符合下列要求：

①母线接触面加工后必须保持清洁，并且涂以电力复合脂。

②母线平置时，贯穿螺栓应从下往上穿，其余情况下，螺母应置于维护侧，螺栓长度宜露出螺母2～3扣。

③贯穿螺栓连接的母线两外侧均应当有平垫圈，相邻螺栓垫圈间应有3mm以上的净距，螺母侧应装有弹簧垫圈或者锁紧螺母。

④螺栓受力应均匀，不应当使电器的接线端子受到额外应力。

⑤母线的接触面应连接紧密，连接螺栓应当用力矩扳手紧固，其紧固力矩值应符合表2－26的规定。

表2－26　钢制螺栓的紧固力矩值

螺栓规格（mm）	力矩值（N·m）
M8	8.8～10.8
M10	17.7～22.6
M12	31.4～39.2
M14	51.0～60.8
M16	78.5～98.1
M18	98.0～127.4
M20	156.9～196.2
M24	274.6～343.2

　　母线与螺杆形接线端子连接时，母线的孔径不应当大于螺杆形接线端子直径 1mm。丝扣的氧化膜必须刷净，螺母接触面必须平整，螺母与母线间应当加铜质搪锡平垫圈，并且应有锁紧螺母，但不得加弹簧垫。

　　5）母线安装控制技术数据见表 2-27。

表 2-27　母线安装控制技术数据

项　目	控制技术数据
夹板和母线之间的间隙	同一垂直部分其余的夹板和母线之间应留有 1.5~2mm 的间隙
最小安全距离	符合设计要求及相关规定
支持点的间距	对低压母线不得大于 900mm 对高压母线不得大于 1200m
支持点误差	水平段：二支持点高度误差不大于 3mm，全长不大于 10mm 垂直段：二支持点垂直误差不大于 2mm，全长不大于 5mm 间距：平行部分间距应均匀一致，误差不大于 5mm
螺栓垫圈间距离	相邻螺栓垫圈间应有 3mm 以上的距离

7. 母线接地保护、试验与试运行

　　母线是供电主干线，凡与其相关的可以接近的裸露导体要接地或接零的理由主要是：发生漏电可导入接地装置，确保接触电压不危及人身安全，并且也给具有保护或信号的控制回路正确发出信号提供可能。

　　母线绝缘子的底座、套管的法兰、保护网（罩）及母线支架等可以接近裸露导体应与 PE 线或 PEN 线连接可靠。为防止保护线线间的串联连接，不得将其作为 PE 线或 PEN 线的接续导体。

　　（1）母线试验。母线和其他供电线路一样，安装完毕后，需要做电气交接试验。必须注意，6kV 以上（含 6kV）的硬母线试验时与穿墙套管要断开，因有时两者的试验电压是不同的。

　　1）穿墙套管、支柱绝缘子及母线的工频耐压试验，其试验电压标准如下：

　　35kV 及以下的支柱绝缘子，可以在母线安装完毕后一起进行。试验电压应符合表 2-28的规定。

表 2-28　穿墙套管、支柱绝缘子及母线的工频耐压试验
电压标准［1min 工频耐受电压（kV）有效值］（kV）

额定电压（kV）		3	6	10
支柱绝缘子		25	32	42
穿墙套管	纯瓷和纯瓷充油绝缘	18	23	30
	固体有机绝缘	16	21	27

2）母线绝缘电阻。母线绝缘电阻不作规定，也可以参照表 2 - 29 的规定。

表 2 - 29　常温下母线的绝缘电阻最低值

电压等级（kV）	1 以下	3 ~ 10
绝缘电阻（MΩ）	1/1000	>10

3）抽测母线焊（压）接头的直流电阻。对焊（压）接接头有怀疑或者采用新施工工艺时，可抽测母线焊（压）接接头的 2%，但是不少于 2 个，所测接头的直流电阻值不应大于同等长度母线的 1.2 倍（对软母线的压接头应不大于 1）；对大型铸铝焊接母线，则可以抽查其中的 20% ~ 30%，同样应符合上述要求。

4）高压母线交流工频耐压试验必须按现行国家标准《电气装置工程　电气设备交接试验标准》GB 50150—2006 的规定交接试验合格。

5）低压母线的交接试验应符合下列要求：

①规格、型号应符合设计要求。

②相间和相对地间的绝缘电阻值应大于 0.5MΩ。

③母线的交流工频耐压试验电压为 1kV，当绝缘电阻值大于 10MΩ 时，可以采用 2500V 兆欧表摇测替代，试验持续时间为 1min，无击穿闪络现象。

（2）母线试运行。

1）试运行条件。变配电室已达到送电条件，土建和装饰工程及其他工程全部完工，并清理干净。与插接式母线连接设备以及联线安装完毕，绝缘良好。

2）通电准备。对封闭式母线进行全面的整理，清扫干净，接头连接紧密，相序正确，外壳接地（PE）或者接零（PEN）良好。绝缘摇测及交流工频耐压试验合格才能通电。

3）试验要求。低压母线的交流耐压试验电压为 1kV，当绝缘电阻值大于 10MΩ 时，可以用 2500V 绝缘电阻表摇测替代，试验持续时间 1min，无闪络现象；高压母线的交接耐压试验，必须符合现行国家标准《电气装置安装工程　电气设备交接试验标准》GB 50150—2006 的规定。

4）结果判定。送电空载运行 24h 无异常现象，办理验收手续，交于建设单位使用，同时提交验收资料。

2.2.8　架空线路安装

1. 架空线路的组成

架空线路是电力线路的重要组成部分。架空线路系线是路架在杆塔上，其构造是由基础、电杆、横担、金具、绝缘子、导线和拉线等部分组成。其电杆装置构成如图 2 - 69 所示。

2. 拉线的装设

（1）安装要求。

1）拉线与电杆之间的夹角不宜小于 45°；当受地形限制时，可以适当小些，但不应

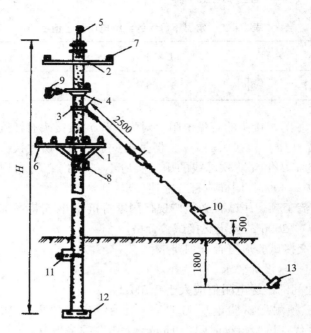

图 2 – 69　钢筋混凝土电杆装置示意图

1—低压五线横担；2—高压二线横担；3—拉线抱箍；4—双横担；5—高压杆顶支座；

6—低压针式绝缘子；7—高压针式绝缘子；8—蝶式绝缘子；9—悬式绝缘子和高压蝶式绝缘子；

10—花篮螺丝；11—卡盘；12—底盘；13—拉线盘

小于 30°。

2）终端杆的拉线及耐张杆承力拉线应当与线路方向对正，分角拉线应与线路分角线方向对正，防风拉线应和线路方向垂直。

3）采用绑扎固定的拉线安装时，拉线两端应当设置心形环。

4）当一根电杆上装设多股拉线时，拉线不应当有过松、过紧、受力不均匀等现象。

5）埋设拉线盘的拉线坑应有滑坡（马道），回填土应当有防沉土台，拉线棒与拉线盘的连接应使用双螺母。

6）居民区、厂矿内，混凝土电杆的拉线从导线之间穿过时，应当装设拉线绝缘子。在断线情况下，拉线绝缘子距地面不得小于 2.5m。

拉线穿过公路时，对路面中心的垂直距离不得小于 6m。

7）合股组成的镀锌铁线用作拉线时，股数不得少于三股，其单股直径不应小于 4.0mm，绞合均匀，受力相等，不应当出现抽筋现象。

合股组成的镀锌铁线拉线采用自身缠绕固定时，最好采用直径不小于 3.2mm 镀锌铁线绑扎固定。绑扎应整齐紧密，其缠绕长度为：三股线不得小于 80mm，五股线不应小于 150mm，花缠不应小于 250mm，上端不得小于 100mm。

8）钢绞线拉线可以采用直径不小于 3.2mm 的镀锌铁线绑扎固定。绑扎应整齐、紧密，缠绕长度不能小于表 2 – 30 所列数值。

表 2 – 30　缠绕长度最小值

钢绞线截面 （mm²）	缠绕长度（mm）				
	上端	中端有绝缘子的两端	与拉棒连接处		
			下端	花缠	上端
25	200	200	150	250	80
35	250	250	200	300	80
50	300	300	250	250	80

9）拉线在地面上下各 300mm 部分，为防止腐蚀，应涂刷防腐油，然后用浸过防腐油的麻布条缠卷，并且用铁线绑牢。

10）采用 UT 型线夹及楔形线夹固定的拉线安装时，应当符合以下规定：

①安装前丝扣上应涂润滑剂。

②线夹舌板与拉线接触应紧密，受力后无滑动现象，线夹的凸度应当在尾线侧，安装时不得损伤导线。

③拉线弯曲部分不应有明显松股，拉线断头处与拉线主线应当可靠固定。线夹处露出的尾线长度不宜超过 400mm。

④同一组拉线使用双线夹时，其尾线端的方向应当作统一规定。

⑤UT 型线夹或花篮螺栓的螺杆应露扣，并且应有不小于 1/2 螺杆丝扣长度可供调紧。调整后，UT 型线夹的双螺母应当并紧，花篮螺栓应封固。

11）采用拉杆桩拉线的安装应当符合下列规定：

①拉杆桩埋设深度不应小于杆长的 1/6。

②拉杆桩应向张力反方向倾斜 15°～20°。

③拉杆坠线与拉桩杆夹角不应小于 30°。

④拉桩坠线上端固定点的位置距拉杆桩顶应为 0.25m，距地面不得小于 4.5m。

⑤拉桩坠线采用镀锌铁线绑扎固定时，缠绕长度可以参照表 2 – 30 所列数值。

（2）拉线盘的埋设。在埋设拉线盘之前，首先应将下把拉线棒组装好，再进行整体埋设。拉线坑应有斜坡，回填土时应当将土块打碎后夯实。拉线坑宜设防沉层。

拉线棒应与拉线盘垂直，其外露地面部分长度应当为 500～700mm。目前，普遍采用的下把拉线棒为圆钢拉线棒，其下端套有丝扣，上端有拉环，安装时拉线棒穿过水泥拉线盘孔，放好垫圈，拧上双螺母即可，如图 2 – 70 所示。把拉线棒装好之后，将拉线盘放正，让底把拉环露出地面 500～700mm，即可分层填土夯实。

拉线盘选择及埋设深度，以及拉线底把所使用的镀锌线和镀锌钢绞线与圆钢拉线棒的换算，可参照表 2 – 31。

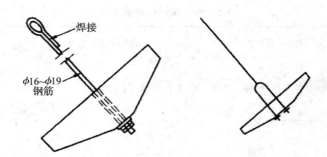

图 2-70　拉线盘

表 2-31　拉线盘的选择及埋设深度

拉线所受拉力（kN）	选用拉线规格		拉线盘规格（m）	拉线盘埋深（m）
	φ4.0 镀锌铁线（股数）	镀锌钢绞线（mm²）		
15 及以下	5 及以下	25	0.6×0.3	1.2
21	7	35	0.8×0.4	1.2
27	9	50	0.8×0.4	1.5
39	13	70	1.0×0.5	1.6
54	2×3	2×50	1.2×0.6	1.7
78	2×13	2×70	1.2×0.6	1.9

拉线棒地面上下 200～300mm 处，均要涂以沥青；泥土中含有盐碱成分较多的地方，还需从拉线棒出土 150mm 处起，缠卷 80mm 宽的麻带，缠到地面以下 350mm 处，并浸透沥青，以防腐蚀。涂油和缠麻带，都应当在填土前做好。

（3）拉线上把安装。拉线上把装在混凝土电杆上，须用拉线抱箍以及螺栓固定。其方法是用一只螺栓将拉线抱箍抱在电杆上，再把预制好的上把拉线环放在两片抱箍的螺孔间，穿入螺栓拧上螺母固定好。上把拉线环的内径以能穿入 φ16 螺栓为宜，但是不能大于 φ25。

在来往行人较多的地方，拉线上应当装设拉线绝缘子。其安装位置，应使拉线断线而沿电杆下垂时，绝缘子距地面的高度在 2.5m 以上，不致触及行人。并且使绝缘子距电杆最近距离也应当保持 2.5m，使人不致在杆上操作时触及接地部分，如图 2-71 所示。

（4）收紧拉线做中把。下部拉线盘埋设完毕，上把做好后可收紧拉线，使上部拉线和下部拉线连接起来，成为一个整体。

收紧拉线可以使用紧线钳，其方法如图 2-72 所示。在收紧拉线前，先将花篮螺栓的两端螺杆旋入螺母内，让它们之间保持最大距离，以备继续旋

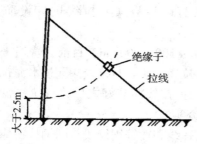

图 2-71　拉紧绝缘子安装位置

入调整。然后将紧线钳的钢丝绳伸开，一只紧线钳夹握在拉线高处，然后将拉线下端穿过花篮螺栓的拉环放在三角圈槽里，向上折回，并且用另一只紧线钳夹住，花篮螺栓的另一端套在拉线棒的拉环上。在所有准备工作做好之后，将拉线慢慢收紧，紧到一定程度时，检查一下杆身和拉线的各部位，无问题后，再继续收紧，把电杆校正，如图2-72（b）所示。对于终端杆和转角杆，拉线收紧后，杆顶可以向拉线侧倾斜电杆梢径的1/2，最后用自缠法或者另缠法绑扎。

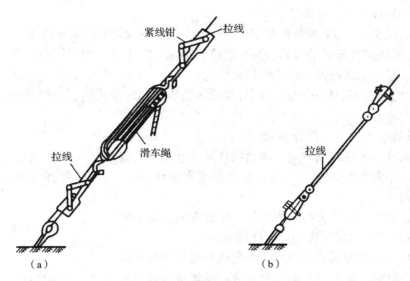

图2-72　收紧拉线做中把方法

为了防止花篮螺栓螺纹倒转松退，可以用一根 ϕ4.0 镀锌铁线，两端从螺杆孔穿过，在螺栓中间绞拧二次，再分向螺母两侧绕3圈，之后将两端头自相扭结，使调整装置不可能任意转动，如图2-73所示。

图2-73　花篮螺栓的封缠

3．横担安装

为了方便施工，通常都在地面上将电杆顶部的横担、金具等全部组装完毕，然后整体立杆。若电杆竖起后组装，则应从电杆的最上端开始安装。

（1）横担的安装位置。杆上横担安装的位置应当符合下列要求：

1）直线杆的横担，应当安装在受电侧。

2）转角杆、分支杆、终端杆以及受导线张力不平衡的地方，横担应当安装在张力的反方向侧。

3）多层横担均应当装在同一侧。

4）有弯曲的电杆，横担均应当装在弯曲侧，并使电杆的弯曲部分与线路的方向一致。

（2）横担的安装要求。

1）直线杆单横担应装于受电侧，90°转角杆以及终端杆单横担应装于拉线侧。

2）导线为水平排列时，上层横担距杆顶距离应当大于200mm。

3）横担安装应平整，横担端部上下歪斜、左右扭斜偏差均不应大于20mm。

4）带叉梁的双杆组立后，杆身和叉梁均不应当有鼓肚现象。叉梁铁板、抱箍与主杆的连接牢固、局部间隙不得大于50mm。

5）10kV线路与35kV线路同杆架设时，两条线路导线之间垂直距离不得小于2m。

6）高、低压同杆架设的线路，高压线路横担应当在上层。架设同一电压等级的不同回路导线时，应当把线路弧垂较大的横担放置在下层。

7）同一电源的高、低压线路宜同杆架设。为维修和减少停电，直线杆横担数不宜超过4层（包括路灯线路）。

8）螺栓的穿入方向应符合下列要求：

①对平面结构：顺线路方向，单面构件从送电侧穿入或按统一方向；横线路方向，两侧由内向外，中间由左向右（面向受电侧）或者按统一方向；双面构件由内向外；垂直方向，由下向上。

②对立体结构：水平方向由内向外；垂直方向，由下向上。

9）以螺栓连接的构件应符合下列规定：

①螺杆应与构件面垂直，螺头平面与构件间不得有空隙。

②螺栓紧好后，螺杆丝扣露出的长度：单螺母不得少于2扣；双螺母可平扣。

③必须加垫圈者，每端垫圈不得超过两个。

（3）横担安装施工。横担的安装应根据架空线路导线的排列方式而定，具体要求有以下几点：

1）导线水平排列。当导线采取水平排列时，应当从钢筋混凝土电杆杆顶向下量200mm，然后安装U型抱箍。这时U型抱箍从电杆背部抱过杆身，抱箍螺扣部分应置于受电侧。在抱箍上安装好M型抱铁，然后在M型抱铁上安装横担。在抱箍两端各加一个垫圈并用螺母固定，但先不要拧紧螺母，应留有一定的调节余地，待全部横担装上后再逐个拧紧螺母。

2）导线三角排列。当电杆导线进行三角排列时，杆顶支持绝缘子应当使用杆顶支座抱箍。如使用a型支座抱箍，可由杆顶向下量取150mm，应当将角钢置于受电侧，再将抱箍用M16×70（mm）方头螺栓，穿过抱箍安装孔，用螺母拧紧固定。安装好杆顶抱箍后，再安装横担。

横担的位置由导线的排列方式来决定，导线使用正三角排列时，横担距离杆顶抱箍为0.8m；导线使用扁三角排列时，横担距离杆顶抱箍为0.5m。

3）瓷横担安装。瓷横担安装应当符合下列规定：

①垂直安装时，顶端顺线路歪斜不得大于10mm。

②水平安装时，顶端应向上翘起5°～10°，顶端顺线路歪斜不得大于20mm。

③全瓷式瓷横担的固定处应当加软垫。

④电杆横担安装好以后，横担应当平正。双杆的横担，横担与电杆的连接处的高差不应大于连接距离的5/1000；左右扭斜不得大于横担总长度的1/100。

⑤同杆架设线路横担间的最小垂直距离见表2-32。

表2-32 同杆架设线路横担间的最小垂直距离（m）

架设方式	直线杆	分支或转角杆
1～10kV 与 1～10kV	0.80	0.50
1～10kV 与 1kV 以下	1.20	1.00
1kV 以下与 1kV 以下	0.60	0.30

4．绝缘子安装

绝缘子的组装方式应当防止瓷裙积水。耐张串上的弹簧销子、螺栓及穿钉应由上向下穿，当有特殊困难时，可以由内向外或由左向右穿入；悬垂串上的弹簧销子、螺栓及穿钉应当向受电侧穿入。

绝缘子的安装应遵守下例规定：

1）绝缘子在安装时，应当清除表面灰土、附着物及不应有的涂料，还应根据要求进行外观检查及测量绝缘电阻。

2）安装绝缘子采用的闭口销或开口销不得有断、裂缝等现象，工程中使用闭口销比开口销具有更多的优点，当装入销口后，能自动弹开，不需要将销尾弯成45°，当拔出销孔时，也比较容易。它具有销住可靠、带电装卸灵活的特点。当使用开口销时应当对称开口，开口角度应为30°～60°。工程中严禁用线材或者其他材料代替闭口销、开口销。

3）绝缘子在直立安装时，顶端顺线路歪斜不得大于10mm；在水平安装时，顶端宜向上翘起5°～15°，顶端顺线路歪斜不得大于20mm。

4）转角杆安装瓷横担绝缘子，顶端竖直安装的瓷横担支架应当安装在转角的内角侧。

5）全瓷式瓷横担绝缘子的固定处应加软垫。

5．放线、紧线

（1）放线。放线就是将导线从线盘上放出来架设在电杆的横担上。常用的放线方法有施放法和展放法。施放法是将线盘架设在放线架上拖放导线；展放法是将线盘架设在汽车上，行驶中展放导线。

导线放线通常是按照每个耐张段进行的，其具体操作如下：

1）放线前，应当选择合适位置，放置放线架和线盘，线盘在放线架上要使导线从上方引出。

若采用拖放法放线，施工前应沿线路清除障碍物，石砾地区应垫以隔离物（草垫），以避免磨损导线。

2）在放线段内的每根电杆上挂一个开口放线滑轮（滑轮直径不应小于导线直径的10倍）。铝导线必须选用铝滑轮或者木滑轮，这样既省力又不会磨损导线。

3）在放线过程中，线盘处应当有专人看守，负责检查导线的质量和防止放线架的倾倒。放线速度应尽可能均匀，不突然加快。

4）当发现导线存在问题，而又不能及时进行处理时，应当作显著标记，如缠绕红布条等，以便于导线展放停止后，专门进行处理。

5）展放导线时，还必须有可靠的联络信号，沿线还要有人看护导线不受损伤，不使导线发生环扣（导线自己绕成小圈）。导线跨越道路和跨越其他线路处也应当设人看守。

6）放线时，线路的相序排列应当统一，对设计、施工、安全运行以及检修维护都是有利的。高压线路面向负荷从左侧起，导线排列相序为 L_1、L_2、L_3；低压线路面向负荷从左侧起，导线排列相序为 L_1、N、L_2、L_3。

7）在展放导线的过程中，对已展放的导线应当进行外观检查，导线不应发生磨伤、断股、扭曲、金钩、断头等现象。如有损伤，可以根据导线的不同损伤情况进行修补处理。

1kV 以下电力线路采用绝缘导线架设时，展放中不应当损伤导线的绝缘层和出现扭、弯等现象，对破口处应进行绝缘处理。

8）当导线沿线路展放在电杆根旁的地面上以后，可以由施工人员登上电杆，将导线用绳子提升至电杆横担上，分别摆放好。对截面较小的导线，可以将 4 根导线一次吊起提升至横担上；导线截面较大时，用绳子提升时，可以一次吊起两根。

（2）紧线。紧线的方法有导线逐根均匀收紧和三线同时收紧或两线同时收紧两种。

1）紧线前必须先做好耐张杆、转角杆及终端杆的本身拉线，然后再分段紧线。

2）在展放导线时，导线的展放长度应当比挡距长度略有增加，平地时一般可增加2%，山地可增加3%，还应尽可能在一个耐张段内。导线紧好之后剪断导线，避免造成浪费。

3）在紧线前，在一端的耐张杆上，首先把导线的一端在绝缘子上做终端固定，然后在另一端用紧线器紧线。

4）紧线前在紧线段耐张杆受力侧除有正式拉线外，应当装设临时拉线。一般可用钢丝绳或具有足够强度的钢线拴在横担的两端，以免紧线时横担发生偏扭。待紧完导线并固定好以后，才可以拆除临时拉线。

5）紧线时在耐张段操作端，直接或者通过滑轮组来牵引导线，使导线收紧后，再用紧线器夹住导线。

6）紧线时，一般应当做到每根电杆上有人，以便及时松动导线，使导线接头能顺利地越过滑轮和绝缘子。

6. 导线的连接与固定

（1）导线的连接。导线放完后，导线的断头全部要连接起来，使其成为连通的线路。常用的连接方法为钳压连接法和爆炸压接法。

1）钳压连接法。导线放完后，如果导线的接头在跳线处，可以采用线夹法连接；如果接头处在其他位置，则采用钳接法连接。钳接法是将要连接的两根导线的端头，穿入铝压接管中，利用压钳的压力使铝管变形，把导线挤压钳紧。目前，铝绞线以及钢芯铝绞线的连接，多采用钳压法连接。铜导线可以仿照铝导线压接方法进行压接。

①施工准备。导线连接前，应当先将准备连接的两个线头用绑线扎紧再锯齐，然后清除导线表面和连接管内壁的氧化膜。因铝在空气中氧化速度很快，在短时间内即可形成一

层表面氧化膜，如此便增加了连接处的接触电阻，故在导线连接前，需清除氧化膜。在清除过程中，为防止再度氧化，应当先在连接管内壁和导线表面涂上一层电力复合脂，然后用细钢丝刷在油层下擦刷，使之与空气隔绝。刷完后，如果电力复合脂较为干净，可不要擦掉；如果电力复合脂已被沾污，则应擦掉重新涂刷一层，最后带电力复合脂进行压接。

②压接顺序。压接铝绞线时，压接顺序从连接管的一端开始；压接钢芯铝绞线时，压接顺序由中间开始分别向两端进行。压接铝绞线时，压接顺序由导线断头开始，按照交错顺序向另一端进行，如图 2-74 所示。

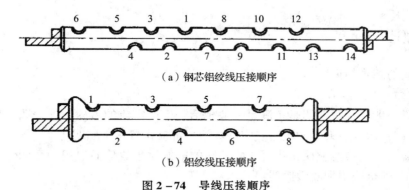

（a）钢芯铝绞线压接顺序

（b）铝绞线压接顺序

图 2-74 导线压接顺序

当压接截面积为 240mm² 钢芯铝绞线时，可以用两只连接管串联进行，两管间的距离不应少于 15mm。每根压接管的压接顺序是从管内端向外端交错进行，如图 2-75 所示。

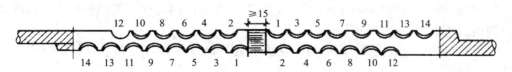

图 2-75 截面积为 240mm² 钢芯铝绞线压接顺序

③压接连接。当压接钢芯铝绞线时，连接管内两导线之间要夹上铝垫片，填在两导线间，可增加接头握裹力，并使接触良好。被压接的导线，应当以搭接的方法，由管两端分别插入管内，使导线的两端露出管外 25~30mm，并且使连接管最边上的一个压坑位于被连接导线断头旁侧。压接时，导线端头应当用绑线扎紧，以防松散。

每次压接时，当压接钳上杠杆碰到顶住螺钉为止。此时应当保持一分钟后才能放开上杠杆，以确保压坑深度准确。压完一个，再压第二个，直到压完为止。压接后的压接管，不能有弯曲，其两端应涂以樟丹油，压后要进行检查，如果压管弯曲，要用木锤调直，压管弯曲过大或者有裂纹的，要重新压接。

④压缩高度。为保证压缩后的高度符合设计要求，可根据导线的截面来选择压模，并且适当调整压接钳上支点螺钉，使适合于压模深度，压缩处椭圆槽（凹口）距管边的高度 h 值，如图 2-76 所示。其允许误差为：钢芯铝绞线连接管为 ±0.5mm；铝绞线连接管为 ±0.1mm；铜绞线连接管为 ±0.5mm。

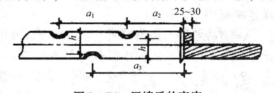

图 2-76 压缩后的高度

2）爆炸压接法。钢芯铝绞线的连接，除了可以采用钳压法连接外，还可以采用钳压管爆炸压接法，即用钳压管原来长度的 1/3～1/4，经炸药起爆后，把导线连接起来的一种方法。适用于野外作业。

（2）导线的固定。导线在绝缘子上通常用绑扎方法来固定，绑扎方法因绝缘子形式及安装地点不同而各异，常用的方法有顶绑法、侧绑法、终端绑扎法等。

2.3　电气照明工程

2.3.1　概述

1. 照明的基本知识

（1）电气照明的分类。

1）正常照明。正常照明是指满足一般生活、生产需要的室内、外照明。所有居住的房间和供工作、运输、人行的走道及室外场地，都应设置正常照明。

2）应急照明。应急照明是指因正常照明的电源发生故障而启用的照明。它又可以分为备用照明、安全照明和疏散照明等。

3）警卫照明。警卫照明是指在一般工厂中不必设置，但对某些有特殊要求的厂区、仓库区及其他有警戒任务的场所应设置的照明。

4）值班照明。值班照明是指在非工作时间内，为需要值班的场所提供的照明。

5）障碍照明。障碍照明是指为了保障飞机起飞和降落安全及船舶航行安全而在建筑物上装设的用于障碍标志的照明。

6）装饰照明。装饰照明是指为美化市容夜景以及节日装饰和室内装饰而设计的照明。

（2）电气照明的基本要求。电气照明的基本要求为适宜的照度水平、照度均匀、照度的稳定性、合适的亮度分布、消除频闪、限制眩光、减弱阴影、光源的显色性要好。

（3）电气照明的供电方式。

1）照明电压。在一般小型民用建筑中，照明进线电源电压应当为 220V 单相供电。当照明容量较大的建筑物，例如超过 30A 时，其进线电源应当采用 380/220V 三相四线制供电。

当照明器的端电压发生偏移时，一般不应当高于其额定电压的 105%，也不宜低于额定电压的下列数值：

①对视觉要求较高的室内照明为 97.5%。

②一般工作场所的室内照明、露天工作场所照明为 95%；对远离变电所的小面积工作场所允许降低到 90%。

③事故照明、道路照明、警卫照明以及电压为 12～36V 的照明为 90%，其中 12V 电压系用于检修锅炉用的手提行灯，36V 用于一般手提行灯。

2）正常照明。正常照明的供电方式一般可以由电力与照明共用的 380/220V 电力变压器供电。如生产厂房中接于变压器—干线式电力系统的单独回路上；对某些大型厂房或重要建筑可由两个或多个不同变压器的低压回路供电；如某些辅助建筑或者远离变电所的建筑，可采用电力与照明合用的回路。当电压偏移或者波动过大，不能保证照明质量和灯泡寿命时，照明部分可采用有载调压变压器或者照明专用变压器供电。

3）事故照明。事故照明供电方式有两种：供继续工作使用的供电方式和供疏散人员或安全通行的供电方式。

①供继续工作。对于供继续工作用的事故照明应当接于与正常照明不同的电源，即另一个独立电源的供电线路上，或者由与正常照明电源不同的 6~10kV 线路供电的变压器低压侧、自备快速启动发电机以及蓄电池组供电。其供电系统图示例如图 2-77 所示。

②供疏散人员或安全通行。对于供疏散人员或者安全通行的事故照明，其电源可接在与正常照明分开的线路上，并且不得与正常照明共用一个总开关。当只需装设单个或少量的事故照明时，可使用成套应急照明灯。

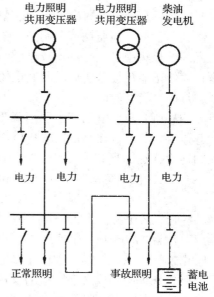

图 2-77 事故照明供电系统示例

2．电光源的选择、分类及性能

（1）电光源的选择。

1）按照明设施的目的和用途选择电光源。

2）按环境要求选择电光源。

3）按投资与年运行费选择电光源。

（2）电光源的分类。电光源按发光原理分为两大类热辐射光源和气体放电光源。

1）热辐射光源利用电流将灯丝加热到白炽程度而辐射出的可见光称之为热辐射光源。

①白炽灯。白炽灯是利用通过电流的钨丝被加热到白炽状态而发光的一种热辐射光源。白炽灯具有结构简单、使用方便、显色性好等特点，但是发光效率低，抗震性较差，随着钨丝的温度上升及长时间的工作，钨丝逐渐蒸发变细，灯泡壳发黑，最后灯丝细到一定的程度就会熔断。尤其是在白炽灯开灯的瞬间电流很大，由于温度的快速变化而产生机械应力，更容易使灯丝损坏。

②卤钨灯。卤钨灯有碘钨灯和溴钨灯。在白炽灯泡内充入微量的卤化物，利用卤钨循环提高发光效率，故其发光效率比白炽灯高 30%。为使卤钨循环顺利进行，卤钨灯必须水平安装，倾斜角不应大于 4°，不能与易燃物接近，不允许采用人工冷却措施（例如电风扇冷却），勿溅上雨水。否则将影响灯管的寿命。

2）气体放电光源利用电流通过灯管中蒸气而产生弧光放电或者非金属电离而发出可见光的原理制造的光源。

①荧光灯。荧光灯是利用汞蒸气在外加电源作用下产生弧光放电，可发出大量的可见光及大量的紫外线，紫外线再激励管内壁的荧光粉使之发出大量的可见光。荧光粉的化学成分决定其发光颜色。荧光灯由镇流器、起辉器、灯管和电极等组成。

②高压汞灯。高压汞灯亦称高压水银荧光灯。它是荧光灯的改进产品，属于高气压的汞蒸气放电光源，它不需起辉器来预热灯丝。高压汞灯分为外镇流和内镇流两种形式，外镇流式必须同相应功率的镇流器串联使用，工作时放电管内的水银气化，其压力达 1 ~ 3 个大气压。因水银的紫外线照射玻璃外壳表面的荧光粉而发出荧光，故称为高压荧光灯。

③低压钠灯。低压钠灯的工作原理是通电后低气压钠蒸气放电处于钠原子被激发面产生弧光放电发光。低压钠灯的启动电压高，触发电压400V 以上，从启动到稳定需要 8 ~ 10min。

④高压钠灯。高压钠灯利用高压钠蒸气放电发光的一种高强度弧光气体放电光源。其辐射光的波长集中在人眼感受较灵敏的区域内，所以其光效高，为荧光高压汞灯的 2 倍，寿命长，但是显色性差、启动时间也较长，此种灯从点亮到稳定工作约 4 ~ 8min。当电源中断，灯的再启动时间较长，一般在 10 ~ 20min 以内，所以不能作应急照明或其他需要迅速点亮的场所，也不宜用于需要频繁开启及关闭的地方，否则会影响其使用寿命。

⑤氙灯。氙灯利用高压氙气放电产生强光的弧光放电灯。点燃后产生很强的接近于太阳光的连续光谱，所以有"小太阳"的美称。氙灯显色性很好，光效较高（40 ~ 60lm/W），功率大，使用寿命为 1000 ~ 5000h。

⑥金属卤化物灯。金属卤化物灯在高压汞灯的基础上为改善光色，在高压汞灯灯管内添加某些金属卤化物，并且靠金属卤化物的循环作用，不断向电弧提供相应的金属蒸气，提高管内金属蒸气的压力，有利于发光效率的提高，可获得比高压汞灯更高的光效和显色性。

⑦霓虹灯。霓虹灯是一种辉光放电光源，它是用细长、内壁涂有荧光粉的玻璃管在高温下搬制成各种图形或文字，再抽成真空，在灯管中充入少量的氖、氦、氩和汞等气体。在高电压作用下，霓虹灯管可产生辉光放电现象，从而发出各种鲜艳的光色。

（3）电光源的性能。常用电光源的主要技术性能比较见表 2 - 33。

表 2 - 33   常用电光源的主要技术性能比较

特征参数	白炽灯	卤钨灯	荧光灯	高压汞灯	高压钠灯	氙灯
额定功率（W）	10 ~ 1000	10 ~ 2000	6 ~ 125	50 ~ 1000	35 ~ 1000	1500 ~ 10000
发光效率（lm/W）	7 ~ 19	15 ~ 25	27 ~ 75	32 ~ 53	65 ~ 130	20 ~ 40
平均寿命（h）	1000	3000	1500 ~ 5000	2500 ~ 5000	16000 ~ 24000	500 ~ 1000
启动时间（min）	瞬时	瞬时	1 ~ 3s	4 ~ 8	4 ~ 8	1 ~ 2s
再启动时间（min）	瞬时	瞬时	瞬时	5 ~ 10	10 ~ 20	瞬时
功率因数 $\cos\varphi$	1.0	1.0	0.4 ~ 0.6	0.44 ~ 0.67	0.44	0.4 ~ 0.9
色温（K）	2400 ~ 2900	2700 ~ 3400	6500	4400 ~ 5500	1900 ~ 2100	1900 ~ 2100
湿色指数（%）	95 ~ 99	95 ~ 99	70 ~ 95	30 ~ 40	20 ~ 25	90 ~ 94
频闪效应	无	无	有	有	有	有
表面亮度	大	大	小	较大	较大	大
电压变化对光通影响	大	大	较大	较大	较大	较大
环境温度对光通影响	小	小	较大	较小	较小	小
耐振性	差	差	中	好	较好	好

3. 灯具的选择与分类

（1）灯具的选择。灯具的选择应首先满足使用功能和照明质量的要求，应当优先采用高效节能电光源和高效灯具，同时便于安装与维护，并且长期运行费用低。因此灯具的选择应考虑配光特性、使用场所的环境条件、安全用电要求、外形与建筑风格的协调以及经济性。

（2）灯具的分类。

1）按光通量在上下空间分布的比例分类，见表2-34。

表2-34　灯具按光通量分类

类别	光通量分布特性（%）		特　点
	上半球	下半球	
直接型	0~10	100~90	光线集中，工作面上可获得充分照度，有强烈的眩光
半直接型	10~40	90~60	光线集中工作面上，空间环境有适当照度比直接型眩光小
漫射型	40~60	60~40	空间各方向光通量基本一致，无眩光
半间接型	60~90	40~10	增加反射光的作用，使光线比较均匀柔和，光线利用率较低，阴影基本消除
间接型	90~100	10~0	扩散性好，光线柔和均匀，无眩光，但光线的利用率低

2）按灯具外壳结构特点分类，见表2-35。

表2-35　灯具按结构特点分类

结构形式	特　点
开启型	灯具是敞口的或无罩的，光源与外界环境直接相通
闭合型	透明罩将光源包合起来，但内外空气仍能自由流通
封闭型	透明罩固定处加一般封闭，与外界隔绝比较可靠，但内外空气仍可有限流通
密封型	透明罩固定处加严密封闭，与外界隔绝相当可靠，内外空气不能流通
防爆型	透明罩本身及其固定处和灯具特别坚实，并且有一定的隔爆间隙，即使发生爆炸也不宜破裂，能安全使用在爆炸危险性介质的场所
防腐蚀型	光源封闭在透光罩内，不使具有腐蚀性的气体进入灯内，灯具的外壳是用耐腐蚀的材料制成的

3）按灯具的安装方式分类，见表 2 – 36。

表 2 – 36　灯具按安装方式分类

安装方式	特　点
墙壁灯	安装在墙壁上、庭柱上，用于局部照明、装饰照明或没有顶棚的场所
吸顶式	将灯具吸附在顶棚面上，主要用于设有吊顶的房间。吸顶式的光带适用于计算机房、变电站等
嵌入式	适用于有吊顶的房间、灯具是嵌入在吊顶内安装的，可以有效消防眩光。与吊顶结合能形成美观的装饰艺术效果
半嵌入式	将灯具的一半或一部分嵌入顶棚，其余部分露在顶棚外，介于吸顶式和嵌入式之间。适用于顶棚吊顶深度不够的场所，在走廊处应用较多
吊灯	最普通的一种灯具安装型式，主要利用吊杆、吊链、吊管、吊灯线来吊装灯具
地脚灯	主要作用是照明走廊，便于人员行走。适用于医院病房、公共走廊、宾馆客房、卧室等
台灯	主要放在写字台、工作台、阅览桌上，作为书写阅读使用
落地灯	主要用于高级客房、宾馆、带茶几沙发的房间以及家庭的床头或书架旁
庭院灯	灯头或灯罩多数向上安装，灯管和灯架多数安装在庭院地坪上，特别适用于公园、街心花园、宾馆以及机关学校的庭院内
道路广场灯	主要用于夜间的通行照明。广场灯用于车站前广场、机场前广场、港口、码头、公共汽车站广场、立交桥、停车场、集合广场、室外体育场等
移动式灯	适用于室内、外移动性的工作场所以及室外电视、电影的摄影等场所
自动应急照明灯	适用于宾馆、饭店、医院、影剧院、商场、银行、邮电、地下室、会议室、动力站房、人防工程、隧道等公共场所。可以作应急照明、紧急疏散照明、安全防灾照明等

2.3.2　照明供电线路的布置与敷设

1. 室内照明供电线路的组成

（1）低压配电线路。低压配电线路是将降压变电所降至 380/220V 的低压，输送和分配给各低压用电设备的线路。如室内照明供电线路的电压，除特殊需要外，一般采用 380/220V、50Hz 三相五线制供电，就是由市电网的用户配电变压器的低压侧引出三根相（火）线和一根零线。相线与相线之间的电压为 380V，可以供动力负载使用；相线与零线之间的电压为 220V，可以供照明负载使用。

（2）室内照明供电线路的组成。

1）进户线。从外墙支架到室内总配电箱的这段线路称为进户线。进户点的位置即建筑照明供电电源的引入点。

2）配电箱。配电箱是接受和分配电能的电气装置。对用电负荷小的建筑物，可以只安装一只配电箱；对用电负荷大的建筑物，如果多层建筑可以在某层设置总配电箱，而在其他楼层设置分配电箱。在配电箱中应当装有空气开关、断路器、计量表、电源指示灯等。

3）干线。从总配电箱引至分配电箱的一段供电线路称为干线，其布置方式有放射式、树干式、混合式。

4）支线。指从分配电箱引至电灯等用电设备的一段供电线路，又称为回路。支线的供电范围一般不超过 20～30m，支线截面不宜过大，一般应当在 1.0～40mm² 范围之内。

室内照明供电线路的组成如图 2-78 所示。

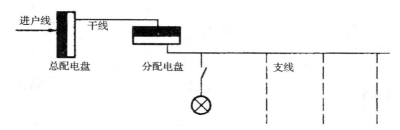

图 2-78　室内照明供电线路的组成

2．室内照明供电线路的布置

室内照明供电线路布置的原则，应力求线路短，以节约导线。但是对于明装导线要考虑整齐美观，一定要沿墙面、顶棚作直线走向。对于同一走向的导线，即使长度要略为增加，仍应当采取同一合并敷设。

（1）进户线。进户点的选择应符合下列条件：确保用电与运行维护方便；供电点尽可能接近用电负荷中心；考虑市容美观和邻近进户点的一致性。一般应尽可能从建筑的侧面和背面进户。进户点的数量不要过多，建筑物的长度在 60m 以内者，都采用一处进线；超过 60m 的可根据需要采用两处进线。进户线距室内地平面不应低于 3.5m，对于多层建筑物，一般可以由二层进户。一般按照结构形式常用的有架空进线和电缆埋地进线两种进线方式。

（2）干线。室内照明干线的基本接线方式分为放射式、树干式和混合式三种，如图 2-79所示。

1）放射式。由变压器或者低压配电箱（柜）低压母线上引出若干条回路，再分别送给各个用电设备，即各个分配电箱都是由总配电箱（柜）用一条独立的干线连接。其特点是干线的独立性强而互不干扰，即当某干线出现故障或者需要检修时，不会影响到其他干线的正常工作，故供电可靠性较高，但是该接线方式所用的导线较多。

2）树干式。由变压器或者低压配电箱（柜）低压母线上仅引出一条干线，沿干线走向再引出若干条支线，然后再引至各个用电设备。此方式结构简单、投资和有色金属用量较少，但在供电可靠性方面不如放射式。一旦干线某处出现故障，有可能影响其他干线与支线。树干式多适用于供电可靠性无特殊要求、负荷容量小、布置均匀的用电设备。

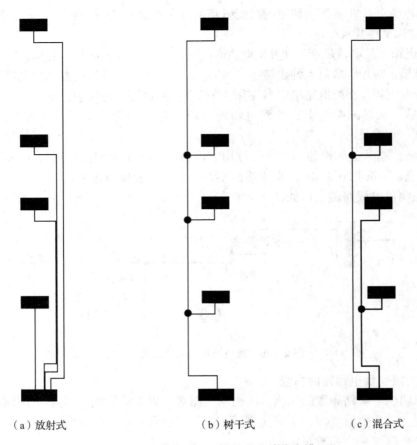

（a）放射式   （b）树干式   （c）混合式

图 2－79   室内照明干线的基本接线方式

3）混合式。混合式是放射式和树干式相结合的接线方式，在优缺点方面介于放射式与树干式之间。此方式目前在建筑中应用广泛。

（3）支线。布置支线时，应当先将电灯、插座或其他用电设备进行分组，并尽可能地均匀分成几组，每一组由一条支线供电，每一条支线连接的电灯数不得超过 20 盏。一些较大房间的照明，如阅览室、绘图室等应当采用专用回路，走廊、楼梯的照明也宜用独立的支线供电。插座是线路中最容易发生故障的地方，如果需要安装较多的插座时，可考虑专设一条支线供电，以提高照明线路的供电可靠性。

3．室内照明供电线路的敷设

室内照明线路一般由导线、导线支撑保护物及用电器具等组成。其敷设方式通常分为明线敷设与暗线敷设两种。按照配线方式的不同有塑料护套线、金属线槽、塑料线槽、硬质塑料管、电线管、焊接钢管等敷设方法。

（1）明线敷设。导线沿建筑物的墙面或者顶棚表面、桁架、屋柱等外表面敷设，导线裸露在外称为明线敷设。此敷设方式的优点是工程造价低、施工简便、维修容易；缺点是由于导线裸露在外，容易受到有害气体的腐蚀，受到机械损伤而发生事故，并且也不够美观。明线敷设的方式包括瓷夹板敷设、瓷柱敷设、槽板敷设、铝皮卡钉敷设和穿管明敷设等多种形式。

（2）暗线敷设。管子（如焊接钢管、硬塑料管等）预先埋入墙内、楼板内或者顶棚内，然后再将导线穿入管中称为暗线敷设。此敷设方式的优点是不影响建筑物的美观，防潮，防止导线受到有害气体的腐蚀和意外的机械损伤。但它的安装费用高，要耗费大量的管材。因导线穿入管内，而管子又是埋在墙内，在使用过程中检修较困难，所以在安装过程中要求比较严格。

敷设时应注意：钢管弯曲半径不得小于该管径的 6 倍，钢管弯曲的角度不应小于90°；管内所穿导线的总面积不得超过管内截面的40%。为了防止管内过热，在同一根管内，导线数目不应超过 8 根；管内导线不允许有接头和扭拧现象，一切导线的接头及分支都应在接线盒内进行；考虑到安全的因素，全部钢管应当有可靠的接地；安装完毕后，必须用兆欧表检查绝缘电阻是否合格。

2.3.3 照明装置的安装

1. 灯具的安装

（1）照明灯具安装一般规定。

1）安装的灯具应配件齐全，无机械损伤及变形，油漆无脱落，灯罩无损坏；螺口灯头接线一定要将相线接在中心端子上，零线接在螺纹的端子上；灯头外壳不能有破损和漏电。

2）照明灯具使用的导线按机械强度最小允许截面应当符合表 2－37 的规定。

表 2－37 照明灯具使用的导线线芯最小截面

安装场所及用途		线芯最小截面（mm²）		
		铜芯软线	铜线	铝线
照明灯头线	民用建筑室内	0.4	0.5	1.5
	工业建筑室内	0.5	0.8	2.5
	室外	1.0	1.0	2.5
移动式用电设备	生活用	0.4	—	—
	生产用	1.0	—	—

3）灯具安装高度按施工图样设计要求施工，如果图样无要求时，室内一般在 2.5m 左右，室外在 3m 左右；地下建筑内的照明装置应当有防潮措施；配电盘及母线的正上方不得安装灯具；事故照明灯具应当有特殊标志。

4）嵌入顶棚内的装饰灯具应当固定在专设的框架上，电源线不应贴近灯具外壳，灯线应留有余量，固定灯罩的框架边缘应当紧贴在顶棚上，嵌入式萤光灯管组合的开启式灯具、灯管应排列整齐，金属间隔片不得有弯曲扭斜等缺陷。

5）灯具质量大于3kg 时，要固定在螺栓或者预埋吊钩上，并不得使用木楔，每个灯具固定用螺钉或螺栓不少于 2 个，当绝缘台直径在 75mm 及以下时，可以采用 1 个螺钉或螺栓固定。

6）软线吊灯，灯具质量在 0.5kg 及以下时，使用软电线自身吊装，大于 0.5kg 的灯具灯用吊链，软电线编叉在吊链内，使电线不受力；吊灯的软线两端应当做保护扣，两端芯线搪锡；顺时针方向压线。当装升降器时，要套塑料软管，并且采用安全灯头；当采用螺口头时，相线应接于螺口灯头中间的端子上。

7）除敞开式灯具外，其他各类灯具灯泡容量在 100W 及以上者使用瓷质灯头；灯头的绝缘外壳不应有破损和漏电；带有开关的灯头，开关手柄应当无裸露的金属部分；装有白炽灯泡的吸顶灯具，灯泡不要紧贴灯罩；当灯泡与绝缘台间距离小于 5mm 时，灯泡与绝缘台间应当采取隔热措施。

（2）吊灯安装。安装吊灯需要吊线盒和绝缘台。绝缘台规格应当根据吊线盒或灯具法兰大小选择，大小要合适。在混凝土结构上固定绝缘台时，应当预埋木砖、螺栓、铁件等。如果在混凝土楼板上预埋有接线盒，也可以直接将绝缘台用螺钉固定在接线盒上。装绝缘台时，应先将绝缘台的出线孔钻好，锯好进线槽（明敷时），再将导线从绝缘台出线孔穿出（导线端头绝缘部分应高出台面），将绝缘台固定好，然后在绝缘台口装吊线盒，由吊线盒的接线螺钉上引出导线（一般采用塑料软线），软线的另一端接到灯头上。软线的长度视悬吊高度而定。因吊线盒的接线螺钉不能承受灯具的重量，所以，软线在吊线盒及灯头内应当打线结，线结卡在盒盖的线孔处。软线在灯头内也应当打线结，线结卡在灯头盖线孔处。

图 2－80 是软线吊灯安装示意图，吊灯质（重）量限于 0.5kg 以下，超过者应加装吊链或钢管。采用钢管，当吊灯质（重）量超过 3kg 时，应当预埋吊钩或螺栓。图 2－81 是花灯安装示意图。

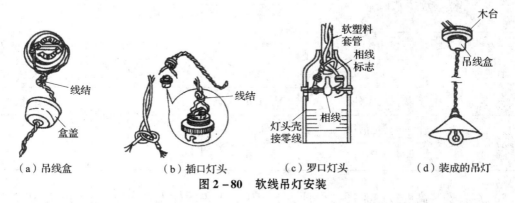

（a）吊线盒　　（b）插口灯头　　（c）罗口灯头　　（d）装成的吊灯

图 2－80　软线吊灯安装

（3）吸顶灯安装。吸顶灯造型多种多样、各具特色，适用于不同的场合。按照安装形式可分为明装和嵌入式两种，其光源为白炽灯或荧光灯，或者两种灯的组合。

1）较小的吸顶灯一般可直接在现场先安装绝缘台，然后根据灯具的结构将其与绝缘台安装为一体。较大的方形或长方形吸顶灯，要先组装，然后再到现场安装，也可以在现场边组装边安装。

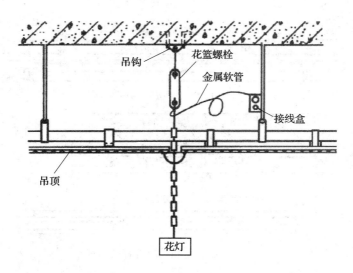

图 2-81　花灯安装

2）安装有绝缘台的吸顶灯，在确定好的灯位处，首先将导线由绝缘台的出线孔穿出，再根据结构采用不同的安装方法。无绝缘台时，可以直接将灯具底板与建筑物表面固定。若白炽灯与绝缘台间距离小于5mm，应当在灯泡与绝缘台间铺垫3mm厚的石棉板或石棉布隔热，以免绝缘台受热烤焦而引起火灾。

3）吸顶灯质（重）量大于3kg时，应当将灯具（或绝缘台）直接固定在预埋螺栓上，如图2-82所示，或者用膨胀螺栓固定。

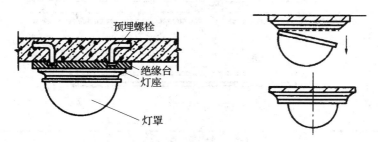

图 2-82　吸顶灯安装

4）吸顶灯在试灯后安装灯罩时，应当特别注意白炽灯泡不得紧贴在灯罩上，否则灯罩会因高温而损坏。

（4）荧光灯安装。荧光灯有吸顶、链吊和管吊、墙壁安装几种。安装时应当注意灯管、镇流器、辉光起动器、电容器的互相匹配，不可随意代用。尤其是带有附加线圈的镇流器接线不能接错，否则会损坏灯管。

荧光灯在无吊顶和有吊顶以及墙壁安装方法如图2-83所示，栅格灯安装方法如图2-84所示。

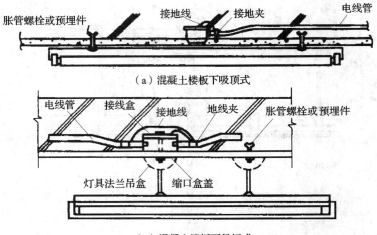

（a）混凝土楼板下吸顶式

（b）混凝土楼板下吊杆式

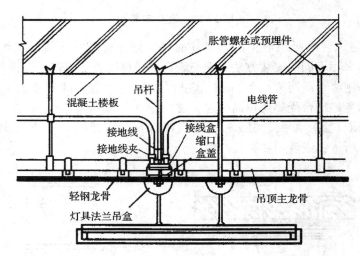

（c）吊顶下吊杆式

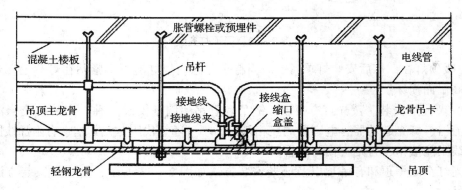

（d）吊顶下吸顶式

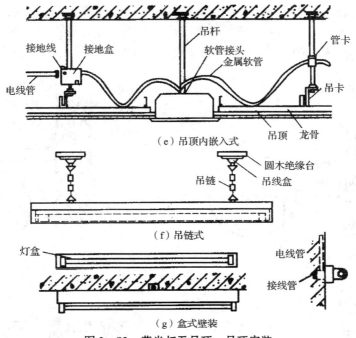

（e）吊顶内嵌入式

（f）吊链式

（g）盒式壁装

图 2 – 83 荧光灯无吊顶、吊顶安装

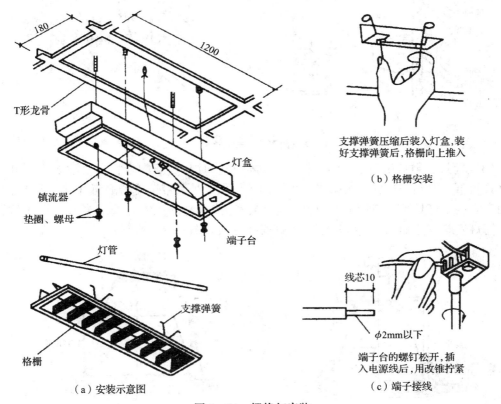

（a）安装示意图

（b）格栅安装

支撑弹簧压缩后装入灯盒,装好支撑弹簧后,格栅向上推入

（c）端子接线

端子台的螺钉松开,插入电源线后,用改锥拧紧

图 2 – 84 栅格灯安装

（5）壁灯安装。壁灯可以安装在墙上或柱子上。装在墙上时，一般在砌墙时应当预埋木砖（不宜用木楔代替木砖）或预埋金属构件。安装在柱子上时，通常在柱子上预埋金属构件或用抱箍将金属构件固定，再将壁灯固定在金属构件上。常见壁灯安装如图 2 - 85 所示。

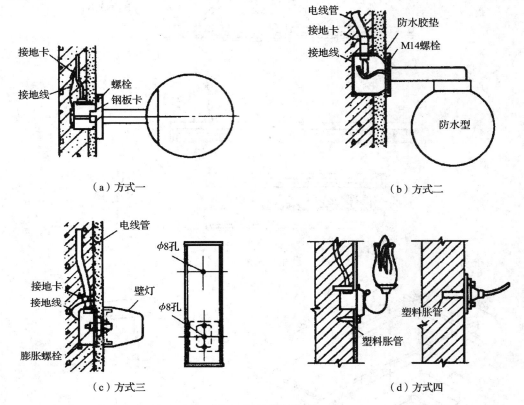

图 2 - 85　壁灯安装

（6）筒灯、射灯吊顶上安装。筒灯、射灯安装时与装修配合，在吊顶板上开孔。如果灯具较重，要制作独立的吊架或者吊链固定灯具。吊装带镇流器的筒灯时，镇流器宜独立固定安装。灯具顶部应留有空间用于散热，连接灯具的绝缘导线应当采用金属软管保护。筒灯安装方法如图 2 - 86 所示，射灯安装方法如图 2 - 87 所示。

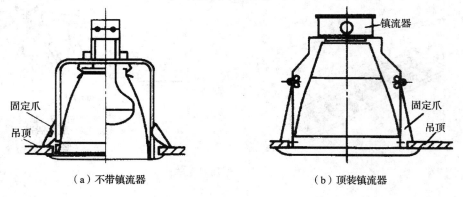

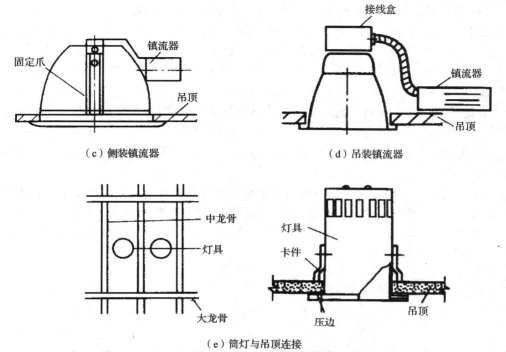

（c）侧装镇流器　　　　　　　　　（d）吊装镇流器

（e）筒灯与吊顶连接

图 2-86　筒灯吊顶上安装

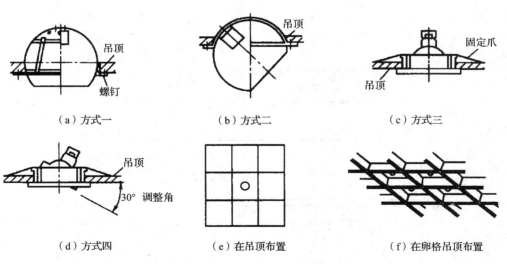

（a）方式一　　　　　（b）方式二　　　　　（c）方式三

（d）方式四　　　　　（e）在吊顶布置　　　　（f）在卵格吊顶布置

图 2-87　射灯吊顶上安装

（7）应急照明灯安装。应急照明灯包括备用照明、疏散照明和安全照明，是建筑物中为了保障人身安全和财产安全的安全设施。

应急照明灯应当采用双路电源供电，除正常电源外，还应有另一路电源（备用电源）供电，正常电源断电后，备用电源应能够在设定时间（几秒）内向应急照明灯供电，使之点亮。

1）备用照明。备用照明是当正常照明出现故障时，设置的应急照明。应急照明灯具中，运行时温度大于60℃的灯具，靠近可燃物时应当采用隔热、散热等防火措施。采用白炽灯、卤钨灯等光源时，不可以直接安装在可燃物上。

2）疏散照明。疏散照明是在紧急情况下的应急照明，按照其安装位置分为应急出口（安全出口）照明和疏散走道照明。灯具可采用荧光灯或者白炽灯。疏散照明灯具宜设在安全出口的顶部以及楼梯间、疏散走道口转角处距地面1m以下的墙面上。疏散走道上的标志灯，应当有指示疏散方向的箭头标志，标志灯间距不宜大于20m（人防工程中不宜大于10m）。楼梯间的疏散标志灯最好安装在休息平台板上方的墙角处或墙壁上，并应用箭头及阿拉伯数字标明上、下层的层号。

3）安全照明。安全照明也是一种应急照明，通常在正常照明出现故障时，能及时提供照明，使现场人员解脱危险。安全出口标志灯最好安装在疏散门口的上方，距地面不小于2m。安全出口标志灯应有图形和文字符号。疏散、安全出口标志灯安装如图2-88所示。

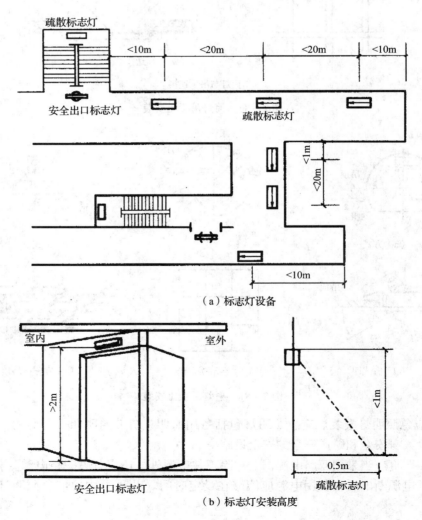

（a）标志灯设备

（b）标志灯安装高度

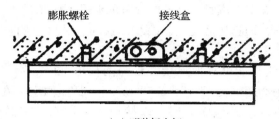

（c）明装标志灯

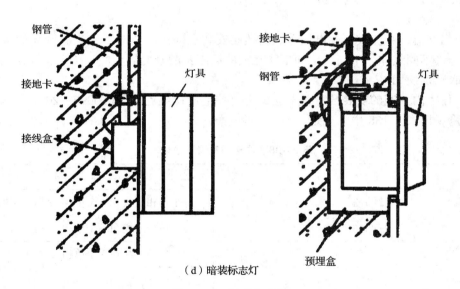

（d）暗装标志灯

图 2-88 标志灯安装

2．插座的安装

插座是长期带电的电器，是各种移动电器的电源接取口，例如台灯、电视机、计算机、洗衣机和壁扇等，也是线路中最容易发生故障的地方。插座的接线孔都有一定的排列位置，不能接错，特别是单相带保护接地插孔的三孔插座，一旦接错，就容易发生触电伤亡事故。插座接线时，应当仔细辨认识别盒内分色导线，正确地与插座进行连接。

在电气工程中，插座宜由单独的回路配电，且一个房间内的插座宜由同一回路配电。当灯具及插座混为一回路时，其中插座数量不宜超过 5 个（组）；当插座为单独回路时，数量不宜超过 10 个（组）。但住宅可不受上述规定限制。

（1）技术要求。插座的型式、基本参数与尺寸应当符合设计的规定。其技术要求为：

1）插座的绝缘应能够承受 2000V（50Hz）历时 1min 的耐压试验，而不发生击穿或闪络现象。

2）插头从插座中拔出时，6A插座每一极的拔出力不得小于3N（二、三极的总拔出力不大于30N）；10A插座每一极的拔出力不得小于5N（二、三、四极的总拔出力分别不大于40N、50N、70N）；15A插座每一极的拔出力不得小于6N（三、四极的总拔出力分别不大于70N、90N）；25A插座每一极的拔出力不得小于10N（四极总拔出力不小于120N）。

3）插座通过1.25倍额定电流时，其导电部分的温升不应超过40℃。

4）插座的塑料零件表面应当无气泡、裂纹、铁粉、肿胀、明显的擦伤和毛刺等缺陷，并且应具有良好的光泽。

5）插座的接线端子应当能可靠地连接一根与两根 $1 \sim 2.5\text{mm}^2$（插座额定电流6A、10A）、$1.5 \sim 4\text{mm}^2$（插座额定电流15A）、$2.5 \sim 6\text{mm}^2$（插座额定电流25A）的导线。

6）带接地的三极插座从其顶面看时，以接地极为起点，按照顺时针方向依次为"相"线、"中"线、接地"极"。

（2）安装要求。

1）当交流、直流或不同电压等级的插座安装在同一场所时，应当有明显的区别，并且必须选择不同结构、不同规格和不能互换的插座；配套的插头应当按交流、直流或不同电压等级区别使用。

2）住宅内插座的安装数量，不应少于《住宅设计规范》GB 50096—2011电源插座的设置数量，见表2-38中的规定。

表2-38　住宅插座设置数量表

部　　位	设　置　数　量
卧室	一个单相三线和一个单相二线的插座两组
兼起居的卧室	一个单相三线和一个单相二线的插座三组
起居室（厅）	一个单相三线和一个单相二线的插座三组
厨房	防溅水型一个单相三线和一个单相二线的插座两组
卫生间	防溅水型一个单相三线和一个单相二线的插座一组
布置洗衣机、冰箱、排油烟机、排风机及预留家用空调器处	专用单相三线插座各一个

3）暗装的插座面板应当紧贴墙面，四周无缝隙，安装牢固，表面光滑整洁，无碎裂、划伤，装饰帽齐全。

4）舞台上的落地插座应当有保护盖板。

5）接地（PE）或接零（PEN）线在插座间不串联连接。

6）地插座面板与地面齐平或者紧贴地面，盖板固定牢固，密封良好。

（3）安装位置。

1）一般距地高度为1.3m，在托儿所、幼儿园、住宅以及小学校等不低于1.8m；同一场所安装的插座高度应尽可能一致。

2）车间及试验室的明、暗插座通常距地不低于0.3m，特殊场所暗装插座，如图2-89所示，一般不低于0.15m；同一室内安装的插座不得大于5mm；并列安装不大于0.5mm。暗设的插座应当有专用盒，盖板应紧贴墙面。

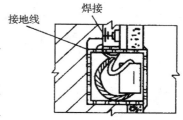

图2-89　暗插座安装

3）特殊情况下，如接插座有触电危险家用电器的电源时，采用能断开电源的带开关插座，开关断开相线；潮湿场所采用密封型并且带保护地线触头的保护型插座，安装高度不低于1.5m。

4）为安全使用，插座盒（箱）不应设在水池、水槽（盆）及散热器的上方，更不能被挡在散热器的背后。

5）插座如设在窗口两侧时，应当对照采暖图，插座盒应当设在与采暖立管相对应的窗口另一侧墙垛上。

6）插座盒不应设在室内墙裙或踢脚板的上皮线上，也不应当设在室内最上皮瓷砖的上口线上。

7）插座盒也不宜设在小于370mm墙垛（或混凝土柱）上。如果墙垛或柱为370mm时，应设在中心处，以求美观大方。

8）住宅厨房内设置供排油烟机使用的插座，应当设在煤气台板的侧上方。

9）插座的设置还应当考虑躲开煤气管、表的位置，插座边缘距煤气管、表边缘不得小于0.15m。

10）插座与给水排水管的距离不得小于0.2m，插座与热水管的距离不得小于0.3m。

（4）插座接线。插座接线时可参照图2-90进行，同时还应当符合下列各项规定：

1）插座接线的线色应正确，盒内出线除末端外应当做并接头，分支接至插座，不允许拱头（不断线）连接。

2）单相两孔插座，面对插座的右孔（或上孔）与相线（L）连接，左孔（或下孔）与中性线（N）连接。

3）单相三孔插座，面对插座的右孔与相线（L）连接，左孔与中性线（N）连接，PE或PEN线接在上孔。

4）三相四孔及三相五孔插座的PE或PEN线接在上孔，同一场所的三相插座，接线相序应一致。

5）插座的接地端子（E）不与中性线（N）端子连接；PE或PEN线在插座间不串联连接，插座的L线和N线在插座间也不应串接，插座的N线不与PE线混同。

6）照明与插座分回路敷设时，插座与照明或者插座与插座各回路之间，均不能混同。

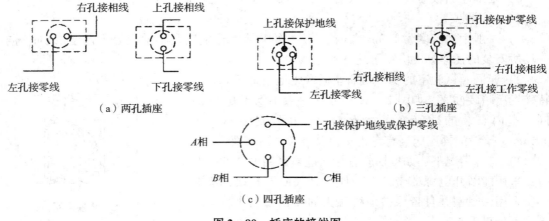

图 2 - 90　插座的接线图

3. 照明开关的安装

（1）安装方式。照明的电气控制方式有两种：一种是单灯或者数灯控制；另一种是回路控制。单灯控制或数灯控制采用照明开关，即普通的灯开关。灯开关的品种、型号很多。为了方便实用，同一建筑物、构筑物的开关采用同一系列的产品，亦可利于维修和管理。

（2）安装位置。开关的安装位置应便于操作，还应当考虑门的开启方向，开关不应设在门后，否则很不方便使用。对住宅楼的进户门开关位置不但是要考虑外开门的开启方向，还要考虑用户在装修时，后安装的内开门的开启方向，以防止开关被挡在内开门的门后。

《建筑电气工程施工质量验收规范》GB 50303—2002 规定：开关边缘距门框边缘的距离 0.15 ~ 0.2m，开关距地面高度 1.3m。

开关的安装位置应区分不同的使用场所选择恰当的安装地点，以利美观协调和方便操作。

（3）接线盒检查清理。用錾子轻轻地将盒子内部残留的水泥、灰块等杂物剔除，用小号油漆刷将接线盒内杂物清理干净。清理时注意检查是否有接线盒预埋安装位置错位（即螺钉安装孔错位 90°）、螺钉安装孔耳缺失、相邻接线盒高差超标等现象，如果有应及时修整。如接线盒埋入较深，超过 1.5cm 时，应当加装套盒。

（4）开关接线。

1）首先将盒内导线留出维修长度后剪除余线，用剥线钳剥出适宜长度，以刚好能够完全插入接线孔的长度为宜。

2）对于多联开关需分支连接的应当采用安全型压接帽压接分支。

3）应当注意区分相线、零线及保护地线，不得混乱。

4）开关的相线当应经开关关断。

（5）明开关安装。明开关的安装方法如图 2 - 91 所示。通常适用于拉线开关的同样配线条件，安装位置应距地面 1.3m，距门框 0.15 ~ 0.2m。拉线开关相邻间距一般不得小于 20mm，室外需用防水拉线开关。

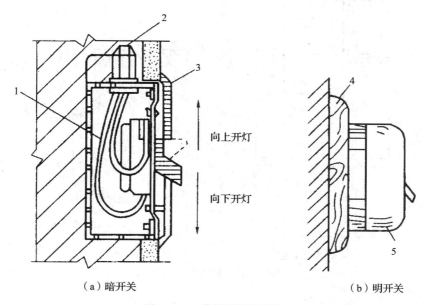

（a）暗开关　　　　　　　　　　（b）明开关

图 2 - 91　单极明开关安装

1—开关盒；2—电线管；3—开关面板；4—木台；5—开关

（6）暗开关安装。暗开关有扳把开关如图 2 - 16 所示、跷板开关、卧式开关、延时开关等。与暗开关相同安装方法还有拉线式暗开关。按照不同布置需要有单联、双联、三联、四联等形式。

照明开关要安装在相线（火线）上，使开关断开时电灯不带电。扳把开关位置应当为上合（开灯）下分（关灯）。安装位置通常距离地面为 1.3m，距门框为 0.15 ~ 0.2m。单极开关安装方法如图 2 - 91 所示，二极、三极等多极暗开关安装方法如图 2 - 91（a）所示的断面形式，只在水平方向增加安装长度。安装时，先将开关盒预埋在墙内，但是要注意平正，不能偏斜；盒口面要与墙面一致。待穿完导线后，方可接线，接好线后装开关面板，使面板紧贴墙面。扳把开关安装位置如图 2 - 92 所示。

（7）拉线开关安装。槽板配线和护套配线及瓷珠、瓷夹板配线的电气照明用拉线开关，它的安装位置离地面一般在 2 ~ 3m，离顶棚 200mm 以上，距离门框为 0.15 ~ 0.2m，如图 2 - 93（a）所示。拉线的出口朝下，用木螺钉固定在圆木台上。但是有些地方为了需要，暗配线也采用拉线开关，如图 2 - 93（b）所示。

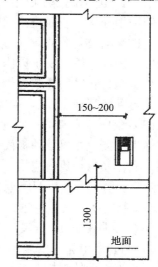

图 2 - 92　扳把开关安装位置

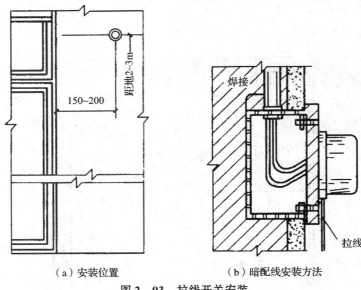

（a）安装位置   （b）暗配线安装方法

图 2 - 93   拉线开关安装

2.3.4   照明配电箱与控制电器的安装

1. 照明配电箱的安装

（1）配电箱的分类。配电箱（盘）是电气线路中的重要组成部分，按照用途不同可分为电力配电箱和照明配电箱两种，分为明装和暗装；按照产品划分有定型产品（标准配电箱、盘）、非定型成套配电箱（非标准配电箱、盘）以及现场制作组装的配电箱。

（2）配电箱位置的确定。电气线路引入建筑物以后，首先进入总配电箱，再进入分配电箱，用分支线按回路接到照明或者电力设备、器具上。

选择配电箱位置的原则：电器多、用电量大的地方，尽可能接近负荷中心，设在进出线方便、操作方便、易于检修、通风、干燥、采光良好，且不得妨碍建筑物美观的地方；对于高层建筑和民用住宅建筑，各层配电箱应尽可能在同一方向、同一部位上，以便导线的敷设与维修管理。

（3）配电箱安装的一般规定。在配电箱内，有交流、直流或不同电压时，应当有明显的标志或分设在单独的板面上；导线引出板面，均应当套设绝缘管；三相四线制供电的照明工程，其各相负荷应均匀分配，并标明用电回路名称；配电箱安装垂直偏差不得大于3mm。暗设时，其面板四周边缘应紧贴墙面，箱体与建筑物接触的部分应当刷防腐漆；照明配电箱安装高度，底边距地面一般为1.5m；配电板安装高度，底边距地面不得小于1.8m。

（4）照明配电箱的安装。

1）暗装配电箱的安装。暗装配电箱应按照图样配合土建施工进行预埋。配电箱运到现场后应当进行外观检查和检查产品合格证。在土建施工中，到达配电箱安装高度，将箱体埋入墙内，箱体应放置平正，箱体放置后用托线板找好垂直使之符合要求。宽度超过500mm的配电箱，其顶部应安装混凝土过梁；配电箱宽度为300mm及其以上时，在顶部应当设置钢筋砖过梁，ϕ6mm以上钢筋不少于3根，为使箱体本身不受压，箱体周围应当用砂浆填实。

2）明装配电箱的安装。明装配电箱须等待建筑装饰工程结束后进行安装。明装配电箱可安装在墙上或柱子上，直接安装在墙上时应当先埋设固定螺栓，用燕尾螺栓固定箱体时，燕尾螺栓宜随土建墙体施工预埋。配电箱安装在支架上时，应当先将支架加工好，然后将支架埋设固定在墙上，或者用抱箍固定在柱子上，再用螺栓将配电箱安装在支架上，并且对其进行水平调整和垂直调整。

对于配电箱中配管与箱体的连接，盘面电气元件的安装，盘内配线、配电箱内盘面板的安装，导线与盘面器具的连接参考相关施工规范。

2. 低压断路器的安装

（1）低压断路器安装技术要求。

1）低压断路器在安装前应当将脱扣器电磁铁工作面的防锈油脂抹净，以避免影响电磁机构的动作，使其符合产品技术文件的规定。

2）低压断路器与熔断器配合使用时，熔断器应安装在电源侧；熔断器应当尽可能装于断路器之前，以保证使用安全；低压断路器操作机构的安装应当符合相关要求。

3）电磁脱扣器的整定值一旦调好后就不允许随意更动，使用后要检查其弹簧是否生锈卡住，以避免影响其动作。

4）断路器在分断短路电流后，应当在切断上一级电源的情况下及时检查触头。若发现有严重的电灼痕迹，可用干布擦去；如果发现触头烧毛，可用砂纸或细锉小心修整，但主触头一般不允许用锉刀修整。

5）应定期清除断路器上的积尘及检查各种脱扣器的动作值，操作机构在使用一段时间后（1～2年），在传动机构部分应当加润滑油。

6）灭弧室在分断短路电流后，或者较长时间使用之后，应清除灭弧室内壁和栅片上的金属颗粒和黑烟灰，如果灭弧室已破损，决不能再使用。

（2）低压断路器的接线。

1）裸露在箱体外部且易触及的导线端子，应当加绝缘保护。

2）有半导体脱扣装置的低压断路器，其接线应当符合相序要求，脱扣装置的动作应可靠。

3. 漏电断路器的安装

1）漏电保护器应安装在进户线截面较小的配电盘上或者照明配电箱内，安装在电度表之后，熔断器之前；对于电磁式漏电保护器，也可以装于熔断器之后。

2）所有照明线路导线（包括中性线在内），一律需通过漏电保护器，且中性线必须与地绝缘。

3）电源进线一定要接在漏电保护器的正上方，即外壳上标有"电源"或"进线"端；出线均接在下方，即标有"负载"或"出线"端。如果把进线、出线接反了，将会导致保护器动作后烧毁线圈或者影响保护器的接通、分断能力。

4）漏电保护器安装后若始终合不上闸，应当将保护器"负载"端上的电线拆开，说明用户线路对地漏电超过了额定漏电动作电流值，应该对线路进行整修，合格后才能送电。若保护器"负载"端线路断开后仍不能合闸，则说明保护器有故障，应当送有关部门进行修理，用户切勿乱调乱动。

5）漏电保护器在安装后先带负荷分、合开关三次，不应出现误动作；再用试验按钮试验三次，应能正确动作（即自动跳闸，负载断电）。按动试验按钮时间不要太长，以免烧坏保护器，然后用试验电阻接地试验一次，应当能正确动作，自动切断负载端的电源。

检验方法：取一只 7kΩ 的试验电阻，一端连接漏电保护器的相线输出端，另一端连接触一下良好的接地装置，保护器应立即动作，否则此保护器为不合格产品，不能使用。严禁用相线直接碰触接地装置试验。

6）运行中的漏电保护器，每月至少用试验按钮试验一次，用以检查保护器的动作性能是否正常。

2.4　接地与防雷

2.4.1　建筑物防雷系统的安装

1. 避雷针的安装

避雷针分为两种：一种是独立避雷针；另一种是安装在高耸建筑物和构筑物上的避雷针。避雷针一般采用镀锌圆钢或焊接钢管制作，独立避雷针一般采用直径 19mm 镀锌圆钢；屋面上避雷针一般采用直径 25mm 镀锌钢管；水塔顶部避雷针采用直径 25mm 镀锌圆钢或直径 40mm 镀锌钢管；烟囱顶部避雷针采用直径 25mm 镀锌圆钢或直径 40mm 镀锌钢管。

（1）独立避雷针的安装。独立避雷针的制作安装步骤：制作、组对、补漆和检查、吊装、埋设接地体并测量接地电阻、接地干线（引线）的焊接等。

1）制作。独立避雷针厂用镀锌圆钢、角钢及钢板分段焊接而成，通常设计应给出结构图。

2）组对。在安装现场清理出宽 5m、长度大于避雷针总高度的一块平地，其中一端位于避雷针的安装基础旁，以便于吊装。将避雷针各段按顺序在平地上摆好，其中最下一段的底部应靠近基础，然后各节组对好，并且用螺栓连接，在螺栓连接点上下两段间用 $\phi 12$ 镀锌圆钢焊接跨接线。有时为了连接可靠，可以把螺母与螺杆用电焊焊死。

在最低一段距离基础 1m 处，每个棱上焊接两条 M16 的镀锌螺栓，间隔 100mm，作为接地体连接的紧固点。

3）补漆与检查。组对好的避雷针，应进行补漆和检查。避雷针的散件通常应用镀锌铁件，也有涂防锈漆及银粉漆的。采用镀锌散件的避雷针，组装好后应将焊接处及锌皮剥脱处补漆。焊接处应先涂沥青漆，风干后再涂银粉漆，涂刷前应将焊渣清除干净。脱锌皮处应先用纱布将污渍清除掉，然后再涂银粉漆。

采用铁件直接焊接的避雷针，应先将焊点的焊渣清理干净，再用金属刷、砂布除锈。然后涂防锈漆二道，银粉漆一道。

4）吊装。独立避雷针重心低并且质量不大，可用起重机或人字抱杆吊装。

5）埋设接地体。在距离避雷针基础 3m 开外挖一深为 0.8m、宽度宜于工人操作的环形沟，如图 2-94 所示。并将避雷针接地螺栓至沟挖出通道。将镀锌接地极棒 ϕ（25～

30）×（2500～3000）圆钢垂直打入沟内，沟底上留出100mm，间隔可按总根数计算，通常为5m。也可用L50×50×5的镀锌角钢或ϕ32的镀锌钢管作接地极棒。

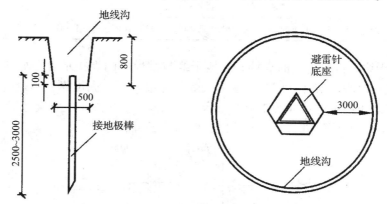

图2-94 接地体埋设示意图

将所有的接地极棒打入沟内后，应分别测量接地电阻，然后通过并联计算总的接地电阻，其值应小于10Ω。若不满足此条件，应增加接地极棒数量，直到总接地电阻≤10Ω为止。

测量接地电阻时应注意以下几点：

①测量时必须断开接地引线和接地体（接地干线）的连接。

②电流极、电压极的布置方向应和线路方向或地下金属管线方向垂直。

③雨雪天或气候恶劣天气应停止测量，防雷接地宜在春季最干燥时测量；保护接地、工作接地宜在春季最干燥时或冬季冰冻最严重时测量。否则应将测量结果乘以季节调节系数，调节系数见表2-39和表2-40。其中，表2-39按土壤类别给出了调整系数。表2-40是按月份区分接地电阻率，主要是按土壤的潮湿程度衡量的，是工程中常用的一种简易系数计算方法，不考虑土壤类别，只考虑潮湿程度，用起来比较方便。两表可同时使用，以使测量值更准确。

表2-39 土壤季节调节系数（按土壤类别）

土壤类别	深度（m）	φ_1	φ_2	φ_3
黏土	0.5～0.8	3	2	1.5
	0.8～3.0	2	1.5	1.4
陶土	0～2	2.4	1.4	1.2
砂砾盖于陶土		1.8	1.2	1.1
园地			1.3	1.2
黄沙		2.4	1.6	1.2
杂以黄沙的砂砾		1.5	1.3	
泥灰		1.4	1.1	1.0
石灰石		2.5	1.5	1.2

注：1 φ_1为测量前下过数天的雨，土壤很潮湿时用。

2 φ_2为测量时土壤较潮湿，具有中等含水量时用。

3 φ_3为测量时土壤干燥或测量前降雨量不大时用。

表 2-40 土壤季节调节系数（按月份区分）

月份	1	2	3	4	5	6	7	8	9	10	11	12
调整系数	1.05	1.05	1	1.60	1.90	2.00	2.20	2.55	1.60	1.55	1.50	1.35

6）接地干线、接地引线的焊接。接地干线与接地体的焊接示意图如图 2-95 所示。焊接通常应使用电焊，实在有困难可使用气焊。焊接必须牢固可靠，尽量将焊接面焊满。接地引线与接地干线的焊接如图 2-96 所示，要求同上。接地干线和接地引线应使用镀锌圆钢。焊接完成后将焊缝处焊渣清理干净，然后涂沥青漆防腐。

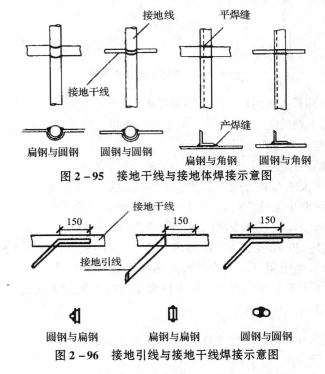

图 2-95 接地干线与接地体焊接示意图

图 2-96 接地引线与接地干线焊接示意图

7）接地引线与避雷针连接。将接地引线与避雷针的接地螺栓可靠连接，若引线为圆钢，则应在端部焊接一块长 300mm 的镀锌扁钢，开孔尺寸应与螺栓相对应。连接前应再测一次接地电阻，使其符合要求。检查无误后，即可回填土。

（2）高耸独立建筑物、构筑物上避雷针的安装。高耸独立建筑物、构筑物主要指水塔、烟囱、高层建筑、化工反应塔、桥头堡等高出周围建筑物或构筑物的物体。

高耸独立建筑物的避雷针通常是固定在物体的顶部，避雷针通常采用 $\phi25 \sim 30mm$、顶部锻尖 70mm、全长 $1500 \sim 2000mm$ 的镀锌圆钢；引下线一种是用混凝土内的主筋或构筑物钢架本身充当；另一种是在构筑物外部敷设 $\phi12 \sim 16mm$ 的镀锌圆钢，敷设方法使用定位焊在预埋角钢上，角钢伸出墙壁不大于 150mm，引下线必须垂直，在距地 2m 处到地坪之间应用竹管或钢管保护，竹管或钢管上应刷黑白漆，间隔各 100mm。

接地极棒敷设以及接地电阻要求同独立避雷针。对于底面积较大并且为钢筋混凝土结构的高大建筑物，在其基础施工前，应在基础坑内将数条接地极棒打入坑内，间距≥5m，数量由设计或底面积的大小定，并且用镀锌接地母线连接形成一个接地网。基础施工时，再将主筋（每柱至少两根）与接地网焊接，一直引至顶层。

烟囱避雷针的安装如图 2-97 所示。烟囱避雷针的设置可按表 2-41 选择，当烟囱直径大于 1.7m、高度大于 60m 时，应在烟囱顶部装设避雷带；高度 100m 以上的，在地面以上 30m 处以及以上每隔 12m 处均设均压环；其接地引线可以利用扶梯或内筋。

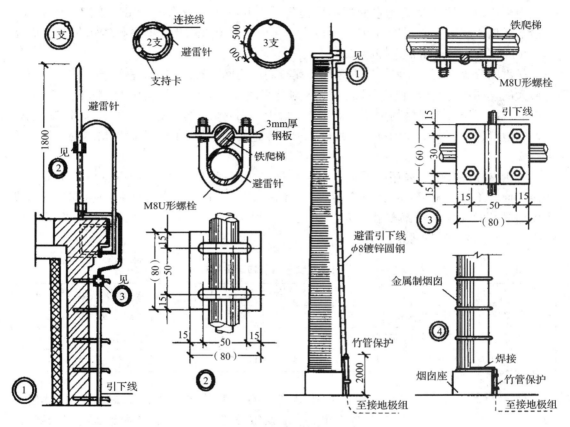

图 2-97　烟囱避雷针安装示意图

表 2-41　烟囱避雷针选择（m）

烟囱尺寸	内径	1	1	1.5	1.5	2	2	2.5	2.5	3
	高度	15~30	31~50	15~45	46~80	15~30	31~100	15~30	31~100	15~100
避雷针根数		1	2	2	3	2	3	2	3	3
避雷针长度		1.5								

避雷带一般是用镀锌圆钢或扁钢和避雷针及顶部避雷网连接，然后可靠接地，常用于高耸建筑物的顶部，用支持卡子支撑。

均压环是在建筑物腰部用镀锌圆钢或扁钢沿四周并与建筑物做成一体的闭合接地防雷系统，一般与避雷针或避雷带的接地引线（通常是建筑物柱体的主钢筋）可靠连接，常用于高层建筑。可用直径 12mm 镀锌圆钢或截面面积为 100mm² 的镀锌扁钢制作，通常在距地 30m 处设第一环，然后每隔 12m 设一环，直到顶部。避雷针、避雷带、均压环是高耸建筑物常用防雷形式，通常结合在一起使用。

2．避雷网（带）的安装

避雷网（带）是指在建筑物顶部沿四周或屋脊、屋檐安装的金属网带，用作接闪器。通常用来保护建筑物免受直击雷和感应雷的破坏。由于避雷网接闪面积大，更容易吸引雷电先导，使附近的尤其是比它低的物体受到雷击几率大为减少。采用避雷网（带）时，屋顶上任何一点距离避雷网（带）不应大于 10m。当有 3m 及以上平行避雷带时，每隔 30 ~ 40m 宜将平行避雷带连接起来。

避雷网分为明网和暗网。明网是用金属线制成的网，架设在建筑物顶部，用截面面积足够大的金属件与大地相连防雷电；暗网则是用建（构）筑物结构中的钢筋网进行雷电防护。只要每层楼楼板内的钢筋与梁、柱、墙内钢筋有可靠电气连接，并且层台和地桩有良好的电气连接，就能起到有效的雷电防护。无论明网还是暗网，金属网格越密，防雷效果越好。

避雷网和避雷带宜采用圆钢或扁钢，并优先采用圆钢。圆钢直径不应小于 8mm，扁钢截面面积不应小于 48mm²，厚度不小于 4mm。避雷网适用于对建筑物的屋脊、屋檐或屋顶边缘及女儿墙上等易受雷击部位进行重点保护，表 2 – 42 给出了不同防雷等级建（构）筑物上的避雷网规格。

表 2 – 42　各类建筑物和构筑物避雷网规格（m）

类　　别	滚球半径 h_r	避雷网网格尺寸
第一类工业建筑物和构筑物	30	≤5 × 5 或 ≤6 × 4
第二类工业建筑物和构筑物	45	≤10 × 10 或 ≤12 × 8
第三类工业建筑物和构筑物	60	≤20 × 20 或 ≤24 × 16

（1）明敷避雷网（带）。避雷带明装时，要求避雷带距离屋面的边缘不应超过 500mm。在避雷带转角中心处严禁设置支座。避雷带的制作可以在屋面施工时现场浇筑，也可以预制后再砌牢或与屋面防水层进行固定。

女儿墙上设置的支架应垂直预埋，或者在墙体施工时预留不小于 100mm × 100mm × 100mm 的孔洞。埋设时先埋设直线段两端的支架，然后拉通线埋设中间支架。水平直线段支架间距为 1 ~ 1.5m，转弯处间距为 0.5m，支架距转弯中心点的距离为 0.25m，垂直间距为 1.5 ~ 2m，相互之间距离应均匀分布。

屋脊上安装的避雷带使用混凝土支座或支架固定。现场浇筑支座时，将脊瓦敲去一角，使支座与脊瓦内的砂浆连成一体；用支架固定时，用电钻将脊瓦钻孔，将支架插入孔中，用水泥砂浆填塞牢固。固定支座和支架水平间距为 1 ~ 1.5m，转弯处为 0.25 ~ 0.5m。

避雷带沿坡屋顶屋面敷设时，使用混凝土支座固定，并且支座应与屋面垂直。

明装避雷带应采用镀锌圆钢或扁钢制作。镀锌圆钢直径为 12mm，镀锌扁钢截面面积为 25mm × 4mm 或 40mm × 4mm。避雷带在敷设时，应与支座或支架进行卡固或焊接成一体，引下线上端与避雷带交接处，应弯曲成弧形再与避雷带并齐后进行搭接焊。

避雷带沿女儿墙及电梯机房或水池顶部四周敷设时，不同平面的避雷带至少应有两处互相焊接连接。建筑物屋顶上的突出金属物体，例如旗杆、透气管、铁栏杆、爬梯、冷却水塔以及电视天线杆等金属导体都必须与避雷网焊接成整体。避雷带在屋脊上安装做法如图 2 - 98 所示。

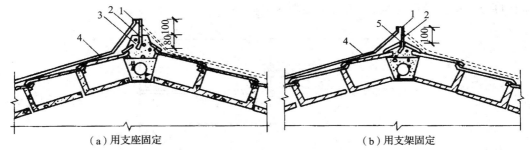

（a）用支座固定   （b）用支架固定

图 2 - 98 避雷带在屋脊上的安装

1—避雷带；2—支架；3—支座；4—引下线；5—1:3 水泥砂浆

明装避雷带采用建筑物金属栏杆或敷设镀锌钢管时，支架的钢管直径不应小于避雷带钢管的管径，其埋入混凝土或砌体内的下端应焊接短圆钢作加强肋，埋设深度不应小于 150mm，中间支架距离不应小于管径的 4 倍。明装避雷网（带）支架如图 2 - 99 所示。避

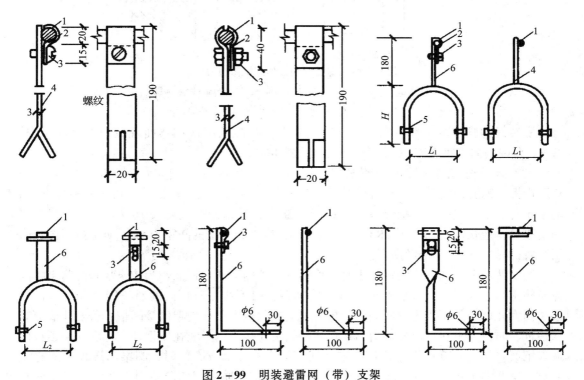

图 2 - 99 明装避雷网（带）支架

1—避雷网；2—扁钢卡子；3—M5 机螺钉；4—扁钢 20mm×3mm 支架；
5—M6 机螺钉；6—扁钢 25mm×4mm 支架

雷带与支架应焊接连接固定，焊接处应打磨光滑无凸起，焊接连接处经处理后应涂樟丹漆和银粉漆防腐。避雷带之间连接处，管内应设置与管外径和连接管内径相吻合的钢管作衬管，衬管长度不应小于管外径的 4 倍。

避雷带通过建筑物伸缩沉降缝时，应向侧面弯曲成半径 100mm 的弧形，并且支持卡子中心距建筑物边缘距离为 400mm，如图 2 - 100 所示。或将避雷带向下部弯曲，如图 2 - 101 所示。还可以用裸铜软绞线连接避雷网。

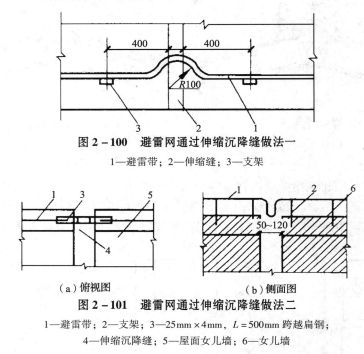

图 2 - 100　避雷网通过伸缩沉降缝做法一

1—避雷带；2—伸缩缝；3—支架

（a）俯视图　　　　　　（b）侧面图

图 2 - 101　避雷网通过伸缩沉降缝做法二

1—避雷带；2—支架；3—25mm×4mm，$L = 500$mm 跨越扁钢；

4—伸缩沉降缝；5—屋面女儿墙；6—女儿墙

安装好的避雷网（带）应平直、牢固，不应有高低起伏和弯曲现象。平直度检查：每 2m 允许偏差不宜大于 3‰，全长不宜超过 10mm。

（2）暗装避雷网（带）。暗装避雷网是利用建筑物内的钢筋作为避雷网。用建筑物内 V 形折板内钢筋作避雷网时，将折板插筋与吊环和网筋绑扎，通长筋与插筋、吊环绑扎。为便于与引下线连接，折板接头部位的通长筋应在端部预留钢筋头 100mm。对于等高多跨搭接处，通长筋之间应用 $\phi8$ 圆钢连接焊牢，绑扎或连接的间距为 6m。V 形折板屋顶防雷装置的做法如图 2 - 102 所示。

当女儿墙上压顶为现浇混凝土时，可利用压顶内的通长钢筋作为建筑物暗装防雷接闪器，防雷引下线可采用直径不小于 $\phi10$ 的圆钢，引下线与压顶内的通长钢筋采用焊接连接。当女儿墙上的压顶为预制混凝土板时，应在顶板上预埋支架做接闪带；若女儿墙上有铁栏杆，防雷引下线应由板缝引出顶板与接闪带连接，引下线在压顶处应与女儿墙顶板内通长钢筋之间用 $\phi10$ 圆钢作连接线进行连接；当女儿墙设圈梁时，圈梁与压顶之间有立筋时，女儿墙中相距 500mm 的两根 $\phi8$ 或一根 $\phi10$ 立筋可用作防雷引下线，可将立筋与圈梁内通长钢筋绑扎。引下线的下端既可以通过焊接到圈梁立筋上，把圈梁立筋与柱的主筋连接起来，也可以直接焊接到女儿墙下的柱顶预埋件上或钢屋架上。

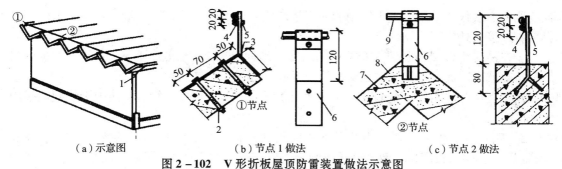

（a）示意图　　　　　（b）节点1做法　　　　（c）节点2做法

图2－102　V形折板屋顶防雷装置做法示意图

1—ϕ8镀锌圆钢引下线；2—M8螺栓；3—焊接；4—40mm×4mm镀锌扁钢；5—ϕ6镀锌机螺钉；
6—40mm×4mm镀锌扁钢支架；7—预制混凝土板；8—现浇混凝土板；9—ϕ8镀锌圆钢避雷带

当屋顶有女儿墙时，将女儿墙上明装避雷带与所有金属导体以及暗装避雷网焊接成一个整体作为接闪器，就构成了建筑物整体防雷系统。

（3）引下线的安装。

1）一般要求。防雷装置引下线通常采用明敷、暗敷，也可以利用建筑物内主筋或其他金属构件作为引下线。引下线可沿建筑物最易受雷击的屋角外墙处明敷设，建筑艺术要求较高者也可暗敷设。建筑物的消防梯、钢柱等金属构件宜作为引下线，各部件之间均应连接成电气通路。各金属构件可被覆有绝缘材料。

引下线可采用圆钢或扁钢，优先采用圆钢，圆钢直径不应小于8mm，扁钢截面面积不应小于48mm²，厚度不应小于4mm。引下线采用暗敷时，圆钢直径不应小于10mm，扁钢截面面积不应小于80mm²，厚度不应小于4mm。

烟囱上的引下线采用圆钢时，其直径不应小于12mm；采用扁钢时，截面面积不应小于100mm²，厚度不应小于4mm。

明敷引下线应热镀锌或涂漆。在腐蚀性较强的场所，应采取加大截面面积或其他防腐措施。

对于各类防雷建筑物引下线还有以下要求：

①第一类防雷建筑物安装独立避雷针的杆塔、架空避雷线和架空避雷网的各支柱处应至少设一根引下线。用金属制成或有焊接、绑扎连接钢筋网的混凝土杆塔、支柱可以作为引下线，引下线不应少于2根，并且应沿建筑物的四周均匀或对称布置，其间距不应大于12m。

②第二类防雷建筑物引下线不应少于2根，并且应沿建筑物四周均匀或对称布置，其间距不大于18m。

③第三类防雷建筑物引下线不应少于2根。建筑物周长不超过25m，并且高度不超过40m时，可以只设一根引下线。引下线应沿建筑物四周均匀或对称布置，其间距不应大于25m。高度超过40m的钢筋混凝土烟囱、砖烟囱应设两根引下线，可利用螺栓连接或焊接的一座金属爬梯作为两根引下线。

④用多根引下线明敷时，在各引下线距离地面0.3～1.8m处应设断接卡。当利用混凝土内钢筋、钢柱做自然引下线并且同时采用基础接地体时，可不设断接卡，但是应在室内外的适当地点设置若干连接板，供测量、接人工接地体和做等电位联结用。当仅用钢筋作引下线并且采用埋入土壤中的人工接地体时，应在每根引下线上距地不低于0.3m处设

置接地体连接板。采用埋于土壤中的人工接地体时应设断接卡，其上端应与连接板或钢柱焊接。连接板处要有明显标志。

⑤在易受机械损伤和防人身接触的地方，地面上1.7m至地面下0.3m的一段接地线采取暗敷或采用镀锌角钢、改性塑料管或橡胶管等保护设施。

⑥当利用金属构件、金属管道作接地引下线时，应在构件或管道与接地干线间焊接金属跨接线。

2）明敷引下线的安装。明敷引下线应预埋支持卡子，支持卡子应突出外墙装饰面15mm以上，露出长度应一致，然后将圆钢或扁钢固定在支持卡子上。通常第一个支持卡子在距室外护坡2m高处预埋，距第一个卡子正上方1.5~2m处埋设第二个卡子，依此向上逐个埋设，间距应均匀相等。

明敷引下线调直后，从建筑物的最高点由上而下，逐点与预埋在墙体内的支持卡子套环卡固，用螺栓或焊接固定，直到断接卡子为止，如图2-103所示。

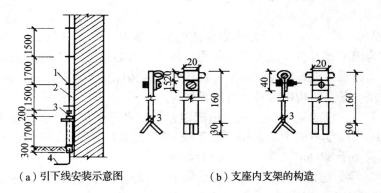

（a）引下线安装示意图　　（b）支座内支架的构造

图2-103　明敷引下线安装做法

1—扁钢卡子；2—明敷引下线；3—断接卡子；4—接地线

引下线经过屋面挑檐处，应做成弯曲半径较大的慢弯，引下线经过挑檐板和女儿墙的做法如图2-104所示。

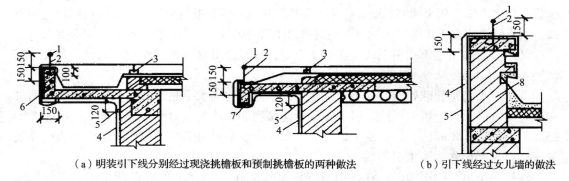

（a）明装引下线分别经过现浇挑檐板和预制挑檐板的两种做法　　（b）引下线经过女儿墙的做法

图2-104　明装引下线经过挑檐板和女儿墙做法

1—避雷带；2—支架；3—混凝土支架；4—引下线；5—固定卡子；

6—现浇挑檐板；7—预制挑檐板；8—女儿墙

3）暗敷引下线的做法。沿墙或混凝土构造柱暗敷的引下线，通常使用直径不小于 $\phi 12$ 镀锌圆钢或截面面积为 25mm×4mm 的镀锌扁钢。钢筋调直后与接地体（或断接卡子）用卡钉或方卡钉固定好，垂直固定距离为 1.5~2m，由上至下展放或者一段段连接钢筋。暗装引下线经过挑檐板或女儿墙的做法，如图 2-105 所示，图中 B 为女儿墙墙体厚度。

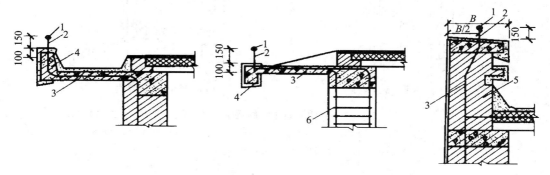

图 2-105　暗装引下线经过挑檐板或女儿墙的做法
1—避雷带；2—支架；3—引下线；4—挑檐板；5—女儿墙；6—柱主筋

利用建筑物钢筋作引下线，钢筋直径为 $\phi 16$ 及以上时，应利用绑扎或焊接的两根钢筋作为一组引下线；当钢筋直径为 $\phi 10$ 及以上时，应利用绑扎或焊接的四根钢筋作为一组引下线。

引下线上下应与接闪器焊接，焊接长度不应小于钢筋直径的 6 倍，并且应双面施焊；中间与每一层结构钢筋需进行绑扎或焊接连接，下部在室外地坪下 0.8~1m 处焊接一根 $\phi 12$ 或截面面积为 40mm×4mm 的镀锌导体，伸向室外距外墙皮的距离不应小于 1m。

4）断接卡子。为便于测试接地电阻值，接地装置中自然接地体与人工接地体连接处和每根引下线都应有断接卡子，断接卡子应有保护措施，引下线断接卡子应设在距地面 1.5~1.8m 的位置。

断接卡子包括明装和暗装两种，如图 2-106 和图 2-107 所示。可用截面面积为 40mm×4mm 或截面面积为 25mm×4mm 镀锌扁钢制作，用两个镀锌螺栓拧紧。引下线的圆钢与断接卡子的扁钢应采用搭接焊接，搭接长度不应小于圆钢直径的 6 倍，并且应双面施焊。

明装引下线在断接卡子的下部，应套竹管、硬塑料管保护，保护管伸入地下部分不应小于 300mm。明装引下线不应套钢管，必须外套钢管保护时，须在钢保护管的上、下侧焊接跨接线，并且与引下线连接成一体。

用建筑物内钢筋作引下线时，由于建筑物从上而下电器连接成为一个整体，所以不能设置断接卡子，需要在柱或剪力墙内作为引下线的钢筋上，另外焊接一根圆钢，引至柱或墙外侧的墙体上，在距地面 1.8m 处，设置接地电阻测试箱；也可在距地面 1.8m 处的柱（或墙）外侧，用角钢或扁钢制作预埋连接板与柱（或墙）的主筋进行焊接，再用引出连接板与预埋连接板焊接，引至墙体的外表面。

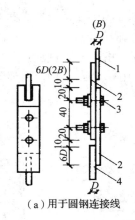
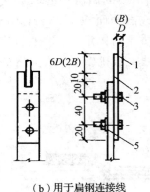

（a）用于圆钢连接线   （b）用于扁钢连接线

图 2 - 106   明装引下线断接卡子的安装

1—圆钢引下线；2—扁钢 25mm×4mm，$L=90×6D$（D 为圆钢直径）连接板；
3—M8×30（mm）镀锌螺栓；4—圆钢接地线；5—扁钢接地线

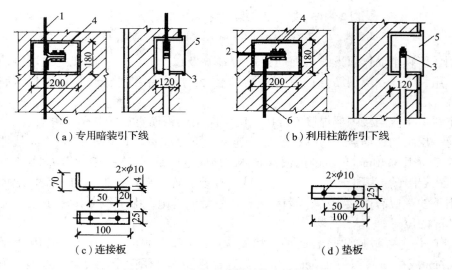

（a）专用暗装引下线   （b）利用柱筋作引下线

（c）连接板   （d）垫板

图 2 - 107   暗装引下线断接卡子的安装

1—专用引下线；2—至柱筋引下线；3—断接卡子；
4—M10×30（mm）镀锌螺栓；5—断接卡子箱；6—接地线

3．避雷器的安装

输电线路遭受雷击时，高压雷电波会沿着输电线路侵入变配电所或用户，击毁电气设备或造成人身伤害，这种现象称为雷电侵入波。据统计资料，电力系统中雷电侵入波造成的雷害事故占整个雷害事故近一半。所以，对雷电波侵入应予以相当程度的重视。

避雷器是用来防护雷电波侵入的重要电气设备，用于防止雷电波的高电压沿线路侵入变、配电站或其他建筑物内，损坏被保护设备的绝缘。安装时与被保护设备并联，如图 2－108所示。当线路上出现危及设备绝缘的高电压时，避雷器对地放电以保护设备。常用避雷器包括阀型避雷器、低压避雷器和管型避雷器。

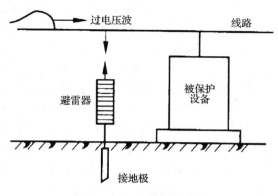

图 2 – 108 避雷器的连接

（1）阀型避雷器的安装。阀型避雷器由火花间隙和阀电阻片组成，封装在密闭瓷套管内。火花间隙通常采用多个单位间隙串联而成，阀电阻片为非线性电阻，加在其上的电压越高其电阻值越小，加在上面的电压低时，电阻值很大，通常用金刚砂颗粒和结合剂制成，如图 2 – 109 所示。

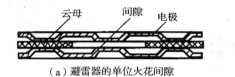
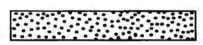

（a）避雷器的单位火花间隙　　　　　（b）避雷器的阀电阻片

图 2 – 109 阀型避雷器

正常情况下，火花间隙阻止线路工频电流通过，但是线路上出现雷电高电压时，火花间隙被击穿，阀电阻片在高压作用下阻值迅速减小，使雷电流可以顺畅地向大地泄放，从而保护电气设备不被击穿。当过电压消失，线路上恢复工频电流时，阀电阻又呈现高电阻状态，火花间隙的绝缘也迅速恢复，电路正常运行。阀型避雷器通常用于变配电所内。

阀型避雷器在安装前应检查测量。首先应检查瓷套管是否完整，有无裂纹或闪络烧痕，有无严重污秽；水泥结合缝及其瓷釉是否完好，接线端子有无松动；底座和拉紧绝缘子的绝缘应良好。组合元件的绝缘电阻（FS 型避雷器绝缘电阻应大于 2500MΩ）、电导电流、工频放电电压以及雷电记录器的动作试验皆应合格。

阀型避雷器的安装原则如下：

1）各连接处的金属接触面应除去氧化膜和油漆，并且涂一层中性凡士林或电力复合脂。

2）垂直安装，每个元件的中心轴线与安装点中心线的垂直偏差不应大于该元件高度的 1.5%。若有歪斜可在法兰间加金属片来校正，并且将其缝隙用腻子抹平后涂漆处理。均压环应水平安装，不应有歪斜。电站用避雷器一般落地安装，应用仪器测量其垂直度。均压环应安装水平，不应歪斜。

3）放电记录器要密封良好，位置一般在标高 1.4m 处，记录器应在零位，将其串联在接地引线回路里，如图 2 – 110 所示。

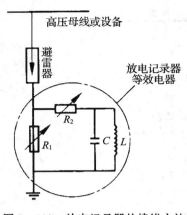

图 2-110 放电记录器的接线方法

4）避雷器上端子应与被保护装置或线路的相线连接，连接线采用 ≥ 16mm² 的裸铜线；下端子也用大于或等于 16mm² 的裸铜线和接地引线可靠连接。垫圈、螺母、弹簧垫圈应使用与避雷器配套供应的紧固件。

低压避雷器用于 50 ~ 60Hz、220 ~ 500V 交流电气线路设备、低压网络户内装置或通信广播线路、半导体器件等的过电压保护。其上下各有接线螺钉，分别接在网络和地线上，安装位置可在柜内或低压进户处，其外形及安装尺寸如图 2-111 所示。其中 FYS 型为低压金属氧化物避雷器，适用于配电变压器的低压侧、电能表、铁路与通信部门线路以及各种半导体器件的过电压保护。低压避雷器的安装方法同阀型避雷器。

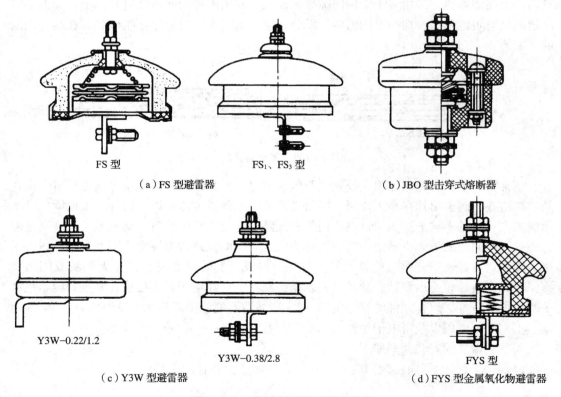

FS 型

FS₁、FS₃ 型

（a）FS 型避雷器

（b）JBO 型击穿式熔断器

Y3W-0.22/1.2

Y3W-0.38/2.8

FYS 型

（c）Y3W 型避雷器

（d）FYS 型金属氧化物避雷器

图 2-111 常用低压避雷器外形图

（2）管型避雷器的安装。管型避雷器由产气管、内部间隙和外部间隙组成，结构如图 2-112 所示。产气管由纤维、有机玻璃或塑料制成。内部间隙装在掺汽管内，一个电极为棒状，另一个电极为环形。

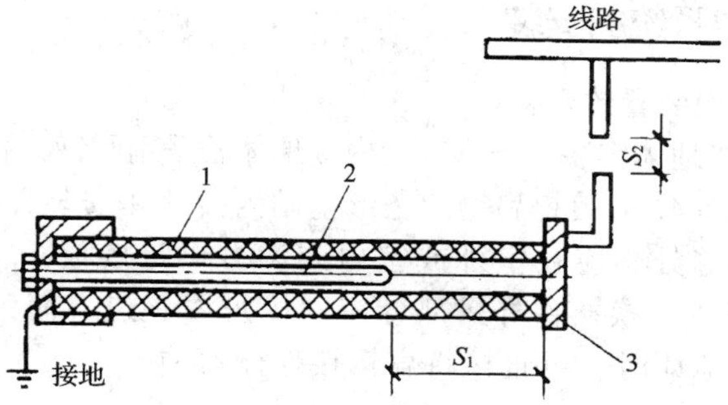

线路

图 2－112　管型避雷器

1—产气管；2—内部电极；3—外部电极

S_1—管型避雷器内部间隙；S_2—管型避雷器与外部线路之间的外部间隙

当线路遭受雷击或发生雷电感应时，雷电过电压使管型避雷器的外部间隙和内部间隙击穿，雷电流通过接地装置泻入地下。同时，由于随之而来的工频续流也很大，雷电流和工频续流在管子内部产生强烈电弧，试管内壁材料燃烧产生大量气体，由于管子容积很小，使得管内气体压力很大，快速把电弧从管口喷出，使其熄灭。外部间隙在雷电流入地后很快恢复绝缘，使避雷器与线路隔离，线路恢复正常运行。管型避雷器通常用于架空线路。

管型避雷器安装要求如下：

1）安装前应进行外观检查，要求管壁无破损、裂痕，漆膜无脱落；管口无堵塞，配件齐全；绝缘良好，试验合格。

2）管型避雷器一般应垂直安装，当需要斜射安装时，其轴线与水平方向的夹角，普通型应不小于15°，无续流管型应不小于45°，安装于污秽地区时应该增大倾斜角度。

3）避雷器应在管体闭口端固定，开口端指向下方，并且下方或喷射方向上应无其他设施和接地金属物，以防排出的气体引起相间或对地闪络；下方应禁止通行，有遮拦并且设置警告牌。动作指示盖应打开向下。

4）支架必须安装牢固，应用＜50×50×5镀锌角钢制作，防止因反冲力导致的变形和位移。上端盖用 M12 自带螺栓固定在支架上，支架应可靠接地。被保护装置的高压引线接于下部的外电极上，如图 2－113 所示，腰部应与支架固定。

5）被保护设备连接线长度应小于4m，并且与被保护设备用同一个接地装置，接地装置的接地电阻应小于或等于12Ω。

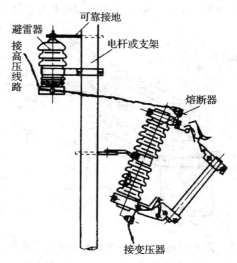

图 2－113　GSW2－10型无续流管型
避雷器接线示意图

2.4.2　建筑物接地系统的安装

1. 建筑物基础接地装置的安装

（1）条形基础内接地体安装。条形基础内接地体若采用圆钢，直径不应小于 $\phi12mm$，扁钢不应小于 $-40mm\times4mm$ 镀锌扁钢。条形基础内接地体安装方式如图 2 – 114 所示。在通过建筑物的变形缝处，应在室外或室内装设弓形跨接板，弓形跨接板的弯曲半径为 100mm。跨接板以及换接件外露部分应刷樟丹漆一道，面漆两道，如图 2 – 115 所示。当采用扁钢接地体时，可直接将扁钢接地体弯曲。

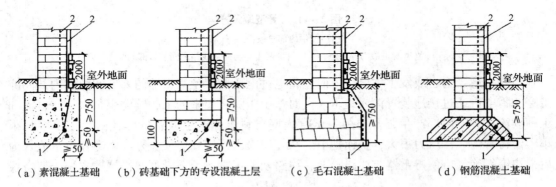

（a）素混凝土基础　（b）砖基础下方的专设混凝土层　（c）毛石混凝土基础　（d）钢筋混凝土基础

图 2 – 114　条形基础内接地体的安装

1—接地体；2—引下线

（2）钢筋混凝土桩基础接地体安装。桩基础接地体如图 2 – 116 所示，在作为防雷引下线的柱子位置处，将基础的抛头钢筋与承台梁主筋焊接，并且与上面作为引下线的柱（或剪力墙）中的钢筋焊接。每组桩基多于 4 根时，只需连接其四角桩基的钢筋作为接地体。

（3）独立柱基础、箱形基础接地体安装。钢筋混凝土独立基础以及钢筋混凝土箱形基础作为接地体时，应将用作防雷引下线的现浇钢筋混凝土柱内的符合要求的主筋与基础底层钢筋网做焊接连接，如图2 – 117 所示。钢筋混凝土独立基础若有防水油毡和沥青包裹时，应通过预埋件和引下线，跨越防水油毡及沥青层，将柱内的引下线钢筋，垫层内的钢筋与接地柱相焊接，如图 2 – 118 所示，利用垫层钢筋和接地桩柱作接地装置。

（4）钢柱钢筋混凝土基础接地体安装。仅有水平钢筋网的钢柱钢筋混凝土基础接地体的安装，如图 2 – 119 所示，每个钢筋基础中应有一个地脚螺栓通过连接导体

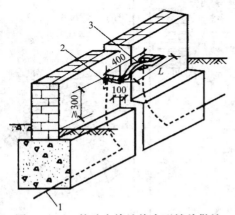

图 2 – 115　基础内接地体变形缝处做法

1—圆钢接地体；2—25mm×4mm 换接件；
3—弓形跨接板扁钢 25mm×4mm，$L=500mm$

（≥ϕ12mm 钢筋或圆钢）与水平钢筋网进行焊接连接。地脚螺栓与连接导体、连接导体与水平钢筋网之间的搭接焊接长度不应小于60mm。在钢柱就位后，将地脚螺栓、螺母和钢柱焊为一体。当无法利用钢柱的地脚螺栓时，应按钢筋混凝土杯型基础接地体的施工方法施工。将连接导体引至钢柱就位的边线外，在钢柱就位后，焊接到钢柱的底板上。

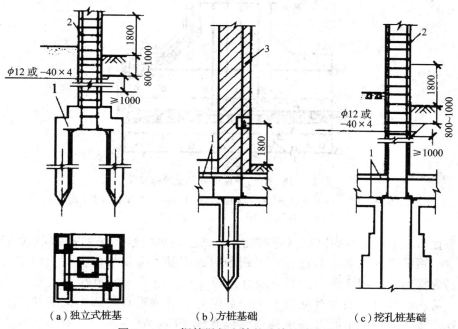

（a）独立式桩基　　（b）方桩基础　　（c）挖孔桩基础

图 2-116　钢筋混凝土桩基础接地体安装

1—承台架钢筋；2—柱主筋；3—独立引下线

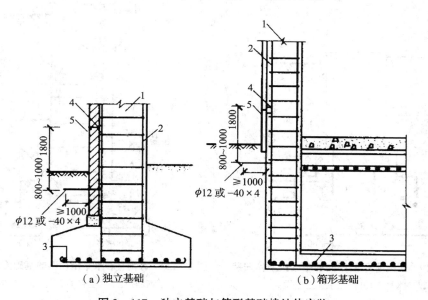

（a）独立基础　　　　　　（b）箱形基础

图 2-117　独立基础与箱形基础接地体安装

1—现浇混凝土柱；2—柱主筋；3—基础底层钢筋网；4—预埋连接件；5—引出连接板

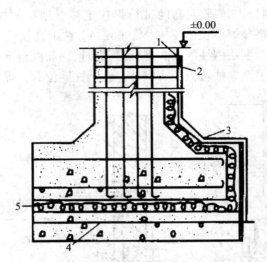

图 2 – 118　有防潮层的基础接地体安装

1—柱主筋；2—连接柱筋与引下线的预埋铁件；3—φ12mm 圆钢引下线；

4—垫层钢筋；5—油毡防水层

有垂直和水平钢筋网的钢柱钢筋混凝土基础接地体安装方法如图 2 – 120 所示。有垂直和水平钢筋网的基础，垂直和水平钢筋网的连接，应将与地脚螺栓相连接的一根垂直钢筋焊接到水平钢筋网上，当不能直接焊接时，应采用 ≥φ12mm 的钢筋或圆钢跨接焊接。若四根垂直主筋能接触到水平钢筋网时，可将垂直的四根钢筋与水平钢筋网进行绑扎连接。当钢柱钢筋混凝土基础底部有桩基时，宜将每一桩基的一根主筋同承台钢筋焊接。

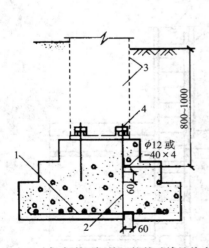

图 2 – 119　仅有水平钢筋网的基础接地体安装

1—水平钢筋网；2—连接导体；

3—钢柱；4—地脚螺栓

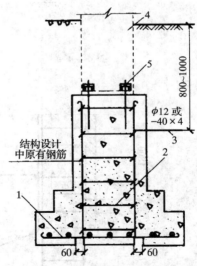

图 2 – 120　有垂直和水平钢筋网的基础接地体安装

1—水平钢筋网；2—垂直钢筋网；3—连接导体；

4—钢柱；5—地脚螺栓

高层建筑大多以建筑物的深基础作为接地装置。在土壤较好的地区，当建筑物基础采用以硅酸盐为基料的水泥，例如矿渣水泥、波特兰水泥等，以及周围土壤当地历史上一年中最早发生雷闪时间以前的含水量不低于4%，或者基础外表面无防腐层或沥青防腐层时，钢筋混凝土基础内的钢筋都可作为接地装置。对于一些用防水水泥（铝酸盐水泥）制成的钢筋混凝土基础，由于导电性差，不宜单独作为接地装置。当利用建筑物基础作为接地装置时应注意以下问题：

1）当建筑物用金属柱子、桁架、梁等建造时，对防雷和电气装置需要建立连续电气通路而言，采用螺栓、铆钉和焊接等连接方法已足够；在金属结构单元彼此不用上述方法连接的地方，对电气装置应采用截面面积不小于100mm²的跨接焊接；对防雷装置应采用不小于 $\phi8$ 圆钢或 $-12mm \times 4mm$ 扁钢跨接焊接。

2）当利用钢筋混凝土构件内的钢筋网作为防雷装置时，连续电气通路应满足以下条件：

①构件内柱钢筋在长度方向上的连接采用焊接或用铁丝绑扎法搭接。

②在水平构件与垂直构件的交叉处，有一根主钢筋彼此焊接或用跨接线焊接，或有不少于两根主筋彼此用铁丝绑扎法连接。

③构架内的钢筋网用铁丝绑扎或焊接。

④预制构件之间的连接或者按上述①、②款处理，或者从钢筋焊接出预埋板再做焊接连接。

⑤构件钢筋网与其他例如防雷装置、电气装置等的连接都应先从主筋焊接出预埋板或预留圆钢（扁钢）再作连接。

3）当利用钢筋混凝土构件的钢筋网作电气装置的保护接地线（PE线）时，从供接地用的预埋连接板起，沿钢筋直到接地体连接为止的这一段串联线上的所有连接点均采用焊接。

2. 人工接地装置的安装

人工接地体的安装方式分为垂直和水平两种，常见形式如图2-121所示。

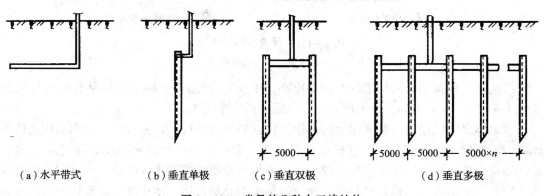

（a）水平带式　　　（b）垂直单极　　　（c）垂直双极　　　（d）垂直多极

图2-121　常见的几种人工接地体

（1）垂直人工接地体的埋设。一般接地体都由几根经过加工的钢管（角钢或圆钢）沿接地极沟的中心线垂直打入，埋设成一圈或一排，并且在其上端用扁钢或圆钢焊成一个整体。首先要把使用的钢材按照表2-43进行加工。

表 2 – 43　作垂直接地体的钢材加工规格尺寸和要求

使用钢材	加工尺寸	加工要求
钢管	直径为 50mm，壁厚为 3.5mm，长为 2.5 ~ 3m	一端砸扁或加工成锥形，另一端锯平；也可以一端加装尖状管头，另一端加装管帽
角钢	40mm × 40mm × 4mm ~ 50mm × 50mm × 5mm，长 2.5 ~ 3m	一端加工成 120mm 长的锥形，另一端锯平
圆钢	直径为 16mm，长为 2.5 ~ 3m	在有强烈腐蚀性土壤中，接地体应使用镀锌、镀铜或镀铅的钢制元件，并且适当加大其截面面积

为了减少季节对接地电阻的影响，应将接地体埋设在大的冻土层以下，一般接地体顶部与地面的距离取 600mm，挖沟深度为 0.8 ~ 1m。

沟挖好后应尽快敷设接地体，接地体长度通常为 2.5m，按设计位置将接地体打入地下，打到接地体露出沟底的长度约为 150 ~ 200mm 时停止。然后再打入相邻一根接地体。相邻接地体之间的距离通常为 5m，如图 2 – 122 所示。距离有限时，不应小于接地体的长度。

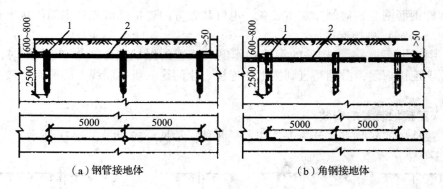

（a）钢管接地体　　　　　　（b）角钢接地体

图 2 – 122　垂直接地体埋设

1—接地体；2—接地线

接地体与建筑物和人行道的距离不应小于 1.5m；接地体与独立避雷装置接地体之间的地下距离不应小于 3m，地上部分的空间距离不应小于 5m。

接地体之间的连接一般采用镀锌扁钢，扁钢的规格应按设计图规定，扁钢与接地体用焊接方法连接。扁钢应立放，这样既便于焊接，也可减少接地流散电阻。接地体连接好后，经检查确认接地体埋设深度、焊接质量等均符合要求即可将沟回填。回填时应注意回填土中不应夹杂石块、建筑碎料和垃圾。回填土应分层夯实，使土壤与接地体紧密接触。

（2）水平接地体的埋设。水平接地体多用于环绕建筑物四周的联合接地，通常采用镀锌圆钢或镀锌扁钢。采用圆钢时，其直径多为 16mm；采用扁钢时，多采用 40mm × 4mm 的镀锌扁钢，截面面积不应小于 100mm²，厚度不应小于 4mm。由于接地体垂直放置时，流散电阻小，所以，接地体沟挖好后，应垂直敷设在地沟内（不应平放），如图 2 – 123 所示。

水平接地体的形式，常见的包括带形、环形和放射形等几种，埋设深度通常在 0.6 ~ 1m 之间，不得小于 0.6m。带形接地体多为几根水平安装的圆钢或扁钢并联而成，埋设深度不小于 600mm，使用的根数和长短可根据实际情况通过计算确定。环形接地体用圆钢或扁钢焊接而成，水平埋设于地下 0.7m 以

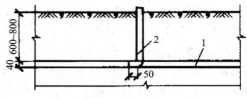

图 2－123　水平接地体安装
1—接地体；2—接地线

上，其直径大小由设计规定。放射形接地体的放射根数通常为 3 根或 4 根，埋设深度不小于 0.7m，每根长度按设计要求。

（3）人工接地线安装。接地线的安装包括接地体连接用的扁钢以及接地干线和接地支线的安装。为了连接可靠并且具有一定机械强度，人工接地线一般采用扁钢或圆钢。圆钢直径不小于 6mm；扁钢截面面积不小于 $24mm^2$。只有在使用移动式电气设备或使用钢导体有困难的地方，才可使用截面面积不小于 $4mm^2$ 的铜线或 $6mm^2$ 的铝线（地下接地线严禁使用裸铝导线）。

选用人工接地线时应考虑以下问题：

1）当电气设备很多时，可以敷设接地干线。接地干线与接地体之间最少要有两处以上的连接。电气设备的接地支线应单独与干线相连，不允许串联。

2）接地线与设备连接通常用螺栓连接或焊接。采用螺栓连接时，应设防松螺母和防松垫片。接地线不应接在电极、台扇的风叶罩壳上。

3）接地线之间及接地线与接地体连接宜用焊接，若采用搭接焊接时，其搭接长度为扁钢宽度的 2 倍或圆钢直径的 6 倍。接地线与管道等伸长接地体的连接若焊接有困难时，可采用卡箍，但是应保证电气设备接触良好。

接地网中各接地体间的连接干线，通常采用扁钢宽面垂直安装，连接处应尽可能采用焊接并加镶块，以增大焊接面积。若无条件焊接时，也允许用螺钉压接，但要先在接地体上端装接地干线连接板，如图 2－124 所示。连接板须经镀锌处理，螺钉也要采用镀锌螺钉。安装时，接触面应保持平整、严密，不可有缝隙，螺钉要拧紧。在有振动的地方，螺钉上应加弹簧垫圈。

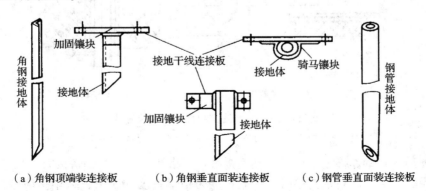

（a）角钢顶端装连接板　　（b）角钢垂直面装连接板　　（c）钢管垂直面装连接板

图 2－124　垂直接地体焊接接地干线连接板

1）接地干线的安装。接地干线应水平或垂直敷设，在直线段不应有弯曲现象。安装位置应便于检修，并且不妨碍电气设备的拆卸与安装。接地干线与建筑物或墙壁之间应有15～20mm的间隙。水平安装时离地面的距离按设计图样，若无具体规定一般为200～600mm。接地线支持卡子之间的距离，水平部分为1～1.5m，垂直部分为1.5～2m，转角部分为0.3～0.5m。在接地干线上应做好接线端子（位置由设计图样定）以便连接接地支线。接地线由建筑物内引出时，可由室内地坪下引出，也可由室内地坪上引出，如图2－125所示。接地线穿过墙壁或楼板，必须预先在需要穿越处装设钢管，接地线在钢管内穿过，钢管伸出墙壁至少10mm，在楼板上面至少要伸出30mm，在楼板下面至少要伸出10mm。接地线穿过后，钢管两端要用沥青棉纱做好密封，如图2－126所示。

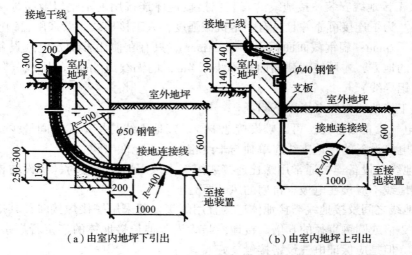

（a）由室内地坪下引出　　　　（b）由室内地坪上引出

图2－125　接地线由建筑物内引出安装

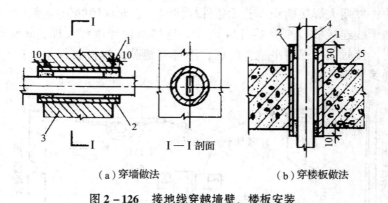

（a）穿墙做法　　　　（b）穿楼板做法

图2－126　接地线穿越墙壁、楼板安装

1—沥青棉纱；2—φ40钢管；3—砖管；4—接地线；5—楼板

采用圆钢或扁钢作接地干线时，其连接必须用搭接焊接。圆钢搭接时，焊缝长度至少为圆钢直径的6倍；两扁钢搭接时，焊缝长度为扁钢宽度的2倍；采用多股绞线连接时，应采用接线端子。接地干线的连接如图2－127所示。

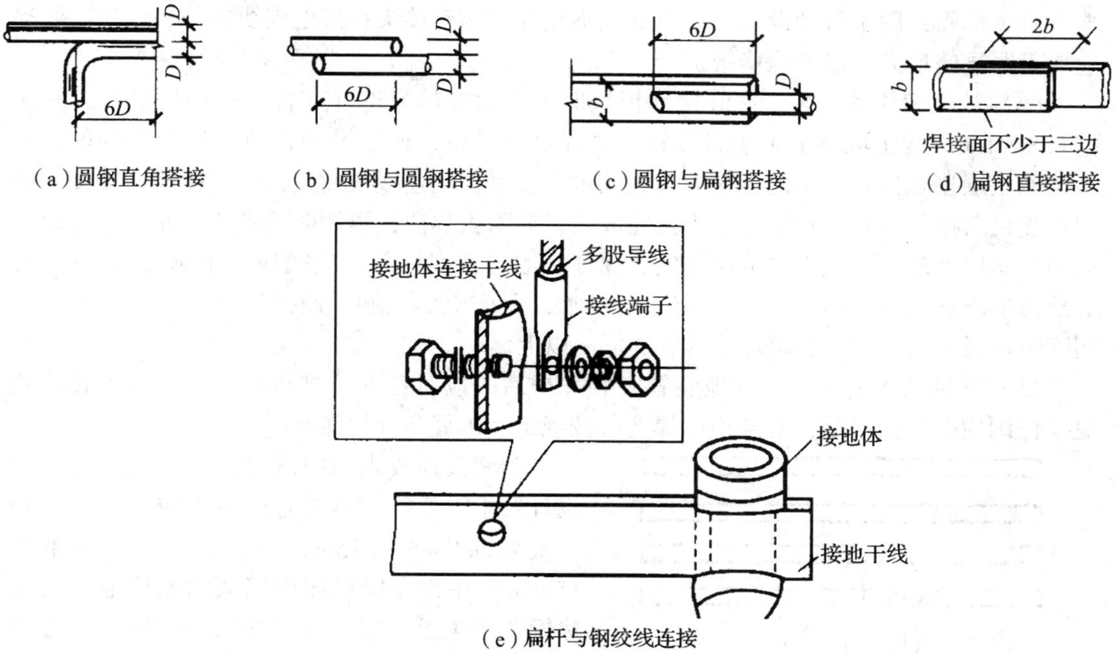

D
D
6D
(a)圆钢直角搭接
D
D
6D
(b)圆钢与圆钢搭接
6D
b
D
(c)圆钢与扁钢搭接
2b
b
焊接面不少于三边
(d)扁钢直接搭接
接地体连接干线
多股导线
接线端子
接地体
接地干线
(e)扁杆与钢绞线连接

图 2－127 接地干线的连接

接地干线与电缆或其他电线交叉时，其间距不应小于25mm；与管道交叉时，应加设保护钢管；跨越建筑物伸缩缝时，应有弯曲，以便有伸缩余地，防止断裂。

2）接地支线的安装。安装接地支线时应注意，多个设备与接地干线相连接，每个设备用一根接地支线，不允许几个设备共用一根接地支线，也不允许几根接地支线并接在接地干线的同一个连接点上。接地支线与电气设备金属外壳、金属构架的连接如图 2－128 所示，接地支线的两头焊接接线端子，并且用镀锌螺钉压接。

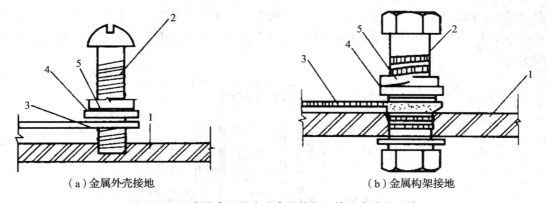

2
5
4
3
1
(a)金属外壳接地
5
2
4
3
1
(b)金属构架接地

图 2－128 电器金属外壳或金属构架与接地支线的连接

1—电器金属外壳或金属构架；2—连接螺栓；
3—接地支线；4—镀锌垫圈；5—弹簧垫片

明设的接地支线在穿越墙壁或楼板时应穿管保护；固定敷设的接地支线需要加长时，连接必须牢固，用于移动设备的接地支线不允许中间有接头；接地支线的每一个连接处都应置于明显的地方，以便检修维护。

（4）接地模块的安装。安装接地模块时，埋设应尽量选择在合适的土层进行，预先挖 0.8～1.0m 的土坑，不应倾斜设置，底部尽量平整，使埋设的接地模块受力均匀，保持与原土层接触良好。接地模块应垂直或水平设置，用连接线使连接头与接地网连接，用螺栓连接后进行热焊或热熔焊。焊接完成后，应除去焊渣，再用防腐剂或防锈漆进行焊接表面的防腐处理，回填需要分层夯实，保证土壤的密实以及接地模块与土壤的紧密接触，底部回填土达到 0.4～0.5m 后，应适量加水，保证土壤湿润，使接地模块充分吸湿。使用降阻剂时，为防腐，包裹厚度应在 30mm 以上。

（5）接地装置的涂色。接地装置安装完毕后，应对各部分进行检查，尤其是焊接处更要仔细检查焊接质量，对合格的焊缝应按规定在焊缝各面涂漆。

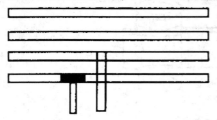

图 2-129　三相四线系统零线涂色

明敷接地线表面应涂黑漆，若因建筑物的设计要求需要涂其他颜色时，则应在连接处和分支处涂以各宽 15mm 的两条黑带，间距为 150mm。中性点接至接地网的明敷接地导线应涂紫色带黑色条纹。在三相四线网络中，若接有单相分支线并且零线接地时，零线在分支点处应涂黑色带以便识别，如图 2-129 所示。在接地线引向建筑物的入口处，通常在建筑物的外墙上标以黑色接地图形符号，以引起维修人员注意。在检修用临时接地点，应刷白色底漆后标以黑色接地图形符号。

3．电气设备的接地安装

（1）变压器、电动机等电气设备的接地。

1）变压器中性点和外壳的接地。总容量在 100kV·A 以上的变压器，其低压侧零线、外壳应接地，并且接地电阻不应大于 4Ω，每一重复接地装置的接地电阻不应大于 10Ω；总容量在 100kV·A 以下的变压器，其低压侧零线、外壳的接地电阻不应大于 10Ω，重复接地不少于三处，每个重复接地装置的接地电阻值不应大于 30Ω。变压器接地如图2-130 所示。

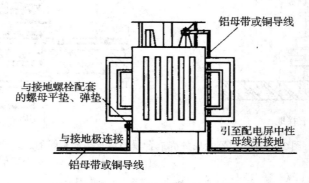

铝母带或铜导线

与接地螺栓配套的螺母平垫、弹垫

与接地极连接

铝母带或铜导线

引至配电屏中性母线并接地

图 2-130　变压器的接地示意图

2）电动机外壳接地。低压小型电动机的接地螺栓通常在接线盒内，接地线时将导线穿入管内与电动机线同时引入接线盒内或者利用管路作为接地引线，利用管口的螺栓再将接地线引入接线盒，如图2-131所示。高压或大型电动机的接地螺栓通常在外壳的底座上，接地方法同变压器。

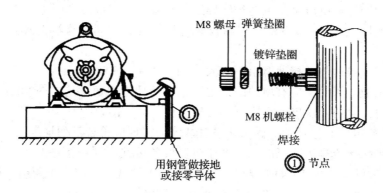

M8 螺母　弹簧垫圈

镀锌垫圈

M8 机螺栓

焊接

用钢管做接地
或接零导体

① 节点

图 2-131　电动机接地做法

3）电器金属外壳接地。交流中性点不接地系统中，电气设备的金属外壳应与接地装置连接；交直流电缆接线盒、终端盒的外壳、电力电缆和控制电缆的金属护套、敷设的钢管和电缆支架等均应接地；穿过零序电流互感器的电缆，其电缆头接地线应穿过互感器后接地；并且应将接地点前的电缆头金属外壳、电缆金属包皮及接地线与地绝缘。井下电气装置的电气设备金属外壳接触电压不应大于40V。接地网对地和接地线的电阻值：当任一组接地极断开时，接地网上任一点测得的对地电阻不应大于2Ω。电器金属外壳接地如图2-128（a）所示。

4）金属构架接地。交流电气设备的接地线可利用金属结构，包括起重机的钢轨、走廊、平台、电梯竖井、起重机与升降机的构架、运输皮带的钢梁等，接地做法如图2-128（b）所示。

（2）携带式电力设备接地。携带式电力设备例如手电钻、手提照明灯等，应选用截面面积不小于1.5mm²的多股铜芯线作专用接地线，单独与接地网连接，切不可利用其他电气设备的零线接地，也不允许用此芯线通过工作电流。

由固定的电源或由移动式发电设备供电的移动式机械，应和这些供电电源的接地装置有金属连接。在中性点不接地的电网中，可在引动式机械附近装设若干接地体，以代替敷设接地线，并且应首先利用附近所有的自然接地体。

携带式用电设备严禁利用其他用电设备的零线接地；零线和接地线应分别与接地网连接。

移动式电力设备和机械的接地应符合固定式电气设备的要求，但是下列情况一般可以不接地：

1）移动式机械自用发电设备直接放在机械的同一金属框架上，又不供给其他设备用电。

2）当机械由专用移动式发电设备供电，机械数量不超过两台，机械距移动式发电设备不超过 50m，并且发电设备和机械外壳之间有可靠的金属连接。

（3）电子设备的接地。电子设备的逻辑、功率、安全、信号等的设置除应符合设计规定外，还应符合下列规定：

1）接地母线的固定应与盘、柜体绝缘。

2）大、中型计算机应采用铜芯绝缘导线，其截面面积按设计施工。

3）高出地坪 2m 的一段设备，应用合成树脂或具有相同绝缘性能和强度的管子加以保护。

4）接地网或接地体的接地电阻不应大于 4Ω。

5）一般工业电子设备应有单独的接地装置，接地电阻值不应超过 10Ω，与设备的距离不应大于 5m，但是可以与车间接地干线相连。

（4）露天矿电气装置接地。露天矿电气装置的接地应符合下列规定：

1）露天采矿场或排废物场的高、低压电器设备可共用同一接地装置，其接地电阻值若设计无规定时可参照表 2－44 的规定；采矿场的主接地极不应少于两组；排废物场可设一组。主接地极通常应设在环形线附近或土壤电阻率较低的地方。

表 2－44　电气设备的面上外露的铜、铝接地线最小截面面积（mm²）

名　　称	最小截面面积	
	铜	铝
明敷裸导体	4	6
绝缘导体	1.5	2.5
电缆接地芯或与相线包在同一保护外壳内的多芯导线接地芯	1	1.5

2）高土壤电阻率的矿山，接地电阻值不得大于 30Ω，并且接地线和设备的金属外壳的接地电压不得大于 50V。

3）架空接地线应采用截面面积不小于 35mm² 的钢绞线或钢芯铝绞线，并且与导线的垂直距离不应小于 0.5m。

4）每台设备不得串联接地，必须备有单独接地引线，连接处应设断接卡板。

（5）爆炸和火灾危险场所电气设备接地。

1）电气设备的金属外壳和金属管道、容器设备及建筑物金属结构均应可靠接地或接零；管道接头处应作跨接线。

2）0 区及 10 区范围内所有电气设备及 1 区范围内除照明灯具外的其他电气设备，均应使用专用接地或接零线；接地或接零线与相线同管敷设时，则其绝缘电阻应与相线相同。

3）1 区范围内的照明灯具和 2 区、11 区范围内所有电气设备，可利用与地线有可靠电气连接的金属管线或金属框架接地或接零；但是不得利用输送爆炸危险物质的管道接地或接零。

4）爆炸危险场所内电气设备专用接地线应符合下列规定：

引向接地干线的接地线应是铜芯导线，其截面面积要求见表 2 - 45。若采用裸铜线时，其截面面积不应小于 $4mm^2$。

表 2 - 45　电动机容量与绝缘铜芯接地线截面面积对照表

电动机容量（kW）	≤1	≤5	≤10	≤15	≤20	≤50	≤200	≤500	≤750	≥750
接地线截面面积（mm^2）	2.5	4	6	10	16	25	35	50	70	95
接地螺栓规格	M8		M10		M12					

接地线采用多股铜芯线时，与接地端子的连接宜用压接，压接端子的规格应与压接的导线截面面积相符合。

5）在爆炸危险场所内不同方向上，接地和接零干线与接地装置相连应不少于2处；通常应在建筑物两端分别与接地体相连。接地连接板应用不锈钢板、镀锌板或接触面搪锡、覆铜的钢板制成；连接面应平整、无污物、有金属光泽并且应涂电力复合脂。连接用螺栓应为镀锌螺栓，弹簧垫圈及两侧的平垫圈应齐全，拧紧后弹簧垫圈应被压平。

6）在爆炸危险场所内，中心点直接接地的低压电力网中，所有的电气装置接零保护，不应接在工作零线上，而应接在专用接零线上。

7）爆炸危险场所防静电的接地体、接地线、接地连接板的设置除应符合实际要求外，还应符合下述规定：

①防静电接地线应单独与接地干线相连接，不得相互串联接地。

②接地线在引出地面处，应有防损伤、防腐蚀措施；铜芯绝缘导线应由硬塑料管保护；镀锌扁钢宜采用角钢保护；若该处是耐酸地坪时，则表面应涂耐酸油漆。

（6）架空线路的接地。架空线路接地可以分为重复接地和输电线路接地。

重复接地包括接零系统在接户线处重复接地；低压架空线路零线的重复接地；在架空干线和分支线终端，长度超过200m架空线分支处应重复接地；在干线没有分支的直线段中，每隔1km零线应重复接地；高、低压线路共杆架设时，在共杆架设端的两终端杆上，低压线路的零线应重复接地。

对于输电线路杆塔接地应符合下列规定：

1）3～35kV 线路，有避雷线的铁塔或钢筋混凝土杆均应接地；若土壤电阻率较高，接地电阻不小于30Ω。

2）3～10kV 线路，在居民区无避雷线的铁塔和混凝土杆应接地。

3）接线杆塔上的避雷线、金属横担、绝缘子底座均应接地。

（7）特殊设备接地。

1）高频电热设备接地。电源滤波器处应进行一点接地；设专用接地体，接地电阻值不大于4Ω。

2）电弧炉设备接地。由中性点不接地系统供电时，设备外壳和炉壳均应接地，接地电阻不应大于 4Ω；由中性点接零系统供电时，则设备外壳和炉壳应接地；接地线应用软铜线，截面面积不小于 $16mm^2$。

3）六氟化硫组合电器的接地。各接口法兰之间应用铜带跨接接地线，其底座、支架应接地。

4）电除尘设备接地。两台以上的电除尘设备，其接地线严禁串联，必须每台接地线单独引向接地装置。在酸碱盐腐蚀比较严重的地方，其接地装置应作防腐处理。接地电阻应符合设计规定。

5）调试用电子仪器设备接地。调试时，试验用的电子电路和电子仪器应接零。测量高频电源波形及参数的工业电子设备，宜用独立的接地装置，不应与车间的接地干线相连，二者之间距离应在 2.5m 以上；直流信号地应与交流地分开。

6）高压试验设备接地。对于 10kV 以下便携式高压试验电气设备，在工作台上也应可靠接地，并且接地电阻应小于 4Ω。

7）X 光机等高压电子设备接地。对于 X 光机，心、脑电图机等电子仪器元器件，电子电路应有统一的基准电位，然后从机壳上接地。X 光机上的高压电子管外壳、操作台、高压电缆金属护套、电动床、管式立柱等铁壳均应接地，可与电气设备、管道接地相连接，也可与水箱连接作辅助接地。应单独设立接地装置，并且接地电阻应小于 10Ω。

（8）屏蔽接地。屏蔽电缆在屏蔽体入口处，其屏蔽层应接地；若用屏蔽线或屏蔽电缆接仪器，则屏蔽层应由一点接地或同一接地点附近多点接地。

屏蔽的双绞线、同轴电缆在工作频率小于 1MHz 时，屏蔽层应采用单端接地，若两端接地可能造成感应电压短路环流，烧坏屏蔽层。屏蔽接地的接地电阻不应大于 4Ω。

（9）防静电接地。

1）车间内每个系统的设备和管道应作可靠金属连接，并且至少有两处接地点。

2）接地线通常采用绝缘导线，其截面面积一般为 $6\sim8mm^2$。

3）输送油的软橡皮管的金属管口，与装有油的金属槽必须进行金属连接。

4）从一个金属容器往另一个金属容器移注油液时，事先应将两个容器进行金属连接并接地。

5）油罐车应用金属链子从车体直接垂到路面进行接地。

6）构造物例如烟囱、油槽、煤气管道、氧气管道等的接地应按设计要求施工，接地应牢靠。

4．接地电阻的测量

（1）各种接地装置接地电阻的规定。接地装置的接地电阻是接地体对地电阻和接地线电阻的总和。接地电阻的数值等于接地装置对地电压与通过接地体流入地中电流的比值。无论是工作接地还是保护接地，其接地电阻必须满足规定的要求，否则无法安全可靠地起到接地作用。各种接地装置接地电阻允许值见表 2-46。

表2-46 各种接地装置的接地电阻允许值

类型		接地装置使用条件	允许工频接地电阻	备注
架空电力线路接地	35kV 以上有避雷线的一般线路	土壤电阻率（Ω·m）： 100 及以下 100～500 500～1000 1000～2000	一般不应超过： 10Ω 15Ω 20Ω 25Ω	—
		土壤电阻率（Ω·m）： 2000 以上	30Ω；或敷设 6～8 根放射型地线（总长不超过500m），或连续伸长接地，电阻值不作规定	
	大跨越档	有避雷线线路的杆塔和管型避雷器或间隙 无避雷线线路的管型避雷器或间隙	不应超过一般线路接地电阻值的50%，在高土壤电阻率地区，也不宜超过20Ω	—
	线路交叉部分	交叉档两端的钢筋混凝土杆、金属杆塔、管型避雷器间隙	不应超过一般线路接地电阻的 2 倍	—
	35kV 及以上变电所进线段	35kV 及以上一般变电所的进线段杆塔	应不超过一般线路的接地电阻	—
		未沿全线架设避雷线的 35kV 及以上的木杆或钢筋混凝土杆木担进线首端 GB1	一般不应大于10Ω	GB 表示管型避雷器
		35～60kV 小容量变电所（1000～5000kV·A）简化进线首段 GB 和 JX	一般不应大于5Ω	JX 表示保护间隙在高土壤电阻率地区，接地电阻可提高但不得超过10Ω
		35～60kV，1000kV·A 以下变电所简化进线首段 JX	一般不应大于10Ω	在高土壤电阻率地区，接地电阻可提高但不得超过20Ω

续表 2－46

类型	接地装置使用条件		允许工频接地电阻	备注
架空电力线路接地	电机直配线进线段	1500～6000（不包括6000kW）kW 电机保护接线的 GB	3.6kV：R≤1/200Ω 6kV：R≤1/150Ω	若装两组管型避雷器，则 R 取两接地电阻并联值
		300kW 以上，1500kW 以下电机保护接线	≥50m 电缆段首端：GB	不应大于 5Ω	FS 表示阀型避雷器
			≥50m 电缆段电缆头旁：FS	不应大于 3Ω	
			≥100m 避雷线保护段前：GB1	不应大于 10Ω	—
			≥100m 避雷线保护段首：GB2	不应大于 5Ω	
			400～500m 避雷针保护段：GB1	不应大于 30Ω	
			400～500m 避雷针保护段：GB2	不应大于 5～10Ω	
		300kW 及以下电机进线保护间隙或绝缘子铁脚接地		10Ω	—
	无避雷线线路的一般杆塔	35kV 及以上小接地短路电流系统中，无避雷线线路的钢筋混凝土杆、金属杆塔及木杆线路的铁担接地		年平均雷电日在 40 天以上地区一般不超过 30Ω（ρ≤100Ω 地区，钢筋混凝土杆、金属杆可不另作接地）	运行经验证明，40 天雷电日及以下地区，电阻值不作规定或不作人工接地
		3kV 及以上小接地短路电流系统中，居民区的钢筋混凝土杆、金属杆塔		一般不超过 30Ω	未发生触电事故地区及沥青路面上的杆塔可不接地
		中性点非直接接地系统中，低压线路的钢筋混凝土杆和金属杆塔		一般不超过 50Ω	直接接地系统中金属杆塔、混凝土杆的钢筋、铁横担只与零线连接

续表 2 - 46

类型		接地装置使用条件	允许工频接地电阻	备注
架空电力线路接地	无避雷线线路的一般杆塔	低压架空零线的每一重复接地（并列运行电气设备总容量为 100kV·A 以上）	不应大于 10Ω	—
		同上，且重复接地不少于 3 处（并列运行电气设备总容量为 100kV·A 及以下）	不应大于 30Ω	—
		低压进户线绝缘子铁脚接地	一般不大于 30Ω（$\rho \leqslant 100\Omega$ 地区，钢筋混凝土杆、金属杆可不另作接地）	年平均雷电日不超过 30 天、低压线受建筑物等屏蔽的地区，及进户线距低压接地点 ≤50m 处，绝缘子铁脚可不接地
电力设备的接地	1kV 及以上的设备	大接地短路电流系统	一般应符合 $R \leqslant 2000/I$，当 $I > 4000A$ 时，取 $R \leqslant 0.5\Omega$	高土壤电阻率地区，R 允许提高但不应超过 5Ω
		小接地短路电流系统：高低压设备共用接地 仅用于高压设备接地	$R \leqslant 120/I$ $R \leqslant 250/I$ 但一般不应大于 10Ω	高土壤电阻率地区，R 允许提高但不应超过：发、变电所 15Ω，其余 30Ω
	低压设备	中性点直接与非直接接地系统：并联运行电气设备总容量 100kV·A 以上 并联运行电气设备总容量不超过 100kV·A	一般不用大于：4Ω 10Ω	高土壤电阻率地区，R 允许提高但不应超过 30Ω
	利用大地作导线的设备	利用大地作相线、回线或零线时：永久性工作接地 临时性工作接地 线路分相带电作业时作业区端两侧临时接地（3kV 以上线路）	应符合：$R \leqslant 50/I$ $R \leqslant 100/I$ 每侧最好不大于 5Ω，最大不应超过 10Ω	低压电网（1kV 以下）禁止用大地作导线或零线

续表 2-46

类型		接地装置使用条件	允许工频接地电阻	备注
电力网中防雷装置的接地		发、变电所内建筑物或设备的金属屋顶或钢筋混凝土结构的集中接地	根据土质情况，打入3~5根垂直接地体或敷设3~5根水平接地体（电阻值不规定）	—
		发电厂烟囱附近引风机、装有避雷针的架构及发、变电所内阀型避雷器集中接地	根据土质情况，打入3~5根垂直接地体或敷设3~5根水平接地体（电阻值不规定）	集中接地还应与主接地网相连接
		独立避雷针	按计算确定，但一般土壤电阻率地区，工频接地电阻不宜大于10Ω	—
		配电线路上的阀型避雷器	一般不大于10Ω	
建筑物构筑物防雷装置接地	一般建筑物	建筑物上避雷针、避雷带和避雷线 独立沿树干、旗杆等装设的避雷针和避雷线	不大于20~30Ω	二类建筑物取下限，三类建筑物取上限
	人员密集的公共建筑物	建筑物上避雷针、避雷带和避雷线 独立沿树干、旗杆等装设的避雷针和避雷线	不大于10Ω	—
	有易爆物、易燃物的建筑物、构筑物	防护直击雷、感应雷的接地与电气设备保护接地连在一起	不应大于10Ω	—
		低压线和通信线引入线绝缘子铁脚接地、保护电缆段的阀型避雷器接地与电缆金属外皮的接地连在一起	不应大于10Ω	—

续表 2－46

类型		接地装置使用条件	允许工频接地电阻	备注
建筑物构筑物防雷装置接地	有易爆物、易燃物的建筑物、构筑物	30 天雷电日以下地区，低压线、通信线直接引入时： 入户处阀型避雷器或保护间隙的接地与入户线绝缘子铁脚接地和电气设备保护接地连在一起	不应大于 5Ω	—
		靠近建筑物第 1 根电杆绝缘子铁脚接地	不应大于 10Ω	—
		同上，第 2、3 根电杆	不应大于 20Ω	—
		架空和埋入地下引入的金属管道、电缆等距建筑物约 25m 处的接地	不应大于 10Ω	—
	大型牲畜棚	独立的避雷针、避雷线 屋顶上的避雷针、避雷线、避雷带等 房屋两侧的带型接地，每侧环绕房屋敷设的闭合环形接地	不应大于 10Ω 不应大于 10Ω 不应大于 5Ω	—
	高耸建筑物	烟囱、旗杆等的避雷针、避雷带	一般不大于 20～30Ω	同一般建筑物，附近经常有人经过时，其接地电阻不应大于 10Ω
		水塔上的避雷针、避雷带	一般不大于 10Ω	—
		瞭望台	不应大于 10Ω	—
		风车磨坊		—

注：1　I 为流经接地装置的短路电流（A）。

　　2　L 为架空线路或电缆进线段总长度（m）。

（2）接地电阻的测量方法。测量接地电阻的方法很多，目前应用最广的是用接地电阻测试仪（也称接地绝缘电阻表）来测量。常用的 ZC－8 型接地电阻测试仪的外形图和测量接线图如图 2－132 所示。ZC－8 接地电阻测试仪主要由手摇发电机、电流互感器、可变电阻和零位指示器等构成，另外附有接地测试探针两支，一支为电位探测针，另一支是电流探测针。还附有 3 根导线，5m 长的导线连接接地极，20m 长导线连接电位探测针，40m 导线用于电流探测针接线。

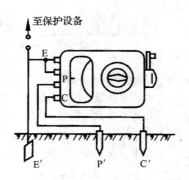

（a）外形图　　　　　　　　（b）接地电阻测量接线图

图 2 - 132　ZC - 8 接地电阻测试仪及其接线

使用接地电阻测试仪测量接地电阻方法步骤如下：

1）按图 2 - 132（b）接线。沿着被测接地极 E′，将电位探测针 P′和电流探测针 C′彼此相距 20m 插入地中，并处于同一直线上。电位探测针 P′应位于接地极 E′与电流探测针 C′之间。

2）用仪表所附导线分别将 E′、P′、C′连接到仪表相应的端子 E、P、C 上。

3）将仪表水平放置，调整零位指示器，使其指针指到中心线上。

4）将"倍率标度"置于最大倍数，慢慢转动发电机的手柄，同时旋转"测量标度盘"，使零位指示器的指针指向中心线。在零位指示器指针接近中心线时，加快发电机的手柄转速，并且调整"测量标度盘"，使指针指到中心线。

5）若"测量标度盘"的读数小于 1 时，应将"倍率标度"置于较小的倍数，然后再重新测量。

6）当指针完全平衡指在中心线上，将此时"测量标度盘"的读数乘以倍率标度，即为所测的接地电阻值。

在使用接地绝缘电阻表测量接地电阻时，应注意以下问题：

1）若零位指示器的灵敏度过高，可调整电位探测针插入土壤中的深度，若灵敏度不够，可沿电位探测针和电流探测针注水使其湿润。

2）测量过程中，必须将接地线路与被保护的设备断开，以确保测量的准确。

3）若接地极 E′和电流探测针 C′之间距离大于 20m 时，电位探测针 P′可插在 E′、C′直线之外几米，测量误差可忽略不计；但是若 E′、C′之间距离小于 20m 时，则一定要将电位探测针 P′插在 E′C′直线中间。

4）当用 0 ~ 1 ~ 10 ~ 100Ω 规格的绝缘电阻表测量小于 1Ω 的接地电阻时，应将 E 连接片打开，然后分别用导线连接到被测导体上，以消除测量时连接导线电阻造成的测量误差。

2.4.3　建筑物等电位联结

1. 等电位联结的分类

等电位联结可分为总等电位联结、辅助等电位联结以及局部等电位联结。

（1）总等电位联结（简称 MEB）。总等电位联结能够降低建筑物内间接接触电击的接触电压和不同金属部件之间的电位差，并且能消除自建筑物外经电气线路和各种金属管道引入的危险故障电压的危害，它应通过进线配电箱近旁的总等电位联结端子板（接地母排）将下列导电部位相互连通：

1）进线配电箱的 PE 或 PEN 母排。

2）公共设施的金属管道，例如给水排水、热力、煤气等管道。

3）若可能，应包括建筑物的金属结构。

4）当有人工接地装置时，也包括其接地极引线（接地母线）。

建筑物每一电源进线都应做等电位联结，各个总等电位联结端子板应互相连通。

（2）辅助等电位联结（简称 SEB）。辅助等电位联结是将两导电部分用电线直接做等电位联结，使得故障接触电压降至接触电压限值以下。下列情况需要作辅助等电位联结：

1）电源网络阻抗过大，使自动切断电源时间过长，不能满足防电击要求时。

2）自 TN 系统同一配电箱供给固定式和移动式两种电气设备，而固定式设备保护电器切断电源时间不能满足移动式设备防电击要求时。

3）为满足浴室、游泳池以及医院手术室等场所对防电击的特殊要求时。

（3）局部等电位联结（简称 LEB）。当需要在一局部场所范围内作多个辅助等电位联结时，可以通过局部等电位联结端子板将下列部分互相连通，以简便地实现该局部范围内的多个辅助等电位联结，称为局部等电位联结。

1）PE 母线或 PE 干线。

2）公用设施的金属管道。

3）若可能，包括建筑物的金属结构。

2. 等电位联结的要求

（1）等电位联结的情况。

1）所有进出建筑物的金属装置、外来导电物、电力线路、通信线路及其他电缆均应与总汇流排做好等电位金属连接。计算机机房应敷设等电位均压网，并且应与大楼的接地系统相连接。

2）穿越各防雷区交界处的金属物和系统，以及防雷区内部的金属物和系统都应在防雷区交界处做等电位联结。

3）等电位网宜采用 M 型网络，各设备的直流接地以最短距离与等电位网连接。

4）若因条件需要，建筑物应采用电涌保护器（SPD）做等电位联结，如图 2-133 所示。

5）实行等电位联结的主体应为：设备所在建筑物的主要金属构件和进入建筑物的金属管道；供电线路含外露可导电部分；防雷装置；由电子设备构成的信息系统。

6）有条件的计算机机房六面应敷设金属屏蔽网，屏蔽网应与机房内环形接地母线均匀多点相连，机房内的电力电缆（线）应尽可能采用屏蔽电缆。

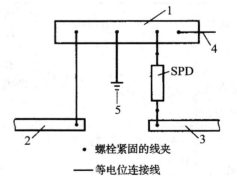

• 螺栓紧固的线夹
—— 等电位连接线

图 2-133 导电物体或电气系统
等电位联结示意图
1—等电位联结带；
2—要求直接做等电位联结的物体或系统；
3—要求用 SPD 做等电位联结的系统；
4—PE 线；5—接地装置

7）架空电力线由终端杆引下后应更换为屏蔽电缆，进入大楼前应水平直埋 50m 以上，埋地深度应大于 0.6m，屏蔽层两端接地，非屏蔽电缆应穿镀锌钢管并且水平直埋50m 以上，钢管两端接地。

8）无论是等电位联结还是局部等电位联结，每一电气装置可只连接一次，并且未规定必须作多次连接。

9）出水表外管道的接头不必作跨接线，因连接处即使缠有麻丝或聚乙烯薄膜，其接头也是导通的。但是施工完毕后必须进行检测，若导电不良，则需作跨接处理。

10）等电位联结只限于大型金属部件，孤立的接触面积小的不必连接，因其不足以引起电击事故。但是以手握持的金属部件，因电击危险大，必须纳入等电位联结。

11）门框、窗框若不靠近电气设备或电源插座则不一定连接，反之应作连接。离地面 20m 以上的高层建筑的窗框，若有防雷需要也应连接。

12）离地面 2.5m 的金属部件，因位于伸臂范围以外不需要作连接。

13）浴室是电击危险大的场所，因此，在浴室范围内还需要用铜线和铜板做一次局部等电位联结。

（2）等电位联结材料和截面要求。等电位联结线和连接端子板宜采用铜质材料，等电位联结端子板截面不得小于等电位联结线的截面，连接所用的螺栓、垫圈、螺母等均应作镀锌处理。在土壤中，应避免使用铜线或带铜皮的钢线作连接线。若使用铜线作连接线，则应用放电间隙与管道、钢容器或基础钢筋相连接。与基础钢筋连接时，建议连接线选用钢材，并且这种钢材最好也用混凝土保护。保证其与基础钢筋电位基本一致，不会形成电化学腐蚀。在与土壤中钢管连接时，应采取防腐措施，例如选用塑料电线或铅包电线或电缆。

等电位联结线截面应满足表 2-47 的要求。

表 2-47 等电位联结线截面要求

范围	总等电位联结线	局部等电位联结线	辅助等电位联结线	
一般值	不小于 0.5 × 进线 PE（PEN）线截面	不小于 0.5 × 进线 PE 线截面①	两电气设备外露导电部分间	1 × 较小 PE 线截面
			电气设备与装置可导电部分间	0.5 × PE 线截面
最小值	6mm² 铜线或相同电导值的导线②　热镀锌圆钢 φ10 或扁钢 25mm×4mm	同右	有机械保护	2.5mm² 铜线或 4mm² 铝线
			无机械保护	4mm² 铜线
			热镀锌圆钢 φ8 或扁钢 20mm×4mm	
最大值	25mm² 铜线或相同电导值的导线②	同左	—	

注：①局部场所内最大 PE 截面。
　　②不允许采用无机械保护的铝线。

3．建筑物等电位联结操作工艺

（1）连接线敷设与连接。

1）若设计无要求，采用40mm×4mm镀锌扁钢或φ12mm镀锌圆钢作为等电位联结总干线依设计图纸要求从总等电位箱敷设至接地体（极）连接。连接不少于2处。

2）当电话、电视、电脑等机房设置在不同楼层时，其等电位线应与该电气竖井垂直引上的接地干线相连接，如图2-134所示。

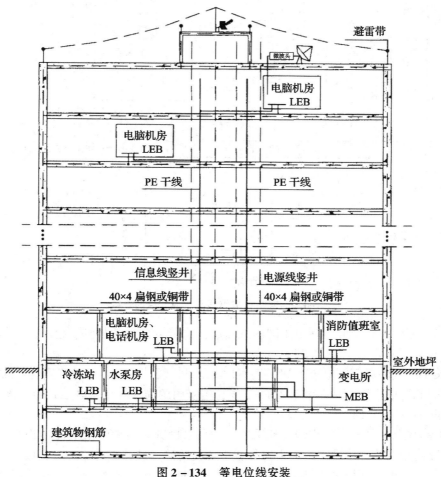

图2-134 等电位线安装

3）等电位联络线与金属管道的连接可以采用抱箍法或焊接法。

①抱箍法：工程中镀锌管宜采用该方法，选择与镀锌管径相匹配的金属抱箍，用M10×30（mm）螺栓将抱箍与金属管卡紧，然后，与作为等电位联结线的镀锌扁铁平面焊接。抱箍与管道接触处的接触面需刮拭干净，安装完毕后刷防锈漆，抱箍内径等于管道外径。给水系统的水表应加装跨接线，以保证水管的等电位联结和接地的有效，如图2-135所示。

②焊接法：多用于非镀锌金属管道。将镀锌扁钢折成90°直角，角钢一端弯成一个管径相适合的弧形并与管焊接，另一端钻φ10.5mm的孔，用M10×30（mm）螺栓与作为等电位联络线的镀锌扁钢相连接固定。

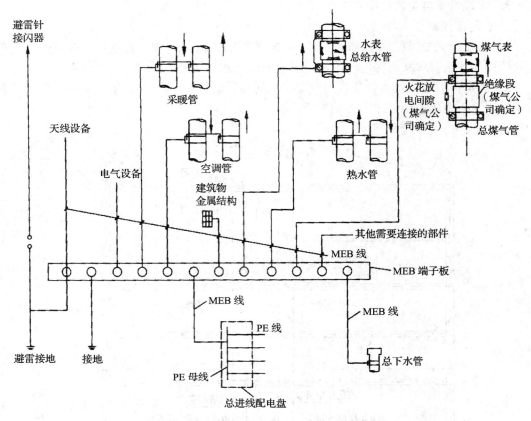

图 2 – 135　等电位联络线与金属管道的连接

4）局部等电位联结应包括卫生间内的金属排水管、金属采暖管、金属浴盆以及建筑物结构钢筋网等。

5）关于浴室的局部等电位：如果浴室内原无 PE 线，浴室内的局部等电位联结不得与浴室外的 PE 线相连。如果浴室内有 PE 线，浴室内的局部等电位联结必须与该 PE 线相连。支线间不应串联连接。

6）由局部等电位派出的支线一般采用绝缘导管内穿多股铜线做法。结构施工期间敷设管路预埋箱盒，等电位端子板的设置位置应方便检测。装修期间将多股铜线穿入管中预置于接线盒内，出线面板采用标准 86 盒，由盒子引出的导线明敷设。待金属器具安装完毕将支线与专用等电位接点压接好。如图 2 – 136 所示。

（2）等电位箱安装。

1）依据图纸位置，弹线定位安装总等电位箱（MEB），箱体标高一般为 0.5m。箱体均应有敲落孔或活动板。

2）箱内铜排与作为等电位联结线的接地扁钢采用 $\phi 10mm$ 螺母固定连接，孔径匹配，孔距间距一致并与引入（引出）的扁钢相对应，铜排需涮锡。

3）MEB 端子排宜设置在电源进线或进线配电箱（柜）处，并应加防护或装在端子箱内，防止无关人员触动。并在箱体面板表面注明"等电位联结端子箱不可触动"等标识。

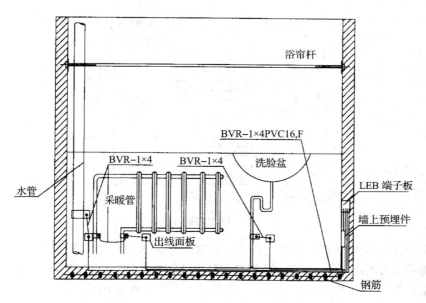

图 2 - 136　局部等电位派出的支线做法

4）等电位端子箱可采用明装，亦可采用暗装。

5）箱体安装位置、标高准确，安装牢固。箱体开孔与等电位联结线（扁钢、导管、圆钢）相适应，暗装配电箱箱盖应紧贴墙面。

6）箱内等电位铜排孔径与螺栓相匹配，铜排需涮锡，铜排与连接线压接牢固，平光垫、弹簧垫齐全。

（3）几种特殊部位的等电位联结。

1）金属门窗等电位联结。采用 $\phi10$ 圆钢或 $25mm \times 4mm$ 镀锌扁钢与圈梁结构主筋焊接后引至金属门窗结构预留洞处，待门窗安装时与固定金属门窗的搭接板（铁板）相连接固定形成电位一致。要求 $\phi10$ 圆钢与结构主筋焊接长度不小于 $60mm$（联络线材料由设计定）。

2）信息技术 2T 设备的等电位联结。

①采用宽 $60mm \times 80mm$、厚 $0.6mm$ 紫铜铂作母带，在 2T 设备间明敷设成尺寸为 $600mm \times 600mm$ 的网格，铜母带网格的十字交叉处（气焊连接）与地面架空地板金属支架应相重叠。

②由 2T 设备间配电箱 PE 端子排、信息设备以及设备间结构钢筋网分别引出联络线至铜母带网排并与其焊接。

3）游泳池局部等电位联结。

①在游泳池边地面下无钢筋时，应敷设电位均衡导线，间距应为 $0.6m$，最少在两处做横向连接，且与等电位联结端子板连接，如在地面下敷设采暖管线，电位均衡导线应位于采暖管线上方。

②电位均衡导线也采用可敷设网格为 $150mm \times 150mm$、$\phi3$ 的铁丝网，相邻铁丝网之间相互焊接，如图 2 - 137 所示。

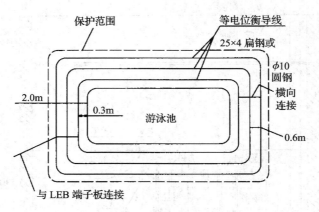

图 2 - 137   电位均衡导线敷设

③水下照明灯具的电源、爬梯、扶手、金属给水排水口及变压器外壳，水池构筑物的所有金属部件（水池外框、石砌挡墙和跳水台中的钢筋），与池水循环系统有关的所有电气设备的金属配件（包括水泵、电动机），除应采取总等电位联结外，还应进行局部等电位联结。

（4）测试方法。

1）整个工程等电位联结安装完毕后应进行导通性测试，第一步为局部测试，而后为全系统测试。

2）用等电位联结测试后对等电位联结范围内的管夹、端子板等有关接头进行检测。

3）测试电流不应小于 0.2A，当测得等电位联结端子板与等电位联结范围内的金属管道等金属体端子之间的电阻不超过 3Ω 时可认为等电位联结是有效的。如发现导通不良的管道连接处应做跨接线。

3 建筑给水排水及采暖工程

3.1 室内给水系统及消火栓系统安装

3.1.1 给水管道及配件安装

1. 不锈钢给水管道安装

（1）管道布置与敷设。

1）建筑给水薄壁不锈钢管管道系统应全部采用薄壁不锈钢制管材、管件和附件。当与其他材料的管材、管件和附件相连接时，应采取防止电化学腐蚀的措施。

2）对埋地敷设的薄壁不锈钢管，其管材牌号宜采用0Cr17Ni12Mo2，并应对管沟或外壁采取防腐蚀措施。

3）引入管不宜穿越建筑物的基础。当穿越外墙时，应留孔洞，敷设套管，并考虑建筑物沉降、污水等不利因素。

4）管道不得浇注在钢筋混凝土结构层内。

5）管道穿越承重墙或楼板时，应设套管。套管应高出室内地坪50mm。

6）管道不宜穿越建筑物的沉降缝、伸缩缝和变形缝。当必须穿越时，应采取相应的防护措施。

7）管道不得敷设在卧室、储藏室、配电间和强弱电管道井、烟道、风道和排水沟内。

8）嵌墙敷设的管道宜采用覆塑薄壁不锈钢管。管道不得采用卡套式等螺纹连接方式，管径不宜大于20mm。管线应水平或垂直布置在预留或开凿的凹槽内，槽内薄壁不锈钢管应采用管卡固定。

9）敷设水平管宜具有0.002~0.003的放空坡度。

10）在引入管、折角进户管件、支管接出和仪表接口处，应采用螺纹转换接头或法兰连接。

11）薄壁不锈钢管可采用卡压式、卡套式、压缩式、可挠式、法兰、转换接头等连接方式，也可采用焊接。对不同的连接方式，应分别符合相应标准的要求。允许偏差不同的管材、管件，不得互换使用。

12）建筑给水薄壁不锈钢管明敷时，应采取防止结露的措施。当嵌墙敷设时，公称直径不大于20mm的热水配水支管，可采用覆塑薄壁不锈钢水管；公称直径大于20mm的热水管应采取保温措施，且保温材料应采用不腐蚀不锈钢管的材料。

（2）不锈钢卡压式管件的安装。

1）不锈钢卡压式管件端口部分有环状U形槽，且内装有O型密封圈。安装时，用专用卡压工具使U形槽凸部缩径，且薄壁不锈钢水管、管件承插部位卡成六角形。

2）应按下列要求进行安装前准备：

①用专用画线器在管子端部画标记线一周，以确认管子的插入长度。插入长度应满足表3-1的规定。

表3-1　管子插入长度基准值（mm）

公称直径	10	15	20	25	32	40	50	65
插入长度基准值	18	21	24		39	47	52	64

②应确认 O 型密封圈已安装在正确的位置上，安装时严禁使用润滑油。

3）应将管子垂直插入卡压式管件中，不得歪斜，以免 O 型密封圈割伤或脱落造成漏水。插入后，应确认管子上所画标记线距端部的距离，公称直径10~25mm时为3mm；公称直径32~65mm时为5mm。

4）用卡压工具进行卡压连接时，应符合下列规定：

①使用卡压工具前应仔细阅读说明书。

②卡压工具钳口的凹槽应与管件凸部靠紧，工具的钳口应与管子轴心线呈垂直状。开始作业后，凹槽部应咬紧管件，直到产生轻微振动才可结束卡压连接过程。卡压连接完成后，应采用六角量规检查卡压操作是否完好。

③如卡压连接不能到位，应将工具送修。卡压不当处，可用正常工具再做卡压，并应再次采用六角量规确认。

④当与转换螺纹接头连接时，应在锁紧螺纹后再进行卡压。

（3）不锈钢压缩式管件的安装。

1）断管。用砂轮切割机将配管切断，切口应垂直，且把切口内外毛刺修净。

2）将管件端口部分螺母拧开，并把螺母套入配管上。

3）用专用工具（胀形器）将配管内胀成山形台凸缘或外加一档圈。

4）将硅胶密封圈放入管件端口内。

5）将事先套入螺母的配管插入管件内。

6）手拧螺母，并用扳手拧紧，完成配管与管件一个部分的连接。

7）配管胀形前，先将需连接的管件端口部分螺母拧开，并把它套在配管上。

8）胀形器按不同管径附有模具，公称直径15~20mm用卡箍式（外加一档圈），公称直径25~50mm用胀箍式（内胀成一个山形台）。装、卸合模时可借助木锤轻击。

9）配管胀形过程凭借胀形器专用模具自动定位，上下拉动摇杆至手感力约30~50kg。配管卡箍或胀箍位置应满足表3-2的规定。

表3-2　管子胀形位置基准值（mm）

公称直径 DN	15	20	25	32	40	50
胀形位置外径 φ	16.85	22.85	28.85	37.70	42.80	53.80

10）硅胶密封圈应平放在管件端口内，严禁使用润滑油。

11）把胀形后的配管插入管件时，切忌损坏密封圈或改变其平整状态。

12）与阀门、水咀等管路附件连接时，在常规管件丝口处应缠麻丝或生料带。

2．给水铜管管道安装

（1）管材。

1）建筑给水系统的铜管管材，当采用钎焊、卡套、卡压连接时，其规格可按表3-3确定。

表 3-3　建筑给水铜管管材规格（mm）

公称直径 DN	外径 D_e	工作压力 1.0MPa		工作压力 1.6MPa		工作压力 2.5MPa	
		壁厚 δ	计算内径 d_j	壁厚 δ	计算内径 d_j	壁厚 δ	计算内径 d_j
6	8	0.6	6.8	0.6	6.8	—	—
8	10	0.6	8.8	0.6	8.8		
10	12	0.6	10.8	0.6	10.8		
15	15	0.7	13.6	0.7	13.6		
20	22	0.9	20.2	0.9	20.2		
25	28	0.9	26.2	0.9	26.2		
32	35	1.2	32.6	1.2	32.6		
40	42	1.2	39.6	1.2	39.6		
50	54	1.2	51.6	1.2	51.6		
65	67	1.2	64.6	1.5	64.0		
80	85	1.5	82	1.5	82		
100	108	1.5	105	2.5	103	3.5	101
125	133	1.5	130	3.0	127	3.5	126
150	159	2.0	155	3.0	153	4.0	151
200	219	4.0	211	4.0	211	5.0	209
250	267	4.0	259	5.0	257	6.0	255
300	325	5.0	315	6.0	313	8.0	309

注：1　采用沟槽连接时，管壁应符合表3-4的要求。

　　2　外径允许偏差应采用高精级。

2）采用沟槽连接的铜管应选用硬态铜管。钢管壁厚不应小于表 3－4 规定的数值。

表 3－4 沟槽连接时铜管的最小壁厚（mm）

公称直径 DN	外径 D_e	最小壁厚 δ
50	54	2.0
65	67	2.0
80	85	2.5
100	108	3.5
125	133	3.5
150	159	4.0
200	219	6.0
250	267	6.0
300	325	6.0

（2）铜管安装一般规定。

1）管道安装工程施工前应具备下列条件：

①设计施工图和其他设计文件齐全。

②已确定详细的施工方案。

③施工场地的用水、用电、材料贮放场地等临时设施能满足施工需要。

④工程使用的铜管、管件、阀门和焊接材料等具有质量合格证书，其规格、型号及性能检测报告符合国家现行标准或设计的要求。

2）建筑给水铜管施工人员应经专业培训上岗。

3）施工前应了解建筑物的结构，并根据设计图纸和施工方案制订与土建等其他工种的配合措施。

4）在施工过程中，应防止铜管与酸、碱等有腐蚀性液体、污物接触。

5）管道安装前，应检查铜管的外观质量和外径、壁厚尺寸。有明显伤痕的管道不得使用，变形管口应采用专用工具整圆。受污染的管材、管件，其内外污垢和杂物应清理干净。

6）采用胀口或翻边连接的管材，施工前应每批抽 1% 且不少于两根进行胀口或翻边试验。当有裂纹时，应在退火处理后，重做试验。如仍有裂纹，则该批管材应逐根退火、试验，不合格者不得使用。

7）管道安装前应调直管材。管材调直后不应有凹陷现象。

8）管材、管件在运输、装卸和搬运时应小心轻放、排列整齐，不得受尖锐物品碰撞，不得抛、摔、拖、压。管道不得作为吊、拉、攀件使用。

9）管道支承件宜采用铜合金制品。当采用钢件支架时，管道与支架之间应设软性隔垫，隔垫不得对管道产生腐蚀。

10）管径不大于 *DN*25 的半硬态铜管可采用专用工具冷弯。管径大于 *DN*25 的铜管转弯时，宜使用弯头。

（3）铜管钎焊连接。

1）铜管钎焊宜采用氧 – 乙炔火焰或氧 – 丙烷火焰。软钎焊也可用丙烷 – 空气火焰和电加热。

2）焊接前应采用细砂纸或不锈钢丝刷等将钎焊处外壁和管件内壁的污垢与氧化膜清除干净。

3）硬钎焊可用于各种规格铜管与管件的连接，钎料宜选用含磷的脱氧元素的铜基无银、低银钎料。铜管硬钎焊可不添加钎焊剂，但与铜合金管件钎焊时，应添加钎焊剂。

4）软钎焊可用于管径不大于 *DN*25 的铜管与管件的连接，钎料可选用无铅锡基、无铅锡银钎料。焊接时应添加钎焊剂，但不得使用含氨钎焊剂。

5）塑覆铜管焊接时，应将钎焊接头处的铜管塑覆层剥离，剥离长度应不小于 200mm，并在连接点两端缠绕湿布冷却，钎焊完成后复原塑覆层。

6）钎焊时应根据工件大小选用合适的火焰功率，对接头处铜管与承口实施均匀加热，达到钎焊温度时即向接头处添加钎料，并继续加热，钎焊时钎料填满钎缝后应立即停止加热，保持自然冷却。

7）铜管钎焊不得使用含铅钎料、含氨钎焊剂。

8）钎焊完成后，应将接头处的残留钎焊剂和反应物用干布擦拭干净。

（4）铜管卡套连接。

1）对管径不大于 *DN*50、需拆掉的铜管可采用卡套连接。

2）连接时应选用活动扳手或专用扳手，不宜使用管钳旋紧螺母。

3）连接部位宜采用二次装配。第二次装配时，拧紧螺母应从力矩激增点起再将螺母拧紧 1/4 圈。

4）一次完成卡套连接时，拧紧螺母应从力矩激增点起再旋转 1～1¼ 圈，使卡套刃口切入管子，但不可旋得过紧。

（5）铜管卡压连接。

1）管径不大于 *DN*50 的铜管可采用卡压连接。

2）应采用专用的与管径相匹配的连接管件和卡压机具。

3）在铜管插入管件的过程中，管件内密封圈不得扭曲变形，管材插入管件到底后应轻轻转动管子，使管材与管件的结合段保持同轴后再卡压。

4）卡压时，卡钳端面应与管件轴线垂直，达到规定的卡压力后应保持 1～2s 方可松开卡钳。

5）卡压连接应采用硬态铜管。

（6）铜管沟槽连接。

1）管径不小于 *DN*50 的铜管可采用沟槽连接。

2）当沟槽连接件为非铜材质时，其接触面应采取必要的防腐措施。

3）铜管沟槽连接的槽口尺寸应满足表 3-5 的要求。

表 3-5　铜管槽口尺寸（mm）

公称直径 DN	铜管外径 D_e	管口至沟槽边（前边）	槽宽	槽深
50	54	14.5		
65	67			
80	85		9.5	2.2
100	108	16.0		
125	133			
150	159			
200	219			2.5
250	267	19.0	13.0	
300	325			3.3

3. 给水硬聚氯乙烯管管道安装

（1）一般规定。

1）管道连接宜采用承插式粘接连接、承插式弹性橡胶密封圈柔性连接和过渡性连接。

2）公称外径 d_n < 63mm 时，宜采用承插式粘接连接；公称直径 d_n ≥ 63mm 时，宜采用承插式弹性橡胶密封圈柔性连接。

3）对下列情况，宜采用下列过渡性连接方式：

①硬聚氯乙烯给水管与公称直径 d_n ≥ 100mm 其他金属管材的连接、与法兰式阀门等管道附件的连接，宜采用法兰连接。

②管道与卫生器具配件、丝扣式阀门等管道附件的连接，宜采用内嵌铜丝接头的注塑管件或在管口用不锈钢圈加固的注塑管件丝扣连接。

（2）粘接连接。

1）胶粘剂应呈流动状态，在未搅动情况下不得有分层现象和析出物。冬季有结冻现象时可用热水温热，不得用明火烘烤。

2）胶粘剂粘接接头不得在雨中或水中施工，不宜在 0℃ 以下的环境温度下操作。

3）施工操作步骤应符合下列要求：

①将管材按要求的尺寸垂直切割，并按安装图集的要求在连接端加工倒角。

②将插口表面和承口内表面的灰尘、污物、油污清洗干净，应采用棉纱蘸丙酮等清洁剂擦净。

③根据承口深度在插口端画出插入深度标线。

④粘接前进行试插，检验承口与插口的紧密程度，插入深度宜为 1/2~1/3 承口深度。

⑤涂抹胶粘剂时应先涂承口，后涂插口，采用转圈涂抹，要求涂抹均匀、适量，不得漏涂和涂抹过量。

⑥找正方向对准轴线，立即将管端插入承口，并推挤到插入深度标线后将管转动，但不超过1/4圈，最后抹去管外多余的粘接剂。

⑦粘接完毕后，应避免受力或强行加载，其静止固化时间不宜少于表3-6所列规定的时间。

表 3-6　粘接连接静止固化时间（min）

公称外径 d_n（mm）	管材表面温度	
	≥18℃	<18℃
≤50	20	30
63~90	45	60
110	60	80

（3）弹性橡胶密封圈连接。施工操作步骤应符合下列要求：

1）检查管材、管件和橡胶密封圈的质量，清理承口和插口的污物，然后将胶圈安装在承口凹槽内，不得扭曲，异型胶圈应安装正确，不得装反。

2）管端插入长度应留出温差产生的伸缩量，其值应按施工时的闭合温差计算确定，可按表3-7的数值采用。

表 3-7　管长 6m 时管端的温差伸缩量

插入时最低环境温度（℃）	设计最大升温（℃）	伸缩量（mm）
>15	25	10.5
10~15	30	12.6
5~9	35	14.7

3）插入深度确定后，应在管端画出插入深度标线。

4）在胶圈上和插口插入部分涂滑润剂。滑润剂必须无毒、无臭，且不会滋生细菌，对管材和橡胶密封圈无任何损害作用。

5）将插口插入承口，对准轴线，用紧线器等专用拉力工具均匀用力一次插入至标线。当插入困难时，将管道退出，检查橡胶圈是否放置到位。

6）插入到位后，用塞尺顺接口间隙沿管圆周检查胶圈位置是否正确。

（4）过渡连接。

1）法兰连接应符合下列要求：

①采用过渡件使两端不同材质的管材、阀门等附件连接在一起时，过渡件两端的接头构造应与两端连接接头的形式相适应。

②过渡件宜采用工厂制作的产品，并优先采用硬聚氯乙烯注塑成型的产品。

③法兰的螺栓孔径和中距，应与相连接的阀门等附件的法兰螺栓孔径、中距相一致。

④可采用松套法兰的连接方法，也可采用加固的硬聚氯乙烯过渡管件、涂塑钢制管件或铸铁管件相连接。

2）丝扣连接时，嵌入注塑丝接管件的金属件的螺纹，应符合国标管螺纹的要求。

4．给水聚丙烯管道安装

1）管材和管件之间，应采用热熔连接，专用热熔机具应由管材供应厂商提供或确认。安装部位狭窄处，采用电熔连接。直埋敷设的管道不得采用螺纹或法兰连接。

2）建筑给水聚丙烯管与金属管件或其他管材连接时应采用螺纹或法兰连接。

3）热熔连接应按下列步骤进行：

①热熔机具接通电源，到达工作温度（260±10℃）指示灯亮后方能用于接管。

②连接前，管材端部宜去掉40～50mm，切割管材时，应使端面垂直于管轴线。管材切割宜使用管子剪或管道切割机，也可使用钢锯，切割后的管材断面应去除毛边和毛刺。

③管材与管件连接端面应清洁、干燥、无油。

④用卡尺和笔在管端测量并标绘出承插深度，承插深度不应小于表3–8的要求。

表3–8　热熔连接技术要求

公称外径（mm）	最小承插深度（mm）	加热时间（s）	加工时间（s）	冷却时间（min）
20	11.0	5	4	3
25	12.5	7	4	3
32	14.6	8	4	4
40	17.0	12	6	4
50	20.0	18	6	5
63	23.9	24	6	6
75	27.5	30	10	8
90	32.0	40	10	8
110	38.0	50	15	10

注：本表适用的环境温度为20℃。低于该环境温度，加热时间适当延长；若环境温度低于5℃，加热时间宜延长50%。

⑤加热时间、加工时间及冷却时间应按热熔机具生产厂家的要求进行。如无要求时，可参照表3–8。

⑥熔接弯头或三通时，按设计图纸要求，应注意其方向，在管件和管材的直线方向上，用辅助标志标出其位置。

⑦连接时，无旋转地把管端导入加热套内，插入到所标志的深度，同时，无旋转地把管件推到加热头上，达到规定标志处。

⑧达到加热时间后，立即把管材与管件从加热套与加热头上同时取下，迅速无旋转地沿直线均匀对插入到所标深度，使接头处形成均匀凸缘。

⑨在规定的加工时间内，刚熔接好的接头还可校正，但不得旋转。

4）当管道采用电熔连接时，应符合下列规定：

①应保持电熔管件与管材的熔合部位不受潮。

②电熔承插连接管件的连接端应切割垂直，并应用洁净棉布擦净管材和管件连接面上的污物，标出承插深度，刮除其表皮。

③校直两对应的连接件，使其处于同一轴线上。

④电熔连接机具与电熔管件的导线连通应正确。连接前，应检查通电加热的电压。

⑤在熔合及冷却过程中，不得移动、转动电熔管件和熔合的管道，不得在连接件上施加任何外力。

⑥电熔连接的标准加热时间应由生产厂家提供，并应随环境温度的不同而加以调整。电熔连接的加热时间与环境温度的关系应符合表3－9的规定。

表3－9　电熔连接的加热时间与环境温度的关系

环境温度（℃）	加热时间（s）
－10	$t + 12\% t$
0	$t + 8\% t$
+10	$t + 4\% t$
+20	标准加热时间 t
+30	$t - 4\% t$
+40	$t - 8\% t$
+50	$t - 12\% t$

注：若电熔机具有温度自动补偿功能，则不需调整加热时间。

5）当管道采用法兰连接时，应符合下列规定：

①法兰盘套在管道上。

②聚丙烯法兰连接件与管道热熔连接步骤应按3）要求。

③校直两对应的连接件，使连接的两片法兰垂直于管道中心线，表面相互平行。

④法兰的衬垫，应符合《生活饮用水输配水设备及防护材料的安全性评价标准》GB/T 17219—1998的要求。

⑤应使用相同规格的螺栓，安装方向一致。螺栓应对称紧固。紧固好的螺栓应露出螺母。螺栓螺帽应采用镀锌件。

⑥连接管道的长度应精确，当紧固螺栓时，不应使管道产生轴向拉力。

⑦法兰连接部位应设置支、吊架。

5. 支、吊架的安装

为了固定室内管道的位置，避免管道在自重、温度和外力影响下产生位移，水平管道和垂直管道都应每隔一定的距离装设支、吊架。

1）常用的支吊架有立管管卡、托架和吊环等，管卡和托架固定在墙梁柱上，吊环吊于楼板下，如图3－1、图3－2所示。

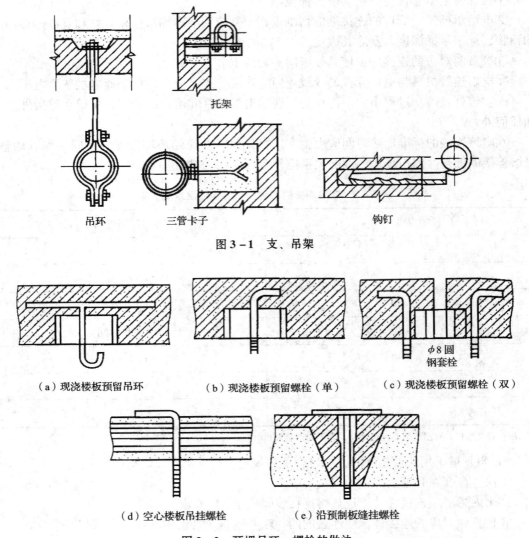

图 3-1　支、吊架

（a）现浇楼板预留吊环　　　（b）现浇楼板预留螺栓（单）　　　（c）现浇楼板预留螺栓（双）

（d）空心楼板吊挂螺栓　　　（e）沿预制板缝挂螺栓

图 3-2　预埋吊环、螺栓的做法

2）托架、吊架栽入墙体或顶棚后，在混凝土没有达到强度要求之前严禁受外力，更不准登、踏和摇动，不准安装管道。各类支架安装前应完成防腐工序。

3）楼层高度不超过 4m 时，立管只需设一个管卡，通常设在 1.5～1.8m 高度处。水平钢管的支架、吊架间距根据管径大小而定，见表 3-10。

表 3-10　管径 15～150mm 的水平钢管支吊架间距

管径（mm）		15	20	25	32	40	50	70	80	100	125	150
支架最大间距（m）	保温	1.5	2	2	2.5	3	3	3.5	4	4.5	5	6
	不保温	2	2.5	3	3.5	4	4.5	5	5.5	6	6.5	7

4）由于硬聚氯乙烯强度低、刚度小，支承管子的支、吊架间距要小。管径小、工作温度或大气温度较高时，应在管子全长上用角钢支托，防止管子向下挠曲，并要注意防振。

PVC - U 管常用支架形式如图 3 - 3、图 3 - 4 所示。

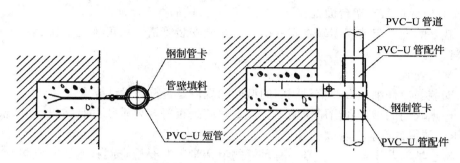

图 3 - 3　PVC - U 管固定支架

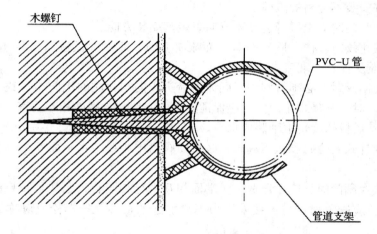

图 3 - 4　PVC - U 管支架安装

支架间距在设计未规定时，可按表 3 - 11 中的规定进行敷设。

表 3 - 11　硬聚氯乙烯管支架间距

管路外径（mm）	最大支撑间距（m）	
	立　管	横　管
40	—	0.4
50	1.5	0.5
75	2.0	0.75
110	2.0	1.10
160	2.0	1.60

5）管道支架一般在地面预制，支架上的孔眼宜用钻床钻得。若钻孔有困难而采用氧割时，必须将孔洞上的氧化物清除干净，以保证支架的洁净美观和安装质量。

支架的断料宜采用锯断的方法，如用氧割则应保证美观和质量。

6）栽支架的孔洞不宜过大，且深度不得小于120mm。支架的安装应牢固可靠，成排支架的安装应保证其支架台面处在同一水平面上，且垂直于墙面。

7）栽好的支架应使埋固砂浆充分牢固后才能安装管道。也可采用膨胀螺栓或射钉枪固定支架。

6. 阀门安装

1）安装前应仔细检查，核对阀门的型号和规格是否符合设计要求。

2）根据阀门的型号和出厂说明书，检查它们是否符合要求，并且按设计和规范规定进行试压，请甲方或监理验收，并填写试验记录。

3）检查填料及压盖螺栓，必须有足够的节余量，并要检查阀杆是否转动灵活，有无卡涩现象和歪斜情况。法兰和螺栓连接的阀门应加以关闭。

4）不允许安装不合格的阀门。

5）在安装阀门时应根据管道介质流向确定其安装方向。

6）安装截止阀时，使介质自阀盘下面流向上面，简称"低进高出"。安装闸阀和旋塞时，允许介质从任意一端流入流出。

7）安装止回阀时，必须特别注意阀体上箭头指向与介质的流向相一致，才能保证阀盘能自由开启。对于升降式止回阀，应保证阀盘中心线与水平面相互垂直。对于旋启式止回阀，应保证其摇板的旋转枢轴装成水平。

8）安装杠杆式安全阀和减压阀时，必须使阀盘中心线与水平面互相垂直，发现斜倾时应予以校正。

9）安装法兰阀门时，应保证两法兰端面相互平行和同心。尤其是安装铸铁等材质较脆弱的阀门时，应避免因强力连接或受力不均引起的损坏。拧螺栓应对称或十字交叉进行。

10）螺纹阀门应保证螺纹完整无缺，并按不同介质要求涂以密封填料物，拧紧时，必须用扳手咬牢拧入管道一端的六棱体上，以保证阀体不致拧变形或损坏。

7. 水表安装

（1）水表结点的组成及安装要求。水表结点是由水表及其前后的阀门和泄水装置等组成，如图3-5所示。为了检修和拆换水表，水表前后必须设阀门，以便检修时切断前后管段。在检测水表精度以及检修室内管路时，还要放空系统的水，因此需在水表后装泄水阀或泄水丝堵三通。对于设有消火栓或不允许间断供水，且只有一条引入管时，应设水表旁通管，其管径与引入管相同，如图3-6所示，以便水表检修或一旦发生火灾时用，但平时应关闭，需加以铅封。

水表结点应设在便于查看和维护检修且不受振动和碰撞的地方，可装在室外管井内或室内的适当地方。在炎热地区，要防止曝晒，在寒冷地区必须有保温措施，防止冻结。水表应水平安装，方向不能装反，螺翼式水表与其前面的阀门间应有8~10倍水表直径的直线管段，其他水表的前后应有不少于0.3m的直线长度。

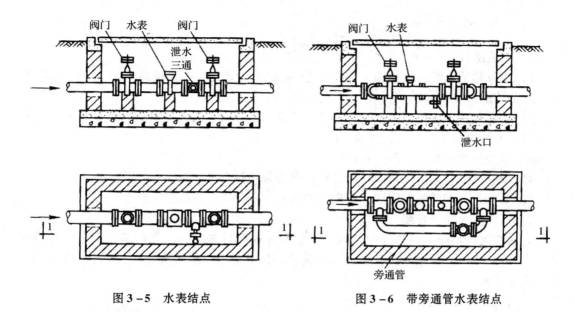

图 3－5　水表结点　　　　　　　　　图 3－6　带旁通管水表结点

（2）水表安装地点。水表的安装地点应选择在查看管理方便、不受冻不受污染和不易损坏的地方。分户水表一般安装在室内给水横管上；住宅建筑总水表安装在室外水表井中；南方多雨地区也可在地上安装。如图 3－7 所示为水表安装示意图，水表外壳上箭头方向应与水流方向一致。

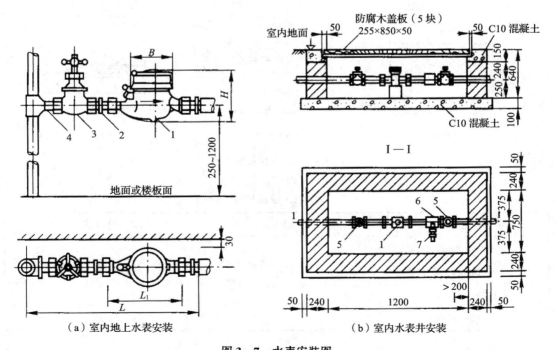

（a）室内地上水表安装　　　　　　　　　（b）室内水表井安装

图 3－7　水表安装图

1—水表；2—补心；3—铜阀；4—短管；5—阀门；6—三通；7—水龙头

3.1.2　室内消火栓系统安装

1. 安装准备

1）认真熟悉图纸，根据施工方案、技术和安全交底的具体措施选用材料，测量尺寸，绘制草图，预制加工。

2）核对有关专业图纸，查看各种管道的坐标和标高是否有交叉或排列位置不当，及时与设计人员研究解决，办理洽商手续。

3）检查预埋件和预留洞是否准确。

4）检查管材、管件、阀门、设备及组件等是否符合设计要求和质量标准。

5）要安排合理的施工顺序，避免工种交叉作业干扰，影响施工。

2. 室内消火栓箱安装

室内消火栓均安装在消火栓箱内，安装消火栓应首先安装消火栓箱。消火栓箱分明装、半明装和暗装三种形式，如图 3－8 所示。其箱底边距地面高度为 1.08m。常用的消火栓箱尺寸见表 3－12。

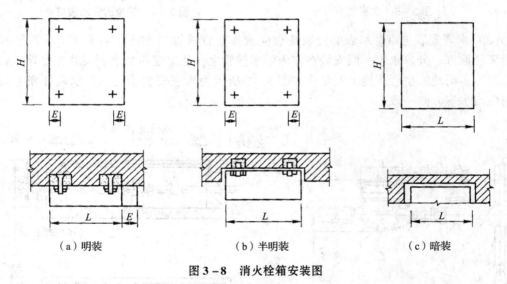

（a）明装　　　　　（b）半明装　　　　　（c）暗装

图 3－8　消火栓箱安装图

表 3－12　消火栓箱尺寸（mm）

箱体尺寸（$L \times H$）	箱宽 C	安装孔距 E
650×800		50
700×1000	200、240、320 三种规格	50
750×1200		50
1000×700		250

在土建工程施工时，暗装和半明装均要预留箱洞，安装时将消火栓箱放入洞内，找平找正，找好标高，再用水泥砂浆塞满箱的四周空隙，将箱固定。采用明装时，先在墙上栽

好螺栓，按螺栓的位置，在消火栓箱背部钻孔，将箱子就位、加垫，拧紧螺母固定。消火栓箱安装在轻质隔墙上时，应有加固措施。

图 3-9 分别为室内消火栓箱箱门的开启示意图及室内消火栓安装图，图 3-10 和图 3-11 是室内消火栓箱安装尺寸图。

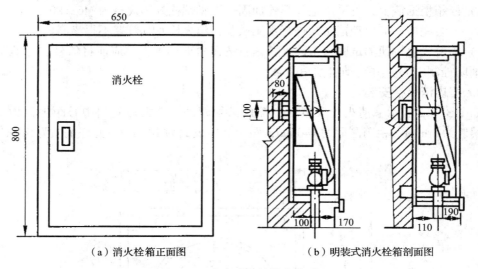

（a）消火栓箱正面图　　　　　　　（b）明装式消火栓箱剖面图

图 3-9　室内消火栓箱安装图

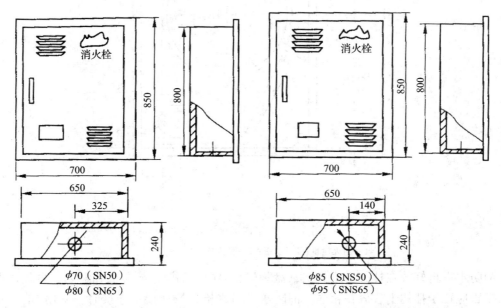

图 3-10　室内消火栓箱安装尺寸图（一）　　图 3-11　室内消火栓箱安装尺寸（二）

1）安装消火栓箱时，在其四周与墙体接触部分，应考虑进一步采取防锈措施（如涂沥青漆），并用防潮、干燥物质填塞四周空隙，以防箱体锈蚀。

2）为了便于栓箱的安装，对于暗装和半暗装，在土建时预留栓箱位置的尺寸应比栓箱外形尺寸各边加大 10mm 左右。

3）栓箱没有备制敲落孔，以保证栓箱外形完整，在外接电气线路时，可在现场按所需位置用手电钻钻孔解决。

4）在给水管上安装消火栓时，应使水管端面紧贴消火栓接口内的大垫圈。系统试水压时，不得有渗漏现象。

5）栓箱根据需要，可采用地脚螺栓加固，地脚螺栓选用规格为 M6×80。

6）安装完毕，应启动消防泵进行水压试验，消火栓及其管路不得渗漏。

7）火警紧急按钮的试验，击碎火警紧急按钮盒玻璃盖板，应能将信号送至消防控制室（消防控制中心）并自动启动消防泵。

3．室内消火栓安装

如图 3–12 所示，消火栓安装时，栓口必须朝外，消火栓阀门中心距地面为 1.2m，允许偏差为 20mm；距箱侧面为 140mm，距箱后内表面为 100mm，允许偏差为 5mm。

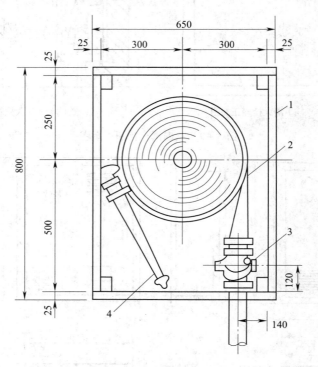

图 3–12　室内消火栓安装

1—消火栓箱；2—水带；3—消火栓；4—消防水枪

消防水带折好放在挂架上或卷实、盘紧放在箱内，消防水枪竖放在箱内，自救式水枪和软拉管应置于挂钩上或放在箱底。消防水带与水枪、快速接头连接时，采用 14 号钢丝缠两道，每道不少于两圈；使用卡箍连接时，在里侧加一道钢丝。消火栓安装应平整牢固，各零件齐全可靠。安装完毕后，按规定进行强度试验和严密性试验。

4．消防水泵接合器安装

消防水泵接合器有墙壁式、地上式和地下式之分。组装时，按接口、本体、连接管、止回阀、安全阀、放空管、控制阀的顺序进行。止回阀的安装方向应使消防用水能从消防水泵接合器进入系统，为防消防车加压过高而破坏室内管网和部件，安全阀必须按系统工作压力进行压力整定。

（1）墙壁式消防水泵接合器的安装。如图3-13所示，墙壁式消防水泵接合器安装在建筑物外墙上，其安装高度距地面为1.1m，与墙面上的门、窗、孔、洞的净距离不应小于2.0m，且不应安装在玻璃幕墙下方。墙壁式水泵接合器应设明显标志，与地上式消火栓应有明显区别。

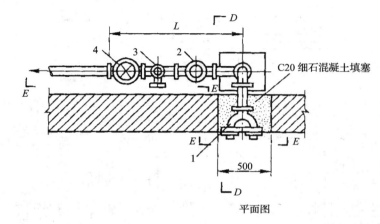

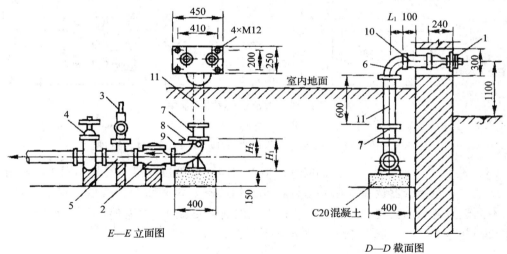

图3-13　墙壁式消防水泵接合器安装

1—消防接口；2—止回阀；3—安全阀；4—闸阀；5—三通；
6—90°弯头；7—法兰接管；8—截止阀；9—镀锌管；10、11—法兰直管

（2）地上式消防水泵接合器安装。地上式消防水泵接合器安装如图3-14所示，接合器一部分安装在阀门井中，另一部分安装在地面上。为防止阀门井内部件锈蚀，阀门井内应建有积水坑，积水坑内积水定期排除，对阀门井内活动部件应进行防腐处理，接合器入口处应设置与消火栓区别的固定标志。

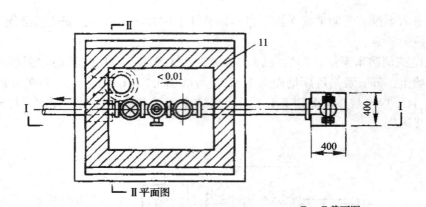

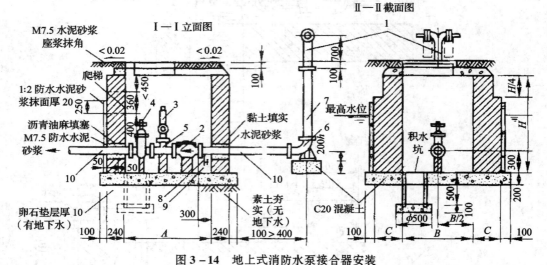

图 3-14 地上式消防水泵接合器安装

1—消防接口、本体；2—止回阀；3—安全阀；4—闸阀；5—三通；6—90°弯头；
7—法兰接管；8—截止阀；9—镀锌钢管；10—法兰直管；11—阀门井

（3）地下式消防水泵接合器的安装。地下式消防水泵接合器的安装如图 3-15 所示，地下式消防水泵接合器设在专用井室内，井室用铸有"消防水泵接合器"标志的铸铁井盖，在附近设置指示其位置的固定标志，以便识别。安装时，注意使地下消防水泵接合器进水口与井盖底面的距离大于井盖的半径且小于 0.4m。

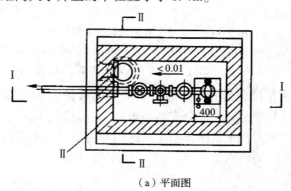

（a）平面图

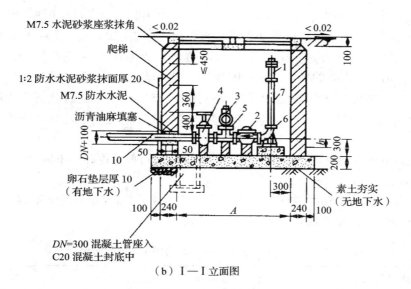

（b）Ⅰ—Ⅰ立面图

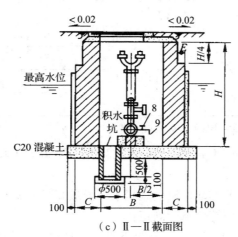

（c）Ⅱ—Ⅱ截面图

图 3-15　地下式消防水泵接合器安装

1—消防接口、本体；2—止回阀；3—安全阀；4—闸阀；5—三通；
6—90°弯头；7—法兰接管；8—截止阀；9—镀锌钢管；10—法兰直管

3.1.3　自动喷水灭火系统安装

1. 喷头安装

（1）喷头布置。

1）喷头的商标、型号、公称动作温度、响应时间指数（RTI）、制造厂及生产日期等标志应齐全；喷头的型号、规格等应符合设计要求；外观应无加工缺陷和机械损伤；感温包无破碎和松动，易熔片无脱落和松动；螺纹密封面应无伤痕、毛刺、缺丝或断丝现象。

2）除吊顶型喷头及吊顶下安装的喷头外，直立型、下垂型标准喷头，其溅水盘与顶板的距离，不应小于75mm、不应大于150mm。

①当在梁或其他障碍物底面下方的平面上布置喷头时，溅水盘与顶板的距离不应大于300mm，同时溅水盘与梁等障碍物底面的垂直距离不应小于25mm、不应大于100mm。

②当在梁间布置喷头时，应符合《自动喷水灭火系统设计规范》GB 50084—2001（2005年版）第7.2.1条的规定。确有困难时，溅水盘与顶板的距离不应大于550mm。

梁间布置的喷头，喷头溅水盘与顶板距离达到550mm仍不能符合《自动喷水灭火系统设计规范》GB 50084—2001（2005年版）第7.2.1条规定时，应在梁底面的下方增设喷头。

③密肋梁板下方的喷头，溅水盘与密肋梁板底面的垂直距离，不应小于25mm、不应大于100mm。

④净空高度不超过8m的场所中，间距不超过4×4（m）布置的十字梁，可在梁间布置1只喷头，但喷水强度仍应符合表3-13的规定。

表3-13　民用建筑和工业厂房的系统设计参数

火灾危险等级		净空高度（m）	喷水强度（L/min·m²）	作用面积（m²）
轻危险级			4	160
中危险级	Ⅰ级	≤8	6	
	Ⅱ级		8	
严重危险级	Ⅰ级		12	260
	Ⅱ级		16	

注：系统最不利点处喷头的工作压力不应低于0.05MPa。

3）直立型、下垂型喷头与不到顶隔墙的水平距离，不得大于喷水溅水盘与不到顶隔墙顶面垂直距离的2倍。

4）闭式系统的喷头，其公称动作温度宜高于环境最高温度30℃。

5）湿式系统的喷头选型应符合下列规定：

①不作吊顶的场所，当配水支管布置在梁下时，应采用直立型喷头。

②吊顶下布置的喷头，应采用下垂型喷头或吊顶型喷头。

③顶板为水平面的轻危险级、中危险级Ⅰ级居室和办公室，可采用边墙型喷头。

④自动喷水-泡沫联用系统应采用洒水喷头。

⑤易受碰撞的部位，应采用带保护罩的喷头或吊顶型喷头。

6）干式系统、预作用系统应采用直立型喷头或干式下垂型喷头。

7）水幕系统的喷头选型应符合下列规定：

①防火分隔水幕应采用开式洒水喷头或水幕喷头。

②防护冷却水幕应采用水幕喷头。

8）下列场所宜采用快速响应喷头：

①公共娱乐场所、中庭环廊。

②医院、疗养院的病房及治疗区域，老年、少儿、残疾人的集体活动场所。

③超出水泵接合器供水高度的楼层。

④地下的商业及仓储用房。

9）同一隔间内应采用相同热敏性能的喷头。

10）雨淋系统的防护区内应采用相同的喷头。

11）自动喷水灭火系统应有备用喷头，其数量不应少于总数的1%，且每种型号均不得少于10只。

（2）喷头的安装。

1）喷头安装应在系统试压、冲洗合格后进行。喷头安装时，不得对喷头进行拆装、改动，并严禁给喷头附加任何装饰性涂层。喷头安装应使用专用扳手，严禁利用喷头的框架施拧；喷头的框架、溅水盘产生变形或释放原件损伤时，应采用规格、型号相同的喷头更换。安装在易受机械损伤处的喷头，应加设喷头防护罩。

2）喷头管径一律为25mm，末端用25mm×15mm的异径管箍口，拉线安装。支管末端的弯头处100mm以内应加卡件固定，防止喷头与吊顶接触不牢，上下错动。支管装完，预留口用丝堵拧紧。

3）吊顶上的喷洒头须在顶棚安装前安装，并做好隐蔽记录，特别是装修时要做好成品保护。吊顶下喷洒头须等顶棚施工完毕后方可安装，安装时注意型号使用正确，丝接填料用聚氟乙烯生料带，以防污染吊顶。吊顶下的喷头须配有直径$DN65mm$可调式镀铬黄铜盖板，安装高度低于2.1m时要加保护套。

4）喷洒管道的固定支架安装应符合设计要求：

①支吊架的位置以不妨碍喷头喷洒效果为原则。一般吊架距喷头应大于300mm，对圆钢吊架可小到70mm。

②为防止喷头喷水时管道产生大幅度晃动，干管、立管均应加防晃固定支架。干管或分层干管可设在直管段中间，距立管及末端不宜超过12m，单杆吊架长度小于150mm时，可不加防晃固定支架。

③防晃固定支架应能承受管道、零件及管内水的总重和50%水平方向推动力而不损坏或产生永久变形。立管要设两个方向的防晃固定支架。

5）当喷头溅水盘高于附近梁底或高于宽度小于1.2m的通风管道、排管、桥架腹面时，喷头溅水盘高于梁底、通风管道、排管、桥架腹面的最大垂直距离应符合表3-14~表3-20的规定（图3-16）。

表3-14 喷头溅水盘高于梁底、通风管道腹面的最大垂直距离（直立与下垂喷头）

喷头与梁、通风管道、排管、桥架的水平距离 a（mm）	喷头溅水盘高于梁底、通风管道、排管、桥架腹面的最大垂直距离 b（mm）
$a < 300$	0
$300 \leqslant a < 600$	90
$600 \leqslant a < 900$	190
$900 \leqslant a < 1200$	300
$1200 \leqslant a < 1500$	420
$a \geqslant 1500$	460

表 3 - 15　喷头溅水盘高于梁底、通风管道腹面的最大垂直距离（边墙型喷头，与障碍物平行）

喷头与梁、通风管道、排管、桥架的水平距离 a（mm）	喷头溅水盘高于梁底、通风管道、排管、桥架腹面的最大垂直距离 b（mm）
$a < 150$	25
$150 \leqslant a < 450$	80
$450 \leqslant a < 750$	150
$750 \leqslant a < 1050$	200
$1050 \leqslant a < 1350$	250
$1350 \leqslant a < 1650$	320
$1650 \leqslant a < 1950$	380
$1950 \leqslant a < 2250$	440

表 3 - 16　喷头溅水盘高于梁底、通风管道腹面的最大垂直距离（边墙型喷头，与障碍物垂直）

喷头与梁、通风管道、排管、桥架的水平距离 a（mm）	喷头溅水盘高于梁底、通风管道、排管、桥架腹面的最大垂直距离 b（mm）
$a < 1200$	不允许
$1200 \leqslant a < 1500$	25
$1500 \leqslant a < 1800$	80
$1800 \leqslant a < 2100$	150
$2100 \leqslant a < 2400$	230
$a \geqslant 2400$	360

表 3 - 17　喷头溅水盘高于梁底、通风管道腹面的最大垂直距离（扩大覆盖面直立与下垂喷头）

喷头与梁、通风管道、排管、桥架的水平距离 a（mm）	喷头溅水盘高于梁底、通风管道、排管、桥架腹面的最大垂直距离 b（mm）
$a < 450$	0
$450 \leqslant a < 900$	25
$900 \leqslant a < 1350$	125
$1350 \leqslant a < 1800$	180
$1800 \leqslant a < 2250$	280
$a \geqslant 2250$	360

表 3-18 喷头溅水盘高于梁底、通风管道腹面的最大垂直距离（扩大覆盖面边墙型喷头）

喷头与梁、通风管道、排管、 桥架的水平距离 a（mm）	喷头溅水盘高于梁底、通风管道、排管、 桥架腹面的最大垂直距离 b（mm）
a < 2440	不允许
2440 ≤ a < 3050	25
3050 ≤ a < 3350	50
3350 ≤ a < 3660	75
3660 ≤ a < 3960	100
3960 ≤ a < 4270	150
4270 ≤ a < 4570	180
4570 ≤ a < 4880	230
4880 ≤ a < 5180	280
a ≥ 5180	360

表 3-19 喷头溅水盘高于梁底、通风管道腹面的最大垂直距离（大水滴喷头）

喷头与梁、通风管道、排管、 桥架的水平距离 a（mm）	喷头溅水盘高于梁底、通风管道、排管、 桥架腹面的最大垂直距离 b（mm）
a < 300	0
300 ≤ a < 600	80
600 ≤ a < 900	200
900 ≤ a < 1200	300
1200 ≤ a < 1500	460
1500 ≤ a < 1800	660
a ≥ 1800	790

表 3-20 喷头溅水盘高于梁底、通风管道腹面的最大垂直距离（ESFR 喷头）

喷头与梁、通风管道、排管、 桥架的水平距离 a（mm）	喷头溅水盘高于梁底、通风管道、排管、 桥架腹面的最大垂直距离 b（mm）
a < 300	0
300 ≤ a < 600	80
600 ≤ a < 900	200
900 ≤ a < 1200	300
1200 ≤ a < 1500	460
1500 ≤ a < 1800	660
a ≥ 1800	790

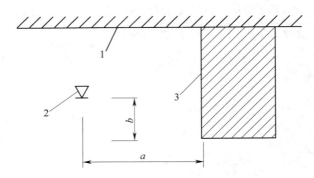

图 3－16   喷头与梁等障碍物的距离

1—天花板或屋顶；2—喷头；3—障碍物

6）当梁、通风管道、排管、桥架宽度大于 1.2m 时，增设的喷头应安装在其腹面以下部位。当喷头安装在不到顶的隔断附近时，喷头与隔断的水平距离和最小垂直距离应符合表 3－21～表 3－23 的规定（图 3－17）。

表 3－21   喷头与隔断的水平距离和最小垂直距离（直立与下垂喷头）

喷头与隔断的水平距离 a（mm）	喷头与隔断的最小垂直距离 b（mm）
$a < 150$	75
$150 \leqslant a < 300$	150
$300 \leqslant a < 450$	240
$450 \leqslant a < 600$	320
$600 \leqslant a < 750$	390
$a \geqslant 750$	460

表 3－22   喷头与隔断的水平距离和最小垂直距离（扩大覆盖面喷头）

喷头与隔断的水平距离 a（mm）	喷头与隔断的最小垂直距离 b（mm）
$a < 150$	80
$150 \leqslant a < 300$	150
$300 \leqslant a < 450$	240
$450 \leqslant a < 600$	320
$600 \leqslant a < 750$	390
$a \geqslant 750$	460

表 3 – 23　喷头与隔断的水平距离和最小垂直距离（大水滴喷头）

喷头与隔断的水平距离 a（mm）	喷头与隔断的最小垂直距离 b（mm）
$a < 150$	40
$150 \leqslant a < 300$	80
$300 \leqslant a < 450$	100
$450 \leqslant a < 600$	130
$600 \leqslant a < 750$	140
$750 \leqslant a < 900$	150

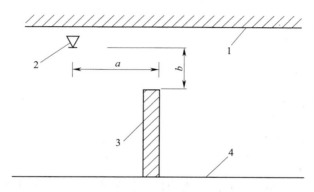

图 3 – 17　喷头与隔断障碍物的距离

1—天花板或屋顶；2—喷头；3—障碍物；4—地板

2．组件安装

（1）报警阀组安装。

1）报警阀组的安装应在供水管网试压、冲洗合格后进行。安装时应先安装水源控制阀、报警阀，然后进行报警阀辅助管道的连接。水源控制阀、报警阀与配水干管的连接，应使水流方向一致。报警阀组安装的位置应符合设计要求；当设计无要求时，报警阀组应安装在便于操作的明显位置，距室内地面高度宜为 1.2m；两侧与墙的距离不应小于0.5m；正面与墙的距离不应小于 1.2m；报警阀组凸出部位之间的距离不应小于 0.5m。安装报警阀组的室内地面应有排水设施。

2）报警阀组附件的安装应符合下列规定：

①压力表应安装在报警阀上便于观测的位置。

②排水管和试验阀应安装在便于操作的位置。

③水源控制阀安装应便于操作，且应有明显开闭标志和可靠的锁定设施。

④在报警阀与管网之间的供水干管上，应安装由控制阀、检测供水压力、流量用的仪表及排水管道系统流量压力检测装置，其过水能力应与系统过水能力一致；干式报警阀组、雨淋报警阀组应安装检测时水流不进入系统管网的信号控制阀门。

3）湿式报警阀组的安装应符合下列要求：

①应使报警阀前后的管道中能顺利充满水；压力波动时，水力警铃不应发生误报警。

②报警水流通路上的过滤器应安装在延迟器前，且便于排渣操作的位置。

4）干式报警阀组的安装应符合下列要求：

①应安装在不发生冰冻的场所。

②安装完成后，应向报警阀气室注入高度为 50～100mm 的清水。

③充气连接管接口应在报警阀气室充注水位以上部位，且充气连接管的直径不应小于 150mm；止回阀、截止阀应安装在充气连接管上。

④气源设备的安装应符合设计要求和国家现行有关标准的规定。

⑤安全排气阀应安装在气源与报警阀之间，且应靠近报警阀。

⑥加速器应安装在靠近报警阀的位置，且应有防止水进入加速器的措施。

⑦低气压预报警装置应安装在配水干管一侧。

⑧下列部位应安装压力表：

a. 报警阀充水一侧和充气一侧。

b. 空气压缩机的气泵和储气罐上。

c. 加速器上。

⑨管网充气压力应符合设计要求。

5）雨淋阀组的安装应符合下列要求：

①雨淋阀组可采用电动开启、传动管开启或手动开启，开启控制装置的安装应安全可靠。水传动管的安装应符合湿式系统有关要求。

②预作用系统雨淋阀组后的管道若需充气，其安装应按干式报警阀组有关要求进行。

③雨淋阀组的观测仪表和操作阀门的安装位置应符合设计要求，并应便于观测和操作。

④雨淋阀组手动开启装置的安装位置应符合设计要求，且在发生火灾时应能安全开启和便于操作。

⑤压力表应安装在雨淋阀的水源一侧。

（2）其他组件安装。

1）水流指示器的安装应符合下列要求：

①水流指示器的安装应在管道试压和冲洗合格后进行，水流指示器的规格、型号应符合设计要求。

②水流指示器应使用电器元件部位竖直安装在水平管道上侧，其动作方向应和水流方向一致；安装后的水流指示器浆片、膜片应动作灵活，不应与管壁发生碰擦。

2）控制阀的规格、型号和安装位置均应符合设计要求；安装方向应正确，控制阀内应清洁、无堵塞、无渗漏；主要控制阀应加设启闭标志；隐蔽处的控制阀应在明显处设有指示其位置的标志。

3）压力开关应竖直安装在通往水力警铃的管道上，且不应在安装中拆装改动。管网上的压力控制装置的安装应符合设计要求。

4）水力警铃应安装在公共通道或值班室附近的外墙上，且应安装检修、测试用的阀门。水力警铃和报警阀的连接应采用热镀锌钢管，当镀锌钢管的公称直径为 20mm 时，其长度不宜大于 20m；安装后的水力警铃启动时，警铃声强度应不小于 70dB。

5）末端试水装置和试水阀的安装位置应便于检查、试验，并应有相应排水能力的排水设施。

6）信号阀应安装在水流指示器前的管道上，与水流指示器之间的距离不宜小于300mm。

7）排气阀的安装应在系统管网试压和冲洗合格后进行；排气阀安装在配水干管顶部、配水管的末端，且应确保无渗漏。

8）节流管和减压孔板的安装应符合设计要求。

9）压力开关、信号阀、水流指示器的引出线应用防水套管锁定。

10）减压阀的安装应符合下列要求：

①减压阀安装应在供水管网试压、冲洗合格后进行。

②减压阀安装前应检查：其规格型号应与设计相符；阀外控制管路及导向阀各连接件不应有松动；外观应无机械损伤，并应清除阀内异物。

③减压阀水流方向应与供水管网水流方向一致。

④应在进水侧安装过滤器，并宜在其前后安装控制阀。

⑤可调式减压阀宜水平安装，阀盖应向上。

⑥比例式减压阀宜垂直安装；当水平安装时，单呼吸孔减压阀其孔口应向下，双呼吸孔减压阀其孔口应呈水平位置。

⑦安装自身不带压力表的减压阀时，应在其前后相邻部位安装压力表。

11）多功能水泵控制阀的安装应符合下列要求：

①安装应在供水管网试压、冲洗合格后进行。

②在安装前应检查：其规格型号应与设计相符；主阀各部件应完好；紧固件应齐全，无松动；各连接管路应完好，接头紧固；外观应无机械损伤，并应清除阀内异物。

③水流方向应与供水管网水流方向一致。

④出口安装其他控制阀时应保持一定间距，以便于维修和管理。

⑤宜水平安装，且阀盖向上。

⑥安装自身不带压力表的多功能水泵控制阀时，应在其前后相邻部位安装压力表。

⑦进口端不宜安装柔性接头。

12）倒流防止器的安装应符合下列要求：

①应在管道冲洗合格以后进行。

②不应在倒流防止器的进口前安装过滤器或者使用带过滤器的倒流防止器。

③宜安装在水平位置，当竖直安装时，排水口应配备专用弯头。倒流防止器宜安装在便于调试和维护的位置。

④倒流防止器两端应分别安装闸阀，而且至少有一端应安装挠性接头。

⑤倒流防止器上的泄水阀不宜反向安装，泄水阀应采取间接排水方式，其排水管不应直接与排水管（沟）连接。

⑥安装完毕后，首次启动使用时，应关闭出水闸阀，缓慢打开进水闸阀，待阀腔充满水后，缓慢打开出水闸阀。

3．通水调试

（1）系统试压和冲洗。管网安装完毕后，应对其进行强度试验、严密性试验和冲洗。强度试验和严密性试验宜用水进行。干式喷式灭火系统、预作用喷水灭火系统应做水压试验和气压试验。

系统试压前应具备下列条件：

1）埋地管道的位置及管道基础、支墩等经复查应符合设计要求。

2）试压用的压力表不应少于 2 只，精度不应低于 1.5 级，量程应为试验压力值的 1.5～2 倍。

3）试压冲洗方案已经批准。

4）对不能参与试压的设备、仪表、阀门及附件应加以隔离或拆除；加设的临时盲板应具有突出于法兰的边耳，且应做明显标志，并记录临时盲板的数量。

系统试压过程中，当出现泄漏，应停止试压，并应放空管网中的试验介质；消除缺陷后，重新再试。

（2）系统调试。

1）准备工作。

系统调试应在系统施工完成后进行，且具备下列条件：

①消防水池、消防水箱已储存设计要求的水量。

②系统供电正常。

③消防气压给水设备的水位、气压符合设计要求。

④湿式喷水灭火系统管网内已充满水；干式、预作用喷水灭火系统管网内的气压符合设计要求；阀门均无泄漏。

⑤与系统配套的火灾自动报警系统处于工作状态。

2）调试内容。

①水源测试。

a．按设计要求核实消防水箱、消防水池的容积，消防水箱设置高度应符合设计要求；消防储水应有不作他用的技术措施。

b．按设计要求核实消防水泵接合器的数量和供水能力，并通过移动式消防水泵做供水试验进行验证。

②消防水泵调试。

a．以自动或手动方式启动消防水泵时，消防水泵应在 30s 内投入正常运行。

b．以备用电源切换方式或备用泵切换启动消防水泵时，消防水泵应在 30s 内投入正常运行。

③稳压泵调试。稳压泵应按设计要求进行调试。当达到设计启动条件时，稳压泵应立即启动；当达到系统设计压力时，稳压泵应自动停止运行；当消防主泵启动时，稳压泵应停止运行。

④报警阀调试。

a．湿式报警阀调试时，在试水装置处放水，当湿式报警阀进口水压大于 0.14MPa、放水流量大于 1L/s 时，报警阀应及时启动；带延迟器的水力警铃应在 5～90s 内发出报警铃声，不带延迟器的水力警铃应在15s内发出报警铃声；压力开关应及时动作，并反馈信号。

b. 干式报警阀调试时，开启系统试验阀，报警阀的启动时间、启动点压力、水流到试验装置出口所需时间，均应符合设计要求。

c. 雨淋阀调试宜利用检测、试验管道进行。自动和手动方式启动的雨淋阀，应在15s之内启动；公称直径大于200mm的雨淋阀调试时，应在60s之内启动。雨淋阀调试时，当报警水压为0.05MPa，水力警铃应发出报警铃声。

⑤调试过程中，系统排出的水应通过排水设施全部排走。

⑥联动试验。

a. 湿式系统的联动试验，启动1只喷头或以0.94～1.5L/s的流量从末端试水装置处放水时，水流指示器、报警阀、压力开关、水力警铃和消防水泵等应及时动作，并发出相应的信号。

b. 预作用系统、雨淋系统、水幕系统的联动试验，可采用专用测试仪表或其他方式，对火灾自动报警系统的各种探测器输入模拟火灾信号，火灾自动报警控制器应发出声光报警信号并启动自动喷水灭火系统；采用传动管启动的雨淋系统、水幕系统联动试验时，启动1只喷头，雨淋阀打开，压力开关动作，水泵启动。

c. 干式系统的联动试验，启动1只喷头或模拟1只喷头的排气量排气，报警阀应及时启动，压力开关、水力警铃动作并发出相应信号。

3.1.4 气体灭火系统安装

1. 安装准备

1）气体灭火系统工程施工前应具备下列条件：

①经批准的施工图、设计说明书及其设计变更通知单等设计文件应齐全。

②成套装置与灭火剂储存容器及容器阀、单向阀、连接管、集流管、安全泄放装置、选择阀、阀装置、喷嘴、信号反馈装置、检漏装置、减压装置等系统组件，灭火剂输送管道及管道连接件的产品出厂合格证和市场准入制度要求的有效证明文件应符合规定。

③系统中采用的不能复验的产品，应具有生产厂出具的同批产品检验报告与合格证。

④系统及其主要组合的使用、维护说明书应齐全。

⑤给水、供电、供气等条件满足连续施工作业要求。

⑥设计单位已向施工单位进行了技术交底。

⑦系统组件与主要材料齐全，其品种、规格、型号符合设计要求。

⑧防护区、保护对象及灭火剂储存容器间的设置条件与设计相符。

⑨系统所需的预埋件及预留孔洞等工程建设条件符合设计要求。

2）施工前系统组件的外观检查：

①系统组件无碰撞变形及其他机械性损伤。

②组件外露非机械加工表面保护涂层完好。

③组件所有外露接口均设有防护堵、盖，且封闭良好，接口螺纹和法兰密封面无损伤。

④铭牌清晰、牢固、方向正确。

⑤同一规格的灭火剂储存容器，其高度差不宜超过 20mm。

⑥同一规格的驱动气体储存容器，其高度差不宜超过 10mm。

3）灭火剂储存容器内的充装量、充装压力及充装系数、装量系数应符合下列规定：

①灭火剂储存容器的充装量、充装压力应符合设计要求，充装系数或装量系数应符合设计规范规定。

②不同温度下灭火剂的储存压力应按相应标准确定。

2．系统安装要点

（1）灭火剂储存装置的安装。

1）储存装置的安装位置应符合设计文件的要求。

2）灭火剂储存装置安装后，泄压装置的泄压方向不应朝向操作面。低压二氧化碳灭火系统的安全阀应通过专用的泄压管接到室外。

3）储存装置上压力计、液位计、称重显示装置的安装位置应便于人员观察和操作。

4）储存容器的支、框架应固定牢靠，并应做防腐处理。

5）储存容器宜涂红色油漆，正面应标明设计规定的灭火剂名称和储存容器的编号。

6）安装集流管前应检查内腔，确保清洁。

7）集流管上的泄压装置的泄压方向不应朝向操作面。

8）连接储存容器与集流管间的单向阀的流向指示箭头应指向介质流动方向。

9）集流管应固定在支、框架上。支、框架应固定牢靠，并做防腐处理。

10）集流管外表面宜涂红色油漆。

（2）选择阀及信号反馈装置的安装。

1）选择阀操作手柄应安装在操作面一侧，当安装高度超过 1.7m 时应采取便于操作的措施。

2）采用螺纹连接的选择阀，其与管网连接处宜采用活接。

3）选择阀的流向指示箭头应指向介质流动方向。

4）选择阀上应设置标明防护区或保护对象名称或编号的永久性标志牌，并应便于观察。

5）信号反馈装置的安装应符合设计要求。

（3）阀驱动装置的安装。

1）拉索式机械驱动装置的安装应符合下列规定：

①拉索除必要外露部分外，应采用经内外防腐处理的钢管防护。

②拉索转弯处应采用专用导向滑轮。

③拉索末端拉手应设在专用的保护盒内。

④拉索套管和保护盒应固定牢靠。

2）安装以重力式机械驱动装置时，应保证重物在下落行程中无阻挡，其下落行程应保证驱动所需距离，且不得小于 25mm。

3）电磁驱动装置驱动器的电气连接线应沿固定灭火剂储存容器的支、框架或墙面固定。

4）气动驱动装置的安装应符合下列规定：

①驱动气瓶的支、框架或箱体应固定牢靠，并做防腐处理。

②驱动气瓶上应有标明驱动介质名称、对应防护区或保护对象名称或编号的永久性标志，并应便于观察。

5）气动驱动装置的管道安装应符合下列规定：

①管道布置应符合设计要求。

②竖直管道应在其始端和终端设防晃支架或采用管卡固定。

③水平管道应采用管卡固定。管卡的间距不宜大于 0.6m。转弯处应增设 1 个管卡。

6）气动驱动装置的管道安装后应做气压严密性试验，并合格。

（4）灭火剂输送管道的安装。

1）灭火剂输送管道连接应符合下列规定：

①采用螺纹连接时，管材宜采用机械切割；螺纹不得有缺纹、断纹等现象；螺纹连接的密封材料应均匀附着在管道的螺纹部分，拧紧螺纹时，不得将填料挤入管道内；安装后的螺纹根部应有 2~3 条外露螺纹；连接后，应将连接处外部清理干净并做防腐处理。

②采用法兰连接时，衬垫不得凸入管内，其外边缘宜接近螺栓，不得放双垫或偏垫。连接法兰的螺栓，直径和长度应符合标准，拧紧后，凸出螺母的长度不应大于螺杆直径的 1/2 且保证有不少于 2 条外露螺纹。

③已经防腐处理的无缝钢管不宜采用焊接连接，与选择阀等个别连接部位需采用法兰焊接连接时，应对被焊接损坏的防腐层进行二次防腐处理。

2）管道穿过墙壁、楼板处应安装套管。套管公称直径比管道公称直径至少应大 2 级，穿墙套管长度应与墙厚相等，穿楼板套管长度应高出地板 50mm。管道与套管间的空隙应采用防火封堵材料填塞密实。当管道穿越建筑物变形缝时，应设置柔性管段。

3）管道支、吊架的安装应符合下列规定：

①管道应固定牢靠，管道支、吊架的最大间距应符合表 3 – 24 的规定。

表 3 – 24　支、吊架之间最大间距

管径 DN（mm）	15	20	25	32	40	50	65	80	100	150
最大间距（m）	1.5	1.8	2.1	2.4	2.7	3.0	3.4	3.7	4.3	5.2

②管道末端应采用防晃支架固定，支架与末端喷嘴间的距离不应大于 500mm。

③公称直径大于或等于 50mm 的主干管道，垂直方向和水平方向至少应各安装 1 个防晃支架。当穿过建筑物楼层时，每层应设 1 个防晃支架。当水平管道改变方向时，应增设防晃支架。

4）灭火剂输送管道安装完毕后，应进行强度试验和气压严密性试验，并合格。

5）灭火剂输送管道的外表面宜涂红色油漆。

在吊顶内、活动地板下等隐蔽场所内的管道，可涂红色油漆色环，色环宽度不应小于 50mm。每个防护区或保护对象的色环宽度应一致，间距应均匀。

（5）喷嘴的安装。

1）安装喷嘴时，应按设计要求逐个核对其型号、规格及喷孔方向。

2）安装在吊顶下的不带装饰罩的喷嘴，其连接管管端螺纹不应露出吊顶；安装在吊顶下的带装饰罩的喷嘴，其装饰罩应紧贴吊顶。

（6）预制灭火系统的安装。

1）柜式气体灭火装置、热气溶胶灭火装置等预制灭火系统及其控制器、声光报警器的安装位置应符合设计要求，并固定牢靠。

2）柜式气体灭火装置、热气溶胶灭火装置等预制灭火系统装置周围空间环境应符合设计要求。

（7）控制组件的安装。

1）灭火控制装置的安装应符合设计要求，防护区内火灾探测器的安装应符合现行国家标准《火灾自动报警系统施工及验收规范》GB 50166—2007 的规定。

2）设置在防护区处的手动、自动转换开关应安装在防护区入口便于操作的部位，安装高度为中心点距地（楼）面 1.5m。

3）手动启动、停止按钮应安装在防护区入口便于操作的部位，安装高度为中心点距地（楼）面 1.5m；防护区的声光报警装置安装应符合设计要求，并应安装牢固，不得倾斜。

4）气体喷放指示灯宜安装在防护区入口的正上方。

3．系统的试验

（1）管道强度试验和气密性试验方法。

1）水压强度试验应按下列规定取值：

①对高压二氧化碳灭火系统，应取 15.0MPa；对低压二氧化碳灭火系统，应取 4.0MPa。

②对 IG 541 混合气体灭火系统，应取 13.0MPa。

③对卤代烷 1301 灭火系统和七氟丙烷灭火系统，应取 1.5 倍系数最大工作压力，系统最大工作压力可按表 3－25 取值。

表 3－25   灭火系统储存压力、最大工作压力

系统类别	最大充装密度（kg/m³）	储存压力（MPa）	最大工作压力（50℃时）（MPa）
混合气体（IG 541）灭火系统	—	15.0	17.2
	—	20.0	23.2
卤代烷 1301 灭火系统	1125	2.50	3.93
		4.20	5.80
七氟丙烷灭火系统	1150	2.50	4.20
	1120	4.20	6.70
	1000	5.60	7.20

2）进行水压强度试验时，以不大于 0.5MPa/s 的升压速率缓慢升压至试验压力，保压 5min，检查管道各处无渗漏、无变形为合格。

3）当水压强度试验条件不具备时，可采用气压强度试验代替。气压强度试验压力取值：二氧化碳灭火系统取 80% 水压强度试验压力，IG 541 混合气体灭火系统取 10.5MPa，卤代烷 1301 灭火系统和七氟丙烷灭火系统取 1.15 倍最大工作压力。

4）气压强度试验应遵守下列规定：

试验前，必须用加压介质进行预试验，预试验压力宜为 0.2MPa。

试验时，应逐步缓慢增加压力，当压力升至试验压力的 50% 时，如未发现异状或泄漏，继续按试验压力的 10% 逐级升压，每级稳压 3min，直至试验压力。保压检查管道各处无变形、无泄漏为合格。

5）灭火剂输送管道经水压强度试验合格后还应进行气密性试验，经气压强度试验合格且在试验后未拆卸过的管道可不进行气密性试验。

6）灭火剂输送管道在水压强度试验合格后，或气密性试验前，应进行吹扫。吹扫管道可采用压缩空气或氮气，吹扫时，管道末端的气体流速不应小于 20m/s，采用白布检查，直至无铁锈、尘土、水渍及其他异物出现。

7）气密性试验压力应按下列规定取值：

①对灭火剂输送管道，应取水压强度试验压力的 2/3。

②对气动管道，应取驱动气体储存压力。

8）进行气密性试验时，应以不大于 0.5MPa/s 的升压速率缓慢升压至试验压力，关断试验气源 3min 内压力降不超过试验压力的 10% 为合格。

9）气压强度试验和气密性试验必须采取有效的安全措施。加压介质可采用空气或氮气。气动管道试验时应采取防止误喷射的措施。

（2）系统调试。

1）一般规定。

①气体灭火系统的调试应在系统安装完毕，并宜在相关的火灾自动报警系统和开口自动关闭装置、通风机械和防火阀等联动设备的调试完成后进行。

②调试前应检查系统组件和材料的型号、规格、数量以及系统安装质量，并应及时处理所发现的问题。

③进行调试试验时，应采取可靠措施，确保人员和财产安全。

④调试项目应包括模拟启动试验、模拟喷气试验和模拟切换操作试验。调试完成后应将系统各部件及联动设备恢复正常状态。

2）调试。

①模拟启动试验方法。

a. 手动模拟启动试验可按下述方法进行：

按下手动启动按钮，观察相关动作信号及联动设备动作是否正常（如发出声、光报警，启动输出负载响应，关闭通风空调、防火阀等）。

人工使压力信号反馈装置动作，观察相关防护区门外的气体喷放指示灯是否正常。

b. 自动模拟启动试验可按下述方法进行：

　　将灭火控制器的启动输出端与灭火系统相应防护区驱动装置连接。驱动装置应与阀门的动作机构脱离。也可以用一个启动电压、电流与驱动装置的启动电压、电流相同的负载代替。

　　人工模拟火警使防护区内任意一个火灾探测器动作，观察单一火警信号输出后，相关报警设备动作是否正常（如警铃、蜂鸣器发出报警声等）。

　　人工模拟火警使该防护区内另一个火灾探测器动作，观察复合火警信号输出后，相关动作信号及联动设备动作是否正常（如发出声、光报警，启动输出端的负载，关闭通风空调、防火阀等）。

　　c. 模拟启动试验结果应符合下列规定：

　　（a）延迟时间与设定时间相符，响应时间满足要求。

　　（b）有关声、光报警信号正确。

　　（c）联动设备动作正确。

　　（d）驱动装置动作可靠。

　　②模板喷气试验方法。模拟喷气试验的条件应符合下列规定：

　　a. IG 541 混合气体灭火系统及高压二氧化碳灭火系统应采用其充装的灭火剂进行模拟喷气试验。试验采用的储存容器数应为选定的防护区或保护对象设计用量所需容器总数的5%，且不得少于1个。

　　b. 低压二氧化碳灭火系统应采用二氧化碳灭火剂进行模拟喷气试验。

　　试验应选定输送管道最长的防护区或保护对象进行，喷放量不应小于设计用量的10%。

　　c. 卤代烷灭火系统模拟喷气试验不应采用卤代烷灭火剂，宜采用氮气，也可采用压缩空气。氮气或压缩空气储存容器与被试的防护区或保护对象用的灭火剂储存容器的结构、型号、规格应相同，连接与控制方式应一致，氮气或压缩空气的充装压力按设计要求执行。氮气或压缩空气储存容器数不应少于灭火剂储存容器数的20%，且不得少于1个。

　　d. 模拟喷气试验宜采用自动启动方式。模拟喷气试验结果应符合下列规定：

　　（a）延迟时间与设定时间相符，响应时间满足要求。

　　（b）有关声、光报警信号正确。

　　（c）有关控制阀门工作正常。

　　（d）信号反馈装置动作后，气体防护区外的气体喷放指示灯应工作正常。

　　（e）储存容器间内的设备和对应防护区或保护对象的灭火剂输送管道无明显晃动和机械性损坏。

　　（f）试验气体能喷入被试防护区内或保护对象上，且应能从每个喷嘴喷出。

3.1.5　给水设备安装

1. 水泵安装

　　水泵机组分带底座和不带底座两种形式，一般小型水泵出厂时与电动机装配在同一铸铁底座上。口径较大的泵出厂时不带底座，水泵和动力电动机直接安装在基础上。

　　（1）水泵机组布置。水泵机组的布置应使管线最短、弯头最少、管路便于连接，并留有一定的走道和空地，以便于维护、管理、检修和起吊设备。机组的平面布置主要有横向排列、纵向排列和双行排列三种形式。

1）横向排列布置跨度小、配件简单、水力条件好、起重装卸方便，适用于地面式泵房，如图 3 – 18 所示。

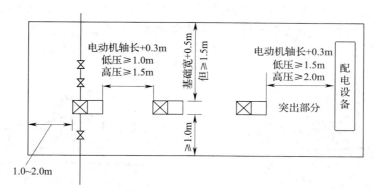

图 3 – 18 水泵横向排列

2）纵向排列布置紧凑，适用于地下泵房，如图 3 – 19 所示。

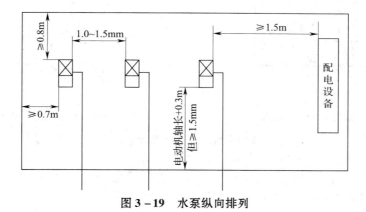

图 3 – 19 水泵纵向排列

3）双行排列布置紧凑，占地面积较小，适用于大型的地下式泵房，如图 3 – 20 所示。

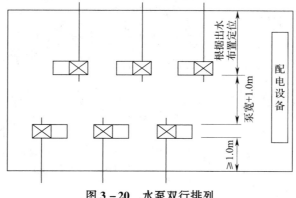

图 3 – 20 水泵双行排列

（2）施工准备。在泵就位前，应先检查基础尺寸、位置及标高是否符合设计要求；设备配件是否齐全、损坏或锈蚀等；盘车应灵活，无阻滞、卡住现象，无异常声音。

（3）水泵的安装。

1）安装要求。地脚螺栓必须埋设牢固，如图3-21所示为水泵地脚螺栓图。泵座与基座应接触严密，多台水泵并列时各种高程必须符合设计要求；水泵附属的真空表、压力表的位置应安装准确；水泵安装允许偏差应符合表3-26中的规定；水泵安装基准线的允许偏差和检验方法见表3-27。

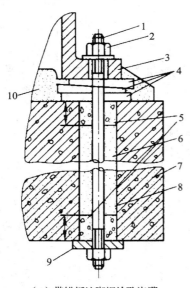
（a）带锚板地脚螺栓孔浇灌

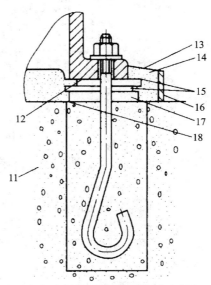
（b）地脚螺栓垫铁和灌浆部分示意图

图3-21　水泵地脚螺栓图

1—地脚螺栓；2—螺母、垫圈；3—底座；4—垫铁组；5—砂浆层；6—预留孔；
7—基础；8—干砂层；9—锚板；10—二次灌浆层；11—地坪或基础；12—底座底面；
13—灌浆层斜面；14—灌浆层；15—成对斜垫铁；16—外模板；17—平垫铁；18—麻面

表3-26　水泵安装允许偏差

序号	项　　目			允许偏差（mm）	检验频率		检验方法
					范围	点数	
1	基座水平度			±2	每台	4	用水准仪测量
2	地脚螺栓位置			±2	每只	1	用尺量
3	泵体水平度			每米0.1		2	用水准仪测量
4	联轴器同心度	轴向倾斜		每米0.8	每台	2	在联轴器互相垂直的四个位置上用水平仪、百分表、测微螺钉和塞尺检查
		径向位移		每米0.1		2	
5	皮带传动	轮宽中心平面位移	平皮带	1.5		2	在主、从动皮带轮端面拉线用尺检查
			三角皮带	1.0		2	

表 3 - 27 水泵安装基准线的允许偏差和检验方法

项次	项 目			允许偏差（mm）	检验方法
1	安装基准线	与建筑物轴线距离		±20	用钢卷尺检查
2		与设备	平面位置	±10	用水准仪、钢板尺检查
3			标高	+20 −10	

2）水泵安装工艺流程。水泵安装工艺流程如下：

基础施工→机组布置→水泵机组安装→水泵配管→水泵清洗检查→管路附加安装→水泵机组管道安装→试运转。

3）水泵找正。水平找正，以加工面为基准，用水平仪进行测量。泵的纵、横面水平度不应超过万分之一；小型整体安装的泵不应有明显的倾斜。大型水泵水平找正可用水准仪或吊垂法进行测量。水泵中心线找正，以使水泵摆放的位置正确、不歪斜。标高找正，检查水泵轴中心线高程是否符合设计要求，以保证水泵能在允许的吸水高度内工作。

水泵安装过程中，应同时填写水泵安装记录表，见表 3 - 28。

表 3 - 28 水泵安装记录

工程名称：　　　　　　　　　　　　　　　　　　　　年　　月　　日

水 泵 名 称				
水泵	水泵型号			
	流量（t/h）			
	压头（mH₂O）			
	转速（r/min）			
	制造厂名			
	出厂编号			
	轴承型号			
电动机	电动机型号			
	功率（kW）			
	制造厂名			
	出厂编号			
	轴承型号			
安装基准线	与设计平面位置偏差			
	与设计标高偏差			
泵体水平度偏差				

续表 3－28

水 泵 名 称				
泵体铅垂度偏差				
轴承间隙	泵侧			
	对轮侧			
同轴度	A_1 B_1			
	A_2 B_2			
	A_3 B_3			
	A_4 B_4			
备注				

技术负责人： 质检员： 班组长：

4）水泵的试运转。试运转前应作全面检查。水泵试运转过程应填入"水泵试运转记录"表中，见表 3－29。

表 3－29 水泵试运转记录

工程名称： 年 月 日

水泵名称										
试运转	水泵本体				电动机					
项目 时间	推力端		膨胀端		轴伸端		非轴伸端		电流 （A）	出口 压力 （MPa）	记录人
	温度 （℃）	振动	温度 （℃）	振动	温度 （℃）	振动	温度 （℃）	振动		

备注：

2．水箱安装

（1）水箱安装。

1）验收基础，并填写"设备基础验收记录"。

2）作好设备检查，并填写"设备开箱记录"。水箱如在现场制作，应按设计图纸或标准图进行。

3）设备吊装就位，进行校平找正工作。

4）现场制作的水箱，按没计要求制作成水箱后须作盛水试验或煤油渗透试验。

5）盛水试验后，内外表面除锈，刷红丹漆两遍。

6）整体安装或现场制作的水箱，按设计要求其内表面刷汽包漆两遍，外表面如不作保温再刷油性调合漆两遍，水箱底部刷沥青漆两遍。

7）水箱支架或底座安装，其尺寸及位置应符合设计规范规定；埋设平整牢固、美观大方，防腐良好。

8）按图纸安装进水管、出水管、溢流管、排污管、水位信号管等。水箱溢流管和泄放管应设置在排水地点附近但不得与排水管直接连接。

9）水箱水位计下方应设置带冲洗的角阀，生活给水系统总供水管上应设置消毒设施。

（2）消防水箱安装。

1）消防水箱的容积、安装位置应符合设计要求。消防水箱间的主要通道宽度不应小于 0.7m；消防水箱顶部至楼板或梁底的距离不得小于 0.6m。

2）消防水箱的溢流管、泄水管不得与生产或生活用水的排水系统直接相连。

（3）消防气压给水设备安装。

1）消防气压给水设备的气压罐，其容积、气压、水位及工作压力应符合设计要求。

2）消防气压给水设备上的安全阀、压力表、泄水管、水位指示器等的安装应符合产品使用说明书的要求。

3）消防气压给水设备安装位置，进水管及出水管方向应符合设计要求。安装时其四周应检修通道，通道宽度不应小于 0.7m，消防气压给水设备顶部至楼台板或梁底的距离不得小于 1.0m。

3.2 室内排水系统安装

3.2.1 室内排水方式

建筑室内生活污水排水系统，主要由卫生器具、排水管道系统、通气管系统和清通设备等部分组成，如图 3－22 所示。

1．卫生器具

卫生器具又称卫生洁具、卫生设备，是供水并接收、排出污废水或污物的容器或装置。

2．排水管道系统

排水管道系统由器具排水管、排水横支管、排水立管和排出管等组成。

3. 通气管系统

通气管的作用是把管道内产生的有害气体排至大气中，以免影响室内的环境卫生，减轻废水、废气对管道的腐蚀，并在排水时向管内补给空气，减轻立管内气压变化幅度，防止卫生洁具的水封受到破坏，保证水流畅通。通气管系统如图 3－23 所示。

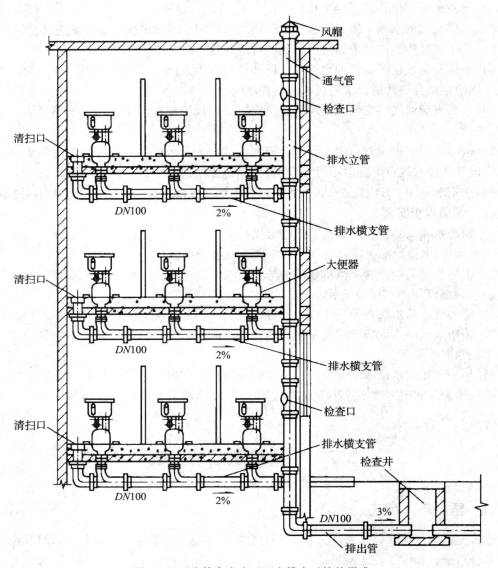

图 3－22　建筑室内生活污水排水系统的组成

4. 清通设备

为了疏通排水管道，在室内排水系统中，一般均需设置清扫口、检查口、检查井等清通设备，如图 3－24 所示。

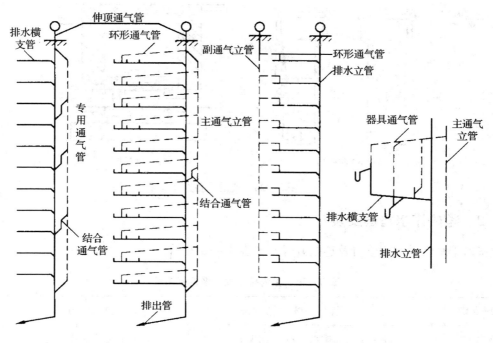

图 3 – 23 通气管系统

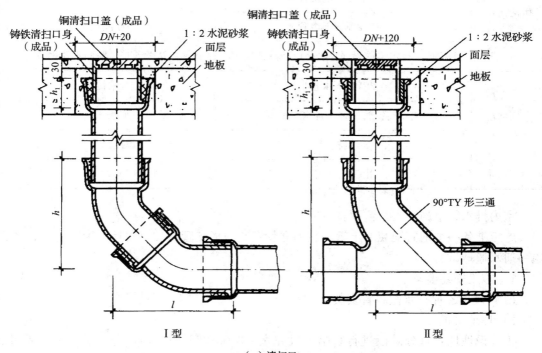

（a）清扫口

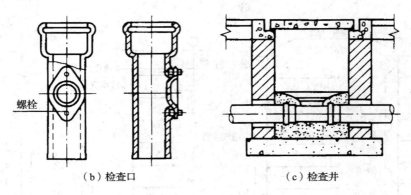

（b）检查口　　　　　　　　（c）检查井

图 3 – 24　清通设备

3.2.2　室内排水管道安装

室内排水管道常用管材及连接方式，如表 3 – 30 所示。

表 3 – 30　室内排水管材及连接方式

系统类别	管　材	连 接 方 式
生活污水	硬聚氯乙烯排水塑料管 UPVC	粘接、橡胶圈连接
	UPVC 芯层发泡复合管	粘接
	UPVC 螺旋消声管	橡胶圈连接
	柔性抗震排水铸铁管（WD 管）、铸铁排水管	承插式法兰连接、胶圈不锈钢带连接
雨水	UPVC 雨水管	粘接
	给水铸铁管、稀土排水铸铁管	承插连接
	钢管	焊接、法兰
生产污水	由工艺确定	

室内排水管道施工工艺流程：

施工准备→埋地管安装→干管安装→立管安装→横支管安装→器具支管安装→灌水试验→通水通球试验

1.　施工安装要求

（1）硬聚乙烯排水塑料管安装。

1）埋地管道。

①铺设埋地管宜分两段进行，第一段先做 ± 0.00 以下的室内部分至伸出外墙为止，伸出外墙的管道不得小于 250mm，待土建施工结束后，再从外墙边铺设第二段管道接入检查井。

②埋地管的管沟底面应平整，无突出的尖硬物。一般可做 100～150mm 砂垫层，垫层宽度不小于管径的 2.5 倍，坡度与管道坡度相同。管道灌水试验合格后，方可在管道周围填砂，填砂至管顶以上至少 100mm 处。

③埋地管穿越基础预留孔洞时，管顶上部净空不得小于 150mm，埋地管穿地下室外墙时应设刚（柔）性防水套管。

2）立管。

①塑料管道支承分为固定支承和滑动支承两种。立管的固定支承每层设一个。立管穿楼板处应加装止水翼环，用 C20 细石混凝土分层浇筑填补，第一次为楼板厚度的 2/3，待强度达到 1.2MPa 后，再进行第二次浇筑至与地面取平，形成固定支承。若在穿楼板处未能形成支承时，应每层设置一个固定支承。

滑动支承设置与层高有关。当层高 ≤4m 时，层间设滑动支承一个；若层高 >4m 时，层间设滑动支承两个。

②管道支承件的内壁应光洁，滑动支承件与管身之间应留微隙，若管壁略为粗糙，应垫软 PVC 板。固定支承和管外壁之间应垫一层橡胶软垫，并用 U 形卡、螺栓拧紧固定。

③立管底部宜采取固定措施，如设支墩。

④立管和非埋地横管都必须设置伸缩节，以防止管道变形破裂。立管宜采用普通型伸缩节，横管宜采用锁紧式橡胶圈专用伸缩节。伸缩节应尽量设在靠近水流汇合管件处。两个伸缩节之间必须设置一个固定支承。伸缩节设置规定如图 3-25 所示。

a. 当层高小于或等于 4m 时，污水立管和通气立管应每层设一伸缩节，当层高大于 4m 时，应根据管道设计伸缩量和伸缩节最大允许伸缩量确定，伸缩节设置应靠近水流汇合的管件，并可按下列情况确定：

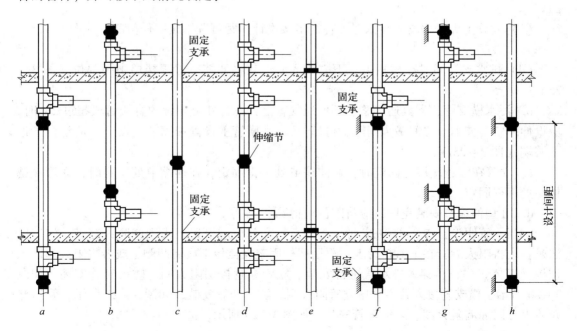

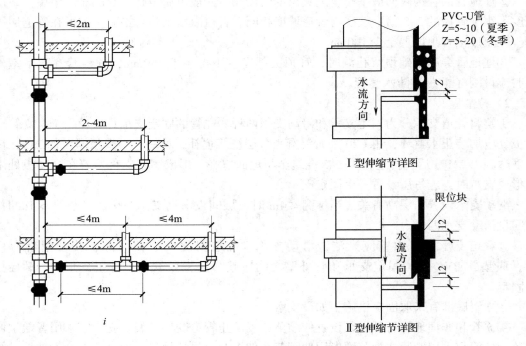

图 3 – 25　伸缩节设置位置图

（a）排水支管在楼板下方接入时，伸缩节设置于水流汇合管件之上（图 3 – 25a、f）。

（b）排水支管在楼板上方接入时，伸缩节设置于水流汇合管件之上（图 3 – 25b、g）。

（c）立管上无排水支管接入时，伸缩节按设计间距可置于楼层任何部位（图 3 – 25c、e、h）。

（d）排水支管同时在楼板上、下方接入时，宜将伸缩节置于楼层中间部位（图 3 – 25d）。

b. 污水横支管、器具通气管、环形通气管上合流管件至立管的直线管段超过 2m 时，应设伸缩节，伸缩节之间最大间距不得超过 4m，横管上设置伸缩节应设于水流汇合管件上游端（图 3 – 25i）。

c. 立管在穿越楼层处固定时，在伸缩节处不得固定；在伸缩节处固定时，立管穿越楼层处不得固定。

d. Ⅱ型伸缩节安装完毕，应将限位块拆除。

⑤当立管明设且 $D_e > 110$mm 时，在楼板贯穿部位应设置阻火圈或防火套管。施工做法是：先将阻火圈套在 UPVC 管上，再用螺栓固定在楼板下或墙两侧，或者将阻火圈埋入楼板（墙体）内，再穿入排水管进行安装。立管穿越楼层阻火圈、防火套管安装，如图 3 – 26 所示。横支管接入管道井中立管阻火圈、防火套管安装，如图 3 – 27 所示，管道穿越防火分区隔墙阻火圈、防火套管安装，如图 3 – 28 所示。

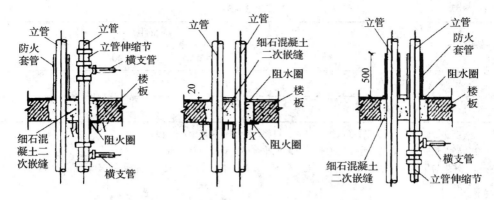

图 3 – 26 立管穿越楼层阻火圈、防火套管安装

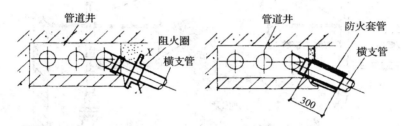

图 3 – 27 横支管接入管道井中立管阻火圈、防火套管安装

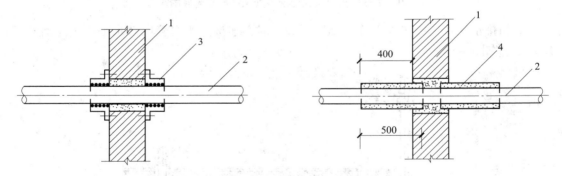

图 3 – 28 管道穿越防火分区隔墙阻火圈、防火套管安装

1—墙体；2—PVC – U 横管；3—阻火圈；4—防火套管

3）横、支管

①排水立管仅设置伸顶通气管时，最低层横支管与立管连接处至排出管管底的垂直距离不得小于表 3 – 31 规定，如图 3 – 29 所示。

表 3 – 31　最低横支管与立管连接处至排出管管底的垂直距离

建 筑 层 数	垂直距离 h_1（mm）
≤4	0.45
5～6	0.75

续表 3－31

建 筑 层 数	垂直距离 h_1（mm）
7～12	1.20
13～19	3.00
≥20	6.00

注：1 当立管底部、排出管管径放大一号时，可将表中垂直距离缩小一档。

2 当立管底部不能满足注1的要求时，最低排水横支管应单独排出。

3 如果与排出管连接的立管底部放大一号管径或横干管比与之连接的立管大一号管径时，可将表中垂直距离 h_1 缩小一档。

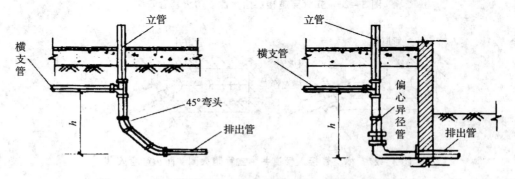

图 3－29 最低横支管与立管连接处至排出管管底的垂直距离

②当排水支管连接在排水管或排水干管上时，连接点距立管底部水平距离不宜小于1.5m，如图3－30所示。

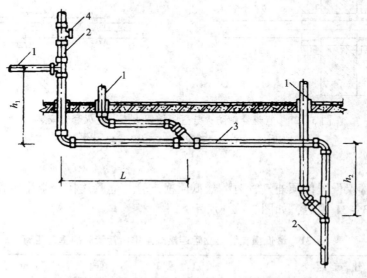

图 3－30 排水支管与排水立管、横管连接

1—排水支管；2—排水立管；3—排水横管；4—检查口

③若埋地横管为排水铸铁管，地面以上为塑料管时，应先用砂纸将塑料管插口外侧打毛，插入排水铸铁管承口内，再做水泥捻口。

（2）柔性抗震承插式铸铁排水管安装（WD管）。柔性抗震承插式铸铁排水管与普通排水铸铁管相比较具有接口可曲挠、抗震及快速施工等特点，主要适用于高层建筑和高耸构筑物的排水立管，8度以上抗震设防的排水管道和要求快速施工的施工场所。

1）WD管可明装或暗装，接口不得设在楼板层、墙体内。安装直管时，应在每个管接口处用管卡或吊卡将其固定在墙、梁、柱及楼板上。排水立管底部应设混凝土支墩，管道布置时尽量减少横管长度。

2）管道安装前应检查的项目：

①检查管子和管件外观有无重皮、砂眼、裂缝等缺陷，管接头的配合公差是否符合要求。接口用的橡胶圈内径应与管外径相等。接头配套用法兰压盖是否有裂缝、冷隔等。

②检查管子承口的倒角面是否有明显凸凹和沟槽，应保证倒角面平滑。

3）管子安装前应预埋支、吊架卡具，管道支架间距规定：立管管卡应每2m设一个；横管吊卡宜每1m设一个，每楼层不得少于2个。支吊架应设置于承口以下或附近。竖向弯头与前后管段必须采用支架整体固定。扁钢吊卡和圆钢吊卡应间隔设置，与排水立管中心间距0.4～0.5m为宜。

4）管卡和吊卡为金属材质，并由管材、管件生产厂家配套供应。为了方便安装，法兰压盖宜优先采用三耳式。管口大样图如图3-31所示。

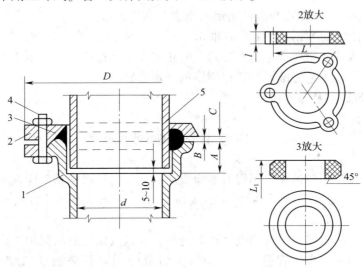

图3-31　管口大样图

1—承口端；2—法兰压盖；3—密封橡胶圈；4—紧固螺栓；5—插口端

5）管道在楼、屋面板预留孔洞处，应设置钢套管，其直径应比立管大50mm。套管宜高出地面20mm，套管上下口内侧应倒成圆角，间隙采用油麻和石棉水泥填充。

6）WD管接口操作步骤。

①将承插口以及法兰压盖工作面上的泥砂杂物清理干净。在插口外壁画出定位线，确

定安装定位线尺寸的公式为：

$$L = \frac{L_1 + B}{2} = A - C \qquad (3-1)$$

式中：L——安装定位尺寸（mm）；

　　L_1——胶圈厚度（mm）；

　　B——胶圈未倒角直段尺寸（mm）；

　　A——承口深度（mm）；

　　C——承插口端部的间隙，其允许值为 5~10mm。

各符号所指范围如图 3-31 所示。

②在插口端套入法兰压盖、橡胶圈，胶圈边缘与定位线对齐。将插口端推进承口内，使插入管与承口管的管轴线保持在同一直线上。

③对正法兰孔眼拧紧螺栓，三耳压盖三个角的螺栓，要逐个逐次拧紧；四耳压盖的螺栓，应按对角位置依次拧紧。

（3）室内雨水管道系统。室内雨水管道系统由雨水斗、悬吊管、立管、埋地横管、检查井及清通设备组成。

1）在立管末端装置金属波纹管，用以缓解暴雨初期瞬时排水量对管道的冲击力。

2）雨水管多采用焊接钢管，其中埋地管采用给水铸铁管。安装时应做好除锈防腐刷油工作。

3）严禁将砂石、防水涂料或杂物倒入雨水斗和雨水管。

4）屋面施工时，应保证屋面坡向雨水斗处，当屋顶面积较大时，宜合理划分排水区，设置数个雨水斗，避免产生排水死角，防止屋面积水造成渗漏。雨水管穿屋面与雨水斗连接处应严密，按工艺标准做好接口周围的防水层施工。

2. 常见质量缺陷及预防措施

（1）UPVC 排水管。

1）粘接口漏水、粘结剂外溢流淌，管外表遭受水泥砂浆、油漆涂料污染严重。

预防措施：

①涂刷粘结剂应均匀迅速，不得有漏涂或涂刷过量。外溢粘结剂应及时擦去。

②涂敷前一定要采用棉砂将承口粘接面擦干净，若表面有油污，应使用丙酮擦拭。

③管道安装应根据建筑装饰的进度适时进行，并认真做好成品保护工作。

2）伸缩节失灵，造成管道变形，横管伸缩节使用立管普通插口型引起伸缩节漏水。

预防措施：

①伸缩节设置应靠近水流汇合管件处，应符合表 3-30 规定。

②横管上伸缩节应设置在水流汇合管件上游端。横管伸缩节应采用锁紧式橡胶圈管件，见图 3-32；当管径大于或等于 160mm 时，横干管宜采用弹性橡胶密封圈连接形式，见图 3-33。

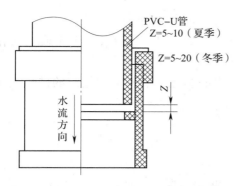

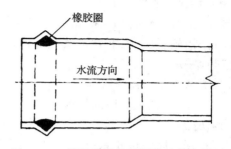

图 3 – 32　锁紧式橡胶圈伸缩节大样图　　　　图 3 – 33　弹性橡胶密封圈伸缩节大样图

③埋地或埋设于墙体、混凝土柱体内的管道不得设置伸缩节。立管穿越楼层处为固定支承时，伸缩节不得固定；伸缩节固定支承时，立管穿越楼层处不得固定。

④伸缩节安装要点。拧下伸缩节锁母，取出 U 形胶圈，将管插口试插入伸缩节承口胶圈内，把管子拉出预留间隙（夏季为 5 ~ 10mm，冬季为 15 ~ 20mm）；在管端画出标记，将管子插口平直插入伸缩节承口胶圈中。如图 3 – 34 所示。

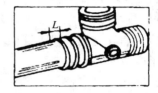

图 3 – 34　伸缩节安装示意
L—允许伸缩量

3）UPVC 排水管检查口安装数量与铸铁排水管相同，造成管配件浪费，增加立管渗漏点。

预防措施：

UPVC 排水管宜每六层设一个检查口，而且底层和楼层转弯处应设检查口。当在最冷月平均气温低于 – 13℃ 的地区，在立管最高层距室内顶棚 0.5m 处应增设检查口。

4）UPVC 排水管安装距灶边或供热管道的净距过小，造成管道变形，影响正常使用。使用电炉或明火加热 UPVC 管粘结剂，甚至引起火灾。

预防措施：

①UPVC 排水立管距灶边净距不得小于 400mm，与供热管道净距不得小于 200mm，不得因热辐射使管外壁温度高于 40℃。

②UPVC 管粘结剂属于易燃品，必须远离火源，在冬季施工中应采取防寒防冻措施，不得使用明火或电炉加热粘结剂。

5）UPVC 排水管立管穿越屋面混凝土层时不设套管或随意采用塑料套管，引起连接处渗水。

预防措施：UPVC 管立管穿越屋面混凝土层必须预埋钢套管，套管宜高出屋面

100mm，并按要求做防水层，管道和套管之间缝隙宜用防水胶泥密封。

6）UPVC 排水管在地下室、半地下室或室外架空敷设时，立管底部未采取加强和固定措施，造成立管抖动和损坏。

预防措施：UPVC 排水立管底部宜设支墩或采取固定措施，对高层建筑的排水立管底部尤其应采取加强处理。

（2）WD 排水铸铁管。

1）管道穿楼板、屋面处渗水：

预防措施：

①在楼、屋面板预留孔洞处，应用 C20 细石混凝土填实，面层应用沥青油膏嵌缝，出屋面处可做成防水馒头。

②在排水铸铁管外应套上橡胶密封圈，其位置应居楼、屋面板中部。在预留孔洞处，应用 C20 细石混凝土分两次填塞捣实。

③在楼、屋面板预留孔洞处，应设置钢套管。

2）因管材贮运不当造成管材损坏：

预防措施：

①直管和管件在运输过程中严禁碰伤、摔坏。

②贮存直管的仓库、场地，其地面应平坦，硬质地面应垫木块，防止管子发生滚动。管垛应将承插管交错放置，管垛高度不大于 2m，并采取防滚动、坍塌措施。上下相邻的两层管子应成 90° 排放。

③管件应按不同种类、规格分别堆放、码垛，排列整齐。

3）埋地管未做防腐：

预防措施：埋地 WD 管、法兰压盖、螺栓、螺母应采用防腐蚀措施。直管和管件内外表面应涂防腐涂料，涂料可由供需双方协商确定，涂覆后涂层应均匀、粘结牢固。

4）橡胶密封圈老化变形造成接口漏水：

预防措施：

①使用和贮存橡胶密封胶圈时，应防止日照并远离热源，不得与油、酸、碱、盐、二氧化碳等物质接触，避免橡胶圈发生溶解、老化。对于输送特殊介质的污水管路，应按其条件对胶圈材质提出要求。

②承口内及插口端 150mm 范围应平滑清洁，不能有锐角和毛刺。

5）污水立管检查口设置位置与数量不符合施工规范要求，影响每层的灌水试验和日后的物业维修。

预防措施：

①排水铸铁管立管应每隔两层设置一个立管检查口，并且在最低层和最高层必须设置，其高度距地面 1m，并应高于该层卫生器具上边缘 150mm。检查口的朝向应便于维修。

②当托吊管需进行逐层灌水试验时，应每层设置立管检查口。

③若设计有专用通气管，并与污水立管采用 H 管件连接时，立管检查口应设置在 H

管件的上方，如图 3 - 35 所示。

6）排水铸铁管道连接采用正三通、正四通、弯头用 90°弯头，引起管道堵塞。

预防措施：排水铸铁管道的横管与横管、横管与立管的连接，应采用 45°斜三通、45°斜四通、90°斜三通、90°斜四通；管道 90°转弯时，应用两个 45°弯头或弯曲半径不小于 4 倍管径的 90°弯头连接。

3.2.3　排水用附件及安装

室内排水用附件，主要有存水弯、检查口、清扫口、检查井、地漏、通气管等。

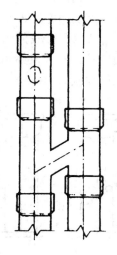

图 3 - 35　排水立管 H 形通气连接做法

1. 存水弯

存水弯是设置在卫生洁具排水管上和生产污废水受水器的泄水口下方的排水附件（坐便器除外），其构造如图 3 - 36 所示。在弯曲段内存有 60 ~ 70mm 深的水，称作水封。其作用是利用一定高度的静水压力来抵抗排水管内气压变化，隔绝和防止排水管道内所产生的难闻有害气体和可燃气体及小虫等通过卫生器具进入室内而污染环境。存水弯有带清通丝堵和不带清通丝堵的两种，按外形不同，还可分为 P 型和 S 型两种。水封高度与管内气压变化、水蒸发率、水量损失、水中杂质的含量及比重有关，不能太大也不能太小。若水封高度太大，污水中固体杂质容易沉积在存水弯底部，堵塞管道；水封高度太小，管内气体容易克服水封的静水压力进入室内，污染环境。

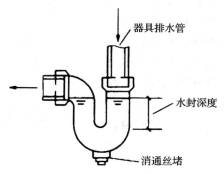

图 3 - 36　带清通丝堵的 P 型存水弯水封

2. 检查口

检查口是一个带盖板的开口短管（图 3 - 37），拆开盖板即可进行疏通工作。检查口设在排水立管上及较长的水平管段上，可双向清通。其设置规定为立管上除建筑最高层及最底层必须设置外，可每隔两层设置 1 个，平顶建筑可用伸顶通气管顶口代替最高层检查口。当立管上有乙字管时，在乙字管的上部应设检查口。若为二层建筑，可在底层设置。检查口的设置高度一般距地面 1m，并应高出该层卫生洁具上边缘 0.15m，与墙面成 45°夹角。

3. 清扫口

当悬吊在楼板下面的污水横管上有两个及两个以上的大便器或 3 个及 3 个以上的卫生洁具时，应在横管的起端设清扫口（图 3 - 38），清扫口顶面宜与地面相平，也可采用带螺栓盖板的弯头、带堵头的三通配件作清扫口。清扫口仅单向清通。为了便于拆装和清通操作，横管始端的清扫口与管道相垂直的墙面距离，不得小于 0.15m。当采用管堵代替清扫口时，与墙面的净距不得小于0.4m。在水流转角小于135°的污水横管上，应设清扫口或检查口。直线管段较长的污水横管，在一定长度内也应设置清扫口或检查口。排水管道上设置清扫口时，若管径小于100mm，其口径尺寸与管道同径；管径等于或大于100mm时，其口径尺寸应为100mm。

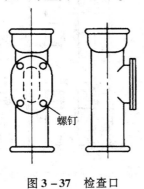

图3-37　检查口

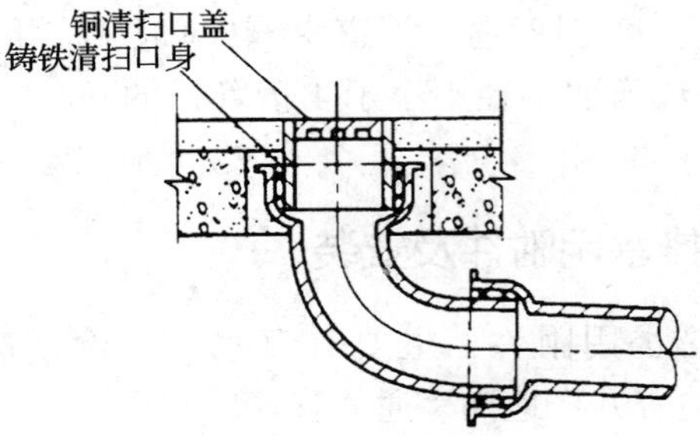

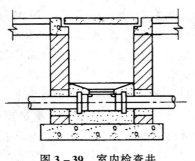

图3-38　清扫口

4. 检查井

为了便于启用埋地横管上的检查口，在检查口处应设置检查井，其直径不得小于0.7m，如图3-39所示。对于不散发有害气体或大量蒸汽的工业废水的排水管道，在管道转弯、变径处、坡度改变处和连接支管处，可在建筑物内设检查井。在直线管段上，排除生产废水时，检查井的距离不宜小于30m；排除生产污水时，检查井的距离不宜大于20m。对于生活污水排水管道，在室内不宜设检查井。

图3-39　室内检查井

5. 地漏

地漏主要设置在厕所、浴室、盥洗室、卫生间及其他需要从地面排水的房间内，用以排除地面积水，见图3-40。地漏一般用铸铁或塑料制成，在排水口处盖有算子，用来阻止杂物进入排水管道，有带水封和不带水封两种，布置在不透水地面的最低处，算子顶面应比地面低5~10mm，水封深度不得小于50mm，其周围地面应有不小于0.01的坡度坡向地漏。

6. 通气管

通气管是指最高层卫生器具以上至伸出屋顶的一段立管。

通气管作用是使室内外排水管道中的各种有害气体排到大气中，保证污水流动通畅，防止卫生器具的水封受到破坏。要求生活污水管道和散发有害气体的生产污水管道，均应设通气管。

通气管必须伸出屋面，其高度不得小于0.3m，且应大于最大积雪厚度。在通气管出口4m以内有门窗时，通气管应高出窗顶0.6m或引向无门窗的一侧；在经常有人停留的屋面上，通气管应高出屋面2m。通气管不得与建筑物的通风道、烟道连接，不可设在建筑物的屋檐檐口、阳台或雨篷下。如果立管接纳卫生器具的数量不多时，可将几根通气管接入一根通气管并引出屋顶，以减少立管穿过屋面的数量。通气管出屋面的做法如图3－41所示。

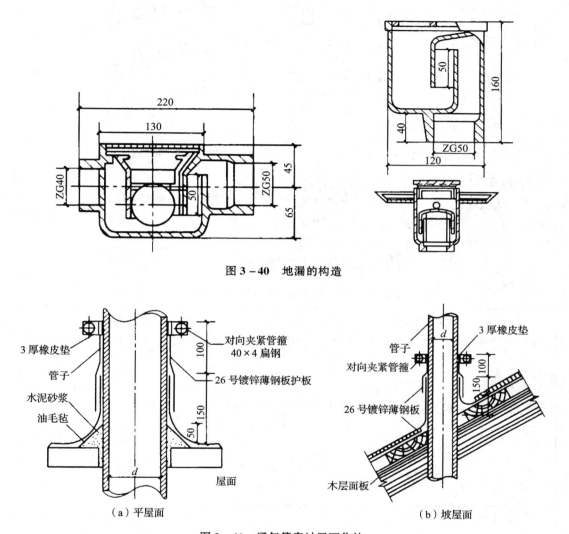

图3－40　地漏的构造

图3－41　通气管穿过屋面作法

（a）平屋面　　　（b）坡屋面

在冬季室外采暖温度高于－15℃的地区，可设钢丝球；低于－15℃的地区应设通气帽，避免结冰时堵塞通气管口。

对于低层建筑的生活污水系统，在卫生器具不多，横支管不长的情况下，可将排水立管向上延伸出屋面的部分作为通气管，见图3－42。

对于卫生器具在4个以上，且距立管大于12m或同一横支管连接6个及6个以上大便器时，应设辅助通气管，见图3－43。辅助通气管是为平衡排水管内的空气压力而由排水横管上接出的管段。

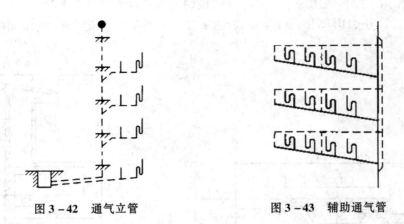

图 3-42　通气立管　　　　　图 3-43　辅助通气管

辅助通气管的管径规定如下：

1）辅助通气管管径应根据污水支管管径确定，当污水支管管径为 50mm、75mm 和 100mm 时，可分别采用 25mm、32mm 和 40mm 的辅助通气管。

2）辅助通气立管管径应按表 3-32 规定采用。

3）用通气立管管径应比最底层污水立管管径小一号。

表 3-32　辅助通气立管管径（mm）

污水立管管径	辅助通气立管管径
50	40
75	50
100	75
125	75
150	100

3.3　室内卫生器具安装

3.3.1　卫生器具安装

1. 大便器的安装

目前我国在建筑业中常用的大便器有坐式和蹲式两种类型。

（1）坐式大便器的安装。坐式大便器的材质为陶瓷材料，型式分盘形和漏斗形，如图 3-44 所示。

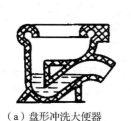（a）盘形冲洗大便器

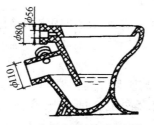（b）漏斗形冲洗式大便器

（c）漏斗形虹吸式大便器

图3－44 坐式大便器

目前国内多采用漏斗形虹吸式大便器，其安装尺寸如图3－45所示。

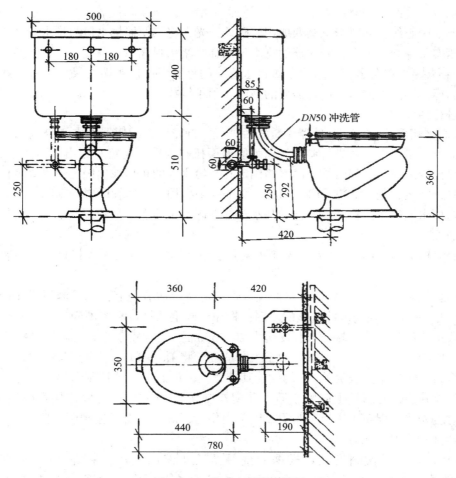

图3－45 坐式大便器安装图

低水箱坐式大便器在安装前，应先清理排水管承口，然后抹适量的麻刀灰，把便器坐于排水管承口上，再用木螺钉固定住，装好锁口。装锁口时，将锁母套于弯头上，把锁口拨梢的一端塞进粪桶入水口，然后用锁母锁紧锁口，锁口拨梢的地方及锁母处，都应加胶

皮圈。最后用砂浆把便器周围地面抹平。

安装水箱时，应根据规定的高度在墙面上放出固定水箱位置线，并将水箱出水管口中心对准坐式大便器进水管口的中心。

（2）蹲式大便器的安装。

1）首先，将胶皮碗套在蹲便器进水口上，要套正、套实，胶皮碗大小两头用成品喉箍紧固或用 14 号的铜丝分别绑两道，严禁压接在一条线上，铜丝拧紧要错位 90°左右。

2）将预留排水口周围清扫干净，把临时管堵取下，同时检查管内有无杂物。找出排水管口的中心线，并画在墙上，用水平尺（或线坠）找好竖线。

3）将下水管承口内抹上油灰，蹲便器位置下铺垫白灰膏，然后将蹲便器排水口插入排水管承口内稳好。同时用水平尺放在蹲便器上沿，纵横双向找平、找正。使蹲便器进水口对准墙上中心线，同时蹲便器两侧用砖砌好抹光，将蹲便器排水口与排水管承口接触处的油灰压实、抹光，最后将蹲便器的排水口用临时堵头封好。

4）稳装多联蹲便器时，应先检查排水管口的标高、甩口距墙的尺寸是否一致，找出标准地面标高，向上测量蹲便器需要的高度，用小线找平，找好墙面距离，然后按上述方法逐个进行稳装。

5）高水箱稳装：应在蹲便器稳装之后进行。首先检查蹲便器的中心与墙面中心线是否一致，如有错位应及时进行调整，以蹲便器不扭斜为准。确定水箱出水口的中心位置，向上测量出规定高度。同时结合高水箱固定孔与给水孔的距离找出固定螺栓高度位置，在墙上画好十字线，剔成 $\phi30 \times 100$（mm）深的孔眼，用水冲净孔眼内的杂物，将燕尾螺栓插入洞内用水泥捻牢。将装好配件的高水箱挂在固定螺栓上，加胶垫、眼圈，带好螺母拧至松紧适度。

6）多联高水箱应按上述做法先挂两端的水箱，然后拉线找平、找直，再稳装中间水箱。

7）远传脚踏式冲洗阀安装：将冲洗弯管固定在台钻卡盘上，在与蹲便器连接的直管上打 D8 孔，孔应打在安装冲洗阀的一侧；将冲洗阀上的锁母和胶圈卸下，分别套在冲洗管直管段上，将弯管的下端插入胶皮碗内 20~50mm，用喉箍卡牢。再将上端插入冲洗阀内，推上胶圈，调直校正，将螺母拧至松紧适度。将 D6 铜管两端分别与冲洗阀、控制器连接；将另一根一头带胶套的 D6 的铜管其带螺纹锁母的一端与控制器连接，另一端插入冲洗管打好孔内，然后推上胶圈，插入深度控制在 5mm 左右。螺纹连接处应缠生料带，紧锁母时应先垫上棉布再用扳手紧固，以免损伤管子表面。脚踏钮控制器距后墙 500mm，距蹲便器排水管中 350mm。

8）延时自闭冲洗阀安装：根据冲洗阀至胶皮碗的距离，断好 90°弯的冲洗管，使两端合适。将冲洗阀锁母和胶圈卸下，分别套在冲洗管直管段上，将弯管的下端插入胶皮碗内 40~50mm，用喉箍卡牢。将上端插入冲洗阀内，推上胶圈，调直找正，将锁母拧至松紧适度。扳把式冲洗阀的扳手应朝向右侧，按钮式冲洗阀按钮应朝向正面。

9）蹲便器安装常见几种形式如图 3-46 和图 3-47 所示。

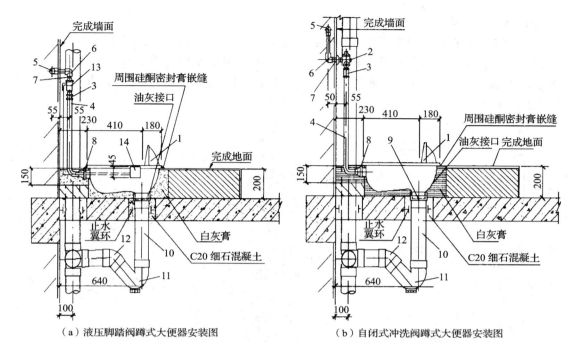

（a）液压脚踏阀蹲式大便器安装图　　　（b）自闭式冲洗阀蹲式大便器安装图

图 3－46　蹲式大便器安装（一）

1—蹲式大便器；2—自闭式冲洗阀；3—防污器；4—冲洗弯管；5—冷水管；6—内螺纹弯头；7—外螺纹短管；
8—胶皮碗；9—便器接头；10—排水管；11—P 型存水弯；12—45°弯头；13—液压脚踏阀；14—脚踏控制器

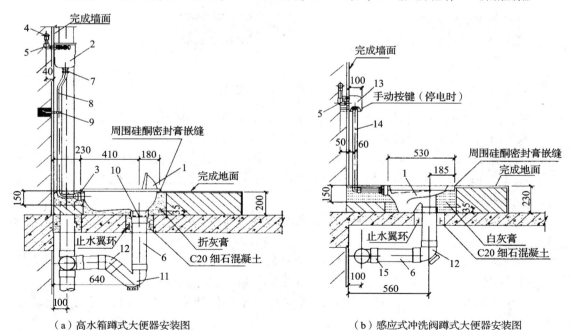

（a）高水箱蹲式大便器安装图　　　（b）感应式冲洗阀蹲式大便器安装图

图 3－47　蹲式大便器安装（二）

1—蹲式大便器；2—高水箱；3—胶皮碗；4—冷水管；5—内螺纹弯头；6—排水管；
7—高水箱配件；8—高水箱冲洗阀；9—管卡；10—便器接头；11—P 型存水弯；
12—45°弯头；13—90°弯头；14—冲洗弯管；15—90°顺水三通

2. 小便器的安装

（1）挂式小便器的安装。挂式小便器悬挂在墙上，斗口边缘距地坪面为 0.6 ~ 0.5m（成人用）。成组设置时，斗间中心距为 0.6 ~ 0.7m。根据使用人数多少，小便斗的冲洗设备可采用自动冲洗水箱或小便斗龙头。设小便斗的卫生间的地板上应设地漏或排水沟，如图 3 - 48 所示。

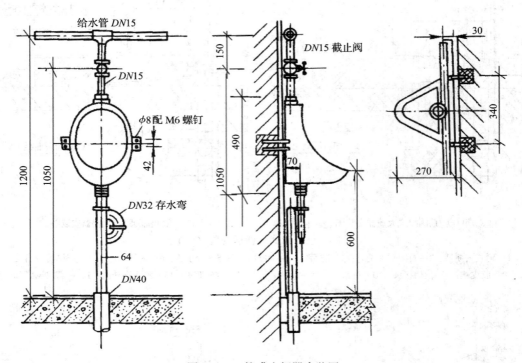

图 3 - 48　挂式小便器安装图

（2）立式小便器。立式小便器多为成组装置，如图 3 - 49 所示，立式小便器靠墙竖立在地坪面上，若采用自动冲洗水箱，宜每隔 15 ~ 20min 冲洗一次。

小便器安装时，应在墙面上弹出小便器安装中心线，根据安装高度确定耳孔的位置画出十字线，并埋入木砖。将小便器的中心对准墙面上中心线，用木螺钉通过耳孔拧在木砖上，螺钉和耳孔间垫入铅皮。

小便器的进水是用三角阀，通过铜管与小便器的进水口联接，铜管插入进水口，用铜罩将油灰压入进水口而密封。

小便器的给水管最好是暗装在墙内，使三角阀的出水口和小便器进水口在同一垂直线上，保持铜管和小便器直线联接。如给水管明装，则铜管就必须加工成灯叉弯。

小便器的存水弯是分别插入预留的排水管中及小便器的排水口内，用油灰塞填密封。

3. 小便槽的安装

小便槽是用瓷砖沿墙砌筑的沟槽。由于建造简单，造价低廉，可同时容纳较多的人使用，因此广泛应用于工矿企业、集体宿舍和公共建筑的男厕所中。

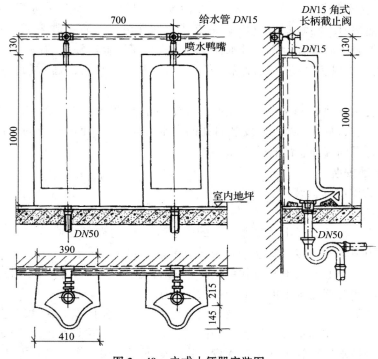

图 3-49　立式小便器安装图

1）小便槽的长度按设计而定，一般不超过 3.5m，最长不超过 6m。小便槽的起点深度应在 100mm 以上，槽底宽 150mm，槽顶宽 300mm，台阶宽 300mm，高 200mm 左右，台阶向小便槽有 0.01～0.02 的坡度。

2）小便槽的污水口可设在槽的中间，也可设于靠近污水立管的一端，但不管是中间还是在某一端，从起点到污水口，均应有 0.01 的坡度坡向污水口，污水口应设置罩式排水栓。

3）小便槽应沿墙 1300mm 高度以下铺贴白瓷砖，以防腐蚀。但也有用水磨石或水泥砂浆粉刷代替瓷砖。图 3-50 为自动冲洗小便槽安装图。

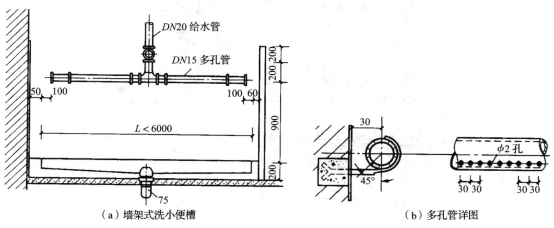

（a）墙架式洗小便槽　　　　　　　　　（b）多孔管详图

图 3-50　小便槽安装图

4）小便槽污水管管径一般为75mm，在污水口的排水栓上装有存水弯。

在砌筑小便槽时，污水管口可用木头或其他物件堵住，防止砂浆或杂物进入污水管内，待土建施工完毕后再装上罩式排水栓，也可采用带隔栅的铸铁地漏。

5）小便槽的冲洗方式有自动冲洗水箱（定时冲洗）或用普通阀门控制的多孔管冲洗。

多孔管安装在离地面1100mm的位置，管径不小于20mm，管的两端用管帽封闭，喷水孔孔径为2mm，孔距为30mm。安装时孔的出水方向应和墙面呈45°的夹角。一般地说，多孔冲洗管较易受到腐蚀，故宜采用塑料管。

4．洗脸盆的安装

（1）墙架式洗脸盆安装。

1）操作方法。

①定位画线。在墙上弹出洗脸盆安装的中心线，按盆架宽度画出支架位置的十字线，并凿打沟槽，预埋防磨木砖，栽埋木砖表面应平整牢固。

②盆架安装。把盆架用木螺钉和铅垫片牢固地安装在木砖上，也可用膨胀螺栓固定，用水平尺检查两侧支架的水平度，如图3-51所示。

③洗脸盆及配件安装。在洗脸盆及墙面处抹油灰，把盆体安放在盆架上找平找正，用木螺钉加铅垫圈将盆体固定好。洗脸盆稳固后，将冷、热水龙头及排水栓按相应工艺要求安装在盆体上。排水栓短管可连接存水弯，进水管通过三通、铜管与水龙头连接，各接口用锁母收紧。

④洗脸盆给排水管道安装。量尺配管，按塑料管粘接或熔接工艺进行接口。卸下角阀和水龙头的锁母，套至塑料管端，缠绕聚四氟乙烯生料带，插入阀端和水龙头根部，拧紧锁母至松紧适度。

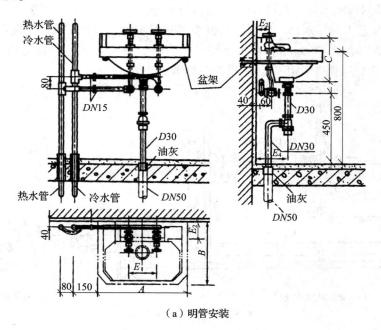

（a）明管安装

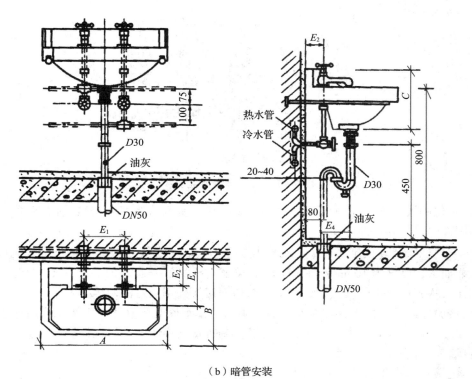

（b）暗管安装

图 3 - 51　洗脸盆安装

2）质量要求。

①洗脸盆的支、托架必须防腐良好，安装牢固、平整，与器具接触紧密、平稳。

②给水配件应完好无损伤，接口严密，启闭部分灵活。

③排水栓安装应平正、牢固，低于排水表面，周边无渗漏。

（2）立柱式洗脸盆安装，如图 3 - 52 所示。

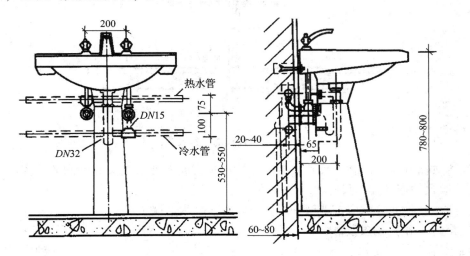

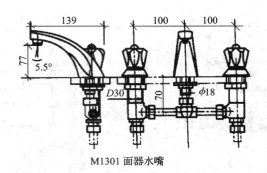

M1301 面器水嘴

图 3-52   立柱式洗脸盆安装

1）定位画线。确定并画出洗脸盆安装中心线，实测盆体背部安装孔的高度及孔距，定出紧固件位置，并预埋之。

2）立瓷柱安装。按排水口中心线画出立柱的安装中心线，根据立柱下部外轮廓，在地面上铺油灰，厚度为10mm，将立柱找平找正，压实油灰层。把洗脸盆抬放在立柱上，拧紧螺栓，将支柱与洗脸盆接触处和支柱与地面接触处用白水泥勾缝抹光。

3）洗脸盆配件装配。将混合水龙头、阀门、排水栓装入盆体。把存水弯置于空心立柱内，通过立柱侧孔和排水管暗装，同时，控制排水栓启闭的手提拉杆等也从侧孔和盆体配件连接。

4）洗脸盆给水排水管道安装同墙架式施工。

（3）台式洗脸盆安装。台式洗脸盆安装方法如图3-53所示，施工中注意以下问题。

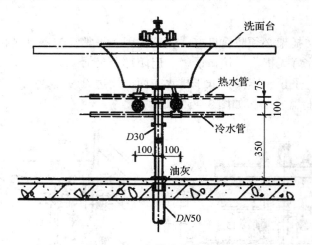

图 3-53   台式洗脸盆安装

1）大理石开洞的形状、尺寸及接冷、热水龙头或混合水龙头开关洞的位置，均应符合选定洗脸盆的产品样本尺寸要求。

2）拿边与板间缝隙应打玻璃密封胶，以防止溅水从墙边渗漏。

5. 浴缸（盆）的安装

浴缸安装有带固定式淋浴器（图3-54）和活动式淋浴器（图3-55）两种形式。

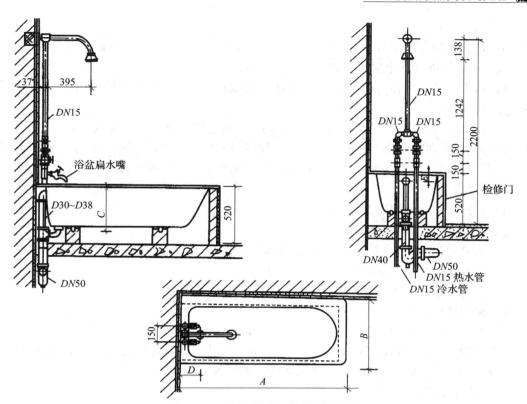

图 3-54　浴缸带固定式淋浴器安装

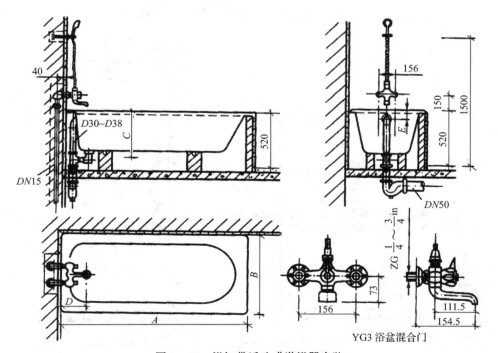

图 3-55　浴缸带活动式淋浴器安装

（1）操作方法。

1）定位画线。根据排水短管管口中心与浴缸安装高度，在墙面上画出浴缸安装中心线及高度线，并在地面上画出地砖墩位置尺寸线。

2）浴缸稳装。先在砖墩位置砌筑砖墩，强度达到要求后，在砖墩上铺一层水泥砂浆，然后将浴缸抬放在上面，用水平尺找平找正，稳装牢固。

3）浴缸配件组装。可先将溢水管、弯头、三通等管段预安装，并在浴缸上组装排水栓，把弯头安装在排水栓上。利用短管、三通将溢水口与排水栓连接，并使三通下部的短管插入预留的浴缸排水口短管口内。最后从预留的冷、热水管位置接出支管与浴缸龙头和淋浴器组装成浴缸喷头。

4）用砖、水泥砂浆砌筑浴缸挡墙。

（2）质量要求。

1）有饰面的浴盆，应留有通向浴盆排水口的检修门。

2）浴盆排水栓应平正牢固，低于排水表面。

3）浴盆给水排水管道接口必须严密不漏。

6．淋浴器的安装

见图 3－56 所示，安装方法如下：

（1）定位画线。在墙上画出冷、热水管及冷热混合管垂直中心线。一般连接淋浴器的冷水横管中心距地坪为 900mm，热水横管距地坪为 1000mm。

（2）淋浴器组装。

1）按淋浴器规定尺寸，量尺下料，加工冷水管用元宝弯，如图 3－56 中 I 节点所示。

2）自冷、热横支管上预留口处接出淋浴器冷、热水立管截门。

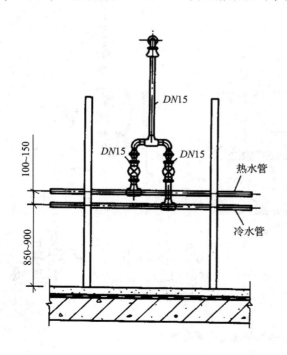
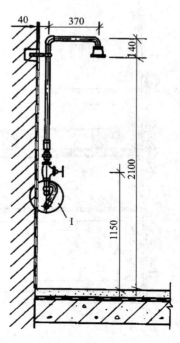

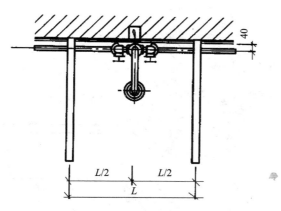
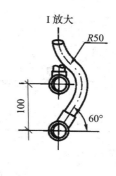

图 3 – 56 淋浴器安装

3）组装冷、热水混合立管，用管卡固定好立管，装上莲蓬头。

4）两组以上的淋浴器成组安装时，阀门、莲蓬头、管卡应保持同一高度，两淋浴器间距一般为 0.9～1.0m。

7. 洗涤盆的安装

（1）洗涤盆的安装。洗涤盆的盆架用铸铁盆架或用 40mm×5mm 的扁钢制作。固定盆架前应将盆架与洗涤盆试一下是否合适。将冷、热水预留管口之间画一条平分垂线（只有冷水时，洗涤盆中心应对准给水管口）。由地面向上量出规定的高度（洗涤盆上沿口距地面一般为 800mm），画出水平线，按照洗涤盆架的宽度由中心线左右画好固定螺栓位置十字线，打洞预埋 ϕ10mm×100mm 螺栓或用 ϕ10mm 的膨胀螺栓，将盆架固定在墙上。把洗涤盆放于盆架上纵横方向用水平尺找平、找正。洗涤盆靠墙一侧缝隙处嵌入白水泥勾缝抹光，也可用 YJ 密封膏嵌缝。

（2）排水管的安装　先将排水栓根母松开卸下，将排水栓放入洗涤盆排水孔眼内，量出距排水预留管口的尺寸。将短管一端套好丝扣，涂铅油，缠好麻丝。将存水弯拧至外露丝扣 2～3 牙，按量好的尺寸将短管断好，插入排水管口的一端应做扳边处理。将排水栓圆盘下加 1mm 厚的胶垫、抹油灰，插入洗涤盆排水孔眼内，外面再套上胶垫、眼圈，带上根母。在排水栓丝扣处涂铅油，缠麻丝，用自制叉扳手卡住排水栓内十字筋，使排水栓溢水眼对准洗涤盆溢水孔眼，用扳手拧紧根母至松紧适度。再将存水弯装到排水栓上拧紧找正。排水管接口间隙打麻捻灰，环缝要均匀，最后将接口处抹平。洗涤盆的安装如图 3 – 57 所示。

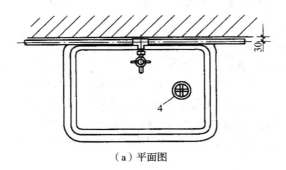

（a）平面图

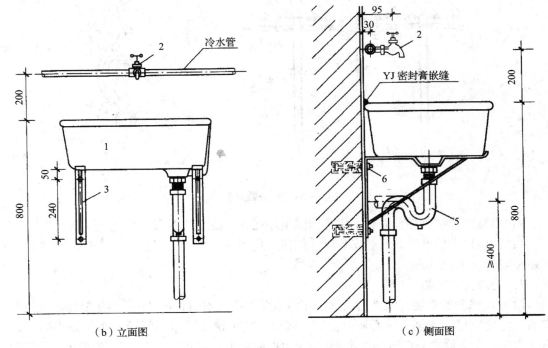

（b）立面图　　　　　　　　（c）侧面图

图 3 - 57　洗涤盆安装图

1—洗涤盆；2—龙头；3—托架；4—排水栓；5—存水弯；6—螺栓

8. 化验盆的安装

（1）化验盆安装。化验盆一般安装在实验台的一端，排水管采用铸铁管，其支架可用 φ12 的圆钢焊制；排水管若采用陶土管、塑料管，其支架应用 DN15 的钢管焊制。将化验盆置于支架上，上部可用木螺丝固定在实验台上，找平、找正即可。

（2）排水管安装。化验盆内已有水封，其排水管上不需另设存水弯，直接将排水管连接在排水栓上。化验盆的排水栓和排水管的安装方法可参照洗涤盆的安装，如图 3 - 58 所示。

9. 污水盆的安装

1）污水盆有落地式与架空式两种，落地式直接置于地坪上，盆高 500mm；架空式污水盆上沿口安装高度为 800nmm，盆脚采用砖砌支墩或预制混凝土块支墩。污水盆的安装如图 3 - 59 所示。

2）污水盆的排水栓口径为 DN50，安装时先将排水栓根母松开卸下，将排水栓圆盘下抹上油灰，插入污水盆出水口处，外面再套上胶垫、眼圈，带上根母将其固定。落地式污水盆在排水栓处涂抹油灰，盆底抹水泥浆后将污水盆排水栓插入排水管口内，然后将污水盆找平、找正。架空式污水盆安装时，先在排水栓丝扣处涂铅油，缠麻丝，装上 DN50 的管箍，再连接 DN50 钢管作排水管。排水管一头套丝后量好尺寸断好，丝扣处涂铅油，缠麻丝，和排水栓上管箍相连，另一头插入铸铁管存水弯承口内，用麻丝、水泥捻实、抹平。

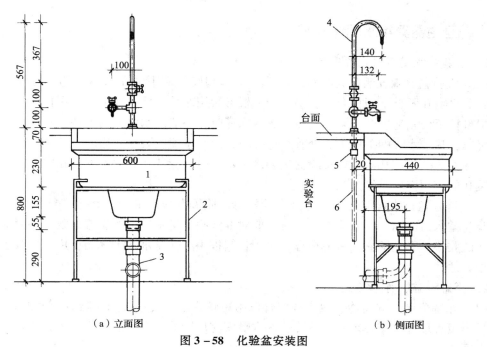

（a）立面图　　　　　　　　　　　（b）侧面图

图3-58　化验盆安装图

1—化验盆；2—支架；3—排水管；4—双联化验龙头；5—管接头；6—冷水管

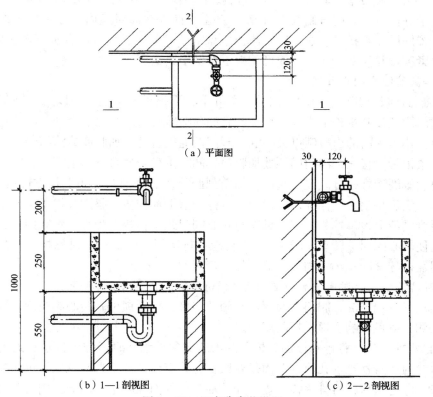

（a）平面图

（b）1—1剖视图　　　　　　　　　（c）2—2剖视图

图3-59　污水盆安装详图

3.3.2　卫生器具给水配件安装

1. 洗脸盆水嘴及排水栓安装

（1）洗脸盆水嘴安装。先将水嘴锁母、根母和胶垫卸下，在水嘴根部垫好油灰，插入洗脸盆水嘴孔眼，下面再套上胶垫，带上根母后用左手按住水嘴，右手用自制朝天呆扳手将根母拧至松紧适度。洗脸盆装冷、热水水嘴时，一般冷水水嘴的手柄中心处有蓝色或绿色标志，热水水嘴的手柄中心处有红色标志，冷水水嘴应装在右边的安装孔内，热水水嘴应装在左边的安装孔内。如洗脸盆仅装冷水水嘴时，应装在右边的安装孔内，左边有水嘴安装孔的应用瓷压盖涂油灰封死。

（2）洗脸盆排水栓安装。先将排水栓根母、眼圈和胶垫卸下，将上垫垫好油灰后插入洗脸盆排水口孔内，排水栓中的溢流口要对准洗脸盆排水口中的溢流口眼。外面加上垫好油灰的胶垫，套上眼圈，带上根母，再用自制扳手卡住排水栓十字筋，用平口扳手上根母至松紧适度。

2. 浴缸（盆）水嘴安装

（1）水嘴安装。先将冷、热水预留管口用短管找平、找正。如果暗装管道进墙较深，应先量出短管尺寸，套好短管，使冷、热水嘴安完后距墙一致，然后将水嘴拧紧找正，除净外露麻丝。

（2）混合水嘴安装。将冷、热水管口找平、找正。在混合水嘴转向对丝上抹铅油，缠麻丝，带好护口盘，用自制扳手（俗称钥匙）插入转向对丝内，分别拧入冷、热水预留管口。校好尺寸，找平、找正后，使护口盘紧贴墙面，然后将混合水嘴对正转向对丝，加垫后拧紧锁母并找平、找正，即可用扳手拧至松紧适度。

3. 净身盆给水附件安装

1）将混合阀门及冷、热水阀门的门盖卸下，下根母调整适当，以三个阀门装好后上根母与阀门颈丝扣基本相平为宜。将预装好的喷嘴转心阀门装在混合开关的四通下口。

将冷、热水阀门的出口锁母套在混合阀门四通横管处，加胶圈或涂缠铅油麻丝组装在一起，拧紧锁母。将三个阀门门颈处加胶垫，同时由净身盆自下而上穿过孔眼。三个阀门上加胶垫、眼圈带好根母。混合阀门上加角型胶垫及少许油灰，扣上长方形镀铬铜压盖，带好根母。然后将空心螺栓穿过压盖及净身盆，盆下加胶垫、眼圈和根母至松紧适度。

将混合阀门上根母拧紧，其根母应与转心阀门颈丝扣相平为宜。将阀门盖放入阀门挺旋转，能使转心阀门盖转动30°即可。再将冷、热水阀门的上根母对称拧紧。分别装好三个阀门门盖，拧紧冷、热水阀门门盖上的固定螺丝。

2）喷嘴安装。将喷嘴靠瓷面处加厚为1mm的胶垫，抹少许油灰，将定型铜管一端与喷嘴连接，另一端与混合阀门四通下转心阀门连接，拧紧锁母。转心阀门门挺须朝向与四通平行一侧，以免影响手提拉杆的安装。

3）排水栓安装。将排水栓加胶垫，穿入净身盆排水孔眼，拧入排水三通上口。同时检查排水栓与净身盆排水孔眼的凹面是否紧密，若有松动及不严密现象，可将排水栓锯掉一部分，尺寸合适后，将排水栓圆盘下加抹油灰，外面加胶垫、眼圈，用自制叉扳手卡住排水栓内十字筋，使溢水口对准净身盆溢水孔眼，拧入排水三通上口。

4）手提拉杆安装。将挑杆弹簧珠装入排水三通中口，拧紧锁母至松紧适度。然后将手提拉杆插入空心螺栓，用卡具与横挑杆连接，调整定位后上紧固定螺丝，使手提拉杆活动自如。

5）净身盆配件装完以后，应接通临时水进行试验，无渗漏后便可进行稳装。

4．洗涤盆、化验盆水嘴安装

（1）洗涤盆水嘴安装。将水嘴丝扣处涂铅油，缠麻丝（或缠生料带），装在给水管口内，找平、找正，拧紧后除净接口处外露填料。

（2）化验盆水嘴安装。根据使用要求，化验盆上可装设单联、双联或三联化验龙头，龙头镶接时，为防止损坏其表面镀铬层，不允许使用管钳，应用活铬扳手拧紧。安装龙头的管子穿过木质化验台时，应用锁母加以固定，台面上还应加护口盘。

3.4　室内采暖系统安装

3.4.1　室内采暖系统分类与组成

在人们的生产和生活中，要求室内保持一定的温度。冬季比较寒冷的地区，在室外气温低于室内温度，室内的热量不断地传向室外，若室内无采暖设备，室内温度就会降到人们所要求的温度以下。

采暖就是将热量以某种方式供给建筑物，以保持一定的室内温度。图 3 – 60 为集中供热系统示意图。

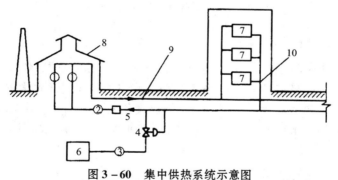

图 3 – 60　集中供热系统示意图

1—热水锅炉；2—循环水泵；3—补给水泵；4—压力调节阀；5—除污器；6—补充水处理装置；
7—采暖散热器；8—集中采暖锅炉房；9—室外输热管道；10—室内采暖系统

1．热水采暖系统

热水采暖系统是目前广泛使用的一种采暖系统，适用于民用建筑与工业建筑；按照系统循环的动力可分为自然循环热水采暖系统和机械循环热水采暖系统。

（1）自然循环热水采暖系统。如图 3 – 61 所示，自然循环热水采暖系统由加热中心（锅炉）、散热设备、供水管道（图中实线所示）、回水管道（图中虚线所示）和膨胀水箱等组成。膨胀水箱设于系统最高处，以容纳水受热膨胀而增加的体积，同时兼有排气作用。系统充满水后，水在加热设备中逐渐被加热，水温升高而容重变小，同时受自散热设备回来密度较大的回水驱动，热水在供水干管上升流入散热设备，在散热设备中热水放出热量，温度降低、水密度增加，沿回水管流回加热设备，再次被加热。水被连续不断地加热、散热、流动循环。这种循环被称作自然循环（或重力循环）。仅依靠自然循环作用压力作为动力的热水采暖系统称作自然循环热水采暖系统。自然循环热水采暖系统主要分为单管和双管两类，如图 3-61 所示。

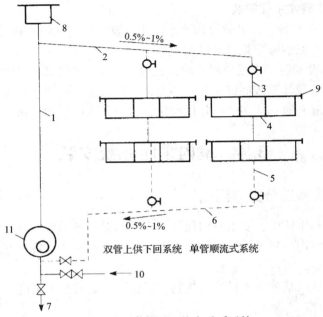

双管上供下回系统　单管顺流式系统

图 3-61　自然循环热水采暖系统

1—总立管；2—供水干管；3—供水立管；4—散热器支管；5—回水立管；6—回水干管；
7—泄水管；8—膨胀水箱；9—散热器放风阀；10—充水管；11—锅炉

在没有设置集中采暖系统的住宅建筑，居民往往采用较为实用的简易散热器采暖系统。图 3-62 为一例简易散热器采暖系统：高于膨胀水箱的透气管解决了水平管排气问题；置于炉口的再加热器加大了循环动力。加热设备如图 3-63、图 3-64 所示，是在普通的燃煤取暖炉内加设水套或盘管，这样既能达到取暖的目的，又不误烧水做饭。

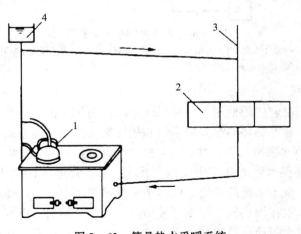

图 3-62　简易热水采暖系统

1—再加热器；2—散热器；3—通气管；4—膨胀水箱

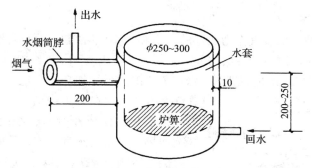

图 3 - 63　水套式加热设备

（2）机械循环热水采暖系统。机械循环热水采暖系统是依靠水泵提供的动力克服流动阻力使热水流动循环的系统。它的循环作用压力比自然循环系统大得多，且种类多，应用范围也更广泛。

如图 3 - 65 所示为机械循环热水供暖系统的图示。这种系统是由热水锅炉、供水管路、散热器、回水管路、循环水泵、膨胀水箱、集气罐（排气装置）、控制附件等组成。机械循环系统与自然循环系统相比，最为明显的不同是增设了循环水泵和集气罐，另外膨胀水箱的安装位置也有所不同。循环水泵是驱动系统循环的动力所在，通常位于回水干管上；膨胀水箱的设置地点仍是供暖系统的最高点，但只起着容纳系统中多余膨胀水的作用。膨胀水箱的连接管连接在循环水泵的吸入口处，这样可以使整个供暖系统均处于正压工作状态，从而避免系统中热水因汽化影响其正常的循环。为保证系统运行正常，需要及时顺利地排除系统中的空气。所有供暖管网的布置与敷设应有利于将空气排入管网的最高点—集气罐中，如图 3 - 65 中所示。在这种机械循环上供下回式供暖系统中，供水干管沿着水流方向应有向上的坡度，便于将系统中的空气聚集在干管末端的集气罐内。

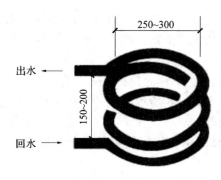

图 3 - 64　加热盘管示意图

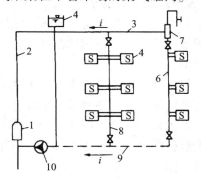

**图 3 - 65　机械循环热水
供暖系统示意图（单管式）**

1—热水锅炉；2—供水总立管；
3—供水干管；4—膨胀水箱；5—散热器；
6—供水立管；7—集气罐；8—回水立管；
9—回水干管；10—循环水泵（回水泵）

机械循环热水供暖系统的作用压力比自然循环热水系统的作用压力大得多。所以，热水在管路中的流速较大，管径较小，启动容易，供暖方式较多，应用范围较广。

2．蒸汽采暖系统

蒸汽采暖系统是以水蒸汽作为热媒的，饱和水蒸汽凝结时，可以放出数量很大的汽化潜热，这个热量可通过散热器传给房间。

图3-66为蒸汽采暖系统原理图。水在蒸汽锅炉里被加热，产生一定压力的饱和蒸汽，蒸汽靠本身压力在管道内流动，在散热器内冷却放出汽化潜热，变成冷凝水，经凝结水管回到锅炉，继续加热产生新的蒸汽，连续不断地工作。

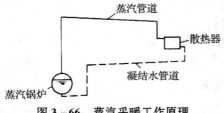

图3-66 蒸汽采暖工作原理

蒸汽压力（表压）低于0.7MPa的称为低压蒸汽，高于0.7MPa的称为高压蒸汽。低压蒸汽多用于民用建筑供暖，高压蒸汽多用于工业建筑供暖。

3.4.2 管子焊接

1．管子焊接前的检查

管道在焊接前应进行全面的清理检查：将管子的焊端坡口面内外20mm左右范围内的铁锈、泥土、油脂等物清除干净，管子截面不圆的要整圆。管子对口时，应在距接口中心200mm处测量平直度，如图3-67所示。当管子公称直径小于100mm时，允许偏差为1mm，当管子公称直径大于或等于100mm时，允许偏差为2mm，但全长偏差不超过10mm。

图3-67 管道对口平直度检测

2．管子焊接对口要求

管子焊接对口间隙应符合要求，除设计规定的冷拉焊口外，对口不得用强力对正，以免引起附加应力，不允许用加偏垫或多层垫等方法来消除接口端面的空隙偏差、错口或不同心等缺陷。

对接焊接的管子端面应当与管子轴心线垂直，偏差不大于1.5mm。为了使管口对正，保持需要的间隙，常用各种对口工具进行对口。图3-68所示的是一种用于小口径管子的对口工具，大口径管道可用图3-69所示的方法进行对口。管子对好口后，要用定位焊固定，一般规格的管道定位焊3~4处，如图3-70所示。定位焊用的焊条和焊工的技术与正式焊接相同。

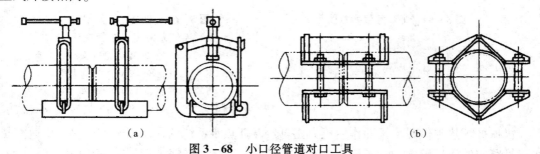

(a)   (b)

图3-68 小口径管道对口工具

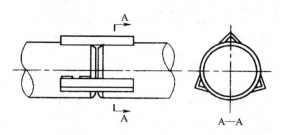

图 3-69 大口径管道对口方法

图 3-70 管口焊缝上定位焊的位置

3. 管道焊接工艺要求

焊条与管道间的相对位置，有平焊、立焊、横焊和仰焊，如图 3-71 所示，则焊缝依此分别称为平焊缝、立焊缝、横焊缝和仰焊缝。管道焊接时应尽量采用平焊，因平焊易于施焊，焊接质量易得到保证，且施焊方便。

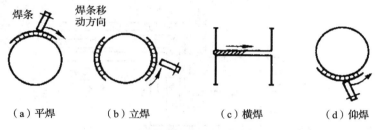

图 3-71 管道焊接方法

焊接口在熔融金属冷却过程中会产生收缩力，为了减少收缩应力，焊前可将每一个管口预热 150～200mm，或采用分段焊接法。分段焊接法是将管周分成四段，按间隔段顺序焊接。分段焊是一种较好的减少收缩应力的管口焊接方法。

在气焊时，管壁的厚度 $\delta > 3mm$ 的管子采用 V 形坡口，焊接端应开 30°～40°的坡口，在靠管壁内表面的垂直边缘上留 1～1.5mm 的钝边，如图 3-72（a）所示；管壁的厚度 $\delta \leqslant 3mm$ 的管子，应采用 I 形坡口，对口间隙为 1～2mm，如图 3-72（b）所示。

管子焊完后，焊缝应整齐、美观，并应有规整的加强面，如图 3-73 所示。余高的标准见表 3-33。

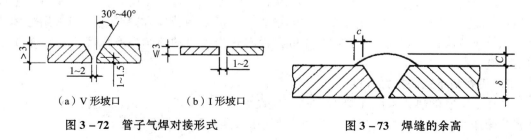

图 3-72 管子气焊对接形式 　　　　图 3-73 焊缝的余高

表 3 – 33　管道焊缝的余高标准（mm）

管壁厚度 δ	余高高度 C	遮盖宽度 e
< 10	1.5 + 1	1 ~ 2
10 ~ 20	2 + 1	2 ~ 3
> 20	3 + 1	2 ~ 3

3.4.3　总管在地沟内安装

热水供暖入口总管在地沟内安装如图 3 – 74 所示。在总管入口处，供回水总管底部用三通接出室外，安装时可用比量法下料，然后连成整体。

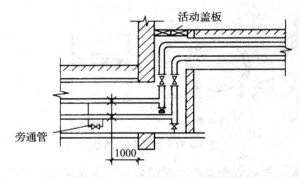

图 3 – 74　热水供暖入口总管安装

3.4.4　热水供暖系统热力入口安装（热水集中采暖分户热计量系统）

系统热力入口宜设在建筑物热负荷对称分配的位置，一般在建筑物中部，铺设在用户的地下室或地沟内。入口处一般装有必要的仪表和设备，以进行调节、检测和统计供应热量，一般有温度计、压力表、过滤器或除污器等，必要时应设调节阀和流量计，但系统小时不必全设。

1. 设在地沟（检查井）内的热力入口

设在地沟（检查井）内的热力入口（图 3 – 75），地沟应加设人孔，人孔高出地面100mm。流量计和积分仪可采用整体式热量表，也可采用分体式热量表，当采用分体式时，积分仪与流量计的距离不宜超过 10m。设有热力入口的地沟应有深度不小于 300mm 的集水坑。

2. 设在地下室的热力入口

设在地下室的热力入口（图 3 – 76），应设置可靠的支承，地下室内应有良好的采光、足够的操作空间，供热管道穿越地下室外墙应加设柔性防水套管。

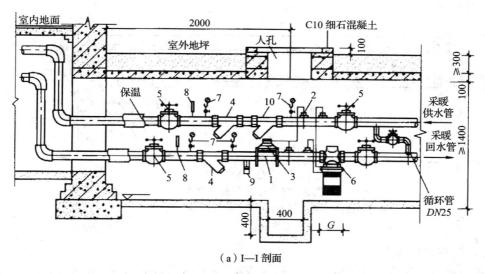

（a）I—I 剖面

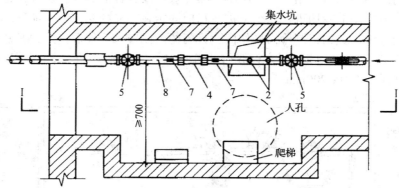

（b）入口平面

图 3-75 在地沟（检查井）内的热力入口

1—流量计；2—温度压力传感器；3—积分仪；4、10—水过滤器；
5—截止阀；6—自力式压差控制阀；7—压力表；8—温度计；9—泄水阀

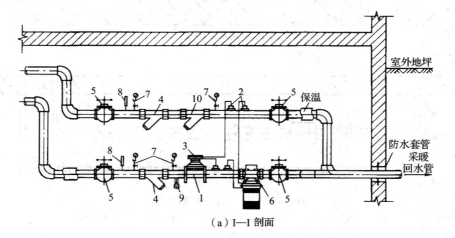

（a）I—I 剖面

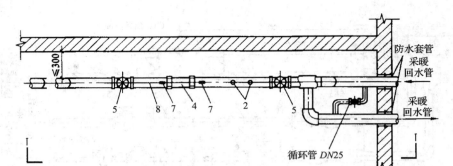

（b）入口平面

图3-76 在地下室的热力入口

1—流量计；2—温度压力传感器；3—积分仪；4、10—水过滤器；
5—截止阀；6—自力式压差控制阀；7—压力表；8—温度计；9—泄水阀

3．设在进户箱内的热力入口

进户箱内的热力入口如图3-77所示。热力入口没有合适的场所设置，也可把热力入口设在用钢板或木制的专用进户箱内，进户箱应固定在牢靠的结构上，应采取防水、防腐措施。进户箱应设带锁的钢制检修操作门，且门的内侧应采取保温措施，其总热阻不应小于 $0.8 \mathrm{m^2 \cdot K/W}$ ，箱门的钢板厚度不得小于 $1.2 \sim 1.5 \mathrm{mm}$ 。进户箱的宽度不宜小于800mm，净进深为 $150 \sim 200 \mathrm{mm}$ 。

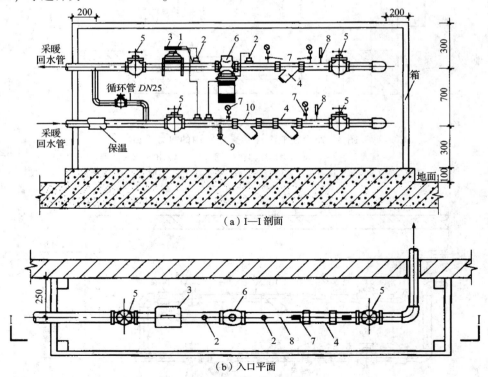

（a）I—I剖面

（b）入口平面

图3-77 进户箱内的热力入口

1—流量计；2—温度压力传感器；3—积分仪；4、10—水过滤器；
5—截止阀；6—自力式压差控制阀；7—压力表；8—温度计；9—泄水阀

3.4.5 干管安装

室内采暖系统中，供热干管是指供热管与回水管与数根采暖立管相连接的水平管道部分，有供热干管（或蒸汽干管）及回水干管（或凝结水管）两类。当供热干管安装在地沟、管廊、设备层、屋顶内时，应做保温层；而明装于顶层板下和地面时可不做保温。

不同位置的采暖干管安装时机不同：位于地沟的干管，在已砌筑完清理好的地沟、未盖沟盖板前进行；位于顶层的干管，在结构封顶后安装；位于天棚内的干管，应在封闭前进行；位于楼板下的干管，在楼板安装后进行。

1. 施工工艺流程

画线定位→支吊架安装→管段加工预制→管道安装→试压。

2. 施工工艺

（1）画线定位。根据施工图所要求的干管走向、位置、标高和坡度，检查预留孔洞，挂通线弹出管子安装的坡度线；取管沟标高作为管道坡度线的基准，以便于管道支架的制作和安装。挂通线时如干管过长，挂线不能保证平直度时，中间应加铁钎支承，以保证弹画坡度线符合要求。

（2）支吊架安装。根据管道坡度确定好支架位置后，将已预制好的支架用 1:3 水泥砂浆固定在墙上或焊在预埋的铁件上。

（3）管段加工预制。

1）画线下料。首先绘制施工草图，再按施工草图上标明的实际尺寸，划分出加工管段，分段下料、加工，按环路分组编号，码放整齐。若需焊接，应加工好坡口。

2）变径管加工。变径管用于热水管和蒸汽管时，应加工成偏心大小头，安装时分别为上直或下直；用于凝结水管或回水管一般加工成同心大小头。安装时，大小头的中心线处于同一轴线上，如图 3 - 78 所示。

3）羊角弯加工。制作羊角弯时，应煨两个 75° 左右的弯头，在连接处锯出坡口，主管锯成鸭嘴形，拼好后首先点焊，找平、找正、找直后，再施焊。羊角弯接合部位的口径必须与主管口径相等，其弯曲半径应为管径的 2.5 倍左右。

（4）干管就位安装。

1）检查：管道就位前进行检查、调直、除锈、刷底漆。检查组合管段各部件组装的位置是否与施工草图一致，组装后的管段是否在一条直线上，管端面是否与管子轴线相垂直，应有坡口的管端其坡口质量是否达到要求；检查支架安装位置及强度是否符合设计要求。

2）就位：用人工或机械将组装合格的管道部件依次放置在支架上并做临时固定，依所用支吊架型式不同，操作方法有所不同。干管若为吊卡型式，安装管子前，先把吊棍按坡向、顺序依次穿在型钢上，吊环按间距位置套在管上，再把管抬起穿上螺栓拧上螺母，将管固定。安装托架上的管道时，先将管就位在托架上，在第一节管上装好 U

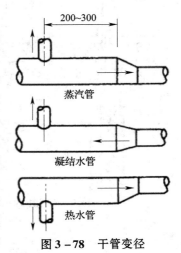

图 3 - 78 干管变径

形卡，然后安装第二节管，以后各节管均照此进行，紧固好螺栓。

3）管道连接：干管连接应从进户或分支管路开始，连接前应检查管内有无杂物。

①管道在地上明设时，可在底层地面上沿墙敷设，过门时设地沟或绕行，如图 3－79 所示。

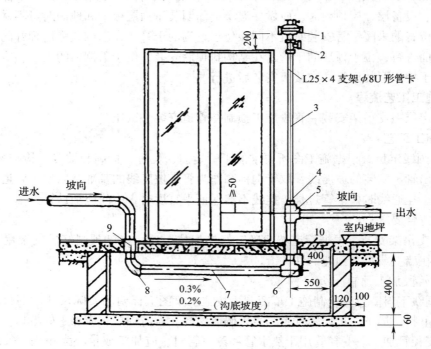

图 3－79　采暖管道过门处理示意图

1—排气阀；2—闸板阀；3—空气管；4—补心；5—三通；
6—丝堵；7—回水管；8—弯头；9—套管；10—盖板

②干管过墙安装分路时，应按图 3－80 所示的方法进行。

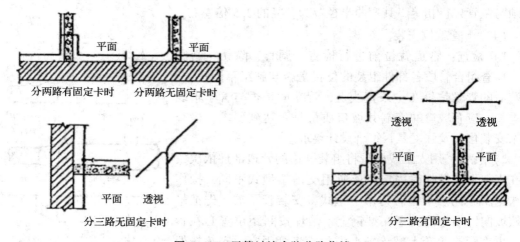

图 3－80　干管过墙安装分路作法

③干管与分支干管连接时，应避免使用 T 形连接，否则，当干管伸缩时有可能将直径较小的分支干管连接焊口拉断，正确的连接如图 3 – 81 所示。当干管与分支干管处在同一平面上的水平连接时，其水平分支干管应用羊角弯管及弯管连接。当分支干管与干管有高差时，分支干管应用弯管从干管上部或下部接出。

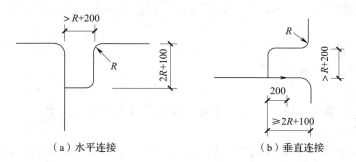

（a）水平连接　　　　　（b）垂直连接

图 3 – 81　干管与分支干管连接

④管道螺纹连接时，在丝头处涂好铅油缠好麻，一人在末端扶平管道，另一人在接口处将管相对固定。对准丝扣，慢慢转动入扣，用一把管钳咬住前节管件，用另一把管钳转动管至松紧适度，对准调直时的标记，要求丝扣外露 2～3 扣，并清掉麻头，依此方法装完为止（管道穿过伸缩缝或过沟处，必须先穿好钢套管）。

⑤管道焊接连接时，从第一节开始，管子就位找正，对准管口使预留口方向准确；找直后用点焊固定，校正、调直后施焊，焊完后保证管道正直。

⑥遇有补偿器，应在预制时按规范要求做好预拉伸，并作好纪录；按位置固定，与管道连接好。波形补偿器应按要求位置安装好导向支架和固定支架，并分别安装阀门、集气罐等附属设备。

⑦支架固定管道安装完，检查坐标、标高、预留口位置和管道变径等是否正确，然后找直，用水平尺校对复核坡度。合格后，调整吊卡螺栓 U 形卡，使其松紧适度，平正一致，最后焊牢固定卡处的止动板。

⑧穿墙套管固定如图 3 – 82 所示，注意调整干管与套管同心，且二者管径相差 1～2 号，填堵管洞，预留口处应加好临时管堵。

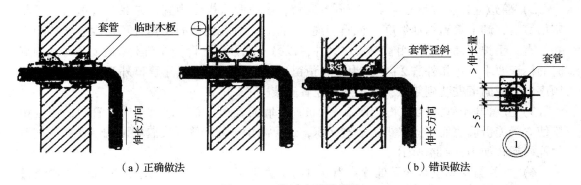

（a）正确做法　　　　　　　（b）错误做法

图 3 – 82　穿墙套管的做法

（5）试压。干管安装完毕后，应进行阶段性的管道试压，以便进行该管段的油漆和保温工作。室内采暖系统的压力试验通常采用水压试验。

3.4.6　立管安装

立管安装一般在抹灰后散热器安装完毕后进行，如需在抹地板前安装，要求土建的地面标高必须准确。

1. 施工工艺流程

预留孔洞检查→管道安装。

2. 施工工艺

（1）预留孔洞检查。检查和复核各层预留孔洞是否在垂直线上。

（2）管道安装。

1）穿越楼板套管：立管穿过楼板的做法见图3-83，其上部同心收口的套管用于普通房间的采暖立管；下部端面收口的套管用于厨房或卫生间的立管。

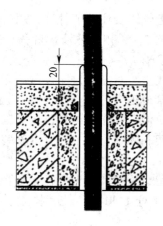
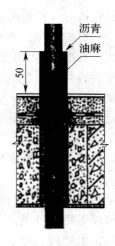

（a）普通房间做法　　　　　　　　（b）厨房或卫生间做法

图3-83　穿越楼板套管做法

2）管道连接：按编号从第一节开始安装，一般两人操作为宜。先在立管甩口，经测定吊直后，卸下管道抹油缠麻（或石棉绳），将立管对准接口的丝扣扶正角度慢慢转动入扣，直到手拧不动为止。用管钳咬住管件，以另一把管钳拧管，拧到松紧适度并对准调直时的标记要求，丝扣外露2～3扣为好。预留口应平正，及时清除管口外露麻丝头。依此顺序向上或向下安装到终点，直至全部立管安装完。

3）立管与干管连接：采暖干管一般布置离墙面较远，需要通过干、立管间的连接短管使立管能沿墙边而下，以少占建筑面积，还可减少干管膨胀对支管的影响。这些连接管的连接形式如图3-84所示。

4）立管与支管垂直交叉处置：当立管与支管垂直交叉时，立管应设半圆形让弯绕过支管，具体做法如图3-85所示，加工尺寸见表3-34。

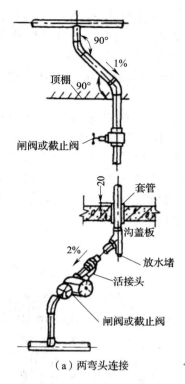

（a）两弯头连接

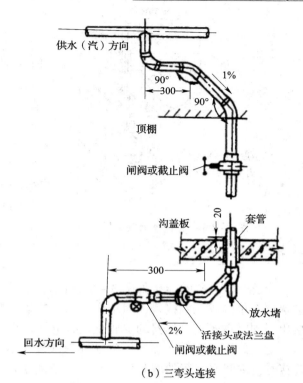

（b）三弯头连接

图 3-84 干、立管连接形式

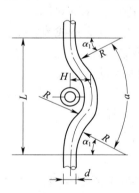

图 3-85 让弯加工

表 3-34 让弯尺寸表

DN（mm）	α（°）	α₁（°）	R（mm）	L（mm）	H（mm）
15	94	47	50	146	32
20	82	41	65	170	35
25	72	36	85	198	38
32	72	36	105	244	42

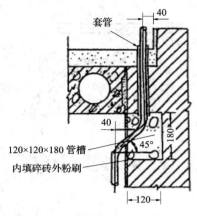

图 3 - 86　立管缩墙安装图

5）立管与预制楼板承重部位相碰做法：此时，应将钢管弯制绕过，可在安装楼板时，把立管弯成乙字弯（又称来回弯）；也可以采用图 3 - 86 所示的方法，将立管缩进墙内。

6）立管固定。检查立管的每个预留口的标高、方向、半圆弯等是否准确、平正。将事先栽好的管卡子松开，把管放入卡内拧紧螺栓，用吊杆、线坠从第一节管开始找好垂直度，扶正钢套管，填塞套管与楼板间的缝隙，做好预留口的临时封堵。

3.4.7　支管安装

支管与散热器的连接如图 3 - 87 所示，支管从散热器上单侧或双侧接入，回水支管从散热器下部接出，同时在底层散热器的支管上装设阀门，以调节该立管的流量。散热器支管安装应有坡度，单侧连接时，供回水支管的坡降值为 5mm；双侧连接时为 10mm；对蒸汽采暖，可按 1% 安装坡度施工。支管安装应在做完墙面和散热器安装后进行，注意支管与散热器之间不应强制进行连接，以免因受力造成渗漏或配件损坏；也不可应用调整散热器位置的方法，来满足与支架的连接，以免散热器的安装偏差过大。

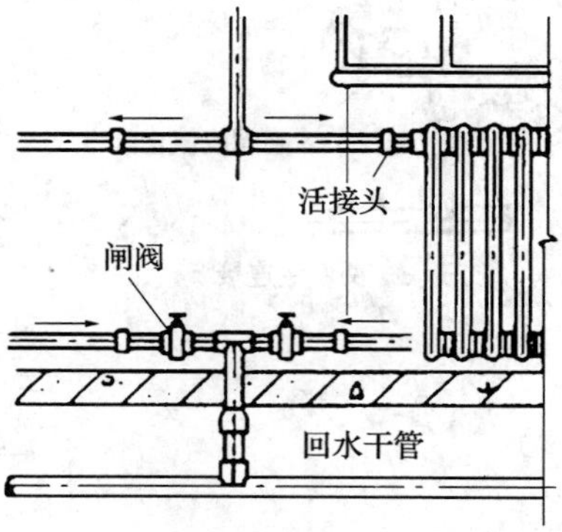

图 3 - 87　散热器支管的安装

1. 施工工艺流程

散热器与立管检查→管道安装→试压与冲洗。

2. 施工工艺

（1）散热器与立管检查。

用量尺检查散热器安装位置及立管预留口是否准确。

（2）管道安装。

1）管段预制：测量支管尺寸和灯叉弯的大小（散热器中心距墙与立管预留口中心距墙之差），按量出支管的尺寸，减去灯叉弯量，然后断管、套丝、煨灯叉弯和调直。若遇立支管变径，不宜使用铸铁补心，应使用变径管箍或焊接法。

2）试安装：将预制好的管子在散热器补心和立管预留口上试安装。若不合适，用气焊烘烤或用煨管器调整，但必须在丝头 50mm 以外见弯。

3）支管安装：将预制好的灯叉弯两头抹铅油缠麻，上好活接头。安装活接头时，注意子口一头安装在来水方向，母口一头安装在去水方向，不得安反。连接好散热器与立管间的管段，将麻头清理干净。

4）支管固定：用钢尺、水平尺、线坠校正支管的坡度和平行方向距墙尺寸，并复查立管及散热器有无移动，合格后固定套管和堵抹墙洞缝隙。

3.4.8　散热器的组对及安装

散热器的种类较多，各种类散热器的连接方法不相同，一般钢制散热器是用钢管或钢板焊成的；铸铁散热器除圆翼形散热器是采用法兰连接外，其他用反正丝将片状的散热器组对成一个整体进行安装。

1. 散热器的组对

组对散热器是指将散热器片按要求的片数连在一起的安装工序。

（1）对丝连接方法。组对前先要搭设一个工作平台，使散热器在搭设好的工作平台上进行组对。然后选择散热器片，将有质量问题或不符合要求的散热器片挑选出来；将合格的散热器的内部及接口部位清理干净，按照每组散热器的片数依顺序排放在工作台上。将已缠好的石棉绳的对丝、抹好铅油的垫片套在对丝中间。对丝是片式散热器片与片之间的连接件（图3-88）。把对丝摆到两片散热器之间的两个对口上，每个对口拧进3扣左右，这样把散热器两端的对丝挂上后，使相邻两个散热器片夹紧，用钥匙穿过一片散热器片插进对丝中转动，使挂在对口上的对丝向外退，对丝入扣后改为向里旋进。

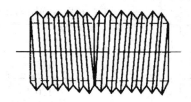

图3-88　散热器对丝

用两把钥匙同时操作，使散热器两端接口的对丝同时向中间拧入，对丝的对口缝隙应在2mm以内。散热器组对如图3-89所示。

用上述方法按顺序组对，直到组对的散热器满足要求为止，最后上好补心及丝堵。补心是散热器与支管的连接件（图3-90）。丝堵是堵住散热器孔用的零件，直径一般为40mm（图3-91）。

（2）法兰连接。圆翼形铸铁散热器的连接采用法兰连接方式，圆翼形散热器片的两端带有法兰，连接起来较简单，法兰之间加垫通过螺栓拧紧，按要求的片数连接起来。其连接方法与管道法兰连接方法一样，只是在每组的进出口上管孔位置随热媒不同，它在法兰上的位置也不同。热媒为热水时，进水管应上偏心接入，出水管下偏心接出。热媒为蒸汽时，进气管中心在法兰的中心接入，回水的出孔在法兰上，偏心接到回水管。

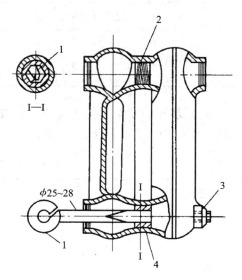

图3-89　散热器组对钥匙

1—散热器钥匙；2—垫片；
3—散热器补心；4—散热器对丝

242

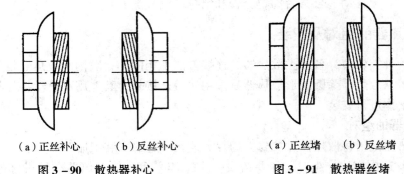

（a）正丝补心	（b）反丝补心

图3-90 散热器补心

（a）正丝堵	（b）反丝堵

图3-91 散热器丝堵

2．散热器安装

1）60型散热器底部距地面的距离一般不小于150mm，底部有管道通过的散热器，其底部距地面的距离不应小于250mm。圆翼形散热器采用水平安装，其他散热器一般采用垂直安装。散热器应平行于墙面，其中心与墙表面的距离应符合表3-35的规定。

表3-35 散热器中心与墙表面距离

散热器型号		中心距墙表面距离（mm）
60型		115
M132型		115
四柱形		130
圆翼形		115
扁管、板式（外沿）		80
串片型	平放	95
	竖放	60

2）散热器的支架、托架安装。如数量无设计要求时，应符合表3-36的规定。支、托架栽入墙体的尺寸不应小于130mm。

表3-36 散热器支、托架数量表

散热器型号	每组片数	上部托钩或卡架数	下部托钩或卡架数	总计
60型	1	2	1	3
	2~4	1	2	3
	5	2	2	4
	6	2	3	5
	7	2	4	6

续表 3 – 36

散热器型号	每组片数	上部托钩或卡架数	下部托钩或卡架数	总计
圆翼形	1	—	—	2
	2	—	—	3
	3 ~ 4	—	—	4
柱形	3 ~ 8	1	2	3
	9 ~ 12	1	3	4
	13 ~ 16	2	4	6
	17 ~ 20	2	5	7
	21 ~ 24	2	6	8
扁管式、板式	1	2	2	4
串片型	每根长度小于 1.4m			2
	长度为 1.6 ~ 2.4m			3
	多根串连、托钩间距不大于 1m			

注：1　轻质墙结构，散热器底部可用特制金属托架支撑。
　　2　安装带足的柱形散热器，所需带足片：14 片以下为 2 片，15 ~ 24 片为 3 片。

3）散热器安装在窗下时，其垂直中心线与窗口中心线相符。几种常见散热器的安装允许偏差应符合表 3 – 37 的规定。

表 3 – 37　散热器安装允许偏差

项次	项　目			允许偏差（mm）
1	散热器	内表面与墙表面距离		6
		与窗口中心线		20
		散热器中心线垂直度		8
2	铸铁散热器正面全长内的弯曲	60 型	2 ~ 4	4
			5 ~ 7	6
		圆翼形	2m 以内	3
			3 ~ 4m	4
		M132 型	3 ~ 14 片	4
			15 ~ 24 片	6

4）连接散热器支管的坡度规定。支管全长不大于 500mm 时，坡度为 5mm；超过 500mm 时，坡度为 10mm。

5）散热器支管过墙时，支管的接头处不应在墙内，并加设套管。超过 1.5m 的散热器支管应设托钩，支管与墙的间距应与立管保持一致。

6）散热器支管的安装可与立管同时进行，也可在散热器与立管安装完毕后进行。

3.4.9　补偿器安装

采暖系统的热补偿器有套管式、球形、波纹管及弯管补偿器4大类。

1）套管式补偿器有单向和双向两种，见图3-92。

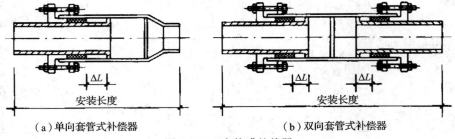

（a）单向套管式补偿器　　　　　　　（b）双向套管式补偿器

图3-92　套管式补偿器

2）球形补偿器用于有三向位移的管道，其折曲角一般不大于30°。球形补偿器不能单个使用，根据管路系统可由2~4个配套使用。

3）波纹管补偿器如图3-93所示。适用于工作温度在350℃以下、公称压力为0.5~25MPa、公称通径为$DN100 \sim DN1200$的弱腐蚀性介质的管路中。

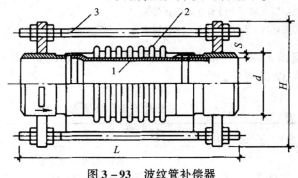

图3-93　波纹管补偿器

1—内衬套筒；2—波纹管；3—螺栓

4）弯管补偿器有方形（⊓）和Ω形，通常采用方形补偿器较多。方形补偿器作为采暖系统的补偿器，安装时应预拉伸。对室内采暖系统推荐采用撑顶装置，如图3-94所示，拉伸长度应为该段最大膨胀变形量的2/5。安装在两固定支架中间，其顶部应设活动支架或吊架。

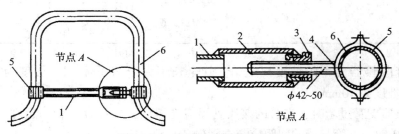

φ42~50

节点A

图3-94　方形补偿器撑顶装置

1—拉杆；2—短管；3—调节螺母；4—螺杆；5—卡箍；6—补偿器

3.4.10　管道阀门及配件安装

1. 法兰盘安装

采暖管道安装，管径小于或等于32mm宜采用螺纹联接；管径大于32mm宜采用焊接或法兰连接。所用法兰一般为平焊钢法兰。

平焊钢法兰一般适用于温度不超过300℃，公称压力不超过2.5MPa，通过介质为水、蒸汽、空气、煤气等中低压管道。一般用Q235或20号钢制作。

管道压力为0.25~1MPa时，可采用普通焊接法兰［图3-95（a）］；压力为1.6~2.5MPa时，应采用加强焊接法兰［图3-95（b）］。加强焊接是在法兰端面靠近管孔周边开坡口焊接。焊接法兰时，必须使管子与法兰端面垂直，可用法兰靠尺（图3-96）度量，也可用角尺代用。检查时需从相隔90°两个方向进行。点焊后，还需用靠尺再次检查法兰盘的垂直度，可用手锤敲打找正。另外，插入法兰盘的管子端部，距法兰盘内端面应为管壁厚度的1.3~1.5倍，以便于焊接。焊完后，如焊缝有高出法兰盘内端面的部分，必须将高出部分锉平，以保证法兰连接的严密性。

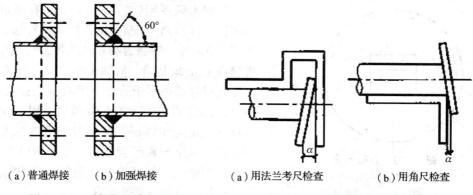

（a）普通焊接　　（b）加强焊接　　　　　　（a）用法兰考尺检查　　　　（b）用角尺检查

图3-95　平焊法兰盘　　　　　　　　图3-96　检查法兰盘垂直度

安装法兰时，应将两法兰盘对平找正，先在法兰盘螺孔中顶穿几根螺栓（如四孔法兰可先穿三根，如六孔法兰可先穿四根），将制备好的垫插入两法兰之间后，再穿好余下的螺栓。把衬垫找正后，即可用扳手拧紧螺钉。拧紧顺序应按对角顺序进行［图3-97（a）］，不应将某一螺钉一次拧到底，而应是分成3~4次拧到底，这样可使法兰衬垫受力均匀，保证法兰的严密性。

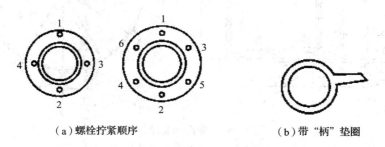

（a）螺栓拧紧顺序　　　　　　　　（b）带"柄"垫圈

图3-97　法兰螺栓拧紧顺序与带"柄"垫圈

采暖和热水供应管道的法兰衬垫，宜采用橡胶石棉垫。

法兰中间不得放置斜面衬垫或几个衬垫。连接法兰的螺栓，螺杆伸出螺母的长度不宜大于螺杆直径的1/2。

蒸汽管道绝不允许使用橡胶垫。垫的内径不应小于管子直径，以免增加管道的局部阻力；垫的外径不应妨碍螺栓穿入法兰孔。

法兰衬垫应带"柄"［图3－97（b）］，"柄"可用于调整衬垫在法兰中间的位置，另外，也与不带"柄"的"死垫"相区别。

"死垫"是一块不开口的圈形垫料，它和形状相同的铁板（约3mm厚）叠在一起，夹在法兰中间，用法兰压紧后能起堵板作用。但须注意："死垫"的钢板要加在垫圈后方（从被隔离的方向算起），如果把两者的位置搞颠倒了，容易发生事故。

2．膨胀水箱

膨胀水箱系用钢板焊接而成，有圆形和矩形两种。其构造与配管如图3－98所示，其结构见图3－99。膨胀管与系统连接，自然循环系统接在主立管上部，机械循环系统一般接在水泵吸入口处的回水干管上。检查管或称信号管，通常引到锅炉房内，末端装阀门，以便司炉人员检查系统充水情况。循环管与系统回水干管的连接在水泵与膨胀管之间，距膨胀管2mm左右处。膨胀管、循环管和溢流管上不得装设阀门。连接管管径见表3－38。

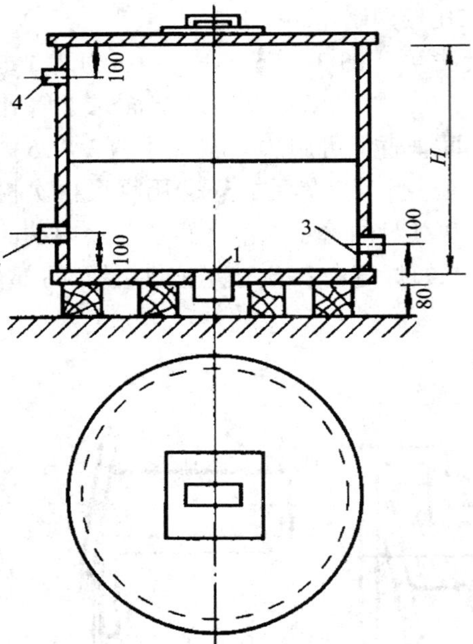

图3－98　膨胀水箱
1—膨胀管；2—检查管；
3—循环管；4—溢流管

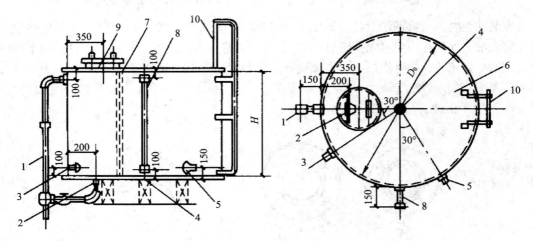

图3－99　膨胀水箱结构图
1—溢流管；2—排水管；3—循环管；4—膨胀管；5—信号管；
6—箱体；7—人梯（内部）；8—水位计；9—人孔；10—人梯（外部）

表 3 – 38 膨胀水箱连接管管径

膨胀水箱容积（L）	管径（mm）			
	膨胀管	检查管	循环管	溢流管
< 150	25	20	20	32
150 ~ 400	25	20	20	40
> 400	32	20	25	50

安装在不采暖房间的膨胀水箱及配管，应按设计要求保温。如果通过膨胀水箱补充系统漏水时，应配补给水箱或配上水管及浮球阀。方形膨胀水箱的型号尺寸见表 3 – 39。目前已有闭式膨胀水箱问世，可安装于锅炉房内，以代替高位开式膨胀水箱。

表 3 – 39 方形膨胀水箱的规格尺寸

序号	有效容积（L）	长度 A（mm）	宽度 B（mm）	高度 H（mm）
1	200	600	700	800
2	300	800	750	
3	400	900	900	
4	500	1000	1000	
5	600	1100	1100	
6	800	1100	1100	1000
7	1000	1250	1200	
8	1200	1300	1300	
9	1500	1500	1450	
10	2000	1500	1450	1200
11	2500	1800	1500	
12	3000	2200	1500	
13	3500	2400	1500	
14	4000	2500	1800	

3. 排气装置

热水采暖系统的排气装置是用以排除系统中积存的空气，以避免在管道或散热设备内形成空气阻塞。装设在系统最高点的排气装置有手动集气罐和自动排气罐，有立式和卧式两种；手动放气阀用来排除散热器内积存的气体。集气罐和手动放气阀结构如图 3 – 100所示。

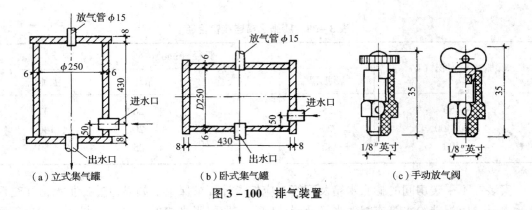

（a）立式集气罐　　　　　（b）卧式集气罐　　　　　　（c）手动放气阀

图 3 – 100　排气装置

4. 除污器的安装

除污器一般安装在用户入口装置的供水总管或回水总管上。其作用是防止系统水中的污物杂质堵塞室内系统管路。除污器分为卧式和立式两种（图 3 – 101）。

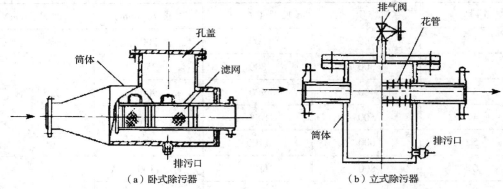

（a）卧式除污器　　　　　　　　　（b）立式除污器

图 3 – 101　除污器

5. 疏水器的安装

疏水器的种类较多，常用的有低压恒温式疏水器、高压疏水器、热动力式疏水器等。安装疏水器的目的是为了自动阻止蒸汽通过，并能及时排除设备及管路中的冷凝水，以保证系统正常运行。图 3 – 102 和图 3 – 103 分别为恒温式疏水器和浮筒式疏水器的结构图。

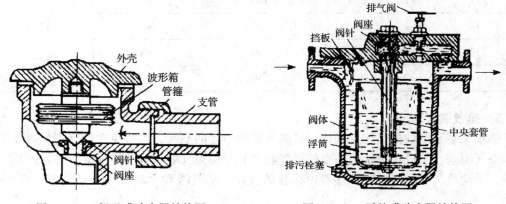

图 3 – 102　恒温式疏水器结构图　　　　图 3 – 103　浮筒式疏水器结构图

疏水器安装时，应根据设计图纸要求的规格组配后再进行安装。组配时，其阀体应与水平回水干管相垂直，不得倾斜，以利于排水；其介质流向与阀体标志应一致；同时安排好旁通管、冲洗管、检查管、止回阀、过滤器等部件的位置，并设置必要的法兰、活接头等零件，以便于检修拆卸。其部件组装形式如图 3－104 所示。

6．减压阀的安装

减压阀的作用是将管内的蒸汽压力降低到用户需要的压力值，并能自动保持稳定。减压阀的种类按基本构造分为弹簧式、膜片式、活塞式和波纹式等。其中，活塞式减压阀工作较稳定，而且减压范围大，维修工作量小，应用最广泛。图 3－105 是活塞式减压阀的结构图。

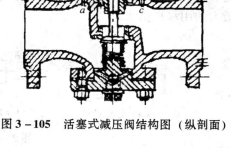

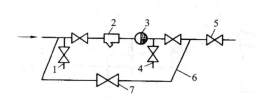

图 3－104　疏水器组装示意图　　　　图 3－105　活塞式减压阀结构图（纵剖面）

1—冲洗管；2—过滤器；3—疏水器；
4—检查管；5—止回阀；6—旁通管；7—截止阀

减压阀安装前应完全拆开清洗干净，组装后再安装。安装时要求阀后管径比阀前管径大 2 号，阀前管径与减压阀相同。减压阀一律采用法兰截止阀，低压部分采用低压截止阀。安装减压阀时注意其方向性，不得装反，并使它垂直安装在水平管道上（图 3－106）。

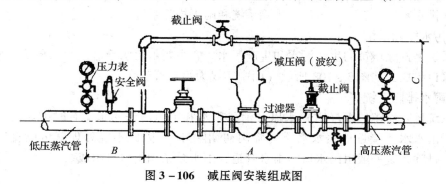

图 3－106　减压阀安装组成图

3.5　室外给水排水管网与建筑中水系统安装

3.5.1　室外给水管网的布置

管网在给水系统中占有十分重要的地位，干管送来的水，由配水管网送到各用水地区和街道。室外给水管网的布置形式分为枝状和环状两种。

1. 枝状管网

图 3-107（a）为枝状配水管网，其管线如树枝一样，向用水区伸展。它的优点是管线总长度较短，初期投资较省。但供水安全可靠性差，当某一段管线发生故障时，其后面管线供水就会中断。

2. 环状管网

环状管网如图 3-107（b）所示。因其管网布置纵横相互连通，形成环状，故称环状管网。它的优点是供水安全可靠。但管线总长度较枝状管网长，管网中阀门多，基建投资相应增加。

实际工程中，往往将枝状管网和环状管网结合起来进行布置，如图 5-1（c）所示。可根据具体情况，在主要给水区采用环状管网，在边远地区采用枝状管网。无论枝状管网还是环状管网，都应将管网中的主干管道布置在两侧用水量较大的地区，并以最短的距离向最大的用水户供水。

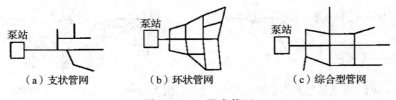

（a）支状管网　　　（b）环状管网　　　（c）综合型管网

图 3-107　配水管网

3.5.2　室外排水系统分类

室外排水工程是将建筑物内排出的生活污水、工业废水和雨水有组织地按一定的系统汇集起来，经处理符合排放标准后再排入水体，或灌溉农田，或回收再利用。

室外排水系统一般可分为污水排除系统和雨水排除系统。

1. 污水排除系统

该系统是排除城镇的生活污水和生产污水。它主要由污水管道、污水泵站、污水处理厂及出水口组成，如图 3-108 所示（图中实线为污水管道）。

2. 雨水排除系统

该系统排除城镇的雨（雪）水以及消防用水和街道清洗用水，有时工业废水也可并入。由于雨水水质接近地表水水质（降雨初期除外），因此不经处理就可以直接排入水体。雨水排除系统一般由雨水口、雨水管道、雨水泵站和出水口组成。

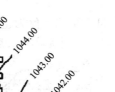
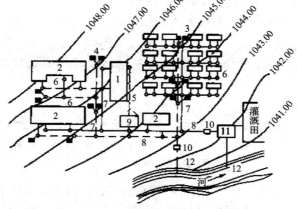

图 3 – 108　室外排水系统组成示意图

1—生产车间；2—学校、办公楼、商店；3—居住建筑；4—雨水口；5—生产污水管道；6—排水支管；
7—排水干管；8—排水主干管；9—局部污水处理设施；10—泵站；11—污水处理厂；12—出水口

3.5.3　给水管道安装

1. 铸铁管安装

（1）铸铁管断管。

1）铸铁管采用大锤和剁子进行断管。

2）断管量大时，可用手动油压钳铡管器铡断。该机油压系统的最高工作压力为60MPa，使用不同规格的刀框，即可用于直径为 100 ~ 300mm 的铸铁管切断。

3）对于直径 $\phi > 560$mm 的铸铁管，手工切断相当费力，根据有关资料介绍，用黄色炸药（TNT）爆炸断管比较理想，而且还可以用于切断钢筋混凝土管，断口较整齐，无纵向裂纹。

（2）承插铸铁管安装。

1）承插铸铁管安装之前，应对管材的外观进行检查，查看有无裂纹和毛刺等，不能使用不合格的管材。

2）插口装入承口前，应将承口内部和插口外部清理干净，用气焊烤掉承口内及承口外的沥青。若采用橡胶圈接口时，应先将橡胶圈套在管子的插口上，插口插入承口后调整好管子的中心位置。

3）铸铁管全部放稳后，先将接口间隙内填塞干净的麻绳等，防止泥土及杂物进入。

4）接口前应挖好操作坑。

5）如向口内填塞麻丝时，应将堵塞物拿掉，填麻的深度为承口总深的1/3。填麻应密实均匀，应保证接口环形间隙均匀。

6）打麻时，应先打油麻，后打干麻。应把每圈麻拧成麻辫，麻辫直径等于承插口环形间隙的1.5倍，长度为周长的1.3倍左右为宜。打锤要用力，凿凿相压，一直到铁锤打击时发出金属声为止。

采用胶圈接口时，填打胶圈应逐渐滚入承口内，防止出现"闷鼻"现象。

7）将配置好的石棉水泥填入口内（不能将拌好的石棉水泥用料超过半小时再打口），应分几次填入，每填一次应用力打实，应凿凿相压。第一遍贴里口打，第二遍贴外口打，第三遍朝中间打，打至呈油黑色为止，最后轻打找平，如图3－109所示。如果采用膨胀水泥接口时，也应分层填入，并捣实，最后捣实至表层面反浆，且比承口边缘凹进1~2mm为宜。

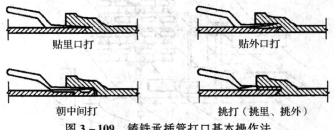

贴里口打　　　　　贴外口打

朝中间打　　　　　挑打（挑里、挑外）

图3－109　铸铁承插管打口基本操作法

8）接口完毕，应及时用湿泥或用湿草袋将接口处周围覆盖好，并用虚土埋好进行养护。天气炎热时，还应铺上湿麻袋等物进行保护，防止热胀冷缩损坏管口。在太阳暴晒时，应随时洒水养护。

2．钢筋混凝土管安装

1）钢筋混凝土管具有承受内压能力强和弹性差的性质，在搬运中易损坏（抗外压能力差）。

2）预应力钢筋混凝土管或自应力钢筋混凝土管的承插接口，除设计有特殊要求外，一般均采用橡胶圈，即承插式柔性接口。在土质或地下水对橡胶圈有腐蚀的地段，在回填土前，应用沥青胶泥、沥青麻丝或沥青锯末等材料封闭橡胶圈接口。

3）预应力钢筋混凝土管安装的方法及顺序。当地基处理好后，为了使胶圈达到预定的工作位置，必须要有产生推力和拉力的安装工具，通常采用拉杆千斤顶，即预先于横跨在已安装好的1~2节管子的管沟两侧安装一截横木，作为锚点，横木上拴一钢丝绳扣，钢丝绳扣套入一根钢筋拉杆，每根拉杆长度等于一节管长，安装一根管，加接一根拉杆，拉杆与拉杆间用S型扣连接。这样一个固定点，可以安装数十根管后再移动到新的横木固定点。然后用一根钢丝绳兜扣住千斤顶头连接到钢筋拉杆上。为了使两边钢丝绳在顶装过程中拉力保持平衡，中间应连接一个滑轮，如图3－110所示。

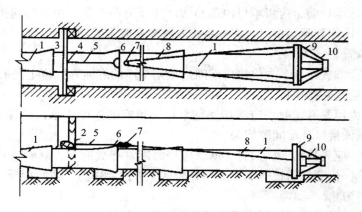

图3－110　拉杆千斤顶法安装钢筋混凝土管

1—承插式预应力钢筋混凝土管；2—方木；3—背圆木；4—钢丝绳扣；
5—钢筋拉杆；6—S型扣；7—滑轮；8—钢丝绳；9—方木；10—千斤顶

4）拉杆千斤顶法的安装程序及操作要求：

①套橡胶圈在清理干净管端承插口后，即可将胶圈从管端两侧同时由管下部向上套，套好后的胶圈应平直，不允许有扭曲现象。

②初步对口。利用斜挂在跨沟架子横杆上的倒链（链式起重机）把承口吊起，并使管段慢慢移到承口，然后用撬棍进行调整，若管位很低时，用倒链把管提起，下面填砂捣实；若管高时，沿管轴线左右晃动管子，使管下沉。为了使插口和胶圈能够均匀顺利地进入承口，达到预定位置，初步对口后，承插口间的承插间隙和距离应均匀一致。否则，橡胶圈受压不均，进入速度不一致，将造成橡胶圈扭曲而大幅度的回弹。

③顶装初步对口正确后，即可装上千斤顶进行顶装。顶装过程中，要随时沿管四周观察橡胶圈和插口进入情况。当管下部进入较少时，可用倒链把承口端稍稍抬起；当管左部进入较少或较慢时，可用撬棍在承口右侧将管向左侧拨动。进行矫正时则应停止顶进。

④找正找平。把管子顶到设计位置时，经找正找平后才可松放千斤顶。相邻两管的高度偏差不超过 ±2cm。中心线左右偏差一般在 3cm 以内。

5）利用钢筋混凝土套管连接。套管连接程序及砂浆配合比操作要求如下：

①填充砂浆配合比。水泥: 砂 = 1:1 ～ 1:2，加水 14% ～ 17%。

②接口步骤。先把管的一端插入套管，插入深度为套管长的一半，使管和套管之间的间隙均匀，再用砂浆充填密实，这就是上套管，做成承口。上套管做好后，放置两天左右再运到现场，把另一管插入这个承口内，再用砂浆填实，凝固后连接即告完毕。

6）直线铺管要求预应力钢筋混凝土管沿直线铺设时，其对口间隙应符合表 3 - 40 的规定。

表 3 - 40　预应力钢筋混凝土管对口间隙 （mm）

接口形式	管　径	沿直线铺设时间隙
柔性接口	300 ～ 900	15 ～ 20
	1000 ～ 1400	20 ～ 25
刚性接口	300 ～ 900	6 ～ 8
	1000 ～ 1400	8 ～ 10

3. 镀锌钢管安装

1）镀锌钢管安装要全部采用镀锌配件变径和变向，不能用加热的方法制成管件，加热会使镀锌层破坏而影响防腐能力。也不能以黑铁管零件代替。

2）铸铁管承口与镀锌钢管连接时，镀锌钢管插入的一端要翻边防止水压试验或运行时脱出，另一端要将螺纹套好。简单的翻边方法可将管端等分锯几个口，用钳子逐个将它翻成相同的角度即可。

3）管道接口法兰应安装在检查井和地区内，不得埋在土壤中，若必须将法兰埋在土壤中，应采取防腐蚀措施。

给水检查井内的管道安装，如设计无要求，井壁距法兰或承口的距离如下：

管径 $DN ≤ 450mm$，应不小于 250mm。

管径 $DN > 450mm$，应不小于 350mm。

3.5.4 建筑中水系统管道及辅助设备安装

1. 中水原水集流系统安装

（1）室内合流制集水系统。室内合流制集水系统也就是将生活污水和生活废水用一套排水管道排出的系统，即通常的排水系统。其支管、立管均同室内排水设计。集流干管可以根据处理间设置位置及处理流程的高程要求设计为室外集流干管或室内集流干管。室外集流干管，即通过室外检查井将其污水汇流起来，再进入污水处理站（间），这种集流形式，污水的标高降低较多，只能建地下式集水池或进行提升。相反，室内集流管则可以充分利用排水的水头，尽可能地提高污水的流出标高，但室内集流干管要选择合适位置及设置必要的水平清通口。在进入处理间前，应设超越管以便出现事故时，可直接排放。

其他设计要求及管道计算同室内排水设计。

（2）室内分流制集水系统。采用室内分流制集水系统，可以得到水质较好的中水原水。分流出来的废水一般不包括厨房的油污排水和粪便污水，有机污染较轻，BOD_5、COD 均小于 200mg/L，优质杂排水可小于 100mg/L，这样可以简化处理流程，降低处理设施造价。但需要增设一套分流管道，增加管道费用，给设计也带来一些麻烦。

分流管道的设置与卫生间的位置、卫生器具的布置有关，在不影响使用功能的前提下，应符合下列规定：

1）适于设置分流管道的建筑有：

①有洗浴设备且和厕所分开布置的住宅。

②有集中盥洗设备的办公楼、教学楼、招待所、旅馆，集体宿舍。

③洗衣房、公共浴室。

④大型宾馆、饭店。

以上建筑自然形成立管分流，只要把排放洗浴、洗涤废水的立管集中起来，即形成分流管系。

2）便器与洗浴设备最好分设或分侧布置以便用单独支管、立管排出。

3）多层建筑洗浴设备宜上下对应布置以便于接入单独立管。

4）高层公共建筑的排水宜采用污水、废水、通气三管组合管系。

5）明装污废水立管宜不同墙角布设以利美观、污废水支管不宜交叉以免横支管标高降低过大。

2. 中水处理站施工

（1）中水处理站的设置。

1）中水处理站应设置在所收集污水的建筑物的建筑群与中水回用地点便于连接之处，并符合建筑总体规划要求。如为单栋建筑物的中水工程可以设置在地下室或附近。

2）建筑群的中水工程处理站应靠近主要集水和用水点，并应注意建筑隐蔽、隔离和环境美化。有单独的进、出口和道路，便于进、出设备及排除污物。

3）中水处理站的面积按处理工艺需要确定，并预留发展位置。

4）处理站除有设置处理设备的房间外，还应有化验室、值班室、贮藏室、维修间及必要的生活设施等附属房间。

5）处理间应考虑处理设备的运输、安装和维修要求。设备之间的间距不应小于0.6m，主要通道不小于1.0m，顶部有人孔的建筑物及设备距顶板不小于0.6m。

6）处理工艺中采用的消毒剂、化学药剂等可能产生直接及二次污染，必须妥善处理，采取必要的安全防护措施。

7）处理间必须设有必要的通风换气设施及保障处理工艺要求的供暖、照明及给水排水设施。

8）中水处理站如在主体建筑内，应和主体建筑同时设计、同时施工、同时投入使用。

9）必须具备处理站所产生的污染、废渣及有害废水及废物的处理设施，不允许随意堆放，污染环境。

（2）中水处理站隔声降噪。中水处理站设置在建筑内部地下室时，必须与主体建筑及相邻房间严密隔开并做建筑隔音处理以防空气传声，所有转动设备其基座均应采取减振处理。用橡胶垫、弹簧或软木基础隔开所有连接振动设备的管道均应做减振接头和吊架以防固体传声。

（3）中水处理站防臭技术措施。中水处理中散出的臭气，必须妥善处理以防对环境造成危害。

1）尽量选择产生臭气较少的工艺以及处理设备封闭性较好的设备，或对产生臭气的设备加盖加罩使其尽少的逸散出来。

2）对不可避免散出的臭气及集中排出的臭气应采取防臭措施。常用的臭味处置方法有：

①防臭法。对产生臭气的设备加盖、加罩防止散发或收集处理。

②稀释法。把收集的臭气高空排放，在大气中稀释。设计时要注意对周围环境的影响。

③燃烧法。将废气在高温下燃烧除掉臭味。

④化学法。采用水洗、碱洗及氧气、氧化剂氧化除臭。

⑤吸附法。一般采用活性炭过滤吸附除臭。

⑥土壤除臭法。土壤除臭法的土层应采用松散透气性好的耕土，层厚为500mm，向上通气流速为5mm/s，上面可植草皮。其方法如下：

a. 直接覆土，在产生臭气的构筑物上面直接覆土。其结构为支承网、砾石，透气好的土壤。土壤上部植草绿化。

b. 土壤除臭装置，用风机将臭气送至土壤除臭装置。土壤除臭装置结构见图 3-111。

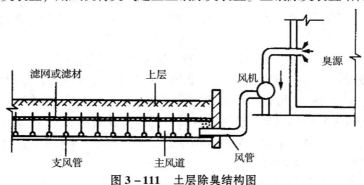

图 3-111 土层除臭结构图

3. 中水管道敷设要求

1）中水管道系统分为中水原水集水系统和中水供水系统。

中水原水集水系统即为建筑室内排水系统，由支管、立管、排出管流至室外集流干管，再进入污水处理站。这一原水集水系统管道铺设要求、方法和建筑排水管道系统安装相同。

中水供水系统与室内给水供水系统相似。但因为中水含有余氯和多种盐类，具有腐蚀性，宜选用复合管、塑料管和玻璃钢管。

2）中水管道、设备及受水器具应按规定着色，以免误饮、误用。

3）管道和设备若不能用耐腐蚀材料，应做好防腐处理，使其表面光滑，易于清洗。

4）中水供水管道不得装设取水龙头。便器冲洗宜采用密闭型设备和器具。绿化、汽车冲洗、浇洒宜采用壁式或地下式的给水栓。

5）中水管道不宜暗装于墙体和楼板内。如必须暗装于墙体内时，必须在管道上有明显且不会脱落的标志。

6）中水管道与生活饮用水管道、排水管道平行埋设时，其水平净距离不得小于0.5m；交叉埋设时，中水管道应位于生活饮用水管道下面，排水管道的上面，其净距离不小于0.15m。

7）中水供水管道严禁与生活饮用水给水管道连接，并应采取下列措施：

①中水管道外壁应涂浅绿色标志。

②中水池（箱）、阀门、水表及给水栓均应有"中水"标志。

8）中水高位水箱宜与生活高位水箱分开设在不同的房间内，如条件不允许只能设在同一房间内，两者净距离应大于2m。

4. 中水原水用聚氯乙烯管道安装

（1）预制加工　根据管道设计图纸结合现场实际，测量预留口尺寸，绘制加工草图，注明尺寸。然后选择管材和管件，进行配管和预制管段。预制管段应注意以下事项：

1）塑料管切割宜使用细齿锯，切割断面垂直于管轴线。切割后清除掉毛刺，外口铣出15°角。

2）承插口粘合面，用棉布擦去尘土、油污、水渍或潮湿，以免影响粘结质量。

3）粘结前应对承插口试插，并在插口上标出插入深度。

4）涂抹粘结剂时，先涂抹承口后涂抹插口，随后用力沿管轴线插入。操作时可将插口端稍作转动，以利粘结剂分布均匀，粘结时间需30~60s。粘牢后立即将溢出的粘结剂擦掉。

5）若多口粘结时，应注意预留口的方向，避免甩口方向留错。

（2）干管安装。首先根据设计图纸要求的坐标标高，预留槽洞或预埋套管。埋入地下时，按设计坐标、标高、坡向、坡度开挖槽沟并夯实。采用托、吊管安装时，应按设计坐标、标高、坡向做好托、吊架。施工条件具备时，将预制加工好的管段，按编号运至安装部位进行安装。各管段粘结时，必须按粘结工艺依次进行。全部粘结后，管道要直，坡度要均匀，各预留口位置要准确。

（3）立管安装。首先按设计坐标要求，将洞口预留或后剔，洞口尺寸不得过大，更不可损伤受力钢筋。安装前清理场地，根据需要支搭操作平台。将已预制好的立管运到安装部位。首先清理已预留的伸缩节，将锁母拧下，取出 U 形橡胶圈，清理杂物。复查上层洞口是否合适。立管插入端应先划好插入长度标记，然后涂上肥皂液，套上锁母及 U 形橡胶圈。安装时先将立管上端伸入上一层洞口内，垂直用力插入至标记为止（一般预留胀缩量为 20～30mm）。合适后即用自制 U 形钢制抱卡紧固于伸缩节上沿。然后找正找直，并测量顶板距三通口中心是否符合要求。无误后即可堵洞，并将上层预留伸缩节封严。

（4）支管安装。首先剔出吊卡孔洞或复查预埋件是否合适。清理场地，按需要支搭操作平台。将预制好的支管按编号运至场地。清除各粘结部位的污物及水分。将支管水平初步吊起，清除粘结部位的污物及水分。将支管水平初步吊起，涂抹粘结剂，用力推入预留管口。根据管段长度调整好坡度。合适后固定卡架，封闭各预留管口和堵洞。

（5）闭水试验。排水管道安装后，按规定要求必须进行闭水试验。凡属暗装管道必须按分项工序进行。卫生器具及设备安装后，必须进行通水试验。且应在油漆粉刷最后一道工序前进行。

5．中水供水管道及附件安装

（1）作业条件。

1）施工图纸及其有关技术文件齐全并已经图纸会审。

2）施工方案已经批准，必要的技术培训、技术交底、安全交底已进行完毕。

3）配合土建施工进度做好预留孔洞和预埋件工作。

4）材料、设备已经检验合格、齐备，并已到达现场。

5）施工组织、劳动力配备已经落实，灵活选择依次施工、流水作业、交叉作业等组织形式进行。

（2）管道及配件安装。

1）供水塑料管和复合管可以采用粘结接口、橡胶圈接口、热熔连接、专用管件连接、螺纹连接等形式。塑料管和复合管与金属管件、阀门等的连接应使用专用管件连接，不得在塑料管上套丝。

2）采用镀锌钢管，管径小于或等于 100mm 时，应采用螺纹连接，被破坏的镀锌层表面及外露螺纹部位应做防腐处理；管径大于 100mm 时，应采用法兰或卡套式专用管件连接，镀锌钢管与法兰的焊接处应二次镀锌。

3）给水铸铁管应采用油麻石棉水泥或橡胶圈接口。

4）PVC－U 管材连接方法规定：

①管道连接有弹性密封承插式柔性接头、插入式熔剂粘结接头和法兰接头三种形式。

②承插式橡胶圈接口适用于公称外径 d_n 不小于 63mm 的管材。

③溶剂式粘结接口适用于公称外径 d_n 为 20～200mm 的管道。在施工现场制作溶剂粘结接头时，d_n 不宜大于 90mm。

④法兰连接一般适用于与不同材质的金属管或阀件等处过渡性连接。

⑤管道敷设需要切断时，切割面要平直。插入式接头的插口端削出 15°倒角，倒角坡口端厚度不小于壁厚的 1/3～1/2。完成后清除干净，不留毛刺。

5）管道粘结连接要点：

①检查管材、管件质量。粘结前将插口外侧和承口内侧擦拭干净。

②采用承插口管时，粘结前应试插一次，使插入深度及松紧度符合要求，合格后，在插口端表面画出插入深度标志线。

③涂刷粘结剂时，应先涂承口内侧，后涂插口外侧。涂刷承口时应从承口内向外涂刷均匀、适量，不得漏刷或过量。

④应及时找正方向、对准轴线，将插口端插入承口内，用力推挤至所画标志线。插入后可将管稍加旋转。保持施加外力在 60s 时间内不变，并调整好接口的直度和位置符合要求。

⑤插接后，及时将接口外部挤出的粘结剂清除干净。在静止固化时间内接口不得受力。

⑥粘结接口不得在水中或雨中操作，也不宜在低于 5℃ 条件下粘结。粘结剂与被粘接管材的环境温度宜基本相同。不得用电炉或明火等方法加热粘结剂。

6）承插式胶圈接口连接要点：

①检查管材、管件及橡胶圈质量。清理承口内侧和插口外侧，并将橡胶圈安装在承口凹槽内，不得装反。

②管端插入长度应留有温差产生的伸量，其值参见该管材使用说明书的规定。

③插入深度确定后，在插口端画出一圈标线，然后将插口对准承口沿轴线用力一次插入，直至标线均匀外露在承口端部。

④管径较大时，应采用手动葫芦或专用拉力工具施力，不得使用土方施工机械推、顶方法插入。

⑤插入阻力过大时，应拔出检查胶圈是否安装有误，不得强行插入。

⑥采用润滑剂时，必须采用管材生产厂家提供的合格产品。

⑦涂刷润滑剂时，只涂在承口内的橡胶圈上和插口外表面，不得涂在承口内。

7）PVC - U 管过渡连接：过渡连接用于管道两端不同材质的管材或阀件等附件和配件的连接。过渡管件连接应符合下列规定：

①阀门或钢管等为法兰接头时，过渡件与被连接端必须采用相应规格的法兰接头。

②连接不同材质的管材为承插式接口时，过渡件与被连接端必须采用相应规格的承插式接头。

③若用于不同材质的管材为平口端时，宜采用套筒式接头连接。

④过渡管件的连接操作方法和给水金属管道连接方法相同。

4 通风与空调安装工程

4.1 金属风管与配件制作

4.1.1 金属风管制作

1）金属风管制作应按下列工序如图4-1进行。

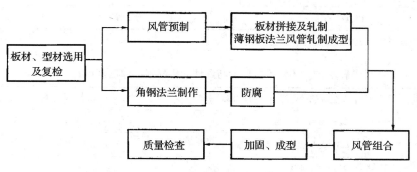

图4-1 金属风管制作工序

2）选用板材或型材时，应根据施工图及相关技术文件的要求，对选用的材料进行复检，并应符合表4-1~表4-4的规定。

表4-1 钢板矩形风管与配件的板材最小厚度（mm）

风管长边尺寸 b	低压系统（$P \leqslant 500\text{Pa}$） 中压系统（$500\text{Pa} < P \leqslant 1500\text{Pa}$）	高压系统（$P > 1500\text{Pa}$）
$b \leqslant 320$	0.5	0.75
$320 < b \leqslant 450$	0.6	0.75
$450 < b \leqslant 630$	0.6	0.75
$630 < b \leqslant 1000$	0.75	1.0
$1000 < b \leqslant 1250$	1.0	1.0
$1250 < b \leqslant 2000$	1.0	1.2
$2000 < b \leqslant 4000$	1.2	按设计

表 4 - 2　钢板圆形风管与配件的板材最小厚度（mm）

风管直径 D	低压系统 （P≤500Pa）		中压系统 （500Pa＜P≤1500Pa）		高压系统 （P＞1500Pa）	
	螺旋咬口	纵向咬口	螺旋咬口	纵向咬口	螺旋咬口	纵向咬口
D≤320	0.50		0.50		0.50	
320＜D≤450	0.50	0.60	0.50	0.7	0.60	0.7
450＜D≤1000	0.60	0.75	0.60	0.7	0.60	0.7
1000＜D≤1250	0.7（0.8）	1.00	1.00	1.00	1.00	
1250＜D≤2000	1.00	1.20	1.20		1.20	
＞2000	1.20	按设计				

注：对于椭圆风管，表中风管直径是指最大直径。

表 4 - 3　不锈钢板风管与配件的板材最小厚度（mm）

矩形风管长边尺寸 b 或圆形风管直径 D	板材最小厚度
100＜b（D）≤500	0.5
560＜b（D）≤1120	0.75
1250＜b（D）≤2000	1.0
2500＜b（D）≤4000	1.2

表 4 - 4　铝板风管与配件的板材最小厚度（mm）

矩形风管长边尺寸 b 或圆形风管直径 D	板材最小厚度
100＜b（D）≤320	1.0
360＜b（D）≤630	1.5
700＜b（D）≤2000	2.0
2500＜b（D）≤4000	2.5

3）板材的画线与剪切应符合下列规定：

①手工画线、剪切或机械化制作前，应对使用的材料（板材、卷材）进行线位校核。

②应根据施工图及风管大样图的形状和规格，分别进行画线。

③板材轧制咬口前，应采用切角机或剪刀进行切角。

④采用自动或半自动风管生产线加工时，应按照相应的加工设备技术文件执行。

⑤采用角钢法兰铆接连接的风管管端应预留 6~9mm 的翻边量，采用薄钢板法兰连接或 C 形、S 形插条连接的风管管端应留出机械加工成型量。

4）风管板材拼接及接缝应符合下列规定：

①风管板材的拼接方法可按表 4 - 5 确定。

表 4-5 风管板材的拼接方法

板厚（mm）	镀锌钢板 （有保护层的钢板）	普通钢板	不锈钢板	铝板
δ≤1.0	咬口连接	咬口连接	咬口连接	咬口连接
1.0<δ≤1.2				
1.2<δ≤1.5	咬口连接或铆接	电焊	氩弧焊或电焊	铆接
δ>1.5	焊接			气焊或氩弧焊

②风管板材拼接的咬口缝应错开，不应形成十字形交叉缝。

③洁净空调系统风管不应采用横向拼缝。

5）风管板材拼接采用铆接连接时，应根据风管板材的材质选择铆钉。

6）风管板材采用咬口连接时，应符合下列规定：

①矩形、圆形风管板材咬口连接形式及适用范围应符合表 4-6 的规定。

表 4-6 风管板材咬口连接形式及适用范围

名　　称	连接形式		适　用　范　围
单咬口		内平咬口  	低、中、高压系统
		外平咬口  	低、中、高压系统
联合角咬口	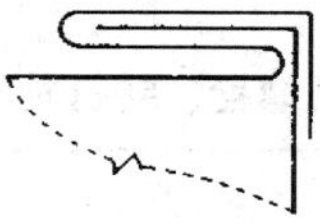		低、中、高压系统矩形风管或配件四角咬口连接
转角咬口	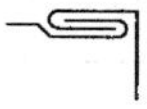		低、中、高压系统矩形风管或配件四角咬口连接
按扣式咬口	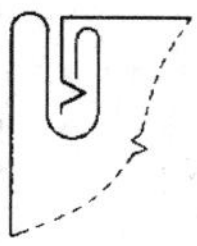		低、中压系统的矩形风管或配件四角咬口连接
立咬口、包边立咬口			圆、矩形风管横向连接或纵向接缝，弯管横向连接

②画线核查无误并剪切完成的片料应采用咬口机轧制或手工敲制成需要的咬口形状。折方或卷圆后的板料用合口机或手工进行合缝，端面应平齐。操作时，用力应均匀，不宜过重。板材咬合缝应紧密，宽度一致，折角应平直，并应符合表 4-7 的规定。

表 4-7　咬口宽度表（mm）

板厚 δ	平咬口宽度	角咬口宽度
$\delta \leqslant 0.7$	6~8	6~7
$0.7 < \delta \leqslant 0.85$	8~10	7~8
$0.85 < \delta \leqslant 1.2$	10~12	9~10

③空气洁净度等级为 1~5 级的洁净风管不应采用按扣式咬口连接，铆接时不应采用抽心铆钉。

7）风管焊接连接应符合下列规定：

①板厚大于 1.5mm 的风管可采用电焊、氩弧焊等。

②焊接前，应采用点焊的方式将需要焊接的风管板材进行成型固定。

③焊接时宜采用间断跨越焊形式，间距宜为 100~150mm，焊缝长度宜为 30~50mm，依次循环。焊材应与母材相匹配，焊缝应满焊、均匀。焊接完成后，应对焊缝除渣、防腐，板材校平。

8）风管法兰制作应符合下列规定：

①矩形风管法兰宜采用风管长边加长两倍角钢立面、短边不变的形式进行下料制作。角钢规格，螺栓、铆钉规格及间距应符合表 4-8 的规定。

表 4-8　金属矩形风管角钢法兰及螺栓、铆钉规格（mm）

风管长边尺寸 b	角钢规格	螺栓规格（孔）	铆钉规格（孔）	螺栓及铆钉间距	
				低、中压系统	高压系统
$b \leqslant 630$	∟25×3	M6 或 M8	$\phi 4$ 或 $\phi 4.5$		
$630 < b \leqslant 1500$	∟30×3	M8 或 M10		≤150	≤100
$1500 < b \leqslant 2500$	∟40×4	M8 或 M10	$\phi 5$ 或 $\phi 5.5$		
$2500 < b \leqslant 4000$	∟50×5	M8 或 M10			

②圆形风管法兰可选用扁钢或角钢，采用机械卷圆与手工调整的方式制作。法兰型材与螺栓规格及间距应符合表 4-9 的规定。

表 4 – 9　金属圆形风管法兰型材与螺栓规格及间距（mm）

风管直径 D	法兰型材规格		螺栓规格/孔	螺栓间距	
	扁钢	角钢		中、低压系统	高压系统
D≤140	– 20 ×4	—	M6 或 M8	100 ~ 150	80 ~ 100
140 < D≤280	– 25 ×4	—			
280 < D≤630	—	∟ 25 ×3			
630 < D≤1250	—	∟ 30 ×4	M8 或 M10		
1250 < D≤2000	—	∟ 40 ×4			

③法兰的焊缝应熔合良好、饱满，无夹渣和孔洞；矩形法兰四角处应设螺栓孔，孔心应位于中心线上。同一批量加工的相同规格法兰，其螺栓孔排列方式、间距应统一，且应具有互换性。

9）风管与法兰组合成型应符合下列规定：

①圆风管与扁钢法兰连接时，应采用直接翻边，预留翻边量不应小于6mm，且不应影响螺栓紧固。

②板厚小于或等于1.2mm 的风管与角钢法兰连接时，应采用翻边铆接。风管的翻边应紧贴法兰，翻边量均匀、宽度应一致，不应小于6mm，且不应大于9mm。铆接应牢固，铆钉间距宜为100 ~120mm，且数量不宜少于4 个。

③板厚大于1.2mm 的风管与角钢法兰连接时，可采用间断焊或连续焊。管壁与法兰内侧应紧贴，风管端面不应凸出法兰接口平面，间断焊的焊缝长度宜为30 ~50mm，间距不应大于50mm。点焊时，法兰与管壁外表面贴合；满焊时，法兰应伸出风管管口4 ~ 5mm。焊接完成后，应对施焊处进行相应的防腐处理。

④不锈钢风管与法兰铆接时，应采用不锈钢铆钉；法兰及连接螺栓为碳素钢时，其表面应采用镀铬或镀锌等防腐措施。

⑤铝板风管与法兰连接时，宜采用铝铆钉；法兰为碳素钢时，其表面应按设计要求作防腐处理。

10）薄钢板法兰风管制作应符合下列规定：

①薄钢板法兰应采用机械加工；薄钢板法兰应平直，机械应力造成的弯曲度不应大于5‰。

②薄钢板法兰与风管连接时，宜采用冲压连接或铆接。低、中压风管与法兰的铆（压）接点间距宜为120 ~ 150mm；高压风管与法兰的铆（压）接点间距宜为80 ~ 100mm。

③薄钢板法兰弹簧夹的材质应与风管板材相同，形状和规格应与薄钢板法兰相匹配，厚度不应小于1.0mm，长度宜为130 ~150mm。

11）成型的矩形风管薄钢板法兰应符合下列规定：

①薄钢板法兰风管连接端面接口处应平整，接口四角处应有固定角件，其材质为镀锌

钢板，板厚不应小于1.0mm。固定角件与法兰连接处应采用密封胶进行密封。

②薄钢板法兰风管端面形式及适用风管长边尺寸应符合表4-10的规定。

表4-10　薄钢板法兰风管端面形式及适用风管长边尺寸（mm）

法兰端面形式		适用风管长边尺寸 b	风管法兰高度	角件板厚
普通型		$b \le 2000$ （长边尺寸大于1500时，法兰处应补强）	25 ~ 40	≥1.0
		$b \le 630$		
增强型	整体	$630 < b \le 2000$		
	组合式	$2000 < b \le 2500$		

③薄钢板法兰可采用铆接或本体压接进行固定。中压系统风管铆接或压接间距宜为120~150mm；高压系统风管铆接或压接间距宜为80~100mm。低压系统风管长边尺寸大于1500mm、中压系统风管长边尺寸大于1350mm时，可采用顶丝卡连接。顶丝卡宽度宜为25~30mm，厚度不应小于3mm，顶丝宜为M8镀锌螺钉。

12）矩形风管C形、S形插条制作和连接应符合下列规定：

①C形、S形插条应采用专业机械轧制（图4-2）。C形、S形插条与风管插口的宽度应匹配，C形插条的两端延长量宜大于或等于20mm。

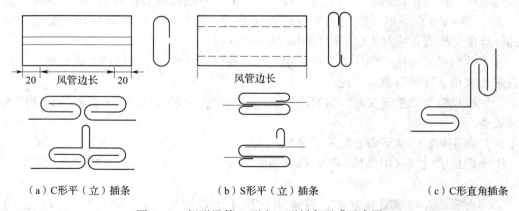

（a）C形平（立）插条　　　　（b）S形平（立）插条　　　　（c）C形直角插条

图4-2　矩形风管C形和S形插条形式示意图

②采用C形平插条、S形平插条连接的风管边长不应大于630mm。S形平插条单独使用时，在连接处应有固定措施。C形直角插条可用于支管与主干管连接。

③采用C形立插条、S形立插条连接的风管边长不宜大于1250mm。S形立插条与风管壁连接处应采用小于150mm的间距铆接。

④插条与风管插口连接处应平整、严密。水平插条长度与风管宽度应一致．垂直插条

的两端各延长不应少于20mm，插接完成后应折角。

⑤铝板矩形风管不宜采用C形、S形平插条连接。

13）矩形风管采用立咬口或包边立咬口连接时，其立筋的高度应大于或等于角钢法兰的高度，同一规格风管的立咬口或包边立咬口的高度应一致，咬口采用铆钉紧固时，其间距不应大于150mm。

14）圆形风管连接形式及适用范围应符合表4-11的规定。风管采用心管连接时，心管板厚度应大于或等于风管壁厚度，心管外径与风管内径偏差应小于3mm。

表4-11　圆形风管连接形式及适用范围

连 接 形 式		附件规格（mm）	接口要求	适用范围
角钢法兰连接		按表4-9规定	法兰与风管连接采用铆接或焊接	低、中、高压风管
承插连接	普通	—	插入深度大于或等于30mm，有密封措施	低压风管直径小于700mm
	角钢加固	∟25×3 ∟30×4	插入深度大于或等于20mm，有密封措施	低、中压风管
	加强筋	—	插入深度大于或等于20mm，有密封措施	低、中压风管
心管连接		心管板厚度大于或等于风管壁厚度	插入深度每侧大于或等于50mm，有密封措施	低、中压风管
立筋抱箍连接		抱箍板厚度大于或等于风管壁厚度	风管翻边与抱箍结合严密、紧固	低、中压风管
抱箍连接		抱箍板厚度大于或等于风管壁厚度，抱箍宽度大于或等于100mm	管口对正，抱箍应居中	低、中压风管

15）风管加固应符合下列规定：

①风管可采用管内或管外加固件、管壁压制加强筋等形式进行加固（图4-3）。矩形风管加固件宜采用角钢、轻钢型材或钢板折叠；圆形风管加固件宜采用角钢。

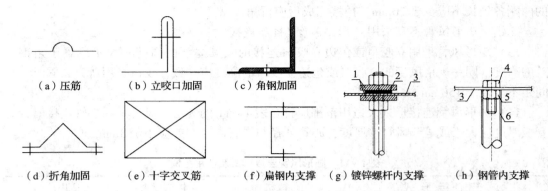

（a）压筋　　　（b）立咬口加固　　　（c）角钢加固

（d）折角加固　　（e）十字交叉筋　　　（f）扁钢内支撑　　（g）镀锌螺杆内支撑　　（h）钢管内支撑

图 4-3　风管加固形式示意图

1—镀锌加固垫圈；2—密封圈；3—风管壁面；

4—螺栓；5—螺母；6—焊接或铆接（φ10×1～φ16×3）

②矩形风管边长大于或等于 630mm、保温风管边长大于或等于 800mm，其管段长度大于 1250mm 或低压风管单边面积大于 1.2m²，中、高压风管单边面积大于 1.0m² 时，均应采取加固措施。边长小于或等于 800mm 的风管宜采用压筋加固。边长在 400～630mm 之间，长度小于 1000mm 的风管也可采用压制十字交叉筋的方式加固。

③圆形风管（不包括螺旋风管）直径大于或等于 800mm，且其管段长度大于 1250mm 或总表面积大于 4m² 时，均应采取加固措施。

④中、高压风管的管段长度大于 1250mm 时，应采用加固框的形式加固。高压系统风管的单咬口缝应有防止咬口缝胀裂的加固措施。

⑤洁净空调系统的风管不应采用内加固措施或加固筋，风管内部的加固点或法兰铆接点周围应采用密封胶进行密封。

⑥风管加固应排列整齐，间隔应均匀对称，与风管的连接应牢固，铆接间距不应大于 220mm。风管压筋加固间距不应大于 300mm，靠近法兰端面的压筋与法兰间距不应大于 200mm；风管管壁压筋的凸出部分应在风管外表面。

⑦风管采用镀锌螺杆内支撑时，镀锌加固垫圈应置于管壁内外两侧。正压时密封圈置于风管外侧，负压时密封圈置于风管内侧，风管四个壁面均加固时，两根支撑杆交叉成十字状。采用钢管内支撑时，可在钢管两端设置内螺母。

⑧铝板矩形风管采用碳素钢材料进行内、外加固时，应按设计要求作防腐处理；采用铝材进行内、外加固时，其选用材料的规格及加固间距应进行校核计算。

4.1.2　配件制作

1）风管的弯头、三通、四通、变径管、异形管、导流叶片、三通拉杆阀等主要配件所用材料的厚度及制作要求应符合《通风与空调工程施工规范》GB 50738—2011 中同材质风管制作的有关规定。

2）矩形风管的弯头可采用直角、弧形或内斜线形，宜采用内外同心弧形，曲率半径宜为一个平面边长。

3）矩形风管弯头的导流叶片设置应符合下列规定：

①边长大于或等于500mm，且内弧半径与弯头端口边长比小于或等于0.25时，应设置导流叶片，导流叶片宜采用单片式、月牙式两种类型（图4-4）。

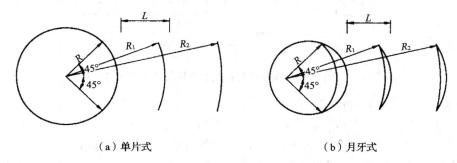

（a）单片式　　　　　　　　　　　（b）月牙式

图4-4　风管导流叶片形式示意图

②导流叶片内弧应与弯管同心，导流叶片应与风管内弧等弦长。

③导流叶片间距L可采用等距或渐变设置的方式，最小叶片间距不宜小于200mm，导流叶片的数量可采用平面边长除以500的倍数来确定，最多不宜超过4片。导流叶片应与风管固定牢固，固定方式可采用螺栓或铆钉。

4）圆形风管弯头的弯曲半径（以中心线计）及最少分段数应符合表4-12的规定。

表4-12　圆形风管弯头的弯曲半径和最少分段数

风管直径 D（mm）	弯曲半径 R（mm）	弯曲角度和最少节数							
		90°		60°		45°		30°	
		中节	端节	中节	端节	中节	端节	中节	端节
$80 < D \leqslant 220$	$\geqslant 1.5D$	2	2	1	2	1	2	—	2
$240 < D \leqslant 450$	$D \sim 1.5D$	3	2	2	2	1	2	—	2
$480 < D \leqslant 800$	$D \sim 1.5D$	4	2	2	2	1	2	1	2
$850 < D \leqslant 1400$	D	5	2	3	2	2	2	1	2
$1500 < D \leqslant 2000$	D	8	2	4	2	3	2	2	2

5）变径管单面变径的夹角宜小于30°，双面变径的夹角宜小于60°。圆形风管三通、四通、支管与总管夹角宜为15°～60°。

4.2　非金属与复合风管及配件制作

4.2.1　聚氨酯铝箔与酚醛铝箔复合风管及配件制作

1）聚氨酯铝箔与酚醛铝箔复合风管及配件制作应按下列工序（图4-5）进行。

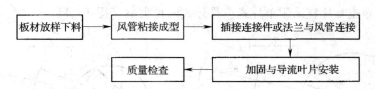

图 4 – 5　聚氨酯铝箔与酚醛铝箔复合风管及配件制作工序

2）板材放样下料应符合下列规定：

①放样与下料应在平整、洁净的工作台上进行，并不应破坏覆面层。

②风管长边尺寸小于或等于 1160mm 时，风管宜按板材长度做成每节 4m。

③矩形风管的板材放样下料展开宜采用一片法、U 形法、L 形法、四片法（图 4 –6）。

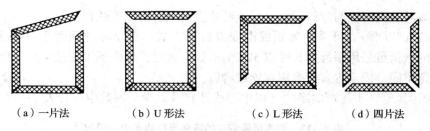

（a）一片法　　　　（b）U 形法　　　　（c）L 形法　　　　（d）四片法

图 4 –6　矩形风管 45°角组合方式示意图

④矩形弯头宜采用内外同心弧型。先在板材上放出侧样板，弯头的曲率半径不应小于一个平面边长，圆弧应均匀。按侧样板弯曲边测量长度，放内外弧板长方形样。弯头的圆弧面宜采用机械压弯成型制作，其内弧半径小于 150mm 时，轧压间距宜为 20 ~35mm；内弧半径为 150 ~300mm 时，轧压间距宜为 35 ~50mm；内弧半径大于 300mm 时，轧压间距宜为 50 ~70mm。轧压深度不宜超过 5mm。

⑤制作矩形变径管时，先在板材上放出侧样板，再测量侧样板变径边长度，按测量长度对上下板放样。

⑥板材切割应平直，板材切断成单块风管板后，进行编号。

⑦风管长边尺寸小于或等于 1600mm 时，风管板材拼接可切 45°角直接粘接，粘接后在接缝处两侧粘贴铝箔胶带；风管长边尺寸大于 1600mm 时，板材需采用 H 形 PVC 或铝合金加固条拼接（图 4 –7）。

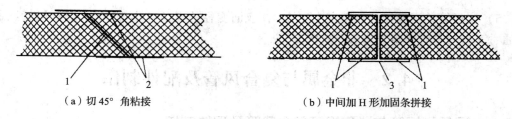

（a）切 45°角粘接　　　　　　　（b）中间加 H 形加固条拼接

图 4 –7　风管板材拼接方式示意图

1—胶粘剂；2—铝箔胶带；3—H 形 PVC 或铝合金加固条

3）风管粘接成型应符合下列规定：

①风管粘合成型前需预组合，检查接缝准确、角线平直后，再涂胶粘剂。

②粘接时，切口处应均匀涂满胶粘剂，接缝应平整，不应有歪扭、错位、局部开裂等缺陷。管段成型后，风管内角缝应采用密封材料封堵；外角缝铝箔断开处应采用铝箔胶带封贴，封贴宽度每边不应小于20mm。

③粘接成型后的风管端面应平整，平面度和对角线偏差应符合表4-13的规定。风管垂直摆放至定型后再移动。

表4-13 非金属与复合风管及法兰制作的允许偏差 （mm）

风管长边尺寸 b 或直径 D	允 许 偏 差				
	边长或 直径偏差	矩形风管 表面平面度	矩形风管端口 对角线之差	法兰或端口 端面平面度	圆形法兰任意 正交两直径
b (D) ≤320	±2	3	3	2	3
320 < b (D) ≤2000	±3	5	4	4	5

4）插接连接件或法兰与风管连接应符合下列规定：

①插接连接件或法兰应根据风管采用的连接方式，按表4-14中关于附件材料的规定选用。

表4-14 非金属与复合风管连接形式及适用范围

非金属与复合风管连接形式		附件材料	适用范围
45°粘接	![45°粘接示意图] 45°	铝箔胶带	酚醛铝箔复合风管、聚氨酯铝箔复合风管，b ≤ 500mm
承插阶梯粘接	![承插阶梯粘接示意图] δ	铝箔胶带	玻璃纤维复合风管
对口粘接	![对口粘接示意图]	—	玻镁复合风管 b≤2000mm
槽形插接连接	![槽形插接连接示意图]	PVC 连接件	低压风管 b ≤ 2000mm；中、高压风管 b≤1500mm
工形插接连接	![工形插接连接示意图]	PVC 连接件	低压风管 b ≤ 2000mm；中、高压风管 b≤1500mm
		铝合金连接件	b≤3000mm

续表 4 – 14

非金属与复合风管连接形式		附件材料	适用范围
外套角钢法兰		∟ 25 × 3	$b \leqslant 1000$mm
		∟ 30 × 3	$b \leqslant 1600$mm
		∟ 40 × 4	$b \leqslant 2000$mm
C 形插接法兰	高度（25 ~ 30）mm	PVC 连接件 铝合金连接件	$b \leqslant 1600$mm
		镀锌板连接件， 板厚≥1.2mm	
"h" 连接法兰		铝合金连接件	用于风管与阀部件及设备连接

注：1　b 为矩形风管长边尺寸，δ 为风管板材厚度。
　　2　PVC 连接件厚度大于或等于 1.5mm。
　　3　铝合金连接件厚度大于或等于 1.2mm。

②插接连接件的长度不应影响其正常安装，并应保证其在风管两个垂直方向安装时接触紧密。

③边长大于 320mm 的矩形风管安装插接连接件时，应在风管四角粘贴厚度不小于 0.75mm 的镀锌直角垫片，直角垫片宽度应与风管板材厚度相等，边长不应小于 55mm。插接连接件与风管粘接应牢固。

④低压系统风管边长大于 2000mm、中压或高压系统风管边长大于 1500mm 时，风管法兰应采用铝合金等金属材料。

5）加固与导流叶片安装应符合下列规定：

①风管宜采用直径不小于 8mm 的镀锌螺杆做内支撑加固，内支撑件穿管壁处应密封处理。内支撑的横向加固点数和纵向加固间距应符合表 4 – 15 的规定。

表 4 – 15　聚氨酯铝箔复合风管与酚醛铝箔复合风管的支撑横向加固点数及纵向加固间距

类　别		系统设计工作压力（Pa）						
		≤300	301 ~ 500	501 ~ 750	751 ~ 1000	1001 ~ 1250	1251 ~ 1500	1501 ~ 2000
		横向加固点数						
风管内边长 b（mm）	$410 < b \leqslant 600$	—	—	—	1	1	1	1
	$600 < b \leqslant 800$	—	1	1	1	1	1	2
	$800 < b \leqslant 1000$	1	1	1	1	1	2	2
	$1000 < b \leqslant 1200$	1	1	1	1	1	2	2

续表 4 - 15

类　　别		系统设计工作压力（Pa）						
		≤300	301～500	501～750	751～1000	1001～1250	1251～1500	1501～2000
		横向加固点数						
风管内 边长 b（mm）	1200＜b≤1500	1	1	1	2	2	2	2
	1500＜b≤1700	2	2	2	2	2	2	2
	1700＜b≤2000	2	2	2	2	2	2	3
纵向加固间距（mm）								
聚氨酯铝箔复合风管		≤1000	≤800	≤600			≤400	
酚醛铝箔复合风管		≤800					—	

②风管采用外套角钢法兰或 C 形插接法兰连接时，法兰处可作为一加固点；风管采用其他连接形式，其边长大于 1200mm 时，应在连接后的风管一侧距连接件 250mm 内设横向加固。

③矩形弯头导流叶片宜采用同材质的风管板材或镀锌钢板制作，其设置应按 4.1.2 中3）执行，并应安装牢固。

6）三通制作宜采用直接在主风管上开口的方式，并应符合下列规定：

①矩形风管边长小于或等于 500mm 的支风管与主风管连接时，在主风管上应采用接口处内切 45°粘接（图 4 - 8a）。内角缝应采用密封材料封堵；外角缝铝箔断开处应采用铝箔胶带封贴，封贴宽度每边不应小于 20mm。

②主风管上接口处采用 90°专用连接件连接时（图 4 - 8b），连接件的直角处应涂密封胶。

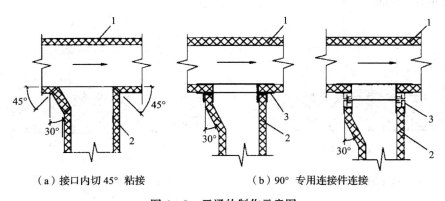

（a）接口内切 45°粘接　　　　（b）90°专用连接件连接

图 4 - 8　三通的制作示意图

1—主风管；2—支风管；3—90°专用连接件

4.2.2　玻璃纤维复合风管与配件制作

1）玻璃纤维复合风管与配件制作应按下列工序（图 4 - 9）进行。

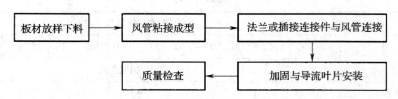

图4-9 玻璃纤维复合风管与配件制作工序

2）板材放样下料应符合下列规定：

①放样与下料应在平整、洁净的上作台上进行。

②风管板材的槽口形式可采用45°角形或90°梯形（图4-10），其封口处宜留有不小于板材厚度的外覆面层搭接边量。展开长度超过3m的风管宜用两片法或四片法制作。

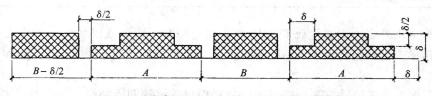

图4-10 玻璃纤维复合风管90°梯形槽口示意图

δ—风管板厚；A—风管长边尺寸；B—风管短边尺寸

③板材切割应选用专用刀具，切口平直、角度准确、无毛刺，且不应破坏覆面层。

④风管板材拼接时，应在结合口处涂满胶粘剂，并应紧密粘合。外表面拼缝处宜预留宽度不小于板材厚度的覆面层。涂胶密封后，再用大于或等于50mm宽热敏或压敏铝箔胶带粘贴密封（图4-11a）；当外表面无预留搭接覆面层时，应采用两层铝箔胶带重叠封闭，接缝处两侧外层胶带粘贴宽度不应小于25mm（图4-11b），内表面拼缝处应采用密封胶抹缝或用大于或等于30mm宽玻璃纤维布粘贴密封。

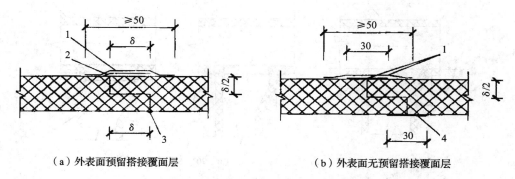

（a）外表面预留搭接覆面层　　　　　（b）外表面无预留搭接覆面层

图4-11 玻璃纤维复合板阶梯拼接示意图

1—热敏或压敏铝箔胶带　2—预留覆面层　3—密封胶抹缝　4—玻璃纤维布　δ—风管板厚

⑤风管管间连接采用承插阶梯粘接时，应在已下料风管板材的两端，用专用刀具开出承接口和插接口（图4-12）。承接口应在风管外侧，插接口应在风管内侧。承、插口均应整齐，长度为风管板材厚度；插接口应预留宽度为板材厚度的覆面层材料。

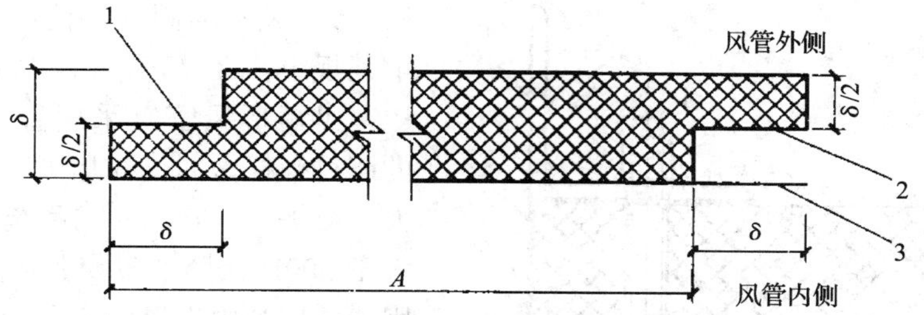

图 4 - 12　风管承插阶梯粘接示意图

1—插接口；2—承接口；3—预留搭接覆面层；A—风管有效长度；δ—风管板厚

3）风管粘接成型应符合下列规定：

①风管粘接成型应在洁净、平整的工作台上进行。

②风管粘接前，应清除管板表面的切割纤维、油渍、水渍，在槽口的切割面处均匀满涂胶粘剂。

③风管粘接成型时，应调整风管端面的平面度，槽口不应有间隙和错口。风管外接缝宜用预留搭接覆面层材料和热敏或压敏铝箔胶带搭叠粘贴密封（图 4 - 13a）。当板材无预留搭接覆面层时，应用两层铝箔胶带重叠封闭（图 4 - 13b）。

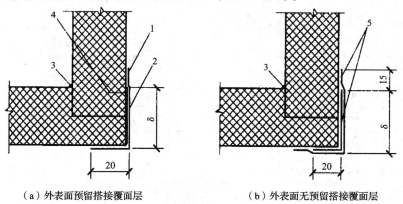

（a）外表面预留搭接覆面层　　　　（b）外表面无预留搭接覆面层

图 4 - 13　风管直角组合示意图

1—热敏或压敏铝箔胶带；2—预留覆面层；3—密封胶勾缝；

4—扒钉；5—两层热敏或压敏铝箔胶带；δ—风管板厚

④风管成型后，内角接缝处应采用密封胶勾缝。

⑤内面层采用丙烯酸树脂的风管成型后，在外接缝处宜采用扒钉加固，扒钉间距不宜大于 50mm，并应采用宽度大于 50mm 的热敏胶带粘贴密封。

4）法兰或插接连接件与风管连接应符合下列规定：

①采用外套角钢法兰连接时，角钢法兰规格可比同尺寸金属风管法兰小一号，槽形连接件宜采用厚度为 1.0mm 的镀锌钢板制作。角钢外法兰与槽形连接件应采用规格为 M6 镀锌螺栓连接（图 4 - 14），螺孔间距不应大于 120mm。连接时，法兰与板材间及螺栓孔的周边应涂胶密封。

②采用槽形、工形插接连接及 C 形插接法兰时，插接槽口应涂满胶粘剂，风管端部应插入到位。

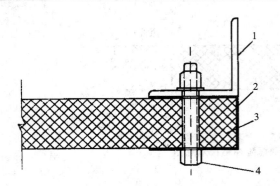

图 4 – 14　玻璃纤维复合风管角钢法兰连接示意图

1—角钢外法兰；2—槽形连接件；

3—风管；4—M6 镀锌螺栓

5）风管加固与导流叶片安装应符合下列规定：

①矩形风管宜采用直径不小于 6mm 的镀锌螺杆做内支撑加固。风管长边尺寸大于或等于 1000mm 或系统设计工作压力大于 500Pa 时，应增设金属槽形框外加固，并应与内支撑固定牢固。负压风管加固时，金属槽形框应设在风管的内侧。内支撑件穿管壁处应密封处理。

②风管的内支撑横向加固点数及金属槽型框纵向间距应符合表 4 – 16 的规定，金属槽型框的规格应符合表 4 – 17 规定。

表 4 – 16　玻璃纤维复合风管内支撑横向加固点数及金属槽型框纵向间距

类　　别		系统设计工作压力（Pa）				
		≤100	101 ~ 250	251 ~ 500	501 ~ 750	751 ~ 1000
		内支撑横向加固点数				
风管内边长 b/mm	$300 < b \leqslant 400$	—	—	—	—	1
	$400 < b \leqslant 500$	—	—	1	1	1
	$500 < b \leqslant 600$	—	1	1	1	1
	$600 < b \leqslant 800$	1	1	1	2	2
	$800 < b \leqslant 1000$	1	1	2	2	3
	$1000 < b \leqslant 1200$	1	2	2	3	3
	$1200 < b \leqslant 1400$	2	2	3	3	4
	$1400 < b \leqslant 1600$	2	3	3	4	5
	$1600 < b \leqslant 1800$	2	3	4	4	5
	$1800 < b \leqslant 2000$	3	3	4	5	6
金属槽形框纵向间距（mm）		≤600		≤400		≤350

表 4 – 17　玻璃纤维复合风管金属槽型框规格（mm）

风管内边长 b	槽型钢（宽度×高度×厚度）
$b \leqslant 1200$	$40 \times 10 \times 1.0$
$1200 < b \leqslant 2000$	$40 \times 10 \times 1.2$

③风管采用外套角钢法兰或C形插接法兰连接时，法兰处可作为一加固点；风管采用其他连接方式，其边长大于1200mm时，应在连接后的风管一侧距连接件150mm内设横向加固；采用承插阶梯粘接的风管，应在距粘接口100mm内设横向加固。

④矩形弯头导流叶片可采用PVC定型产品或采用镀锌钢板弯压制成，其设置应按4.1.2中3）执行，并应安装牢固。

4.2.3　玻镁复合风管与配件制作

1）玻镁复合风管与配件制作应按下列工序（图4-15）进行。

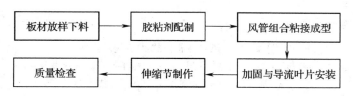

图4-15　玻镁复合风管与配件制作工序

2）板材放样下料应符合下列规定：

①板材切割线应平直，切割面和板面应垂直。切割后的风管板对角线长度之差的允许偏差为5mm。

②直风管可由四块板粘接而成（图4-16）。切割风管侧板时，应同时切割出组合用的阶梯线，切割深度不应触及板材外覆面层，切割出阶梯线后，刮去阶梯线外夹芯层（图4-17）。

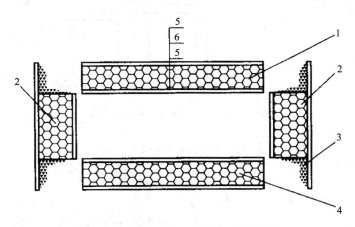

图4-16　玻镁复合矩形风管组合示意图
1—风管顶板；2—风管侧板；3—涂专用胶粘剂处；4—风管底板；5—覆面层；6—夹芯层

③矩形弯管可采用由若干块小板拼成折线的方法制成内外同心弧型弯头，与直风管的连接口应制成错位连接形式（图4-18）。矩形弯头曲率半径（以中心线计）和最少分节数应符合表4-18的规定。

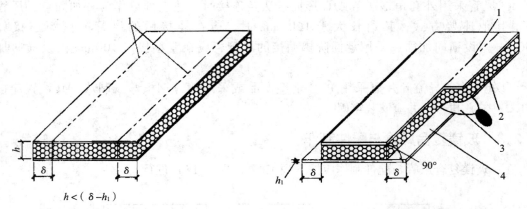

$$h < (\delta - h_1)$$

（a）板材阶梯线切割示意图　　　　（b）用刮刀切至尺寸示意图

图 4 – 17　风管侧板阶梯线切割示意图

1—阶梯线；2—待去除夹芯层；3—刮刀；4—风管板外覆面层；

δ—风管板厚；h—切割深度；h_1—覆面层厚度

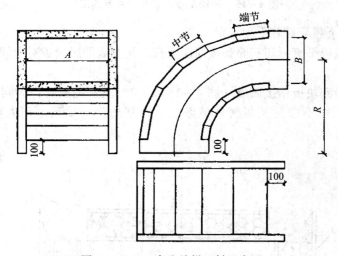

图 4 – 18　90°弯头放样下料示意图

表 4 – 18　弯头曲率半径和最少分节数

弯头边长 B（mm）	曲率半径 R	弯头角度和最少分节数							
		90°		60°		45°		30°	
		中节	端节	中节	端节	中节	端节	中节	端节
≤600	≥1.5B	2	2	1	2	1	2	—	2
600 < B ≤ 1200	(1.0~1.5) B	2	2	2	2	1	2	—	2
1200 < B ≤ 2000	(1.0~1.5) B	3	2	2	2	1	2	1	2

④三通制作下料时，应先画出两平面板尺寸线，再切割下料（图4-19），内外弧小板片数应符合表4-18的规定。

⑤变径风管与直风管的制作方法应相同，长度不应小于大头长边减去小头长边之差。

⑥边长大于2260mm的风管板对接粘接后，在对接缝的两面应分别粘贴（3~4）层宽度不小于50mm的玻璃纤维布增强（图4-20）。粘贴前应采用砂纸打磨粘贴面，并清除粉尘，粘贴牢固。

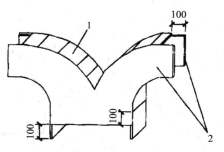

图4-19 蝴蝶三通放样下料示意图

1—外弧拼接板；2—平面板

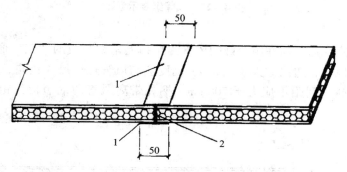

图4-20 复合板拼接方法示意图

1—玻璃纤维布；2—风管板对接处

3）胶粘剂应按产品技术文件的要求进行配置。应采用电动搅拌机搅拌，搅拌后的胶粘剂应保持流动性。配制后的胶粘剂应及时使用，胶粘剂变稠或硬化时，不应使用。

4）风管组合粘接成型应符合下列规定：

①风管端口应制作成错位接口形式。

②板材粘接前，应清除粘接口处的油渍、水渍、灰尘及杂物等。胶粘剂应涂刷均匀、饱满。

③组装风管时，先将风管底板放于组装垫块上，然后在风管左右侧板阶梯处涂胶粘剂，插在底板边沿，对口纵向粘接应与底板错位100mm，最后将顶板盖上，同样应与左右侧板错位100mm，形成风管端口错位接口形式（图4-21）。

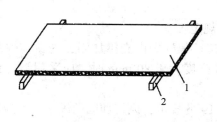

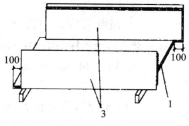

（a）风管底板放于组装垫块上　　　　　　（b）装风管侧板

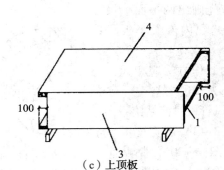

（c）上顶板

图 4 – 21　风管组装示意图

1—底板；2—垫块；3—侧板；4—顶板

④风管组装完成后，应在组合好的风管两端扣上角钢制成的"冂"形箍，"冂"形箍的内边尺寸应比风管长边尺寸大 3 ~ 5mm，高度应与风管短边尺寸相同。然后用捆扎带对风管进行捆扎。捆扎间距不应大于 700mm，捆扎带离风管两端短板的距离应小于 50mm（图 4 – 22）。

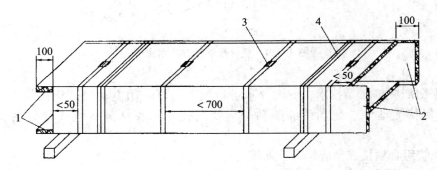

图 4 – 22　风管捆扎示意图

1—风管上下板；2—风管侧板；3—扎带紧固；4—冂形箍

⑤风管捆扎后，应及时清除管内外壁挤出的余胶，填充空隙。风管四角应平直，其端口对角线之差应符合表 4 – 13 的规定。

⑥粘接后的风管应根据环境温度按照规定的时间确保胶粘剂固化。在此时间内，不应搬移风管。胶粘剂固化后，应拆除捆扎带及"Ⅱ"形箍，并再次修整粘接缝余胶，填充空隙，在平整的场地放置。

5）风管加固与导流叶片安装应符合下列规定：

①矩形风管宜采用直径不小于 10mm 的镀锌螺杆做内支撑加固，内支撑件穿管壁处应密封处理（图 4 – 23）。负压风管的内支撑高度大于 800mm 时，应采用镀锌钢管内支撑。

②风管内支撑横向加固数量应符合表 4 – 19 的规定，风管加固的纵向间距应小于或等于 1300mm。

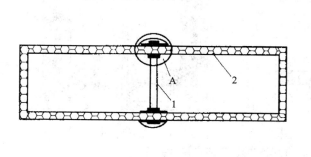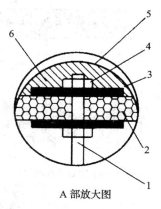

A 部放大图

图 4 – 23 正压保温风管内支撑加固示意图

1—镀锌螺杆；2—风管；3—镀锌加固垫圈；4—紧固螺母；5—保温罩；6—填塞保温材料

表 4 – 19 风管内支撑横向加固数量

风管长边尺寸 b（mm）	系统设计工作压力（Pa）											
	低压系统 $P \leqslant 500$				中压系统 $500 < P \leqslant 1500$				高压系统 $1500 < P \leqslant 3000$			
	复合板厚度（mm）				复合板厚度（mm）				复合板厚度（mm）			
	18	25	31	43	18	25	31	43	18	25	31	43
$1250 \leqslant b < 1600$	1	—	—	—	1	—	—	—	1	1	—	—
$1600 \leqslant b < 2300$	1	1	1	1	2	1	1	1	2	2	1	1
$2300 \leqslant b < 3000$	2	2	1	2	2	2	2	2	3	2	2	2
$3000 \leqslant b < 3800$	3	2	2	2	3	3	3	2	4	3	3	3
$3800 \leqslant b < 4000$	4	3	3	2	4	3	3	3	4	4	4	4

③距风机 5m 内的风管. 应按表 4 – 19 的规定再增加 500Pa 风压计算内支撑数量。

④矩形弯头导流叶片宜采用镀锌钢板弯压制成，其设置应按 4.1.2 中 3）执行，并应安装牢固。

6）水平安装风管长度每隔 30m 时，应设置 1 个伸缩节，如图 4 – 24 所示。伸缩节长宜为 400mm，内边尺寸应比风管的外边尺寸大 3～5mm，伸缩节与风管中间应填塞 3～5mm 厚的软质绝热材料，且密封边长尺寸大于 1600mm 的伸缩节中间应增加内支撑杆加固，内支撑加固间距按 1000mm 布置，允许偏差为 ±20mm。

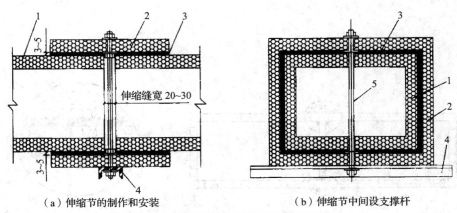

（a）伸缩节的制作和安装　　　　　　（b）伸缩节中间设支撑杆

图4－24　伸缩节的制作和安装示意图

1—风管；2—伸缩节；3—填塞软质绝热材料并密封；4—角钢或槽钢防晃支架；5—内支撑杆

4.2.4　硬聚氯乙烯风管与配件制作

1）硬聚氯乙烯风管与配件制作应按下列工序（图4－25）进行。

图4－25　硬聚氯乙烯风管与配件制作工序

2）硬聚氯乙烯板材放样下料应符合下列规定：

①风管或管件采用加热成型时，板材放样下料应考虑其收缩余量。

②使用剪床切割时，厚度小于或等于5mm的板材可在常温下进行切割；厚度大于5mm的板材或在冬天气温较低时，应先把板材加热到30℃左右，再用剪床进行切割。

③使用圆盘锯床切割时，锯片的直径宜为200～250mm，厚度宜为1.2～1.5mm，齿距宜为0.5～1mm，转速宜为1800～2000r/min。

④切割曲线时，宜采用规格为300～400mm的鸡尾锯进行切割。当切割圆弧较小时，宜采用钢丝锯进行。

3）风管加热成型应符合下列规定：

①硬聚氯乙烯板加热可采用电加热、蒸汽加热或热空气加热等方法。硬聚氯乙烯板加热时间应符合表4－20的规定。

表4－20　硬聚氯乙烯板加热时间

板材厚度（mm）	2～4	5～6	8～10	11～15
加热时间（min）	3～7	7～10	10～14	15～24

②圆形直管加热成型时，加热箱里的温度上升到130～150℃并保持稳定后，应将板材放入加热箱内，使板材整个表面均匀受热。板材被加热到柔软状态时应取出，放在帆

布上，采用木模卷制成圆管，待完全冷却后，将管取出。木模外表应光滑，圆弧应正确，木模应比风管长 100mm。

③矩形风管加热成型时，矩形风管四角宜采用加热折方成型。风管折方采用普通的折方机和管式电加热器配合进行，电热丝的选用功率应能保证板表面被加热到 150 ~ 180℃ 的温度。折方时，把画线部位置于两根管式电加热器中间并加热，变软后，迅速抽出，放在折方机上折成 90°角，待加热部位冷却后，取出成型后的板材。

④各种异形管件应使用光滑木材或铁皮制成的胎模，按②、③规定的圆形直管和矩形风管加热成型方法煨制成型。

4）法兰制作应符合下列规定：

①圆形法兰制作时，应将板材锯成条形板，开出内圆坡口后，放到电热箱内加热。加热好的条形板取出后应放到胎具上煨成圆形，并用重物压平。板材冷却定型后，进行组对焊接。法兰焊好后应进行钻孔。直径较小的圆形法兰，可在车床上车制。圆形法兰的用料规格、螺栓孔数和孔径应符合表 4 - 21 的规定。

表 4 - 21　硬聚氯乙烯圆形风管法兰规格

风管直径 D（mm）	法兰（宽×厚）(mm)	螺栓孔径（mm）	螺孔数量	连接螺栓
D≤18	35 × 6	7. 5	6	M6
180 < D≤400	35 × 8	9. 5	8 ~ 12	M8
400 < D≤500	35 × 10	9. 5	12 ~ 14	M8
500 < D≤800	40 × 10	9. 5	16 ~ 22	M8
800 < D≤1400	45 × 12	11. 5	24 ~ 38	M10
1400 < D≤1600	50 × 15	11. 5	40 ~ 44	M10
1600 < D≤2000	60 × 15	11. 5	46 ~ 48	M10
D > 2000	按设计			

②矩形法兰制作时，应将塑料板锯成条形，把四块开好坡口的条形板放在平板上组对焊接。矩形法兰的用料规格、螺栓孔径及螺孔间距应符合表 4 - 22 的规定。

表 4 - 22　硬聚氯乙烯矩形风管法兰规格（mm）

风管长边尺寸 b	法兰（宽×厚）	螺栓孔径	螺孔间距	连接螺栓
≤160	35 × 6	7. 5		M6
160 < b≤400	35 × 8	9. 5		M8
400 < b≤500	35 × 10	9. 5		M8
500 < b≤800	40 × 10	11. 5	≤120	M10
800 < b≤1250	45 × 12	11. 5		M10
1250 < b≤1600	50 × 15	11. 5		M10
1600 < b≤2000	60 × 18	11. 5		M10

5）风管与法兰焊接应符合下列规定：

①法兰端面应垂直于风管轴线。直径或边长大于500mm的风管与法兰的连接处，宜均匀设置三角支撑加强板，加强板间距不应大于450mm。

②焊接的热风温度、焊条、焊枪喷嘴直径及焊缝形式应满足焊接要求。

③焊缝形式宜采用对接焊接、搭接焊接、填角或对角焊接。焊接前，应按表4-23的规定进行坡口加工，并应清理焊接部位的油污、灰尘等杂质。

表4-23　硬聚氯乙烯板焊缝形式和坡口尺寸及使用范围

焊缝形式	图形	焊缝高度（mm）	板材厚度（mm）	坡口角度 α（°）	使用范围
V形对接焊缝	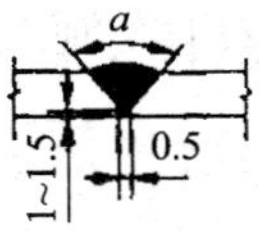	2~3	3~5	70~90	单面焊的风管
X形对接焊缝		2~3	≥5	70~90	风管法兰及厚板的拼接
搭接焊缝	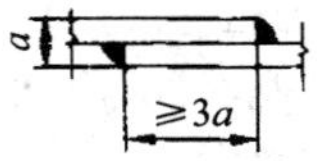	≥最小板厚	3~10	—	风管和配件的加固
角焊缝（无坡口）		2~3	6~18	—	
	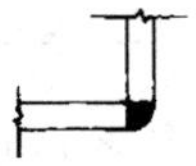	≥最小板厚	≥3	—	风管配件的角部焊接
V形单面角焊缝	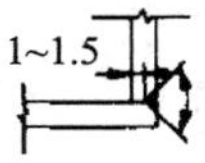	2~3	3~8	70~90	风管的角部焊接
V形双面角焊缝	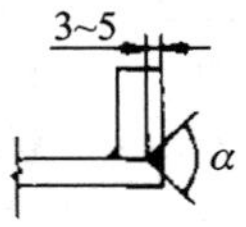	2~3	6~15	70~90	厚壁风管的角部焊接

④焊接时，焊条应垂直于焊缝平面，不应向后或向前倾斜，并应施加一定压力，使被加热的焊条与板材粘合紧密。焊枪喷嘴应沿焊缝方向均匀摆动，喷嘴距焊缝表面应保持5~6mm的距离。喷嘴的倾角应根据被焊板材的厚度按表4-24的规定选择。

表4-24 焊枪喷嘴倾角的选择

板厚（mm）	≤5	5~10	>10
倾角（°）	15~20	25~30	30~45

⑤焊条在焊缝中断裂时，应采用加热后的小刀把留在焊缝内的焊条断头修切成斜面后，再从切断处继续焊接。焊接完成后，应采用加热后的小刀切断焊条，不应用手拉断。焊缝应逐渐冷却。

⑥法兰与风管焊接后，凸出法兰平面的部分应刨平。

6）风管加固宜采用外加固框形式，加固框的设置应符合表4-25的规定，并应采用焊接将同材质加固框与风管紧固。

表4-25 硬聚氯乙烯风管加固框规格（mm）

圆 形				矩 形			
风管直径 D	管壁厚度	加固框		风管长边尺寸 b	管壁厚度	加固框	
		规格（宽×厚）	间距			规格（宽×厚）	间距
D≤320	3	—		b≤320	3	—	
320<D≤500	4	—		320≤b<400	4	—	
500<D≤630	4	40×8	800	400≤b<500	4	35×8	800
630<D≤800	5	40×8	800	500≤b<800	5	40×8	800
800<D≤1000	5	45×10	800	800≤b<1000	6	45×10	400
1000<D≤1400	6	45×10	800	1000≤b<1250	6	45×10	400
1400<D≤1600	6	50×12	400	1250≤b<1600	8	50×12	400
1600<D≤2000	6	60×12	400	1600≤b<2000	8	60×15	400

7）风管直管段连续长度大于20m时，应按设计要求设置伸缩节（图4-26）或软接头（图4-27）。

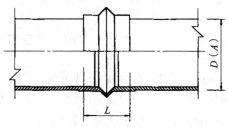

图4-26 伸缩节示意图

A—风管有效长度

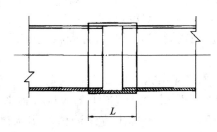

图4-27 软接头示意图

4.3　风阀与部件制作

4.3.1　风阀

1）成品风阀质量应符合下列规定：

①风阀规格应符合产品技术标准的规定，并应满足设计和使用要求。

②风阀应启闭灵活，结构牢固，壳体严密，防腐良好，表面平整，无明显伤痕和变形，并不应有裂纹、锈蚀等质量缺陷。

③风阀内的转动部件应为耐磨、耐腐蚀材料，转动机构灵活，制动硬定位装置可靠。

④风阀法兰与风管法兰应相匹配。

2）手动调节阀应以顺时针方向转动为关闭，调节开度指示应与叶片开度相一致，叶片的搭接应贴合整齐，叶片与阀体的间隙应小于2mm。

3）电动、气动调节风阀应进行驱动装置的动作试验，试验结果应符合产品技术文件的要求，并应在最大设计工作压力下工作正常。

4）防火阀和排烟阀（排烟口）应符合国家现行有关消防产品技术标准的规定。执行机构应进行动作试验，试验结果应符合产品说明书的要求。

5）止回风阀应检查其构件是否齐全，并应进行最大设计工作压力下的强度试验，在关闭状态下阀片不变形，严密不漏风；水平安装的止回风阀应有可靠的平衡调节机构。

6）插板风阀的插板应平整，并应有可靠的定位固定装置；斜插板风阀的上下接管应成一直线。

7）三通调节风阀手柄开关应标明调节的角度；阀板应调节方便，且不与风管相碰擦。

4.3.2　风罩与风帽

1）风罩与风帽制作时，应根据其形式和使用要求，按施工图对所选用材料放样后，进行下料加工，可采用咬口连接、焊接等连接方式，制作方法可按"4.1　金属风管与配件制作"的有关规定执行。

2）现场制作的风罩尺寸及构造应满足设计及相关产品技术文件要求，并应符合下列规定：

①风罩应结构牢固，形状规则，内外表面平整、光滑，外壳无尖锐边角。

②厨房锅灶的排烟罩下部应设置集水槽；用于排出蒸汽或其他潮湿气体的伞形罩，在罩口内侧也应设置排出凝结液体的集水槽；集水槽应进行通水试验，使排水畅通，不渗漏。

③槽边侧吸罩、条缝抽风罩的吸入口应平整，转角处应弧度均匀，罩口加强板的分隔

间距应一致。

④厨房锅灶排烟罩的油烟过滤器应便于拆卸和清洗。

3）现场制作的风帽尺寸及构造应满足设计及相关技术文件的要求；风帽应结构牢固，内、外形状规则，表面平整，并应符合下列规定：

① 伞形风帽的伞盖边缘应进行加固，支撑高度一致。

②锥形风帽锥体组合的连接缝应顺水，保证下部排水畅通。

③筒形风帽外筒体的上下沿口应加固，伞盖边缘与外筒体的距离应一致，挡风圈的位置应正确。

④三叉形风帽支管与主管的连接应严密，夹角一致。

4.3.3 风口

1）成品风口应结构牢固，外表面平整，叶片分布均匀，颜色一致，无划痕和变形，符合产品技术标准的规定。表面应经过防腐处理，并应满足设计及使用要求。风口的转动调节部分应灵活、可靠，定位后应无松动现象。

2）百叶风口叶片两端轴的中心应在同一直线上，叶片平直，与边框无碰擦。

3）散流器的扩散环和调节环应同轴，轴向环片间距应分布均匀。

4）孔板风口的孔口不应有毛刺，孔径一致，孔距均匀，并应符合设计要求。

5）旋转式风口活动件应轻便灵活，与固定框接合严密，叶片角度调节范围应符合设计要求。

6）球形风口内外球面间的配合应松紧适度、转动自如，定位后无松动。

4.3.4 消声器、消声风管、消声弯头及消声静压箱

1）消声器、消声风管、消声弯头及消声静压箱的制作应符合设计要求，根据不同的形式放样下料，宜采用机械加工。

2）外壳及框架结构制作应符合下列规定：

①框架应牢固，壳体不漏风；框、内盖板、隔板、法兰制作及铆接、咬口连接、焊接等可按"4.1 金属风管与配件制作"的有关规定执行；内外尺寸应准确，连接应牢固，其外壳不应有锐边。

②金属穿孔板的孔径和穿孔率应符合设计要求。穿孔板孔口的毛刺应锉平，避免将覆面织布划破。

③消声片单体安装时，应排列规则，上下两端应装有固定消声片的框架，框架应固定牢固，不应松动。

3）消声材料应具备防腐、防潮功能，其卫生性能、密度、热导率、燃烧等级应符合国家有关技术标准的规定。消声材料应按设计及相关技术文件要求的单位密度均匀敷设，需粘贴的部分应按规定的厚度粘贴牢固，拼缝密实，表面平整。

4）消声材料填充后，应采用透气的覆面材料覆盖。覆面材料的拼接应顺气流方向、拼缝密实、表面平整、拉紧，不应有凹凸不平。

5）消声器、消声风管、消声弯头及消声静压箱的内外金属构件表面应进行防腐处理，表面平整。

6）消声器、消声风管、消声弯头及消声静压箱制作完成后，应进行规格、方向标识，并通过专业检测。

4.3.5 软接风管

1）软接风管包括柔性短管和柔性风管，软接风管接缝连接处应严密。

2）软接风管材料的选用应满足设计要求，并应符合下列规定：

①应采用防腐、防潮、不透气、不易霉变的柔性材料。

②软接风管材料与胶粘剂的防火性能应满足设计要求。

③用于空调系统时，应采取防止结露的措施，外保温软管应包覆防潮层。

④用于洁净空调系统时，应不易产尘、不透气、内壁光滑。

3）柔性短管制作应符合下列规定：

①柔性短管的长度宜为150～300mm，应无开裂、扭曲现象。

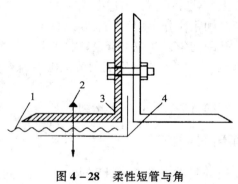

图 4 – 28 柔性短管与角钢法兰连接示意图

1—柔性短管；2—铆钉；
3—角钢法兰；4—镀锌钢板压条

②柔性短管不应制作成变径管，柔性短管两端面形状应大小一致，两侧法兰应平行。

③柔性短管与角钢法兰组装时，可采用条形镀锌钢板压条的方式，通过铆接连接（图4－28）。压条翻边宜为6～9mm，紧贴法兰，铆接平顺；铆钉间距宜为60～80mm。

④柔性短管的法兰规格应与风管的法兰规格相同。

4）柔性风管的截面尺寸、壁厚、长度等应符合设计及相关技术文件的要求。

4.3.6 过滤器

成品过滤器应根据使用功能要求选用。过滤器的规格及材质应符合设计要求；过滤器的过滤速度、过滤效率、阻力和容尘量等应符合设计及产品技术文件要求；框架与过滤材料应连接紧密、牢固，并应标注气流方向。

4.3.7 风管内加热器

1）加热器的加热形式、加热管用电参数、加热量等应符合设计要求。

2）加热器的外框应结构牢固、尺寸正确，与加热管连接应牢固，无松动。

3）加热器进场应进行测试，加热管与框架之间应绝缘良好。接线正确。

4.4 风管和部件的安装

4.4.1 金属风管安装

1）金属风管安装应按下列工序（图4－29）进行。

图4－29 金属风管安装工序

2）风管安装前，应先对其安装部位进行测量放线，确定管道中心线位置。

3）风管支吊架的安装应符合《通风与空调工程施工规范》GB 50738—2011第7章的有关规定。

4）风管安装前，应检查风管有无变形、划痕等外观质量缺陷，风管规格应与安装部位对应。

5）风管组合连接时，应先将风管管段临时固定在支、吊架上，然后调整高度，达到要求后再进行组合连接。

6）金属矩形风管连接宜采用角钢法兰连接、薄钢板法兰连接、C形或S形插条连接、立咬口等形式；金属圆形风管宜采用角钢法兰连接、芯管连接。风管连接应牢固、严密，并应符合下列规定：

①角钢法兰连接时，接口应无错位，法兰垫料无断裂、无扭曲，并在中间位置。螺栓应与风管材质相对应，在室外及潮湿环境中，螺栓应有防腐措施或采用镀锌螺栓。

②薄钢板法兰连接时，薄钢板法兰应与风管垂直、贴合紧密，四角采用螺栓固定，中间采用弹簧夹或顶丝卡等连接件，其间距不应大于150mm，最外端连接件距风管边缘不应大于100mm。

③边长小于或等于630mm的风管可采用S形平插条连接；边长小于或等于1250mm的风管可采用S形立插条连接，应先安装S形立插条，再将另一端直接插入平缝中。

④C形、S形直角插条连接适用于矩形风管主管与支管连接，插条应从中间外弯90°做连接件，插入翻边的主管、支管，压实结合面，并应在接缝处均匀涂抹密封胶。

⑤立咬口连接适用于边长（直径）小于或等于1000mm的风管。应先将风管两端翻边制作小边和大边的咬口，然后将咬口小边全部嵌入咬口大边中，并应固定几点，检查无误后进行整个咬口的合缝，在咬口接缝处应涂抹密封胶。

⑥芯管连接时，应先制作连接短管，然后在连接短管和风管的结合面涂胶，再将连接短管插入两侧风管，最后用自攻螺丝或铆钉紧固，铆钉间距宜为100～120mm。带加强筋时，在连接管1/2长度处应冲压一圈ϕ8mm的凸筋，边长（直径）小于700mm的低压风管可不设加强筋。

7）边长小于或等于630mm的支风管与主风管连接应符合下列规定：

①S形直角咬接［图4－30（a）］支风管的分支气流内侧应有30°斜面或曲率半径为150mm的弧面，连接四角处应进行密封处理。

②联合式咬接［图4－30（b）］连接四角处应作密封处理。

③法兰连接［图4－30（c）］主风管内壁处应加角钢垫，连接处应密封。

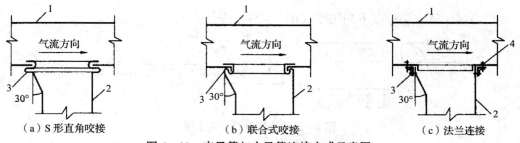

（a）S形直角咬接　　　（b）联合式咬接　　　（c）法兰连接

图4－30　支风管与主风管连接方式示意图

1—主风管；2—支风管；3—接口；4—角钢垫

8）风管安装后应进行调整，风管应平正，支、吊架顺直。

4.4.2　非金属与复合风管安装

1）非金属与复合风管安装应按下列工序（图4－31）进行。

图4－31　非金属与复合风管安装工序

2）风管安装前，应先对其安装部位进行测量放线，确定管道中心线位置。

3）风管支吊架的安装应符合《通风与空调工程施工规范》GB 50738—2011第7章的有关规定。

4）风管安装前，应检查风管有无破损、开裂、变形、划痕等外观质量缺陷，风管规格应与安装部位对应，复合风管承插口和插接件接口表面应无损坏。

5）非金属风管连接应符合下列规定：

①法兰连接时，应以单节形式提升管段至安装位置，在支、吊架上临时定位，侧面插入密封垫料，套上带镀锌垫圈的螺栓，检查密封垫料无偏斜后，做两次以上对称旋紧螺母，并检查间隙均匀一致。在风管与支吊架横担间应设置宽于支撑面、厚为1.2mm的钢制垫板。

②插接连接时，应逐段顺序插接，在插口处涂专用胶，并应用自攻螺钉固定。

6）复合风管连接宜采用承插阶梯粘接、插件连接或法兰连接。风管连接应牢固、严密，并应符合下列规定：

①承插阶梯粘接时（图4－32），应根据管内介质流向，上游的管段接口应设置为内凸插口，下游管段接口为内凹承口，且承口表层玻璃纤维布翻边折成90°。清扫粘接口结

合面，在密封面连续、均匀涂抹胶粘剂，晾干一定的时间后，将承插口粘合，清理连接处挤压出的余胶，并进行临时固定；在外接缝处应采用扒钉加固，间距不宜大于50mm，并用宽度大于或等于50mm的压敏胶带沿接合缝两边宽度均等进行密封，也可采用电熨斗加热热敏胶带粘接密封。临时固定应在风管接口牢固后才能拆除。

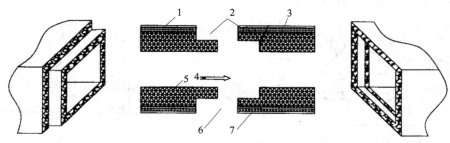

图4-32　承插阶梯粘接接口示意图

1—铝箔或玻璃纤维布；2—结合面；3—玻璃纤维布90°折边；
4—介质流向；5—玻璃纤维布；6—内凸插口；7—内凹承口

②错位对接粘接（图4-33）时，应先将风管错口连接处的保温层刮磨平整，然后试装，贴合严密后涂胶粘剂，提升到支、吊架上对接，其他安装要求同承插阶梯粘接。

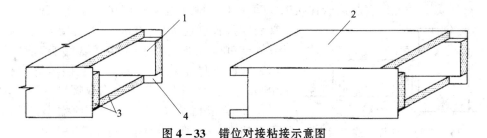

图4-33　错位对接粘接示意图

1—垂直板；2—水平板；3—涂胶粘剂；4—预留表面层

③工形插接连接时，应先在风管四角横截面上粘贴镀锌板直角垫片，然后涂胶粘剂粘接法兰，胶粘剂凝固后，插入工形插件，最后在插条端头填抹密封胶，四角装入护角。

④空调风管采用PVC及铝合金插件连接时，应采取防冷桥措施。在PVC及铝合金插件接口凹槽内可填满橡塑海绵、玻璃纤维等碎料，应采用胶粘剂粘接在凹槽内，碎料四周外部应采用绝热材料覆盖，绝热材料在风管上搭接长度应大于20mm。中、高压风管的插接法兰之间应加密封垫料或采取其他密封措施。

⑤风管预制的长度不宜超过2800mm。

7）风管安装后应进行调整，达到风管平正，支、吊架顺直。

4.4.3　软接风管安装

1）柔性短管的安装宜采用法兰接口形式。

2）风管与设备相连处应设置长度为150~300mm的柔性短管，柔性短管安装后应松紧适度，不应扭曲，并不应作为找正、找平的异径连接管。

3）风管穿越建筑物变形缝空间时，应设置长度为 200～300mm 的柔性短管（图 4-34）；风管穿越建筑物变形缝墙体时，应设置钢制套管，风管与套管之间应采用柔性防水材料填塞密实。穿越建筑物变形缝墙体的风管两端外侧应设置长度为 150～300mm 的柔性短管，柔性短管距变形缝墙体的距离宜为 150～200mm（图 4-35），柔性短管的保温性能应符合风管系统功能要求。

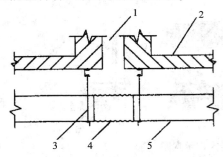

图 4-34　风管过变形缝空间的安装示意图

1—变形缝；2—楼板；3—吊架；

4—柔性短管；5—风管

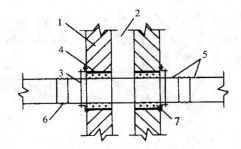

图 4-35　风管穿越变形缝墙体的安装示意图

1—墙体；2—变形缝；3—吊架；4—钢制套管；

5—风管；6—柔性短管；7—柔性防水填充材料

4）柔性风管连接应顺畅、严密，并应符合下列规定：

①金属圆形柔性风管与风管连接时，宜采用卡箍（抱箍）连接（图 4-36），柔性风管的插接长度应大于 50mm。当连接风管直径小于或等于 300mm 时，宜用不少于 3 个自攻螺钉在卡箍紧固件圆周上均布紧固；当连接风管直径大于 300mm 时，宜用不少于 5 个自攻螺钉紧固。

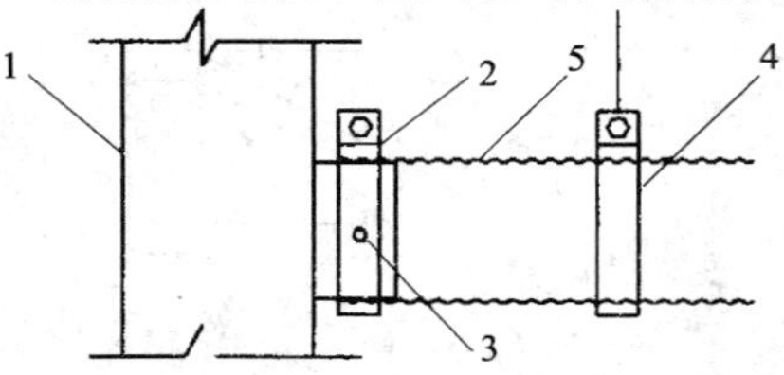

②柔性风管转弯处的截面不应缩小，弯曲长度不宜超过 2m，弯曲形成的角度应大于 90°。

③柔性风管安装时长度应小于 2m，并不应有死弯或塌凹。

图 4-36　卡箍（抱箍）连接示意图

1—主风管；2—卡箍；3—自攻螺钉；

4—抱箍吊架；5—柔性风管

4.4.4　风口安装

1）风管与风口连接宜采用法兰连接，也可采用槽形或工形插接连接。

2）风口不应直接安装在主风管上，风口与主风管间应通过短管连接。

3）风口安装位置应正确，调节装置定位后应无明显自由松动。室内安装的同类型风口应规整，与装饰面应贴合严密。

4）吊顶风口可直接固定在装饰龙骨上，当有特殊要求或风口较重时，应设置独立的支、吊架。

4.4.5　风阀安装

1）带法兰的风阀与非金属风管或复合风管插接连接时，应采用"h"形金属短管作为连接件；短管一端为法兰，应与金属风管法兰或设备法兰相连接；另一端为深度不小于 100mm 的"h"形承口内，并应采用铆钉固定牢固、密封严密。

2）阀门安装方向应正确、便于操作，启闭灵活。斜插板风阀的阀板向上为拉启，水平安装时，阀板应顺气流方向插入。手动密闭阀安装时，阀门上标志的箭头方向应与受冲击波方向一致。

3）风阀支、吊架安装应按《通风与空调工程施工规范》GB 50738—2011 第 7 章的有关规定执行。

4.4.6　消声器、静压箱、过滤器、风管内加热器安装

1）消声器、静压箱安装时，应单独设置支、吊架，固定应牢固。

2）消声器、静压箱等设备与金属风管连接时，法兰应匹配。

3）消声器、静压箱等部件与非金属或复合风管连接时，应采用"h"形金属短管作为连接件；短管一端为法兰，应与金属风管法兰或设备法兰相连接；另一端为深度不小于100mm 的"h"形承口内，并应采用铆钉固定牢固、密封严密。

4）回风箱作为静压箱时，回风口应设置过滤网。

5）过滤器的种类、规格及安装位置应满足设计要求，并应符合下列规定：

①过滤器的安装应便于拆卸和更换。

②过滤器与框架及框架与风管或机组壳体之间应严密。

③静电空气过滤器的安装应能保证金属外壳接地良好。

6）风管内电加热器的安装应符合下列规定：

①电加热器接线柱外露时，应加装安全防护罩。

②电加热器外壳应接地良好。

③连接电加热器的风管法兰垫料应采用耐热、不燃材料。

4.5　空气处理设备安装

4.5.1　空调末端装置安装

1）空调末端装置安装包括风机盘管、诱导器、变风量空调末端装置、直接蒸发式室内机的安装。

2）空调末端装置安装应按下列工序（图 4 - 37）进行。

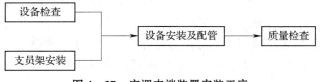

图 4 - 37　空调末端装置安装工序

3）风机盘管、变风量空调末端装置的叶轮应转动灵活、方向正确，机械部分无摩擦、松脱，电机接线无误；应通电进行三速试运转，电气部分不漏电，声音正常。

4）风机盘管、空调末端装置安装时，应设置独立的支、吊架，并应符合《通风与空调工程施工规范》GB 50738—2011 第 7 章的有关规定。

5）风机盘管、变风量空调末端装置的安装及配管应满足设计要求，并应符合下列规定：

①风机盘管、变风量空调末端装置安装位置应符合设计要求，固定牢靠，且平正。

②与进、出风管连接时，均应设置柔性短管。

③与冷热水管道的连接，宜采用金属软管，软管连接应牢固，无扭曲和瘪管现象。

④冷凝水管与风机盘管连接时，宜设置透明胶管，长度不宜大于150mm，接口应连接牢固、严密，坡向正确，无扭曲和瘪管现象。

⑤冷热水管道上的阀门及过滤器应靠近风机盘管，变风量空调末端装置安装，调节阀安装位置应正确；放气阀应无堵塞现象。

⑥金属软管及阀门均应保温。

6）诱导器安装时，方向应正确，喷嘴不应脱落和堵塞，静压箱封头的密封材料应无裂痕、脱落现象。一次风调节阀应动作灵活、可靠。

7）变风量空调末端装置的安装尚应符合设计及产品技术文件的要求。

8）直接蒸发冷却式室内机可采用吊顶式、嵌入式、壁挂式等安装方式；制冷剂管道应采用铜管，以锥形锁母连接；冷凝水管道敷设应有坡度，保证排放畅通。

4.5.2　风机安装

1）风机安装应按下列工序（图4-38）进行。

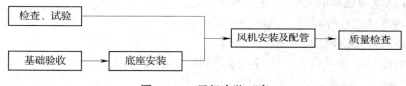

图4-38　风机安装工序

2）风机安装前应检查电动机接线正确无误；通电试验时，叶片转动灵活、方向正确，机械部分无摩擦、松脱，无漏电及异常声响。

3）风机落地安装的基础标高、位置及主要尺寸、预留洞的位置和深度应符合设计要求；基础表面应无蜂窝、裂纹、麻面、露筋；基础表面应水平。

4）风机安装应符合下列规定：

①风机安装位置应正确，底座应水平。

②落地安装时，应固定在隔振底座上，底座尺寸应与基础大小匹配，中心线一致；隔振底座与基础之间应按设计要求设置减振装置。

③风机吊装时，吊架及减振装置应符合设计及产品技术文件的要求。

5）风机与风管连接时，应采用柔性短管连接，风机的进出风管、阀件应设置独立的支、吊架。

4.5.3　空气处理机组与空气热回收装置安装

1）空气处理机组与空气热回收装置安装应按下列工序（图4-39）进行。

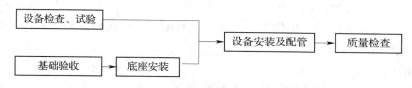

图 4-39 空气处理机组与空气热回收装置安装工序

2）空气处理机组安装前，应检查各功能段的设置符合设计要求，外表及内部清洁干净，内部结构无损坏。手盘叶轮叶片应转动灵活、叶轮与机壳无摩擦。检查门应关闭严密。

3）基础表面应无蜂窝、裂纹、麻面、露筋；基础位置及尺寸应符合设计要求；当设计无要求时，基础高度不应小于 150mm，并应满足产品技术文件的要求，且能满足凝结水排放坡度要求；基础旁应留有不小于机组宽度的空间。

4）设备吊装安装时，其吊架及减振装置应符合设计及产品技术文件的要求。

5）组合式空调机组及空气热回收装置的现场组装应由供应商负责实施，组装完成后应进行漏风率试验，漏风率应符合现行国家标准《组合式空调机组》（GB/T 14294—2008）的规定。

6）空气处理机组与空气热回收装置的过滤网应在单机试运转完成后安装。

7）组合式空调机组的配管应符合下列规定：

①水管道与机组连接宜采用橡胶柔性接头，管道应设置独立的支、吊架。

②机组接管最低点应设泄水阀，最高点应设放气阀。

③阀门、仪表应安装齐全，规格、位置应正确，风阀开启方向应顺气流方向。

④凝结水的水封应按产品技术文件的要求进行设置。

⑤在冬季使用时，应有防止盘管、管路冻结的措施。

⑥机组与风管采用柔性短管连接时，柔性短管的绝热性能应符合风管系统的要求。

8）空气热回收装置可按空气处理机组进行配管安装。接管方向应正确，连接可靠、严密。

4.6　空调冷热源与辅助设备安装

4.6.1　蒸汽压缩式制冷（热泵）机组安装

1）蒸汽压缩式制冷（热泵）机组安装应按下列工序（图 4-40）进行。

图 4-40　蒸汽压缩式制冷（热泵）机组安装工序

2）蒸汽压缩式制冷（热泵）机组的基础应满足设计要求，并应符合下列规定：

①型钢或混凝土基础的规格和尺寸应与机组匹配。

②基础表面应平整，无蜂窝、裂纹、麻面和露筋。

③基础应坚固，强度经测试满足机组运行时的荷载要求。

④混凝土基础预留螺栓孔的位置、深度、垂直度应满足螺栓安装要求；基础预埋件应无损坏，表面光滑平整。

⑤基础四周应有排水设施。

⑥基础位置应满足操作及检修的空间要求。

3）蒸汽压缩式制冷（热泵）机组的运输和吊装应符合《通风与空调工程施工规范》（GB 50738—2011）第10.1.3条的规定；水平滚动运输机组时，机组应始终处在滚动垫木上，直到运至预定位置后，将防振软垫放于机组底脚与基础之间，并校准水平后，再去掉滚动垫木。

4）蒸汽压缩式制冷（热泵）机组就位安装应符合下列规定：

①机组安装位置应符合设计要求，同规格设备成排就位时，尺寸应一致。

②减振装置的种类、规格、数量及安装位置应符合产品技术文件的要求；采用弹簧隔振器时，应设有防止机组运行时水平位移的定位装置。

③机组应水平，当采用垫铁调整机组水平度时，垫铁放置位置应正确、接触紧密，每组不超过3块。

5）蒸汽压缩式制冷（热泵）机组配管应符合下列规定：

①机组与管道连接应在管道冲（吹）洗合格后进行。

②与机组连接的管路上应按设计及产品技术文件的要求安装过滤器、阀门、部件、仪表等，位置应正确、排列应规整。

③机组与管道连接时，应设置软接头，管道应设独立的支吊架。

④压力表距阀门位置不宜小于200mm。

6）空气源热泵机组安装还应符合下列规定：

①机组安装在屋面或室外平台上时，机组与基础间的隔振装置应符合设计要求，并应采取防雷措施和可靠的接地措施。

②机组配管与室内机安装应同步进行。

4.6.2　吸收式制冷机组安装

1）吸收式制冷机组安装应按下列工序（图4-41）进行。

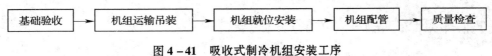

基础验收 → 机组运输吊装 → 机组就位安装 → 机组配管 → 质量检查

图4-41　吸收式制冷机组安装工序

2）吸收式制冷机组的基础应符合4.6.1中2）的规定。

3）吸收式制冷机组运输和吊装可按4.6.1中3）执行。

4）吸收式制冷机组就位安装可按4.6.1中4）执行，并应符合下列规定：

①分体机组运至施工现场后，应及时运入机房进行组装，并抽真空。

②吸收式制冷机组的真空泵就位后，应找正、找平。抽气连接管宜采用直径与真空泵进口直径相同的金属管，采用橡胶管时，宜采用真空胶管，并对管接头处采取密封

措施。

③吸收式制冷机组的屏蔽泵就位后，应找正、找平，其电线接头处应采取防水密封。

④吸收式机组安装后，应对设备内部进行清洗。

5）燃油吸收式制冷机组安装尚应符合下列规定：

①燃油系统管道及附件安装位置及连接方法应符合设计与消防的要求。

②油箱上不应采用玻璃管式油位计。

③油管道系统应设置可靠的防静电接地装置，其管道法兰应采用镀锌螺栓连接或在法兰处用铜导线进行跨接，且接合良好。油管道与机组的连接不应采用非金属软管。

④燃烧重油的吸收式制冷机组就位安装时，轻、重油油箱的相对位置应符合设计要求。

6）直燃型吸收式制冷机组的排烟管出口应按设计要求设置防雨帽、避雷针和防风罩等。

7）吸收式制冷机组的水管配管应按4.6.1中5）执行。

4.6.3　冷却塔安装

1）冷却塔安装应按下列工序（图4-42）进行。

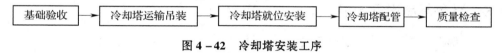

图4-42　冷却塔安装工序

2）冷却塔的基础应符合4.6.1中2）的规定。

3）冷却塔运输吊装可按4.6.1中3）执行。

4）冷却塔安装应符合下列规定：

①冷却塔的安装位置应符合设计要求，进风侧距建筑物应大于1000mm。

②冷却塔与基础预埋件应连接牢固，连接件应采用热镀锌或不锈钢螺栓，其紧固力应一致、均匀。

③冷却塔安装应水平，单台冷却塔安装的水平度和垂直度允许偏差均为2/1000。同一冷却水系统的多台冷却塔安装时，各台冷却塔的水面高度应一致，高差不应大于30mm。

④冷却塔的积水盘应无渗漏，布水器应布水均匀。

⑤冷却塔的风机叶片端部与塔体四周的径向间隙应均匀。对于可调整角度的叶片，角度应一致。

⑥组装的冷却塔，其填料的安装应在所有电、气焊接作业完成后进行。

5）冷却塔配管可按4.6.1中5）执行。

4.6.4　换热设备安装

1）换热设备安装应按下列工序（图4-43）进行。

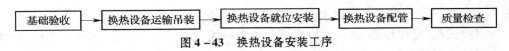

图 4 - 43 换热设备安装工序

2）换热设备的基础应符合 4.6.1 中 2）的规定。

3）换热设备运输吊装可按 4.6.1 中 3）执行。

4）换热设备安装应符合下列规定：

①安装前应清理干净设备上的油污、灰尘等杂物，设备所有的孔塞或盖，在安装前不应拆除。

②应按施工图核对设备的管口方位、中心线和重心位置，确认无误后再就位。

③换热设备的两端应留有足够的清洗、维修空间。

5）换热设备与管道冷热介质进出口的接管应符合设计及产品技术文件的要求．并应在管道上安装阀门、压力表、温度计、过滤器等。流量控制阀应安装在换热设备的进口处。

6）换热设备安装应有可靠的成品保护措施，除应符合《通风与空调工程施工规范》（GB 50738—2011）第 10.1.5 条的规定外，尚应包括下列内容：

①在系统管道冲洗阶段，应采取措施进行隔离保护。

②不锈钢换热设备的壳体、管束及板片等，不应与碳钢设备及碳钢材料接触、混放。

③采用氮气密封或其他惰性气体密封的换热设备应保持气封压力。

4.6.5 蓄热蓄冷设备安装

1）冰蓄冷、水蓄热蓄冷设备安装应按下列工序（图 4 - 44）进行。

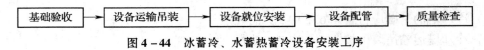

图 4 - 44 冰蓄冷、水蓄热蓄冷设备安装工序

2）冰蓄冷、水蓄热蓄冷设备基础应符合 4.6.1 中 2）的规定。

3）蓄冰槽、蓄冰盘管吊装就位应符合下列规定：

①临时放置设备时，不应拆卸冰槽下的垫木，防止设备变形。

②吊装前，应清除蓄冰槽内或封板上的水、冰及其他残渣。

③蓄冰槽就位前，应画出安装基准线，以确定设备找正、调平的定位基准线。

④应将蓄冰盘管吊装至预定位置，找正、找平。

4）蓄冰盘管布置应紧凑，蓄冰槽上方应预留不小于 1.2m 的净高作为检修空间。

5）蓄冰设备的接管应满足设计要求，并应符合下列规定：

①温度和压力传感器的安装位置处应预留检修空间。

②盘管上方不应有主干管道、电缆、桥架、风管等。

6）管道系统试压和清洗时，应将蓄冰槽隔离。

7）冰蓄冷系统管道充水时，应先将蓄冰槽内的水填充至视窗 0% 的刻度上，充水之后，不应再移动蓄冰槽。

8）乙二醇溶液的填充应符合下列规定：

①添加乙二醇溶液前，管道应试压合格，且冲洗干净。

②乙二醇溶液的成分及比例应符合设计要求。

③乙二醇溶液添加完毕后，在开始蓄冰模式运转前，系统应运转不少于6h，系统内的空气应完全排出，乙二醇溶液应混合均匀，再次测试乙二醇溶液的密度、浓度应符合要求。

9）现场制作水蓄冷蓄热罐时，其焊接应符合现行国家标准《立式圆筒形钢制焊接储罐施工规范》GB 50128—2014、《钢结构工程施工质量验收规范》GB 50205—2001 和《现场设备、工业管道焊接工程施工规范》GB 50236—2011 的有关规定。

4.6.6 软化水装置安装

1）软化水装置安装应按下列工序（图4-45）进行。

基础验收 → 软化水装置就位安装 → 软化水装置配管 → 质量检查

图4-45　软化水装置安装工序

2）软化水装置的安装场地应平整，软化水装置的基础应符合4.6.1中2）规定。

3）软化水装置安装应符合下列规定：

①软化水装置的电控器上方或沿电控器开启方向应预留不小于600mm的检修空间。

②盐罐安装位置应靠近树脂罐，并应尽量缩短吸盐管的长度。

③过滤型的软化水装置应按设备上的水流方向标识安装，不应装反；非过滤型的软化水装置安装时可根据实际情况选择进出口。

4）软化水装置配管应符合设计要求，并应符合下列规定：

①进、出水管道上应装有压力表和手动阀门，进、出水管道之间应安装旁通阀，出水管道阀门前应安装取样阀，进水管道宜安装Y形过滤器。

②排水管道上不应安装阀门，排水管道不应直接与污水管道连接。

③与软化水装置连接的管道应设独立支架。

4.6.7 水泵安装

1）水泵安装应按下列工序（图4-46）进行。

基础验收 → 减振装置安装 → 水泵及附件安装 → 质量检查

图4-46　水泵安装工序

2）水泵基础应符合4.6.1中2）的规定。

3）水泵减振装置安装应满足设计及产品技术文件的要求，并应符合下列规定：

①水泵减振板可采用型钢制作或采用钢筋混凝土浇筑。多台水泵成排安装时，应排列整齐。

②水泵减振装置应安装在水泵减振板下面。

③减振装置应成对放置。

④弹簧减振器安装时，应有限制位移措施。

4）水泵就位安装应符合下列规定：

①水泵就位时，水泵纵向中心轴线应与基础中心线重合对齐，并找平找正。

②水泵与减振板固定应牢靠，地脚螺栓应有防松动措施。

5）水泵吸入管安装应满足设计要求，并应符合下列规定：

①吸入管水平段应有沿水流方向连续上升的不小于0.5%坡度。

②水泵吸入口处应有不小于2倍管径的直管段，吸入口不应直接安装弯头。

③吸入管水平段上严禁因避让其他管道安装向上或向下的弯管。

④水泵吸入管变径时，应做偏心变径管，管顶上平。

⑤水泵吸入管应按设计要求安装阀门、过滤器。水泵吸入管与泵体连接处，应设置可挠曲软接头，不宜采用金属软管。

⑥吸入管应设置独立的管道支、吊架。

6）水泵出水管安装应满足设计要求，并应符合下列规定：

①出水管段安装顺序应依次为变径管、可挠曲软接头、短管、止回阀、闸阀（蝶阀）。

②出水管变径应采用同心变径。

③出水管应设置独立的管道支、吊架。

4.6.8　制冷制热附属设备安装

1）制冷制热附属设备安装应按下列工序（图4-47）进行。

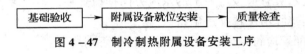

图4-47　制冷制热附属设备安装工序

2）制冷制热附属设备基础应符合4.6.1中2）的规定。

3）制冷制热附属设备就位安装应符合设计及产品技术文件的要求，并应符合下列规定：

①附属设备支架、底座应与基础紧密接触，安装平正、牢固，地脚螺栓应垂直拧紧。

②定压稳压装置的罐顶至建筑物结构最低点的距离不应小于1.0m，罐与罐之间及罐壁与墙面的净距不宜小于0.7m。

③电子净化装置、过滤装置安装应位置正确，便于维修和清理。

4.7　空调水系统管道与附件安装

4.7.1　管道连接

1. 空调水系统管道连接

空调水系统管道连接应满足设计要求，并应符合下列规定：

1）管径小于或等于DN32的焊接钢管宜采用螺纹连接；管径大于DN32的焊接钢管宜采用焊接。

2）管径小于或等于DN100的镀锌钢管宜采用螺纹连接；管径大于DN100的镀锌钢管可采用沟槽式或法兰连接。采用螺纹连接或沟槽连接时，镀锌层破坏的表面及外露螺纹部分应进行防腐处理；采用焊接法兰连接时，对焊缝及热影响地区的表面应进行二次镀锌或防腐处理。

3）塑料管及复合管道的连接方法应符合产品技术标准的要求，管材及配件应为同一厂家的配套产品。

2．管道螺纹连接

1）管道与管件连接应采用标准螺纹，管道与阀门连接应采用短螺纹，管道与设备连接应采用长螺纹。

2）螺纹应规整，不应有毛刺、乱丝，不应有超过10%的断丝或缺扣。

3）管道螺纹应留有足够的装配余量可供拧紧，不应用填料来补充螺纹的松紧度。

4）填料应按顺时针方向薄而均匀地紧贴缠绕在外螺纹上；上管件时，不应将填料挤出。

5）螺纹连接应紧密牢固。管道螺纹应一次拧紧，不应倒回。螺纹连接后管螺纹根部应有2~3扣的外露螺纹。多余的填料应清理干净，并做好外露螺纹的防腐处理。

3．管道熔接

1）管材连接前，端部宜去掉20~30mm，切割管材宜采用专用剪和割刀，切口应平整、无毛刺，并应擦净连接断面上的污物。

2）承插热熔连接前，应标出承插深度，插入的管材端口外部宜进行坡口处理，坡角不宜小于30°，坡口长度不宜大于4mm。

3）对接热熔连接前，检查连接管的两个端面应吻合，不应有缝隙，调整好对口的两连接管间的同心度，错口不宜大于管道壁厚的10%。

4）电熔连接前，应检查机具与管件的导线连接正确，通电加热电压满足设备技术文件的要求。

5）熔接加热温度、加热时间、冷却时间、最小承插深度应满足热熔加热设备和管材产品技术文件的要求。

6）熔接接口在未冷却前可校正，严禁旋转。管道接口冷却过程中，不应移动、转动管道及管件，不应在连接件上施加张拉及剪切力。

7）热熔接口应接触紧密、完全重合，熔接圈的高度宜为2~4mm，宽度宜为4~8mm，高度与宽度的环向应均匀一致，电熔接口的熔接圈应均匀地挤在管件上。

4．管道焊接

1）管道坡口应表面整齐、光洁，不合格的管口不应进行对口焊接；管道对口形式和组对要求应符合表4-26和表4-27的规定。

表4-26 手工电弧焊对口形式及组对要求

接头名称	对口形式	接头尺寸（mm）			
		壁厚δ	间隙C	钝边P	坡口角度α（°）
对接不开坡口		1~3	0~1.5	—	—
		3~6 双面焊	1~2.5		

续表 4-26

接头名称	对口形式	接头尺寸（mm）			
		壁厚 δ	间隙 C	钝边 P	坡口角度 α（°）
对接 V 形坡口		6~9	0~2	0~2	65~75
		9~26	0~3	0~3	55~65
T 形坡口		2~30	0~2	—	—

表 4-27　氧-乙炔焊对口形式及组对要求

接头名称	对口形式	接头尺寸（mm）			
		壁厚 δ	间隙 C	钝边 P	坡口角度 α（°）
对接不开坡口		<3	1~2	—	—
对接 V 形坡口		3~6	2~3	0.5~1.5	70~90

2）管道对口、管道与管件对口时，外壁应平齐。

3）管道对口后进行点焊，点焊高度不超过管道壁厚的 70%，其焊缝根部应焊透，点焊位置应均匀对称。

4）采用多层焊时，在焊下层之前，应将上一层的焊渣及金属飞溅物清理干净。各层的引弧点和熄弧点均应错开 20mm。

5）管材与法兰焊接时，应先将管材插入法兰内，先点焊 2~3 点，用角尺找正、找平后再焊接。法兰应两面焊接，其内侧焊缝不应凸出法兰密封面。

6）焊缝应满焊，高度不应低于母材表面，并应与母材圆滑过渡。焊接后应立刻清除焊缝上的焊渣、氧化物等。焊缝外观质量不应低于现行国家标准《现场设备、工业管道焊接工程施工规范》GB 50236—2011 的有关规定。

5. 焊接的位置

1）直管段管径大于或等于 DN150 时，焊缝间距不应小于 150mm；管径小于 DN150 时，焊缝间距不应小于管道外径。

2）管道弯曲部位不应有焊缝。

3）管道接口焊缝距支、吊架边缘不应小于 100mm。

4）焊缝不应紧贴墙壁和楼板，并严禁置于套管内。

6. 法兰连接

1）法兰应焊接在长度大于 100mm 的直管段上，不应焊接在弯管或弯头上。

2）支管上的法兰与主管外壁净距应大于100mm，穿墙管道上的法兰与墙面净距应大于200mm。

3）法兰不应埋入地下或安装在套管中，埋地管道或不通行地沟内的法兰处应设检查井。

4）法兰垫片应放在法兰的中心位置，不应偏斜，且不应凸入管内，其外边缘宜接近螺栓孔。除设计要求外，不应使用双层、多层或倾斜形垫片。拆卸重新连接法兰时，应更换新垫片。

5）法兰对接应平行、紧密，与管道中心线垂直，连接法兰的螺栓应长短一致，朝向相同，螺栓露出螺母部分不应大于螺栓直径的一半。

7. 沟槽连接

1）沟槽式管接头应采用专门的滚槽机加工成型，可在施工现场按配管长度进行沟槽加工。钢管最小壁厚、沟槽尺寸、管端至沟槽边尺寸应符合表4-28的规定。

表4-28 钢管最小壁厚和沟槽尺寸 （mm）

公称直径	钢管外径	最小壁厚	管端至沟槽边尺寸（偏差为-0.5~0）	沟槽宽度（偏差为0~0.5）	沟槽深度（偏差为0~0.5）
20	27	2.75	14	8	1.5
25	33	3.25	14	8	1.8
32	43	3.25	14	8	1.8
40	48	3.50	14	8	1.8
50	57	3.50	14.5	8	1.8
50	60	3.50	14.5	8	1.8
65	76	3.75	14.5	8	1.8
80	89	4.00	14.5	8	1.8
100	108	4.00	16	13	2.2
100	114	4.00	16	13	2.2
125	133	4.50	16	13	2.2
125	140	4.50	16	13	2.2
150	159	4.50	16	13	2.2
150	165	4.50	16	13	2.2
150	168	4.50	16	13	2.2
200	219	6.00	19	13	2.5
250	273	6.50	19	13	2.5
300	325	7.50	19	13	2.5
350	377	9.00	25	13	5.5
400	426	9.00	25	13	5.5
450	480	9.00	25	13	5.5
500	530	9.00	25	13	5.5
600	630	9.00	25	13	5.5

2）现场滚槽加工时，管道应处在水平位置上，严禁管道出现纵向位移和角位移，不应损坏管道的镀锌层及内壁各种涂层或内衬层。沟槽加工时间不宜小于表4-29的规定。

表4-29 加工一个沟槽的时间

公称直径 DN（mm）	50	65	80	100	125	150	200	250	300	350	400	450	500	600
时间（min）	2	2	2.5	2.5	3	3	4	5	6	7	8	10	12	16

3）沟槽接头安装前应检查密封圈规格正确，并应在密封圈外部和内部密封唇上涂薄薄一层润滑剂，在对接管道的两侧定位。

4）密封圈外侧应安装卡箍，并应将卡箍凸边卡进沟槽内。安装时应压紧上下卡箍的耳部，在卡箍螺孔位置穿上螺栓，检查确认卡箍凸边全部卡进沟槽内，并应均匀轮换拧紧螺母。

4.7.2 管道安装

1）空调水系统管道与附件安装应按下列工序（图4-48）进行。

图4-48 空调水系统管道与附件安装工序

2）水系统管道预制应符合下列规定：

①管道除锈防腐应按《通风与空调工程施工规范》GB 50738—2011 第13章有关规定执行。

②下料前应进行管材调直，可按管道材质、管道弯曲程度及管径大小选择冷调或热调。

③预制前应先按施工图确定预制管段长度。螺纹连接时，应考虑管件所占的长度及拧进管件的内螺纹尺寸。

④切割管道时，管道切割面应平整，毛刺、铁屑等应清理干净。

⑤管道坡口加工宜采用机械方法，也可采用等离子弧、氧乙炔焰等热加工方法。采用热加工方法加工坡口后，应除去坡口表面的氧化皮、熔渣及影响接头质量的表面层，并应将凹凸不平处打磨平整。管道坡口加工应符合表4-26和表4-27的规定。

⑥螺纹连接的管道因管螺纹加工偏差使组装管段出现弯曲时，应进行调直。调直前，应先将有关的管件上好，再进行调直，加力点不应离螺纹太近。

⑦管道上直接开孔时，切口部位应采用校核过的样板画定，用氧乙炔焰切割，打磨掉氧化皮与熔渣，切断面应平整。

⑧管道预制长度宜便于运输和吊装。

⑨预制的半成品应标注编号，分批分类存放。

3）管道安装应符合下列规定：

①管道安装位置、敷设方式、坡度及坡向应符合设计要求。

②管道与设备连接应在设备安装完毕，外观检查合格，且冲洗干净后进行；与水泵、空调机组、制冷机组的接管应采用可挠曲软接头连接，软接头宜为橡胶软接头，且公称压力应符合系统工作压力的要求。

③管道和管件在安装前，应对其内、外壁进行清洁。管道安装间断时，应及时封闭敞开的管口。

④管道变径应满足气体排放及泄水要求。

⑤管道开三通时，应保证支路管道伸缩不影响主干管。

4）冷凝水管道安装应符合下列规定：

①冷凝水管道的安装坡度应满足设计要求，当设计无要求时，干管坡度不宜小于0.8%，支管坡度不宜小于1%。

②冷凝水管道与机组连接应按设计要求安装存水弯。采用的软管应牢固可靠、顺直，无扭曲，软管连接长度不宜大于150mm。

③冷凝水管道严禁直接接入生活污水管道，且不应接入雨水管道。

4.7.3　阀门与附件安装

1）阀门与附件的安装位置应符合设计要求，并应便于操作和观察。

2）阀门安装应符合下列规定：

①阀门安装前，应清理干净与阀门连接的管道。

②阀门安装进、出口方向应正确；直埋于地下或地沟内管道上的阀门，应设检查井（室）。

③安装螺纹阀门时，严禁填料进入阀门内。

④安装法兰阀门时，应将阀门关闭，对称均匀地拧紧螺母。阀门法兰与管道法兰应平行。

⑤与管道焊接的阀门应先点焊定位，再将关闭件全开，然后施焊。

⑥阀门前后应有直管段，严禁阀门直接与管件相连。水平管道上安装阀门时，不应将阀门手轮朝下安装。

⑦阀门连接应牢固、紧密，启闭灵活，朝向合理；并排水平管道设计间距过小时，阀门应错开安装；并排垂直管道上的阀门应安装于同一高度上，手轮之间的净距不应小于100mm。

3）电动阀门安装尚应符合下列规定：

①电动阀安装前，应进行模拟动作和压力试验。执行机构行程、开关动作及最大关紧力应符合设计和产品技术文件的要求。

②阀门的供电电压、控制信号及接线方式应符合系统功能和产品技术文件的要求。

③电动阀门安装时，应将执行机构与阀体一体安装，执行机构和控制装置应灵敏可靠，无松动或卡涩现象。

④有阀位指示装置的电磁阀，其阀位指示装置应面向便于观察的方向。

4）安全阀安装应符合下列规定：

①安全阀应由专业检测机构校验，外观应无损伤，铅封应完好。

②安全阀应安装在便于检修的地方，并垂直安装；管道、压力容器与安全阀之间应保持通畅。

③与安全阀连接的管道直径不应小于阀的接口直径。

④螺纹连接的安全阀，其连接短管长度不宜超过100mm；法兰连接的安全阀，其连接短管长度不宜超过120mm。

⑤安全阀排放管应引向室外或安全地带，并应固定牢固。

⑥设备运行前，应对安全阀进行调整校正，开启和回座压力应符合设计要求。调整校正时，每个安全阀启闭试验不应少于3次。安全阀经调整后，在设计工作压力下不应有泄漏。

5）过滤器应安装在设备的进水管道上，方向应正确且便于滤网的拆装和清洗；过滤器与管道连接应牢固、严密。

6）制冷机组的冷冻水及冷却水管道上的水流开关应安装在水平直管段上。

7）补偿器的补偿量和安装位置应满足设计及产品技术文件的要求，并应符合下列规定：

①应根据安装时施工现场的环境温度计算出该管段的实时补偿量，进行补偿器的预拉伸或预压缩。

②设有补偿器的管道应设置固定支架和导向支架，其结构形式和固定位置应符合设计要求。

③管道系统水压试验后，应及时松开波纹补偿器调整螺杆上的螺母，使补偿器处于自由状态。

④"⊓"形补偿器水平安装时，垂直臂应呈水平，平行臂应与管道坡向一致；垂直安装时，应有排气和泄水阀。

8）仪表安装前应校验合格；仪表应安装在便于观察、不妨碍操作和检修的地方；压力表与管道连接时，应安装放气旋塞及防冲击表弯。

5 电梯工程施工

5.1 电力驱动的曳引式和强制式电梯安装

5.1.1 土建交接检验

1. 机房的检验要求

电梯机房的检验要求如下：

1）机房地板应能承受 6865Pa 的压力。

2）机房地面应采用防滑材料。

3）曳引机承重梁如果埋入承重墙内，则支承长度应超过墙厚中心 20mm，且不应小于 75mm。

4）机房地面应平整，门窗应防风雨，机房入口楼梯或爬梯应设扶手，通向机房的道路应畅通，机房门应加锁，门的外侧应设有包括下列简短字句的须知："电梯曳引机——危险，未经许可禁止入内"。

5）机房内钢丝绳与楼板孔洞每边间隙应为 20～40mm，通向井道孔洞四周应筑一高 50mm 以上、宽度适当的台阶（图 5－1）。

6）当机房地面包括几个不同高度并相差大于 0.5m 时，应设置楼梯或台阶和护栏。

7）当机房地面有任何深度大于 0.5m、宽度小于 0.5m 坑或任何槽坑时，均应盖住。

8）当建筑物（如住宅、旅馆、医院、学校、图书馆等）的功能有要求时，机房的墙壁、地板和房顶应能大量吸收电梯运行时产生的噪声。

9）机房必须通风，从建筑物其他部分抽出的陈腐空气，不得排入机房内。

10）机房应符合设计图纸要求，须有足够的面积、高度、承重能力。吊钩的位置应正确，且应符合设计的载荷承受要求，承重梁和吊钩上应标明最大允许载荷。

11）以电梯井道顶端电梯安装时设立的样板架为基准，将样板架的纵向、横向中心轴线引入机房内，并有基准线来确定曳引机设备的相对位置，用其来检查机房地坪上曳引机、限速器等设备定位线的正确程度。各机械设备离墙距离应大于 300mm。限速器离墙应大于 100mm 以上。

12）按照图纸要求来检查预留孔、吊钩的位置尺寸，曳引钢丝绳、限速钢丝绳在穿越楼板孔时，钢丝绳边与孔四边的间距均应有 20～40mm 的间隙，在机内通井道的孔应在四周筑有台阶，台阶的高度应在 50mm 以上，以防止工具、杂物、零部件、油、水等落入井道内。

2. 主电源开关的检验要求

1）每台电梯应有独立的能切断主电源的开关，其开关容量应能切断电梯正常使用情况下的最大电源，一般不小于主电机额定电流的 2 倍。

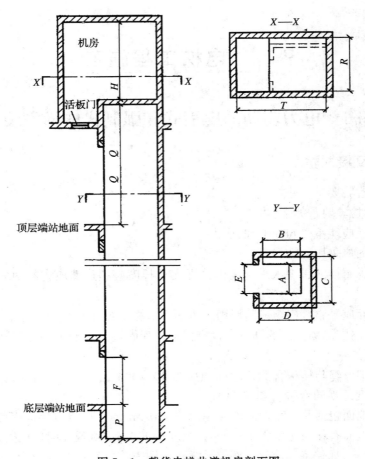

图 5-1　载货电梯井道机房剖面图

注：1　图中的封闭阴影面积表示门洞和门套之间的后填部分。
　　　2　虽然示意图上并未示出机房门，但应设置此门。
　　　3　如需设置活板门时，应按图示位置。

2）主电源开关安装位置应靠近机房入口处，并能方便、迅速地接近，安装高度宜为 1.3~1.5m 处。

3）电源开关与线路熔断丝应相匹配，不应盲目用铜丝替代。

4）电梯动力电源线和控制线路应分别敷设，微信号及电子线路应按产品要求隔离敷设。

5）电梯动力电源应与照明电源分别敷设。

6）电梯主电源开关不应切断下列供电电源：

①轿厢照明与通风。

②机房与滑轮间的照明。

③机房内电源插座。

④轿顶与底坑的电源插座。

⑤电梯井道照明。

⑥报警装置。

7）如果机房内安装多台电梯时，各台电梯的主电源开关对该台电梯的控制装置及主电机应有相应的识别标志，且应检查单相三眼检修插座是否有接地线，接地线应接在上方，左零右相接线是否正确。

8）对无机房电梯的主电源除按上述条款外，该主电源开关应设置在井道外面并能使工作人员较为方便地接近的地方，且还应有安全防护措施，要有专人负责。

9）机房内应有固定式照明，用照度仪测量机房地表面上的照度，其照度应大于200lx，在机房内靠近入口（或设有多个入口）的适当高度设有一个开关，以便于进入机房时能控制机房照明，且在机房内应设置一个或多个电源检修插座，这些插座应是2P+PE型250V。

10）机房内零线与接地线应始终分开，不得串接，接地电阻值不应大于4Ω。

11）通往机房的通道和楼梯应有充分的照明，需使用楼梯运主机等时，应能承受主机的重量，并能方便地通过，此时楼梯宽度应不小于1.2m，坡度应不大于45°。

3. 井道及底坑的检验要求

1）每一台电梯的井道均应由无孔的墙、底板和顶板完全封闭起来，只允许有下述开口：

①层门开口。

②通往井道的检修门、井道安全门以及检修活板门的开口。

③火灾情况下，气体和烟雾的排气孔。

④通风孔。

⑤井道与机房或滑轮间之间必要的功能性开口。

⑥电梯之间隔板上的开孔。

2）井道的墙、底面和顶板应具有足够的机械强度，应用坚固、非易燃材料制造。而这些材料本身不应助长灰尘产生。

3）当相邻两层门地坎间的距离超过11m时，其间应设置安全门。安全门的高度不得小于1.8m，宽度不得小于0.35m，检修门的高度不得小于1.4m，宽度不得小于0.6m。且它们均不得朝里开启。检修门、安全门、活板门均应是无孔的，并具有与层门一样的机械强度。

4）门与活板门均应装有用钥匙操纵的锁，当门与活板门开启后不用钥匙亦能将其关闭和锁住时，检修门和安全门即使在锁住的情况下，也应能不用钥匙从井道内部将门打开。井道检修门近旁应设有一须知，指出："电梯井道——危险，未经许可严禁入内。"

5）规定的电梯井道水平尺寸是用铅垂测定的最小净空尺寸。其允许偏差值：

对高度≤30m的井道为0～+25mm

对30m<高度≤60m的井道为0～+35mm

对60m<高度<90m的井道为0～+50mm

6）采用膨胀螺栓安装电梯导轨支架应满足下列要求：

①混凝土墙应坚固结实，其耐压强度应不低于24MPa。

②混凝土墙壁的厚度应在 120mm 以上。

③所选用的膨胀螺栓必须符合国标要求。

7）当同一井道装有多台电梯时（简称通井道），在井道底部各电梯间应设置安全防护隔离栏，隔离栏底部离地坑地面的间距不应大于 0.3m，上方至少应延伸到最底层站楼面 2.5m 以上的高度，隔离栏宽度离井道壁的间距不应大于 0.15m。

8）在井道底部，不同的电梯运动部件（轿厢或对重装置）之间应设置安全护栏，高度从轿厢或对重行程最低点延伸到底坑地面以上 2.5m 的高度。

9）当轿顶边缘与相邻电梯的运动部件（轿厢或对重装置）水平距离在小于 0.5m 时，应加装安全护栏，且护栏应贯穿整个井道，其有效宽度应不小于被防护的运动部件（或其他部分）的宽度每边各加 0.1m。

10）当相邻两扇层门地坎间距大于 11m 时，其中间必须要设置安全检修门，此门严禁向内开启，且必须装有电气安全开关，只有在处于检修门关闭的情况下电梯才能起动。

11）施工人员在进场安装电梯前，应对每层层门加装安全围护栏，其高度应大于 1.2m，且应有足够的强度。

12）井道顶部应设置通风孔，其面积不应小于井道水平断面面积的 1%，通风孔可直接通向室外，或经机房通向室外，除为电梯服务的房间外，井道不得用于其他房间的通风。

13）井道应为电梯专用，井道不得装有与电梯无关的设备、电缆等（井道内允许装置取暖设备，但不能用热水或蒸汽作为热源。取暖设备的控制与调节装置应设置在井道外面）。

14）井道内应设置永久性照明，在距井道最高或最低点 0.5m 处各设一盏灯，中间每隔 7m（最大值）设一盏灯，其照明度应用照度仪测出其照度，井道内照度不应小于 50lx。其控制开关应分别设置在机房与底坑内。

15）电梯井道最好不设置在人们能到达的空间上面。如果轿厢或对重之下确有人能到达的空间存在，底坑的底面应至少按 5000Pa 载荷设计，并且将对重缓冲器安装在一直延伸到坚固地面上的实心桩墩上或对重侧应装有安全钳装置。

16）底坑内应设有一个单相三眼检修插座。

17）底坑底部与四周不得渗水与漏水，且底部应光滑平整。

18）每一个层楼的土建应标有一个最终地平面的标高基准线，以便于安装层门地坎时识别。

4．井道内照明要求

电梯井道内必须设置带有防护罩，并且电源电压不大于 36V 的灯具进行照明。每台电梯应单独供电，并在井道入口处设电源开关，井道照明灯应每隔 3～7m 设一盏灯，顶层和底坑应有两个或两个以上的照明灯，机房照明灯数量应不小于两倍电梯台数。

5．层门的检验要求

1）在层门附近、层站的自然或人工照明，在地面上应至少为 50lx。

2）电梯各层站的候梯厅深度，至少应保持在整个井道宽度范围内符合下列条款规定。这些尺寸没有考虑不乘电梯的人员在穿越层站时对交通过道的要求。候梯厅深度是指沿轿厢深度方向测得的候梯厅墙与对面墙之间的距离。

①住宅楼用的电梯的候梯厅（采用Ⅰ类电梯）：单台电梯或多台并列成排布置的电梯，候梯厅深度不应小于最大的轿厢深度（这类电梯最多台数为4台），可以并列成排布置；服务于残疾人的电梯候梯厅深度不应小于1.5m。

②客梯、住宅电梯（Ⅰ类电梯），两用电梯（Ⅱ类电梯），病床电梯（Ⅲ类电梯）的候梯厅：单台电梯或多台并列成排布置的电梯候梯厅深度不应小于1.5乘以最大的轿厢的深度（这类多台并列成排布置的群控电梯最多台数为4台）。除Ⅲ类电梯外，当电梯群为4台时，候梯厅深度不应小于2400mm。

多台面对面排列的群控电梯最多台数为8台（4×2）。候梯厅深度不小于相对电梯的轿厢深度之和。除Ⅲ类电梯之外，此距离不得大于4500mm。

③货梯（Ⅳ类电梯）的候梯厅：

单台电梯的候梯厅深度不应小于1.5乘以最大的轿厢的深度。

多台并列成排的候梯厅深度不应小于1.5乘以最大轿厢的深度。

多台面对面排列的候梯厅深度应不小于相对轿厢深度之和。

5.1.2 驱动主机

1．承重梁安装

（1）承重梁的安装位置。采用上置式传动方式时，电梯承重梁都设在机房，承受电梯的全部动载荷和静载荷。对于有减速器的曳引机，采用三根承重梁支撑。因建筑结构的原因，承重梁的安装位置有所不同，一般有以下三种：

1）当建筑物顶层有足够的高度时，承重梁可根据安装平面位置于楼板下面，并与楼板连为一体，如图5-2所示。

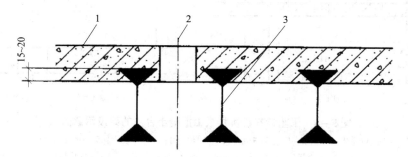

图 5-2 承重梁埋设机房楼板下面示意图
1—机房楼板；2—轿厢架中心线；3—承重梁

2）当顶层不太高时，可将承重梁根据电梯安装平面图置于机房楼板上面，并在安装导向轮的地方留出方形安装预留孔，如图5-3所示。

3）当建筑物顶层不太高且机房有足够的高度时，为避免承重梁与其他设备在安装布局上相互冲突，可在机房楼板上筑两个高出楼板600mm的钢筋混凝土台，将承重梁架在台上。采用这种方法时，一般都在承重梁下部焊出钢板并在钢板上钻出导向轮轴孔，并把导向轮固定在承重梁上，如图5-4所示。

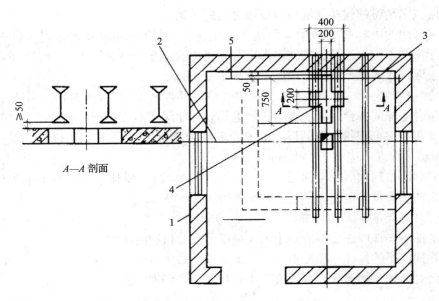

图 5-3　承重梁安装在楼板上示意图
1—机房楼板；2—轿厢架中心线；3—承重梁；4—预留十字孔；5—对重中心线

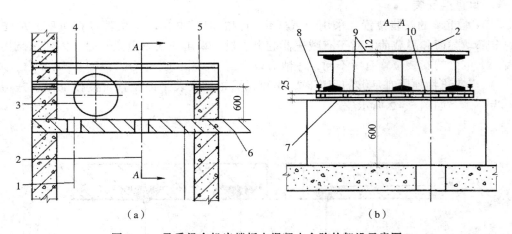

（a）　　　　　　　　　　　　（b）

图 5-4　承重梁在机房楼板上混凝土台阶的架设示意图
1—对重中心线；2—轿厢架中心线；3—导向轮；4—承重梁；5—混凝土台阶；
6—机房楼板；7—垫板；8—地脚螺栓；9—连接板；10—橡胶垫

根据垫起的高度，所用型钢及钢材尺寸见表 5-1。

表 5-1　选用型钢及钢板尺寸（mm）

垫起高度	300	450	600
选用型钢名称	等边角钢	槽钢	槽钢
型钢规格	$100 \times 100 \times 10$	$h = 160$	$h = 200$　$\delta = 9$
钢板宽度	300	450	同构架长度

对于无齿轮曳引机的高速电梯，承重梁一般为六根，其安装方法如图5－5所示。

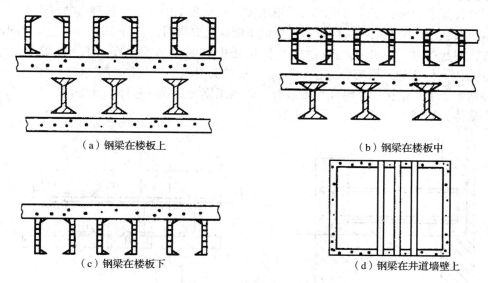

（a）钢梁在楼板上   （b）钢梁在楼板中

（c）钢梁在楼板下   （d）钢梁在井道墙壁上

图5－5 钢梁架设在机房楼板的位置示意图

（2）承重梁的规格。承重梁的规格，要根据电梯额定载重量进行选择，一般按表5－2所示。

表5－2 曳引机和承重钢梁选配表

额定载重量（kg）	曳引机额定速度（m/s）	曳引机型号	承重钢梁型号
500	1.0	BWL－500	20a
700～1000	1.75	BWL－1500	30a
750～1000	1.0	BWL－1000	27a
750～1000～1500	1.5	BWL－1500	30a
750～2000	1.0	BWL－1500	30a
2000	0.5	BWL－1000	27a

（3）安装承重梁。机房承重梁是承载曳引机、轿厢和额定载荷、对重装置等总重量的机件。因此，承重梁的两端必须牢固地埋入墙内或稳固在对应井道墙壁上的机房地板上。

承重梁的规格尺寸与电梯的额定载荷和额定速度有关。在一般情况下，承重梁由制造厂提供。如制造厂提供不了，需由用户自备时，其规格尺寸应按电梯随机技术文件的要求配备。

安装承重梁时，应提供电梯的不同运行速度、曳引方式、井道顶层高度、隔音层、机房高度、机房内各部件的平面布置，确定不同的安装方法。对于有减速器的曳引机和无减速器的曳引机，其承重梁的安装方法略有差异。

1）承重梁安装在机房楼板下。此方法由土建施工负责，承重梁必须与楼板浇筑成一体，如图5－5（a）所示。

2）承重梁安装在机房楼板上。由于土建施工时承重梁未能及时埋设，或梯井上缓冲距离不符合要求的情况下，可采取将承重梁安装在楼板上的方法。这种方法首先采取承重梁沿地面安装，如图5-5（a）所示。如仍不能满足要求时，允许采取将承重梁架起的安装方法，架起的高度应以抗绳轮底面与机房楼板底面取平的限度，不可再高，一般以300mm为限。但无论采取哪种方法，均应事先对曳引机的检修高度要求进行审核。钢梁两端必须架于承重结构上。沿地坪安装时，两端用钢板焊成一整体，并浇混凝土台与楼板连成一整体，如图5-6所示。

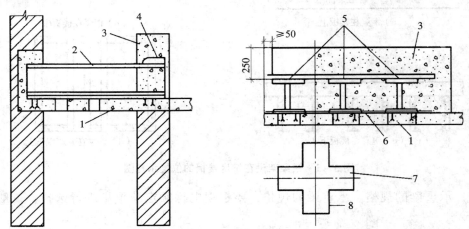

图5-6　钢梁沿地面安装方法示意图

1—机房楼板；2—承重钢梁；3—混凝土台；4—钢板；5—钢板焊接处；
6—钢板或垫铁；7—导向轮中心；8—楼板预留十字孔

3）机房高度在2.5m以上时，还可以把3根钢梁预先组成一个整体，放在预先做好的两端的混凝土台座上，台座高度以500mm左右为宜，台座内的钢筋要与楼板内的钢筋连接，如图5-7所示。这种做法施工简便，有利于曳引机安装位置的调整，减少安装误差，还可以采取预制方法安装，但此种做法在机房高度为2.5m以下者不宜采用。

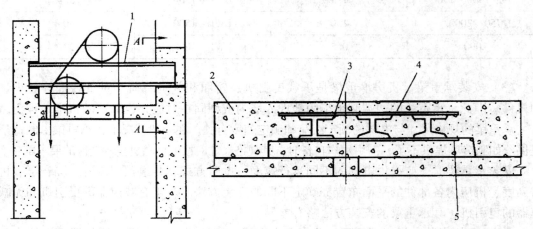

图5-7　用混凝土台钢梁方法示意图

1—承重梁；2—混凝土台；3—焊接；4—钢板；5—预埋钢板

4）无齿轮变速的高速电梯（一般在 2m/s 以上），承重钢梁可放在楼板下边或上边，也可放在楼板内，如图 5-5 所示。但必须符合以上有关的要求。

（4）承重梁安装技术要求。

1）承重梁两端如需埋入承重墙内时，其埋入深度应超过墙厚中心 20mm，且不应小于 75mm（对砖墙梁下应垫以能承受其重量的钢筋混凝土过梁或金属过梁）（图 5-8）。

2）承重梁两端应支架在建筑物承重梁（或墙）上时，应采用混凝土浇制，其混凝土标号应大于 C20，厚度应大于 100mm。

3）承重梁的底面应离开机房地坪 50mm 以上，以减轻电动机运行时共振和不使地坪受力。承重梁

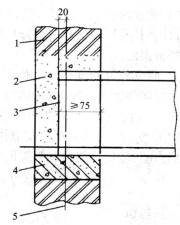

图 5-8　承重梁的埋设示意图
1—砖墙；2—混凝土；3—承重梁；
4—钢筋混凝土过梁或金属过梁；5—墙中心线

的底面在施工时应离机房毛地坪距离大于 120mm，便于在安装电气配管后再浇地坪时，能保持承重梁底面距地坪高度大于 50mm。

4）机组如直接安装在地坪上时，其混凝土地坪厚度应大于 300mm，并应有减振橡胶垫装置。

5）承重梁水平度在长度方向应小于 2‰。

6）承重梁上如要开孔，不得采用气割，而必须采用钻孔的方式。

2．曳引机安装

（1）曳引机的规格。曳引机的规格按拖动量划分，以电梯载重量代表有 0.5t、0.75t、1t、1.5t、2t、3t 等。运行速度分别有 0.5m/s、1m/s、1.5m/s、1.75m/s 等。

（2）曳引机组附件。

1）摇车手轮（盘车手轮）如图 5-9 所示。在停电时，或因其他事故而不能开车时，用摇车手轮套在电动机后轴上，可将轿厢摇动至乘客能走出轿厢的门厅门层站。

2）松闸扳手如图 5-10 所示，用于在摇车时松开抱闸。

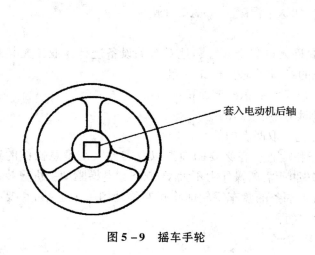

图 5-9　摇车手轮

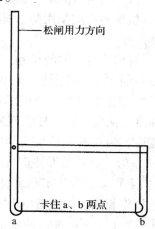

图 5-10　松闸扳手示意图

3）橡皮砖垫用于防震和减低噪声，曳引机底座下面要铺垫均布的橡皮砖垫。

4）挡板和压板的作用是防止曳引机在长期运行中移位，一般是在曳引机底座上用压板和挡板固定。

5）导向轮（引绳轮）的作用是把主绳轮的钢丝绳引向平衡砣（对重）方向，保持平衡砣与轿厢的距离。导向轮的位置一般装在机房的钢梁上，它与主绳轮的距离随平衡砣的位置而定。主绳轮绳槽对轿厢中心，导向轮的绳槽对着平衡轮的中心。

（3）曳引机安装对机房及滑轮间的要求。

1）电梯驱动主机及其附属设备和滑轮应设置在一个专用房间内，该房间应有实体的墙壁、房顶、门和（或）活板门，只有经过批准的人员（维修、检查和营救人员）才能接近。

机房或滑轮间不应用于电梯以外的其他用途，也不应设置非电梯用的线槽、电缆或装置。但这些房间可设置：

①杂物电梯或自动扶梯的驱动主机。

②该房间的空调或采暖设备，但不包括以蒸汽和高压水加热的采暖设备。

③火灾探测器和灭火器。具有高的动作温度，适用于电气设备，有一定的稳定期且有防意外碰撞的合适的保护。

2）导向滑轮可以安装在井道的顶层空间内，其条件是它们位于轿顶投影部分的外面，并且检查、测试和维修工作能够安全地从轿顶或从井道外进行。

而为对重（或平衡重）导向的单绕或复绕的导向滑轮可以安装在轿顶的上方，其条件是从轿顶上能完全安全地触及它们的轮轴。

3）曳引轮可以安装在井道内，其条件是：

①能够从机房进行检查、测试和维修工作。

②机房与井道间的开口应尽可能的小。

4）机房的结构和设备。

①强度和地面。

a. 机房结构应能承受预定的载荷力。机房要用经久耐用和不易产生灰尘的材料建造。

b. 机房地面应采用防滑材料，如抹平混凝土、波纹钢板等。

②尺寸。

a. 机房应有足够的尺寸，以允许人员安全和容易地对有关设备进行作业，尤其是对电气设备的作业。特别是工作区域的净高不应小于2m，且：

（a）在控制屏和控制柜前有一块净空面积，该面积：

深度，从屏、柜的外表面测量时不小于0.70m。

宽度，为0.50m或屏、柜的全宽，取两者中的大者。

（b）为了对运动部件进行维修和检查，在必要的地点以及需要人工紧急操作的地方（如果向上移动装有额定载重量的轿厢所需的操作力不大于400N，电梯驱动主机应装设手动紧急操作装置，以便借用平滑且无辐条的盘车手轮能将轿厢移动到一个层站），要有一块不小于0.50m×0.60m的水平净空面积。

b. 供活动的净高度不应小于1.80m。

通往 a. 所述的净空场地的通道宽度不应小于 0.50m，在没有运动部件的地方，此值可减少到 0.40m。

供活动的净高度从屋顶结构梁下面测量到下列两地面：

（a）通道场地的地面。

（b）工作场地的地面。

c. 电梯驱动主机旋转部件的上方应有不小于 0.30m 的垂直净空距离。

d. 机房地面高度不一且相差大于 0.50m 时，应设置楼梯或台阶，并设置护栏。

e. 机房地面有任何深度大于 0.50m、宽度小于 0.50m 的凹坑或任何槽坑时，均应盖住。

f. 机房面积一般至少为井道截面积的 2 倍以上，具体规定如下：

（a）交流电梯：2～2.5 倍。

（b）直流电梯：3～3.5 倍。

g. 机房地面至顶板的垂直距离一般为：

（a）客梯、病房梯：2.2～2.8m 以上。

（b）货梯：2.2～2.4m 以上。

③门和检修活板门。

a. 通道门的宽度不应小于 0.60m，高度不应小于 1.80m，且门不得向房内开启。

b. 供人员进出的检修活板门，其净通道尺寸不应小于 0.80m×0.80m，且开门后能保持在开启位置。

所有检修活板门，当处于关闭位置时，均应能支撑两个人的体重，每个人按在门的任何 0.20m×0.20m 面积上作用 1000N 的力，门应无永久变形。

检修活板门除非与可收缩的梯子连接外，不得向下开启。如果门上装有铰链，应属于不能脱钩的型式。

当检修活板门开启时，应有防止人员坠落的措施（如设置护栏）。

c. 门或检修活板门应装有带钥匙的锁，它可以从机房内不用钥匙打开。

只供运送器材的活板门，只能从机房内部锁住。

④通风。机房应有适当的通风，同时必须考虑到井道通过机房通风从建筑物其他处抽出的陈腐空气不得直接排入机房内。应保护诸如电动机、设备以及电缆等，使它们尽可能不受灰尘、有害气体和湿气的损害。

⑤照明和电源插座。机房应设有永久性的电气照明，地面上的照度不应小于 200lx。照明电源应与电梯驱动主机电源分开。在机房内靠近入口（或多个入口）处的适当高度应设有一个开关，控制机房照明。机房内应至少设有一个符合《电梯制造与安装安全规范》GB 7588—2003 13.6.2 要求的电源插座。

⑥在曳引机的上方，机房顶板或横梁上，应设吊钩，以便在安装和维修及更新设备时，吊运重的设备。钩的承重能力如下：

对额定载重 3～5kN 的电梯，应为 20kN。

对额定载重 50kN 的电梯，应不小于 30kN。

5）机房标高位置要求。机房位于电梯井道的最上方或最下方，供装设曳引机、控制柜、限速器、选层器、地震检测仪、配线板、总电源开关及通风设备等。

①机房设在井道底部：这种方式称为下置式曳引方式，如图 5 - 11 所示。由于结构复杂，钢丝绳弯折次数较多，缩短了使用期限，增加了井道承重，且保养困难，故一般不采用。只有机房不可能设在井道顶部时才采用。

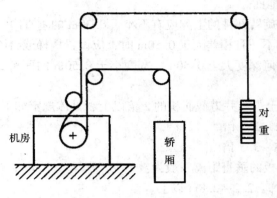

图 5 - 11　机房下置式示意图

②机房上置式曳引方式：如图 5 - 12 所示，因设备简单，钢丝绳弯曲次数少，因而成本低，维护简单，故较多采用这种方法。

③机房侧置式：如果机房既不能设置在底部，也不可能设置在顶部时，可考虑选用液压式电梯，即机房为侧置式，如图 5 - 13 所示。

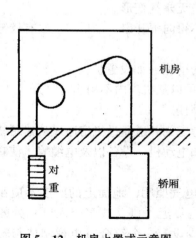

图 5 - 12　机房上置式示意图

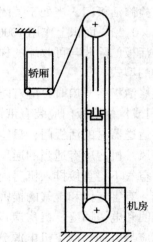

图 5 - 13　机房侧置式示意图

(4) 曳引机的固定方法。

1) 刚性固定。曳引机直接与承重钢梁或楼板接触，用螺栓固定。此种方法简单方便，但曳引机工作时，其振动直接传给楼板。由于工作时振动和噪声较大，只限用于低速电梯。

2) 弹性固定。常见的形式是曳引机先装在用槽钢焊制的钢架上，在机架与承重梁或楼板之间加有减震的橡胶垫（图 5-14 和图 5-15 中的橡胶砖），能有效地减小曳引机的振动及其传播，使其工作平稳。因此，这种方法应用广泛。

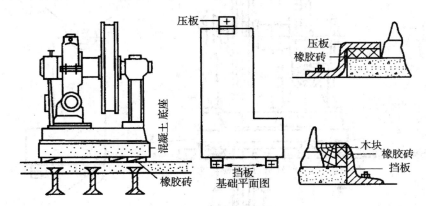

图 5-14 曳引机弹性固定之一

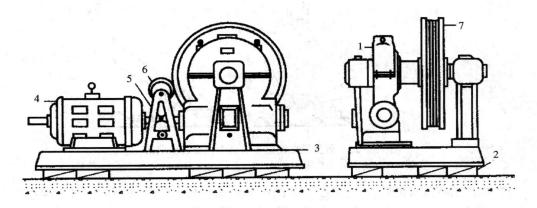

图 5-15 曳引机弹性固定之二

1—蜗轮、蜗杆减速机；2—减震器（橡胶砖）；3—机座；4—电动机；

5—制动器（直流抱闸）；6—制动电磁铁；7—主绳轮

（5）曳引机安装（图 5-14、图 5-15）。承重梁经安装、稳固和检查符合要求后，方能开始安装曳引机。曳引机的安装方法与承重梁的安装形式有关。

1）若承重梁安装在机房楼板下时，多按曳引机的外轮廓尺寸，先制作一个高 250~300mm 的混凝土台座，然后把曳引机稳固在台座上。

制作台座时，在台座上方对应曳引机底盘上各固定螺栓孔处，预埋下地脚螺栓，然后按安装平面布置图和随机技术文件的要求，在承重梁的上方摆设好减震橡胶垫，待混凝土台座凝固后，将其吊放在减震橡胶垫上，并经调整校正校平后，把曳引机吊装在混凝土台座上，再经调整校正校平后把固定螺栓上紧，使台座和曳引机连成一体即可。

为防止电梯在运行过程中台座和曳引机产生位移，台座和曳引机两端还需用压板、挡板、橡胶垫等将台座和曳引机定位，如图 5-16 所示。

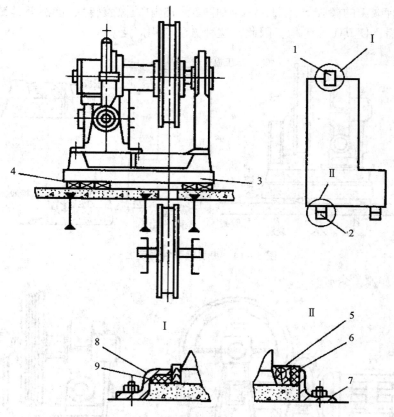

图 5 - 16　承重梁在楼板下的曳引机安装示意图
1、8—压板；2—挡板；3—混凝土台座；4、6、9—减震橡胶垫；5—木块；7—挡板

2）承重梁在机房楼板上时，当 2 ~ 3 根承重梁在楼板上安装妥当后，对于噪声要求不太高的杂物电梯、货梯、低速病梯等，可以通过螺栓把曳引机直接固定在承重梁上。对于噪声要求严格的病梯、乘客电梯，在曳引机底盘下面和承重梁之间还应设置减震装置。老式减震装置主要由上、下两块与曳引机底盘尺寸相等、厚度为 16 ~ 20mm 厚的钢板和减震橡胶垫构成。下钢板与承重梁焊成一体，上钢板通过螺栓与曳引机连成一体，中间摆布着减震橡胶垫。为了防止电梯在运行时曳引机产生位移，同样需要在曳引机和上钢板的两端用压板、挡板、橡胶垫等将曳引机定位，如图 5 - 17 所示。新式减震装置是在曳引机和承重梁之间，用 4 只 100mm × 50mm 的特制橡胶块，通过螺栓把曳引机稳装在承重梁上，结构简单，安装方便，效果也很好。

承重梁在机房楼板上时，曳引机的安装步骤如下：

①按要求将承重钢梁安装好，钢梁安装水平度误差不超过 1.5/1000。

②吊装曳引机：将曳引机吊到承重钢梁上，把铅垂线挂在曳引轮中心绳槽内。若电梯为单绕式有导向轮时，调整机座，使图 5 - 18 上的 A 点对准轿厢中线，B 点对准轿厢与对重的中心联线。再用钢尺测量，使之在前后（向着对重）方向上偏差不超过 ±2mm；左右偏差不超过 ±1mm。校正完后，在承重钢梁上画出机座固定螺栓孔的位置。开螺孔的误差不大于 1mm。也不得损坏承重钢梁的主筋。

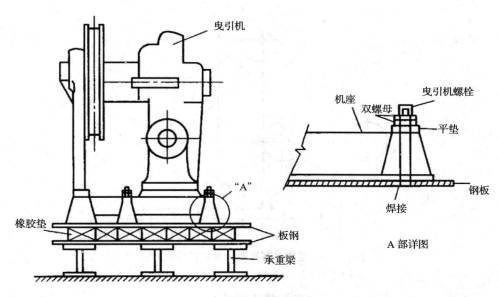

图 5 - 17 承重梁在楼板上的曳引机安装示意图

③将螺栓、垫铁、垫圈及橡胶垫垫好，并戴上螺母。待导向轮安装好后，再紧固螺栓，如图 5 - 17 所示。

④若电梯为复绕式无导向轮时，其吊线方法如图 5 - 19 所示。

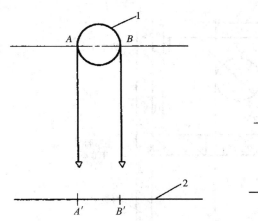

图 5 - 18 单绕式有导向轮吊线方法
A—轿厢中心；1—曳引绳轮；
2—轿厢和对重的中心线联线

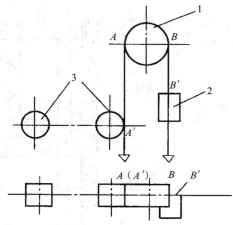

图 5 - 19 复绕式无导向轮曳引机吊线方法
1—曳引轮；2—对重轮；3—轿厢轮

⑤若电梯为复绕式有导向轮时，其吊线方法如图 5 - 20 所示。

⑥安装导向轮时，其端面平行度误差不得超过 ±1mm。根据铅垂线调整导向轮，使其垂直度误差不超过 0.5mm。前后方向（向着对重）不应超过 ±3mm，左右方向不应超过 1mm。

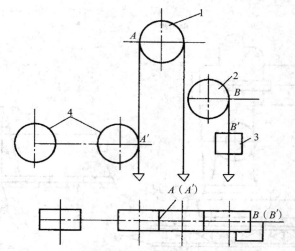

图 5-20　复绕式有导向轮曳引机吊线方法
1—曳引轮；2—导向轮；3—对重轮；4—轿厢轮

3）曳引轮安装位置的校正：在曳引机上方固定一根水平铅丝，上悬挂两根铅垂线，一根铅垂线对准井道内上样板架上标注的轿厢架中心点，另一根铅垂线对准对重中心点，再根据曳引绳中心计算的曳引轮节圆直径 D_{CP}，在水平线铅丝上另悬一根曳引轮铅垂线（图 5-21），用以校正曳引轮安装位置，并应达到设计或规范要求。

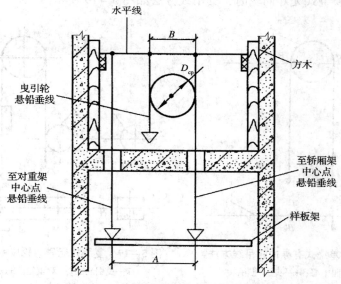

图 5-21　曳引机轮安装位置校正示意图

（6）曳引机安装技术规定。

1）曳引轮的位置偏差，在前、后（向着对重）方向不应超过 ±2mm，在左、右方向不应超过 ±1mm。

2）曳引轮位置与轿厢中心，及轿厢中心线左、右、前、后误差应符合表 5-3 的要求，如图 5-22 所示。

表 5 – 3　曳引轮位置偏差

轿厢运行速度范围	前后方向误差（mm）	左右方向误差（mm）
2m/s 以上	±2	±1
1 ~ 1.75m/s	±3	±2
1m/s 以下	±4	±2

3）曳引轮垂直方向偏摆度最大偏差应不大于 0.5mm，见图 5 – 23。

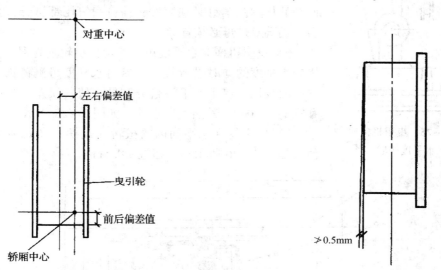

图 5 – 22　曳引轮位置偏差　　　　　　图 5 – 23　曳引轮垂直偏摆度

4）在曳引轮轴方向和蜗杆方向的不水平度均不应超过 1/1000。

蜗杆与电动机联结后的不同心度，刚性联结为 0.02mm，弹性联结为 0.1mm，径向跳动不超过制动轮直径的 1/3000。如发现不符合要求，必须严格检查测试，并调整电动机垫片以达到要求，如图 5 – 24 所示。

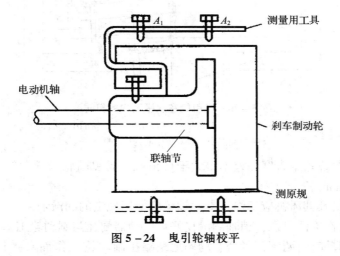

图 5 – 24　曳引轮轴校平

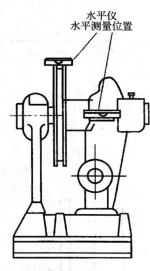

**图 5-25　曳引机横向
水平度校验**

调整方法：拆开联轴节螺栓，用专用工具测试，将专用工具固定在电动机法兰盘上，调节两个测试螺栓，使尖端对准刹车制动轮，间隙为 A_1、A_2，旋转电动机轴（同时旋转联轴节）在 0°、90°、180°、270°四个不同位置时，误差要在允许范围内。

5）制动器闸瓦和制动轮间隙均匀。当闸瓦松开后间隙应均匀，且不大于 0.7mm，动作灵敏可靠。制动器上各转动轴两端的垫圈及销钉必须装好，并将销钉尾部劈开；弹簧调整后，轴端双螺母必须背紧。

6）曳引机横向水平度可在测定曳引轮垂直误差及曳引轮横向水平度的同时进行找平，纵向水平度可测铸铁座露出的基准面或蜗轮箱上、下端盖分割处，使其误差不超过底座长和宽的 1/1000，然后紧固螺栓，如图 5-25 所示。

7）曳引轮在水平面内的扭转（偏摆）（a、b 之间的差值，如图 5-26 所示不应超过 ±0.5mm。

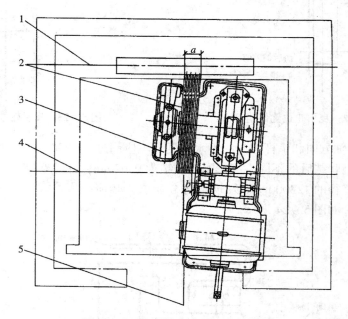

图 5-26　曳引轮在水平面内的扭转
1—对重中心线；2—曳引轮；3—曳引机；4—轿厢中心线；
5—轿厢架中心至对重中心的中心联线

8）导向轮、复绕轮垂直度偏差不得大于 0.5mm，且曳引轮与导向轮或复绕轮的平行度偏差不得大于 1mm。

9）复引电动机及其风机应工作正常；轴承应使用规定的润滑油。

10）制动器动作灵活可靠，销轴润滑良好；制动器闸瓦与制动轮工作表面须清洁。

11）制动器制动时，两闸瓦紧密、均匀地贴靠在制动轮工作面上；松闸时两侧闸瓦应同时离开，其间隙不大于 0.7mm。

12）制动器手动开闸扳手应挂在容易接近的墙上；松闸时两侧闸瓦应同时离开，其间隙不大于 0.7mm。

13）在曳引机或反绳轮上应有与电梯升降方向相对应的标志。

（7）导向轮安装　导向轮的后缘一般安装在对重导轨的中心上。在 1:1 的直线式电梯中，应使曳引轮的轮宽中点垂直方向对准轿厢中心点，导向轮轮宽中心应对准对重架中点。在 2:1 的复绕式传动方式中，曳引轮缘的轮宽中点应对准轿厢反绳轮的相对位置，导向轮轮缘的轮宽中点应对准对重架反绳轮缘轮宽的中点。导向轮侧面应平行于曳引轮侧面，两侧面平行度偏差严禁大于 ±1mm。可采用拉线法测量平行度。测量时注意：如导向轮和曳引轮轮宽不一致，须使两轮轮宽中线重合后测量。两轮端面不平行度测量，如图 5-27 所示。

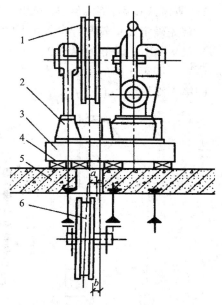

图 5-27　两轮端面的不平行度的测量
1—曳引轮；2—曳引机；3—曳引机机座；
4—橡胶垫；5—机房楼板；6—导向轮

1）单绕式曳引机、导向轮位置确定。在机房上方沿对重中心和轿厢中心拉一水平线，如图 5-28 所示。在这根线上的 A、B 两点对准样板上的轿厢中心和对重中心分别吊下两根垂线，并在 A' 点吊下另一垂线（AA' 距离为曳引轮两边线槽中心与垂线切点 C 及 C' 之间的距离），则曳引机位置确定，并予固定。将导向轮就位，使垂线 BP 与导向轮中心 D'（相切处）吊一垂线 $D'S$，转动导向轮，使此垂线垂直于对重中心及轿厢中心的连线上的交点，则导向轮位置确定，并加以固定。

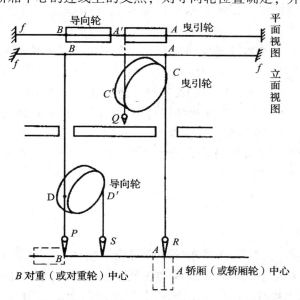

图 5-28　单绕式曳引机、导向轮位置的确定

2) 复绕式曳引机和导向轮安装位置确定。

①首先确定曳引轮和导向轮的拉力作用中心点。需根据引向轿厢或对重的绳槽而定，如图 5 – 29 中引向轿厢的绳槽 2、4、6、8、10，因曳引轮的作用中心点是在这 5 个绳槽的中心位置，即第 6 槽的中心 A' 点。导向轮的作用中心点是在 1、3、5、7、9 绳槽的中心位置，即第 5 绳槽的中心点 B'。

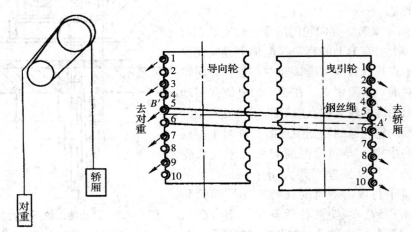

图 5 – 29　复绕式曳引机和导向轮安装位置的确定

②安装位置的确定。

a. 若导向轮及曳引机已由制造厂家组装在同一底座上时，确定安装位置则极为方便，只要移动底座使曳引轮作用中心点 A' 吊下的垂线对准轿厢（或轿轮）中心点 A；导向轮作用中心点 B' 吊下的垂线对准对重（或对重轮）中心 B，这项工作即可完成，然后将底座固定，如图 5 – 30 所示。

这种情况在电梯出厂时，轿厢与对重中心距已完全确定，放线时应与图纸尺寸核对。

b. 若曳引机与导向轮需在工地组装成套时，曳引机与导向轮的安装定位需要同时进行（如分别定位，非常困难）。方法为：当曳引机及导向轮上位后，使由曳引轮作用中心点 A' 吊下的垂线对准轿厢（或轿轮）中心点 A，使由导向轮作用中心点 B' 吊下的垂线对准对重（或对重轮）中心点 B，并且始终保持不变，然后水平转动曳引机及导向轮，使两个轮平行，且相距 $S/2$，并进行固定。

c. 若曳引轮与导向轮的宽度及外形尺寸完全一样时，此项工作也可以通过找两轮的侧面延长线进行，如图 5 – 31 所示。

5.1.3　导轨

1. 导轨支架安装

（1）导轨支架定位。导轨包括轿厢导轨和对重导轨两种；导轨固定在导轨支架上。导轨支架根据电梯的安装平面布置图，和样板架上悬挂下放的导轨和导轨支架铅垂线，确定位置并分别稳固在井道的墙壁上。导轨支架之间的距离一般为 1.5 ~ 2m，但上端

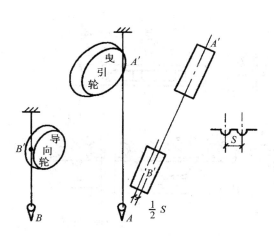

图 5 − 30　导向轮、曳引轮位置确定

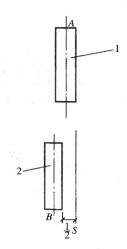

图 5 − 31　曳引轮、导向
轮侧线定位

1—曳引轮；2—导向轮

最后一个导轨支架与机房楼板的距离不得大于 500mm。稳固导轨支架之前应根据每根导轨的长度和井道的高度，计算左右两列导轨中各导轨接头的位置，而且两列导轨的接头不能在一个水平面上，必须错开一定的距离。导轨支架的位置必须让开导轨接头，让开的距离必须在 200mm 以上。每根导轨应有 2 个以上导轨支架。

1）没有预埋铁件的电梯井壁，要按设计图纸要求的支架间距尺寸及安装导轨支架的垂线来确定导轨支架在井壁上的位置。

2）当图纸上没有最下和最上一排导轨支架的位置时，应按下列规定确定：

最下一排导轨支架安装在底坑装饰地面上方 1000mm 的相应位置。最上一排导轨支架安装在井道顶板下面不大于 500mm 的位置。

3）在确定导轨支架位置的同时，还要考虑导轨连接板（接道板）与导轨支架不能相碰。错开的净距离不小于 30mm，如图 5 − 32 所示。

4）若图纸没有明确规定时，以最下层导轨支架为基点，往上每隔 2000mm 为一排导轨支架。个别处有特殊情况时，如遇到接道板，间距可适当放大，但不应大于 2500mm。

5）长度为 4m 及以上的轿厢导轨，每根至少有两个导轨支架。一般情况下支架间距不得大于 2m。

（2）导轨支架安装。导轨支架在墙壁上的稳固方法有埋设法、地脚螺栓或膨胀螺栓固定法、预埋钢板法、对穿螺栓法等几种，分别如图 5 − 33 所示。

1）埋设支架法。

①固定支架可预留孔或现场凿孔，其孔洞尺寸如图 5 − 34 所示，要做成内大外小。

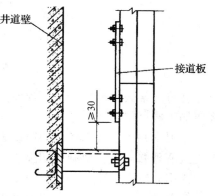

图 5 − 32　导轨连接板与导轨支架间距

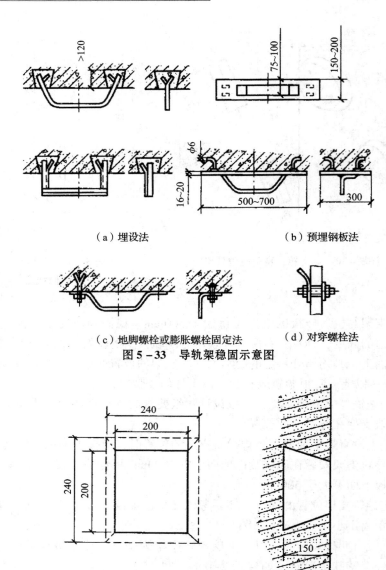

（a）埋设法　　　　　　　　　（b）预埋钢板法

（c）地脚螺栓或膨胀螺栓固定法　　（d）对穿螺栓法

图 5 - 33　导轨架稳固示意图

图 5 - 34　导轨架预留孔

②将支架表面清扫干净。预埋支架的形状做成图 5 - 35 所示形状，埋入墙内部分的端部要加工成燕尾形。

③根据井道顶及木样板的铅垂线位置，埋好最上面的一个支架。先用水冲洗洞内壁，将尘渣清理并冲出，使洞壁润湿。

④用混凝土（水泥:砂子:豆石 = 1:2:2）将定位放置好支架的孔洞填实抹平。

⑤以最上面一个轿厢支架为吊线基准，将两根铅垂线上端固定在最上面支架的导轨支承面宽度线上，下端用线锤一直放到坑底，埋设最下面一个支架。

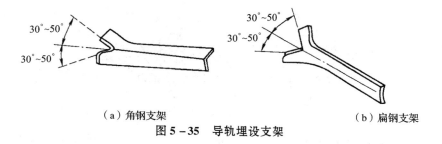

（a）角钢支架　　　　　　　　　　　　（b）扁钢支架

图 5 - 35　导轨埋设支架

　　⑥待上下两端支架的水泥砂浆（豆石混凝土）达到一定强度后（一般为干燥后），再以上下两端导轨支承面宽度线为基准，拉两根平行线，埋设其余支架。

　　⑦对重导轨支架的埋设方法同上述。

　　⑧由于待混凝土完全干固后才能进行导轨安装，因此这种方法存在工效低的缺点。

　　2）地脚螺栓法安装导轨支架。这种方法是预先将尾部开叉的地脚螺栓埋入井壁中，如图 5 - 36 所示。为了保证牢固，螺栓埋入深度一般不应小于 120mm。这类方法要求螺栓埋入位置应准确，施工麻烦，因此已逐渐被膨胀螺栓法代替。

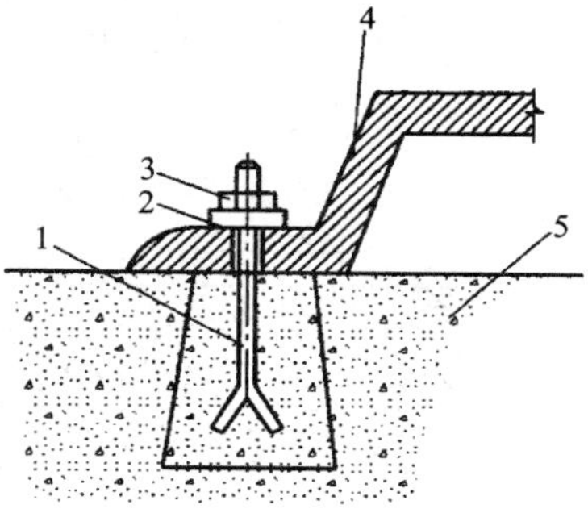

　　3）膨胀螺栓法。这种方法用膨胀螺栓代替了地脚螺栓。它不需预先埋入，只需在安装时现场打孔（孔的大小按膨胀螺栓的直径），放入膨胀螺栓后拧紧固死即可。这种方法具有简单、方便和灵活可靠的特点，是目前常用的方法。

图 5 - 36　地脚螺栓安装法

1—地脚螺栓；2—垫圈；3—螺母；
4—机座；5—混凝土基础

　　使用膨胀螺栓的规格要符合图纸要求。若厂家没有要求，膨胀螺栓规格不小于 $\phi16$。

　　①钻膨胀螺栓孔，位置要准确且要垂直于墙面，深度要适当。一般以膨胀螺栓被固定后，防套外端面和墙表面相平为宜。

　　②墙面垂直度误差较大时，可采取局部剔修方法，使之和导轨支架接触面间隙不大于 1mm，然后用薄钢垫片垫实。

　　③对导轨支架，按实际情况进行编号加工。

　　④导轨支架按号就位，找平找正。将膨胀螺栓紧固。

　　4）预埋钢板法。这种方法与预埋地脚螺栓法相似。它是预先将钢板按照导轨架的安装位置埋在井壁上，然后将导轨支架焊在钢板上。为了保证连接强度，焊缝应双面焊。采用这种方法，可随着预埋钢板的大小，有一定的位置调整余地。这是一种较好的方法，因此，应用较多。

　　5）对穿螺栓法。

　　①若电梯井壁较薄，不宜用膨胀螺栓固定导轨支架，又没有预埋件，可采用井壁打透眼，用穿钉固定钢板，钢板厚度≥16mm。穿钉处井壁外侧靠墙壁要加 100mm × 100mm × 12mm 的钢板垫，以增加强度，如图 5 - 37 所示，将导轨支架焊接在钢板上。

　　②当井壁厚度小于 100mm 时，采用图 5 - 38 所示的对穿螺栓法。将螺栓穿过井壁，在外部加垫尺寸不小于 100mm × 100mm × 10mm 的钢板。

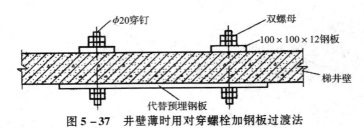

图 5 - 37　井壁薄时用对穿螺栓加钢板过渡法

6）导轨支架安装技术要求。埋设或焊接导轨支架时，首先安装每边最下面的一挡，然后把工作线绑扎在支架上，使其与顶部样板架尺寸一致。所有支架应依照工作线埋设，支架面允许离工作线 0.5～1mm，安装导轨时在支架面上加垫片，以便调整轨距。

①导轨架的不水平度（图 5 - 39），无论其长度及种类，其两端的差值应小于 5mm。

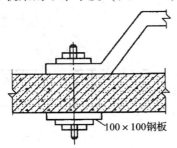

图 5 - 38　井壁薄时直接用对穿螺栓法

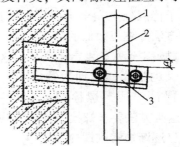

图 5 - 39　导轨架的不水平度
1—导轨；2—水平线；3—导轨架

②由井道底坑向上第一个导轨支架距底坑地面应不大于 1000mm，井道顶部向下第一个导轨支架距楼板不大于 500mm。

③导轨架埋入深度不小于 120mm。

④当墙厚小于 100mm 时，应采用大于 M16 的螺栓和厚度不小于 16mm 的钢板，将支架与井壁固定，也称穿墙方式。

⑤允许用等于导轨架宽度的方形铁片调整，调整垫的总厚度一般不应超过 5mm。调整垫超过两片时，应焊接为一整体。

⑥用 1:2:3 的混凝土灌注导轨支架埋入孔时，应先用水冲净埋入孔内的杂物，混凝土应选用 32.5 级以上的优质水泥。灌注后阴干 3～4 天，待支架水泥牢固并将支架表面处理平光后方可进行下步工作。

⑦采用膨胀螺栓固定方式时，用冲击钻将墙打出与膨胀螺栓规格相匹配的孔，在孔内放入膨胀螺栓，将支架固定即可。图 5 - 40 是导轨架装配图。

2. 导轨安装

导轨是供轿厢和对重（平衡重）运行导向的部件。导轨安装在建筑物（井道）上（内），将电梯与建筑物相联系。电梯安装工程中，导轨安装分项工程是电梯系统的基础工程，是层门、轿厢、对重（平衡重）的安装基准。正确地安装导轨，可防止与导轨相关的分项工程［如：层门、轿厢、对重（平衡重）等］的相对位置发生错误，避免不必要的调整、返工；也可防止因出现严重错误而造成电梯运行中开门机、轿门上的部件与层门上的部件相互碰撞，引发安全事故或损坏设备。

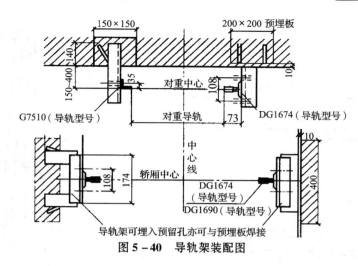

图 5-40 导轨架装配图

（1）导轨检查与预配。

1）由于运输、装卸、保管等原因，在安装导轨前，应检查每根 T 型导轨的直线偏差，导轨导向二侧面的平面度应小于或等于 0.5mm，全长偏差应不大于 0.7mm，如有超过时应及时进行更换或调直。

2）导轨安装前应进行预配，将轨道接口处清洗干净，使导轨的接榫密合，局部缝隙不应大于 0.5mm；接口加工面有毛刺的要用锉刀修光；表面有缺陷的导轨应进行修正，并尽可能地配置于顶部或底部。预配后的导轨应进行安装顺序位置编号，导轨接头与导轨的支架须错开；轨道搬入井道内，应在底坑铺以木板，以保护轨道端面不至受到损伤。

（2）导轨安装施工。

1）由样板放基准线至底坑，基准线距导轨端面中心 2～3mm，并进行固定。

2）底坑架设导轨槽钢基础座时，必须找平垫实，其水平误差不大于 1/1000。槽钢基础位置确定后，用混凝土将其四周灌实抹平。槽钢基础座两端用来固定导轨的角钢架，先用导轨基准线找正后，再进行固定，如图 5-41 所示。

3）若导轨下无槽钢基础座，可在导轨下边垫一块厚度 $\delta \geqslant 12$mm、尺寸为 200mm × 200mm 的钢板，并与导轨用电焊点焊。

4）对于用油润滑且无槽钢底座的导轨，需在立基础导轨前将其下端距地坪 40mm 高的一段工作面部分锯掉，以留出接油盒的位置，如图 5-42 所示。

5）在梯井顶层楼板下挂一滑轮并固定牢固。在顶层厅门口安装并固定一台 0.5t 的卷扬机，如图 5-43 所示。

6）吊装导轨时要采用双钩勾住导轨连接板，如图 5-44 所示。

若导轨较轻，且提升高度又不大，可采用人力吊装，使用 $\Phi \geqslant 16$mm 尼龙绳代替用卷扬机吊装钢轨。

7）采用人力提升时，须由下而上逐根立起。若采用小型卷扬机（图 5-43）提升，可将导轨提升到一定高度（使能方便地连接导轨），连接另一根导轨。采用多根导轨整体吊装就位的方法时，要注意吊装用具的承载能力，一般吊装总重不超过 3kN（≈300kg）。整条轨道可分几次吊装就位。

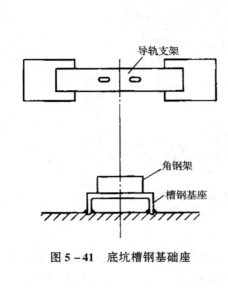

图 5－41 底坑槽钢基础座

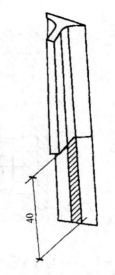

图 5－42 油盒位置图

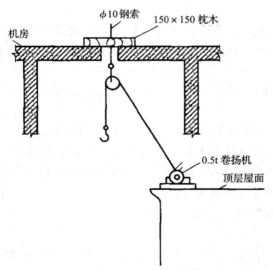

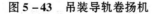

图 5－43 吊装导轨卷扬机

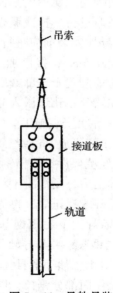

图 5－44 导轨吊装

8）若采用小型卷扬机提升，可将导轨提升到一定高度，与另一根导轨连接，安装导轨时应注意，每节导轨的凸榫头应朝上，并清洁干净，以保证导轨接头处的缝隙符合规范的要求。导轨吊运时应扶正导轨，避免与脚手架碰撞。导轨在逐根立起时就用连接板相互连接牢固，并用导轨压板将其与导轨支架略加压紧，待调轨校正后再紧固。

（3）调整导轨。导轨吊装就位后，不管是轿厢导轨还是对重导轨，都必须进行认真的调整校正，尤其是轿厢导轨的加工精度和安装质量的好坏，对电梯运行时的舒适感和噪声等性能都有着直接关系，而且电梯的运行速度越快，影响就越大。而电梯的对重导轨也是加工精度和安装质量越高越好，特别是快速梯和高速梯的对重导轨要求是很严格的。因此，除低速梯的对重导轨采用空心导轨外，1.0m/s 以上的客、病梯均采用 T 形导轨。

　　导轨调整校正之前需悬挂两根如图 5 – 45 （b）所示的导轨中心铅垂线，并用图 5 – 45 （a）所示的粗校卡板，分别自下而上地初校两列导轨的三个工作面与导轨中心铅垂线之间的偏差。经粗校和粗调后，再用精校卡尺进行精校。精校卡尺可按图 5 – 46 制作。

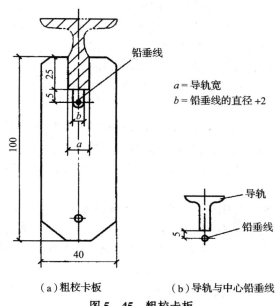

a = 导轨宽
b = 铅垂线的直径 +2

（a）粗校卡板　　　　（b）导轨与中心铅垂线

图 5 – 45　粗校卡板

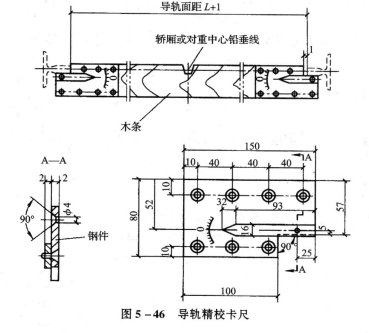

图 5 – 46　导轨精校卡尺

精校卡尺是检查和测量两列导轨间的距离、垂直、偏扭的工具。

1）用钢板尺检查导轨端面与基准线的间距和中心距离，如不符合要求，应调整导轨前后距离和中心距离，然后再用精校卡尺进行仔细找正。

2）用精校卡尺检查：

①扭曲调整：将精校卡尺端平，并使两指针尾部侧面和导轨侧工作面贴平、贴严，两端指针尖端指在同一水平线上，说明无扭曲现象。如贴不严或指针偏离相对水平线，说明有扭曲现象，则用专用垫片调整导轨支架与导轨之间的间隙（垫片不允许超过三片），使之符合要求。为了保证测量精度，用上述方法调整以后，将精校卡尺反向180°，用同一方法再进行测量调整，直至符合要求，如图5-46所示。

②调整导轨垂直度和中心位置：调整导轨位置，使其端面中心与基准线相对，并保持规定间隙。

3）轨距及两根导轨的平行度检查：两根导轨全部校直后，自下而上或者自上而下，采用图5-46所示的检查工具进行检查。导轨经精校后应达到：

①两列导轨要垂直，而且互相平行，在整个高度内的相互偏差应不大于1mm，如图5-47（a）所示。

②两列导轨的侧工作面与图5-45中的铅垂线偏差，每5m应不大于0.6mm。

③导轨接头处的缝隙a应不大于0.5mm，如图5-47（b）所示。

④导轨接头处的台阶，用300mm长的钢板尺靠在工作面上，用厚薄规检查。在a_1和a_2处应不大于0.04mm，如图5-47（c）所示。

⑤导轨接头处的台阶应按表5-4的规定修光。修光后的凸出量应不大于0.02mm，如图5-50（d）所示。

⑥两列导轨的内工作面距，图5-46中的L，在整个长度内的偏差值，应符合表5-5的规定。

⑦导轨应用压导板固定在导轨架上，不允许焊接或用螺栓直接固定。

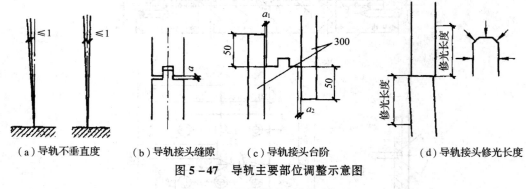

（a）导轨不垂直度　　（b）导轨接头缝隙　　（c）导轨接头台阶　　（d）导轨接头修光长度

图5-47　导轨主要部位调整示意图

表5-4　导轨接头台阶修光长度

电 梯 类 型	修光长度（mm）
高速梯	300
低速、快速梯	200

表 5 – 5 两列导轨面距偏差

电梯类型	导轨用途	偏差值（mm）
高速梯	轿厢导轨	$L \pm 0.5$
	对重导轨	$L \pm 1$
低速、快速梯	轿厢导轨	$L \pm 1$
	对重导轨	$L \pm 2$

5.1.4 门系统

1.层门地坎安装

1）放线操作。按要求由样板放两根层门安装基准线（高层梯最好放三条线，即门中一条线，门口的两边两条线），在层门地坎上划出净门口的宽度线及层门中心线，在相应的位置打上三个卧点，以基准线及此标志确定地坎、牛腿及牛腿支架位置，如图 5 –48所示。

2）若地坎牛腿为混凝土结构，用清水冲洗干净，将地脚爪装在地坎上。然后用细石混凝土浇注，水泥强度等级不低于32.5，水泥、沙子、石子的容积比为 1∶2∶2。安装地坎时要用水平尺找平，同时三个卧点分别对正三条基准线，并找好与线的距离。

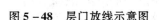

图 5 – 48 层门放线示意图

地坎安装好后，应高于装修完工地面 2～3mm，若完工装修的地面为混凝土地面，则应高出 5～10mm，且应按 1∶50 坡度将混凝土地面与地坎平面抹平，如图 5 – 49 所示。

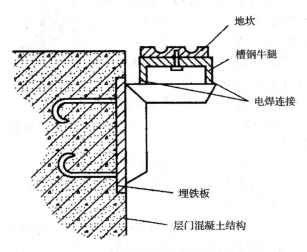

图 5 – 49 混凝土地面上安层门坎示意图

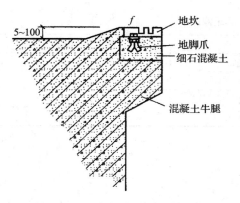

图 5 – 50 地坎牛腿角钢支架示意图

3）如果层门无混凝土牛腿，要在预埋铁上焊支架，安装钢牛腿以便于安装地坎。分两种情况：

①额定载重量在 1000kg（10kN）及以下的各类电梯，可用不小于 65mm 等边角钢做支架，进行焊接，并稳装地坎，如图 5 – 50 所示。牛腿支架不少于 3 个。

②额定载重量在 1000kg（10kN）以上的各类电梯［不包括 1000kg（10kN）］可采用 $\delta = 10mm$ 的钢板及槽钢制作牛腿支架，进行焊接，并稳装地坎。牛腿支架不少于 5 个，如图 5 – 51 所示。

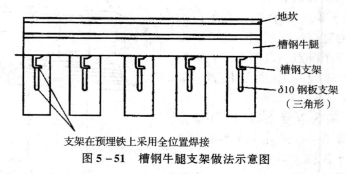

支架在预埋铁上采用全位置焊接

图 5 – 51 槽钢牛腿支架做法示意图

4）额定载重量在 1000kg（10kN）以下（包括 1000kg）的各类电梯，若厅门地坎处既无混凝土牛腿又无预埋铁，可采用 M14 以上的膨胀螺栓固定牛腿支架来稳装地坎，如图 5 – 52 所示。

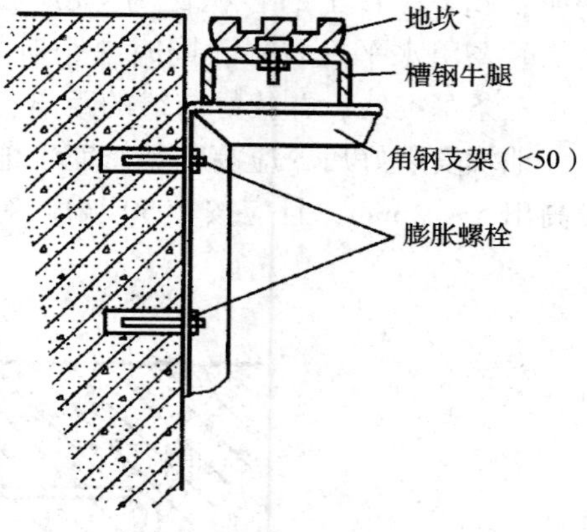

5）对于高层电梯，为防止基准线被碰造成误差，可以先安装和调整好导轨。然后以轿厢导轨为基准来确定地坎的安装位置，方法如下：

①在层门地坎中心 M 两侧的 $1/2L$（L 是轿厢导轨间距）处的 M_1 及 M_2 点分别做上标记。

②稳装地坎时，用直角尺测量尺寸，使层门地坎距离轿厢两导轨前侧面尺寸均为：

$$B + H - d/2 \qquad (5-1)$$

图 5 – 52 用膨胀螺栓安装示意图

式中：B——轿厢导轨中心线到轿厢地坎外边缘尺寸；

H——轿厢地坎与层门地坎距离（一般是 25mm 或 30mm）；

d——轿厢导轨工作端面宽度。

③左右移动层门地坎，使 M_1、M_2 与直角尺的外角对齐，这样地坎的位置就确定了，如图 5 – 53 所示。但为了复核层门中心点是否正确，可测量层门地坎中心点 M 距轿厢两导轨外侧棱角的距离，S_1 与 S_2 应相等。

2．门立柱、上滑道、门套安装

1）在砖墙上安装：采用剔墙眼埋固地脚螺栓的方法。

2）混凝土结构墙上安装：

①有预埋铁：可将固定螺栓直接焊于预埋铁上。

②混凝土结构墙上如没有预埋铁，可在相应的位置用 M12 膨胀螺栓安装 150mm × 100mm × 10mm 的钢板作为预埋铁使用，如图 5－54 所示，其他同上。

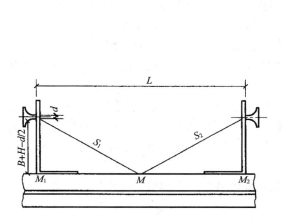

图 5－53　导轨与地坎间关系安装法示意图　　　**图 5－54　用膨胀螺栓安装在混凝土墙上示意图**

3）若门滑道、门立柱离墙超过 30mm，应加垫圈固定；若垫圈较高，宜采用厚铁管两端加焊铁板的方法加工制成，以保证其牢固。

4）用水平尺测量门滑道安装是否水平。如侧开门，两根滑道上端面应在同一水平面上，并用线坠检查上滑道与地坎槽两垂面水平距离和两者之间的平行度。

5）钢门套安装调整后，用钢筋棍将门套内筋与墙内钢筋焊接固定。

6）层门安装要求：层门上滑道外侧垂直面与地坎槽内侧垂直面的距离 a，如图 5－55 所示，应符合图纸要求。在上滑道两端和中间三点（图 5－55 中 1、2、3）吊线测量相对偏差均应不大于 1mm。上滑道与地坎的平行度误差应不大于 1mm。导轨本身的不铅垂度 a' 应不大于 0.5mm。

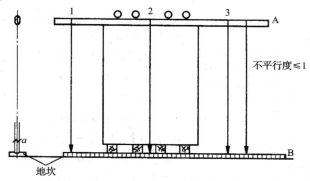

图 5－55　层门安装吊线检查示意图

3. 层门门扇安装

1）将门底导脚、门滑轮装在门扇上，把偏心轮调到最大值（和滑道距离最大）。然后将门底导脚放入地坎槽，门轮挂到滑道上。

2）在门扇和地坎间垫上 6mm 厚的支撑物。门滑轮架和门扇之间以专用垫片进行调整，使之达到要求，然后将滑轮架与门扇的连接螺丝进行调整，将偏心轮调回到与滑道间距小于 0.5mm，撤掉门扇和地坎间所垫之物，进行门滑行试验，达到轻快自如为合格。

4. 层门闭锁装置安装

层门闭锁装置（即门锁）一般装置在层门内侧。在门关闭后，将门锁紧，同时连通门电联锁电路。门电联锁电路接通后电梯方能启动运行。除特殊需要外，应严防从层门外侧打开层门的机电联锁装置。因此，门的闭锁装置是电梯的一种安全设施。

层门闭锁装置分为手动开关门的拉杆门锁和自动开关门的自动门锁。自动门锁装置有多种结构形式，但都大同小异。

电梯自动门的层门内侧装有门锁，层门的开启是依靠轿厢门的开门刀拨动层门门锁，带动层门一起打开。层门门锁和电气开关连接，使其在开门状态时电梯轿厢不能运行。

电梯的层门门锁装置均应采用机械－电气联锁装置，其电气触点必须有足够的断开能力，并能使其在触点熔接的情况下可靠地断开。

在电梯运行中，层门闭锁装置是发生故障较多的部位，除产品制造质量外，现场的安装调整也是至关重要的。

层门闭锁装置安装应固定可靠，驱动机械动作灵活，且与轿门的开锁元件有良好的配合；不得有影响安全运行的磨损、变形和断裂。

层门锁的电气触点接通时，层门必须可靠地锁紧在关闭位置上；层门闭锁后，锁紧元件应可靠锁紧，其最小啮合长度不应小于 7mm，如图 5－56 所示。

图 5－56　锁紧元件的最小啮合长度示意图

为了安全起见，门扇挂完后应尽早安装门锁。从轿门的门刀顶面沿井道悬挂下放一根铅垂线，作为安装、调整、校正各层站的厅门锁和机电联锁的依据。

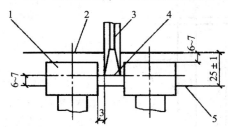

图 5－57　门刀与门锁滚轮和厅轿
门踏板调整示意图
1—门锁滚轮；2—轿门踏板边线；3—门刀；
4—铅垂线；5—厅门踏板边线

门锁安装调整后，门刀与厅门踏板，门锁滚轮与轿门踏板，门刀与门锁滚轮之间的关系，如图 5－57 所示。

门锁是电梯的重要安全设施，电梯安装完后试运行时，应先使电梯在慢速运行状态下，对门锁装置进行一次认真的检查调整，把各种连接螺丝紧固好。当任一层楼的厅门关闭妥后，在厅门外均不能用手把门扒开。

5.1.5　轿厢

1. 轿厢组装

1）轿厢的组装，一般多在顶层进行。因为顶层距机房较近，对于起吊部件、核对尺寸、与机房联系等都有方便条件。在组装前，要先拆除顶站层的脚手架。

2）在顶层的层门口对面的混凝土井壁相应位置上安装两个角钢托架L 100 × 100 × 10（mm），每个托架用 3 个 ϕ16 膨胀螺栓固定。在层门口牛腿处横放一根木方。在角钢托架和横木上架设 2 根 200 × 200（mm）木方（或两根 20# 工字钢）。然后把木方端部固定好，如图 5 – 58 所示。

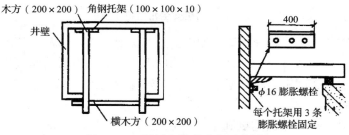

图 5 – 58　轿厢安装前准备示意图

大型客梯及货梯，要根据梯井尺寸进行计算来确定方木及型钢的尺寸、型号。

3）如果井壁系砖结构，则应在层门口对面的井壁相应的位置上剔两个与方木大小相适应的洞，用以支撑木方一端，如图 5 – 59 所示。

4）在机房的承重钢梁上相应的位置横门固定 1 根 ϕ75 × 4 的钢管，如图 5 – 60（a）所示。如果承重钢梁在楼板下，则在轿厢绳孔旁设置这根钢管，如图 5 – 60（b）所示。由轿厢绳孔处放下不小于 ϕ13 的钢丝绳扣，并挂 1 个 3t 重的倒链，安装轿厢时使用。

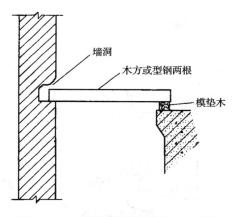

图 5 – 59　砖井壁剔洞支撑方木示意图

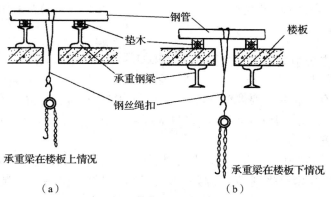

图 5 – 60　吊装用倒链的设置示意图

2．底梁安装

用倒链将底梁吊放在架设好的工字钢或木方上。调整安全钳钳口（老虎口）与导轨面间隙，见图5−61，使安全钳口和轨道面的间隙$a = a'$，$b = b'$。如果电梯的图纸规定了具体尺寸，须按图纸要求调整。同时要调整底梁的水平度，使其横、纵间水平度均不大于1/1000。

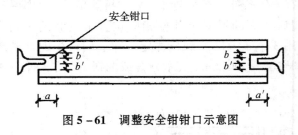

图5−61　调整安全钳钳口示意图

安装安全钳楔块，楔齿距导轨侧工作面的距离调整至3～4mm，安装说明书有规定时按具体说明执行，且四个楔块距导轨侧工作面间隙应一致，然后用厚垫片塞于导轨侧面与楔块之间，按图5−62固定，同时把老虎口和导轨端面用木楔塞紧。

3．立柱安装

将立柱与底梁连接，其铅垂度在整个高度上应不大于1.5mm，并不得扭曲，可用垫片进行调整，如图5−63所示。

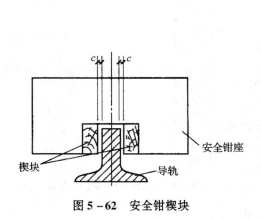

图5−62　安全钳楔块

图5−63　立柱安装垫片调整示意图

4．上梁安装

1）用倒链将上梁吊至立柱上与立柱相连接的部位，将所有的连接螺栓装好。

2）调整上梁的横、纵向水平度，使水平度不大于1/2000。然后紧固连接螺栓。

3）如果上梁有绳轮时，要调整绳轮与上梁的间隙，a、b、c、d（图5−64）要相等，其相互尺寸误差小于或等于1mm，绳轮自身垂直偏差小于或等于0.5mm。

5．轿厢底盘安装

1）用倒链将轿厢的底盘吊起平稳地放到下梁上，将轿厢底盘与底梁、立柱用螺丝连接，但不要把螺丝拧紧。将斜拉杆装好，调整拉杆螺母，使底盘安装水平误差不大于2/1000，然后将斜拉杆用双螺母拧紧。把底盘、下梁及拉杆用螺母联结牢固，如图5−65所示。

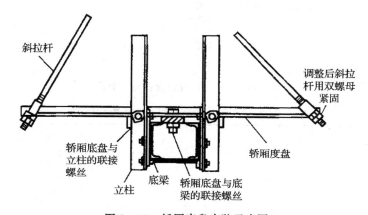

图 5-64 上梁带有绳轮的调整示意图

图 5-65 轿厢底盘安装示意图

2）如果轿底为活动结构时，先按上述要求将轿厢底盘托架安装好，且将减震器安装在轿厢底盘托架上。

3）用倒链将底盘吊起，缓缓就位。使减震器的螺丝逐个插入轿厢底盘相应的螺丝孔中，然后调整轿厢底盘的水平度。使其水平度不大于2/1000。若达不到要求则在减震器的部位加垫片进行调整。

调整轿底定位螺栓，使其在电梯满载时与轿底保持1～2mm的间隙，如图5-66所示。调整完毕，将各连接螺栓拧紧。

4）安装、调整安全钳拉杆，达到要求后，拉条顶部要用双螺母拧紧。

6. 导靴安装

1）导靴安装，上、下应在同一垂直线上，不应有扭曲、歪斜现象。如果安装位置不合适，应进行处理，不可用外力对导靴强行安装就位，以保持安全钳的正确间隙。

2）固定导靴时间隙应一致，内衬与轨道顶面间隙之和为2.5＋1.5（mm）。

3）滑动导靴应随载重不同根据表5-6所示改变 b 尺寸（图5-67），使内部弹簧受力不同。

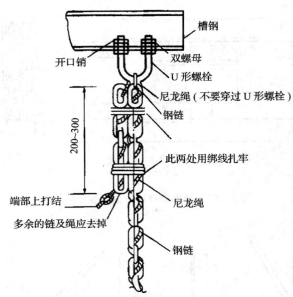

图 5 - 66　轿底定位螺栓调整示意图

表 5 - 6　弹性滑动导靴 b 值调整表

电梯额定载重量（kg）	调整量 b（mm）
500	42
750	34
1000	30
1500	25
2000 ~ 3000	25
5000	20

4）调整轿厢导靴 a 和 c 间隙应为 2mm，对重导靴 a 间隙应为 3mm，c 间隙为 2mm，如图 5 - 67 所示。

5）导靴顶面内衬和轨道端面间不应有间隙。

6）如为滚轮导靴，每个滚轮不应歪斜，整个胶轮平面应和轨道工作面均匀接触。

7）安装前应调整好，每副滚轮导靴的弹簧拉力应一致。

8）调整张紧轮限位螺栓使顶面滚轮水平移动范围为 2mm，左右水平移动为 1mm。

7．围扇安装

1）围扇底座和轿厢底盘的连接及围扇与底座之间的连接要紧密。各连接螺丝要加相应的弹簧垫圈（以防因电梯的震动而使连接螺丝松动）。

若因轿厢底盘局部不平而使围扇底座下有缝隙时，要在缝隙处加调整垫片垫实，如图 5 - 68 所示。

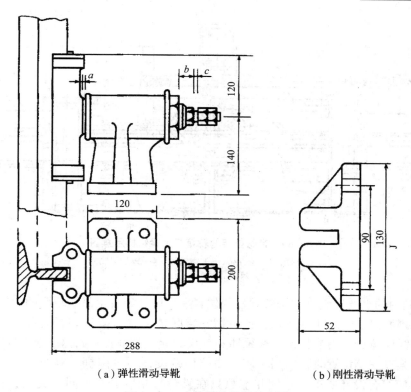

（a）弹性滑动导靴　　　　　　　　（b）刚性滑动导靴

图 5-67　电梯滑动导靴示意图

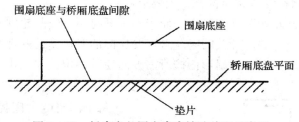

图 5-68　轿底盘与围扇底座缝隙处理示意图

2）若围扇直接安装在轿底盘上，其间若有缝隙，处理方法同上。

3）安装围扇，可逐扇进行安装，也可根据情况将几扇先拼在一起再安装。围扇安装好后再安装轿顶，但要注意轿顶和围扇穿好连接螺丝后不要紧固，要在调整围扇垂度偏差不大于 1/1000 的情况下逐个将螺丝紧固。

安装完后要求接缝紧密，间隙一致，夹条整齐，扇面平整一致，各部位螺丝必须齐全，紧固牢靠。

8．轿箱门的安装

1）将带悬挂架的轿箱门的上梁安装到悬臂式角钢上的轿厢钢架前立柱上，悬挂架则装在导杆 1 上，如图 5-69 所示。梁的位置根据放到导杆上的水准器进行检测。导杆的水平度允许偏差为每米长度 1mm 以下，导杆的侧面应保持垂直。此项检测可以利用框形水准仪检查，也可用专用工具检查。

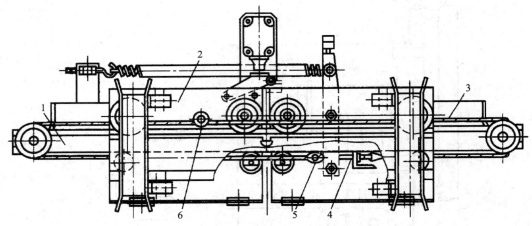

图 5 - 69 带悬挂架的轿箱门上梁结构示意图

1—导杆；2—悬挂架；3—钢丝绳；4—张紧螺栓；

5—扎固钢丝绳用的绳钩；6—压紧用的垫圈

2）轿厢门的上梁安装好并调整导杆的位置后，就开始着手吊装轿厢的门扇。

3）安装轿厢底上的门的传动装置，并安装联锁装置。传动装置安装在橡胶减震器上。拉杆轴线应位于与右悬挂架的横梁插头轴线的同一个垂直平面内。牵引拉杆与横梁插头相连，使其在左端位置时，门则关闭，而拉杆减震器与牵引杆（拉杆穿过牵引杆上的孔）的空隙应符合设计要求。应使此空隙只在触轮与相应的凸轮同时关闭且轿厢门锁打开时，门才开始打开。

4）凸轮的开与闭在安装时应符合下列要求：

①当门全闭时，凸轮切断常闭触点；而当门全开时，打开凸轮则断开常开触点。

②当轿厢门打开时，关门开关的终端触点要比门的对口缝处的常开触点早些闭合。

③调整凸轮，沿着牵引杆的扇形槽按所需方向使其移位，并以止动螺栓固定在需要的位置上。

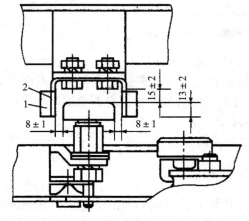

图 5 - 70 梯井门与轿厢门断电装置间的空隙示意图

1—轿厢门断电装置；2—梯井门断电装置

④每个门扇的关闭控制联锁触点均安装在上梁。其位置应调整到当任何一扇门打开超过 7mm 时，触点动作而切断控制电路。

5）轿厢门与梯井门的动力联系在整定电梯的过程中进行调节。其间的联系是由固定在轿厢和梯井门扇上的断电装置实现的。轿厢门扇上的断电装置须严格成垂直状。

6）断电装置（图 5 - 70）1 的辊轮（或断电装置的角钢）和断电装置 2 的内表面之间的空隙要对称配置，允差为 ±1mm。间隙值从轿厢门扇的断电装置两端测量。

7）起重量为 500kg 的电梯轿厢门具有 2 扇不同宽度的门扇。在调整这些门的门扇的

反衬辊轮位置时，反衬辊轮与导杆间的空隙应遵守下述要求：

①宽门扇的反衬辊轮为 0.1 ~ 0.2mm，窄门扇的反衬辊轮为 0.02 ~ 0.05mm，间隙以塞规测定。

②宽门扇打开使用的力值不超过 10N，窄门扇则不超过 40N。

③施力点在门扇最高点以下 500mm。

8）门的传动装置安装：图 5 - 71 是门的传动装置中的一种，当宽门扇关闭时，拉杆 3 角钢与牵引杆 2 的轴承之间的空隙不得超过 1mm。牵引杆的配置应垂直于拉杆轴心。门的传动装置装配好后，应使牵引杆的轴承在整个工作行程长度内不触及拉杆工作面的端口。

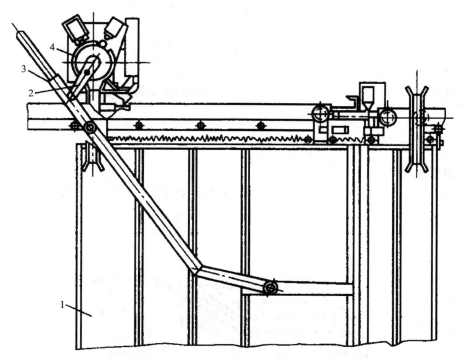

图 5 - 71　从宽侧入口的起重量 500kg（5kN）电梯轿厢门的传动装置示意图
1—宽门扇；2—牵引杆；3—拉杆；4—扇形轮

9．轿厢顶装置安装

1）轿厢顶接线盒、线槽、电线管、安全保护开关等要按厂家安装图安装。若无安装图则根据便于安装和维修的原则进行布置。

2）安装、调整开门机构和传动机构使其符合厂家的有关设计要求，若厂家无明确规定则按其传动灵活、功能可靠的原则进行调整。

3）护身栏各连接螺丝要加弹簧垫圈紧固，以防松动。护身栏的高度不得超过上梁高度。

4）平层感应器和开门感应器要根据感应铁的位置定位调整。要求横平竖直，各侧面应在同一垂直平面上，其垂直度偏差不大于 1mm。

10．轿顶防护栏和警示性标识的安装

1）离轿顶外侧边缘有水平方向超过 0.30m 的自由距离时，轿顶应装设护栏。

自由距离应测量至井道壁，井道壁上有宽度或高度小于 0.30m 的凹坑时，允许在凹坑处有稍大一点的距离。

护栏应满足下列要求。

①护栏应由扶手、0.10m 高的护脚板和位于护栏高度一半处的中间栏杆组成。

②考虑到护栏扶手外缘水平的自由距离，扶手高度为：

a. 当自由距离不大于 0.85m 时，不应小于 0.70m。

b. 当自由距离大于 0.85m 时，不应小于 1.10m。

③扶手外缘和井道中的任何部件［对重（或平衡重）、开关、导轨、支架等］之间的水平距离不应小于 0.10m。

④护栏的入口，应使人员安全和容易地通过，以进入轿顶。

⑤护栏应装设在距轿顶边缘最大为 0.15m 之内。

2）在有护栏时，应有关于俯伏或斜靠护栏危险的警示符号或须知，固定在护栏的适当位置。

5.1.6 对重（平衡重）

1．对重框架吊装

1）将对重框架运到操作平台上，用钢丝绳扣将对重绳头板和倒链钩连在一起，如图 5-72 所示。

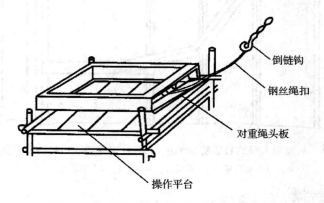

图 5-72 对重绳头与倒链钩的连接示意图

2）操作倒链，缓缓将对重框架吊起到预定高度。对于一侧装有弹簧式或固定式导靴的对重框架，移动对重框架，使其导靴与该侧导轨吻合并保持接触，然后轻轻放松倒链，使对重架平稳牢固地安放在事先支好的木方上，未装导靴的对重框架固定在木方上时，应使框架两侧面与导轨端面的距离相等。

2．对重导靴安装

1）固定式导靴安装时，要保证内衬与导轨端面间隙上、下一致，若达不到要求，要作垫片进行调整。

2）在安装弹簧式导靴前，应将导靴调整螺母紧到最大限度，使导靴和导靴架之间没有间隙，这样便于安装，如图5－73所示。

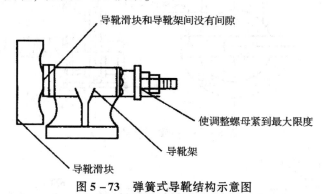

图5－73　弹簧式导靴结构示意图

3）若导靴滑块内衬上、下方与轨道端面间隙不一致，则在导靴座和对重框架之间用垫片进行调整，调整方法同固定式导靴。

4）滚轮式导靴安装要平整，两侧滚轮对导轨压紧后两滚轮压缩量应相等，压缩尺寸应按制造厂规定。如无规定则根据使用情况调整压力适中，正面滚轮应与轨道面压紧，滚轮中心对准导轨中心，如图5－74所示。

3．对重砣块安装

1）装入相应数量的对重砣块。对重砣块数量应根据式（5－2）求出：

$$装入的对重块数 = \frac{（轿厢自重＋额定荷重）×0.5－对重架质量}{每个砣块的质量} \tag{5－2}$$

2）按厂家设计要求装上对重砣块防震装置。图5－75为挡板式防震装置。

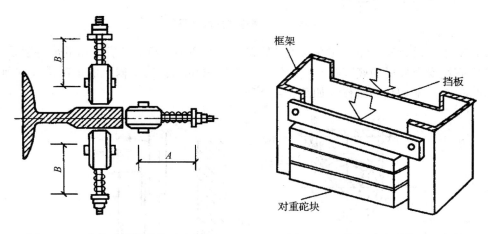

图5－74　滚轮式导靴安装示意图　　　图5－75　挡板式防震装置示意图

4．对重安装安全装置

1）如果有滑轮固定在对重装置上时，应设置防护罩，以避免伤害作业人员，又可预防钢丝绳松弛时脱离绳槽、绳与绳槽之间落入杂物。这些装置的结构应不妨碍对滑轮的检查维护。采用链条的情况下，亦要有类似的装置，如图5－76～图5－78所示。

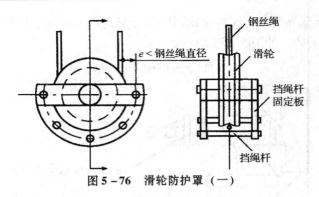

图 5－76　滑轮防护罩（一）

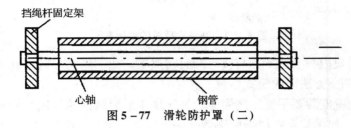

图 5－77　滑轮防护罩（二）

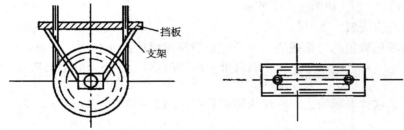

图 5－78　滑轮防护罩（三）

2）对重如设有安全钳，应在对重装置未进入井道前，将有关安全钳的部件装妥。

3）底坑安全栅栏的底部距底坑地面应不大于 300mm，安全栅栏的顶部距底坑地面应为 1700mm，一般用扁钢制作，如图 5－79 所示。

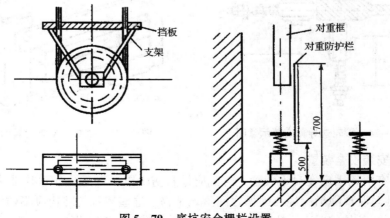

图 5－79　底坑安全栅栏设置

4）装有多台电梯的井道内各台电梯的底坑之间应设置最低点离底坑地面小于或等于0.3m，且至少延伸到最低层站楼面以上2.5m的隔障，在隔障宽度方向上隔障与井道壁之间的间隙不应大于150mm。

5）对重下撞板处应加装补偿墩2～3个，当电梯的曳引绳伸长时，以便调整其缓冲距离符合规范要求。

5.1.7　安全部件

1. 安全钳安装

安全钳安装在轿厢两侧的立柱上，主要由连杆机构、钳块、钳块拉杆及钳座组成，如图5-80所示。

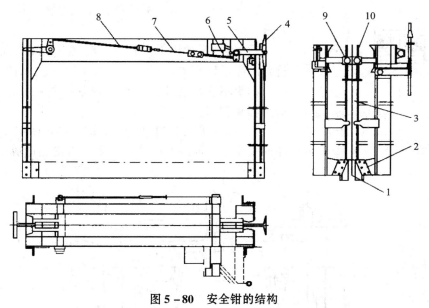

图5-80　安全钳的结构
1—楔块；2—钳座；3—拉杆；4—限速器钢丝绳；5—拉臂；
6—行程开关；7—连杆弹簧；8—连杆；9—拉杆弹簧；10—拉杆座

当轿厢或对重向下运行，若发生断绳、打滑失控出现超速情况时，限速器动作，限速器钢丝绳被夹住不动。由于轿厢继续下行，拉杆被拉起，钳块与导轨接触，将轿厢强行轧在导轨上。

1）安全钳的种类，常见的有偏心块式、滚子式、楔块式等，如图5-81所示。其中

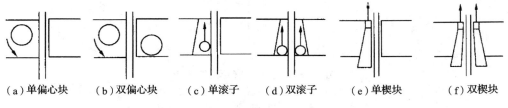

（a）单偏心块　（b）双偏心块　（c）单滚子　（d）双滚子　（e）单楔块　（f）双楔块

图5-81　安全钳的种类

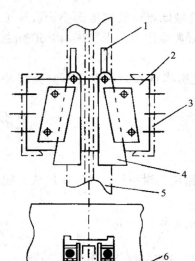

图5-82 瞬时动作安全钳结构图
1—拉杆；2—安全嘴；3—轿架下梁；
4—楔块；5—导轨；6—盖板

双楔块式在作用过程中对导轨的损伤小，制动后容易解脱，使用最广泛。无论何种钳块结构，在制动后都应以上提轿厢的方式复原。

①瞬时动作安全钳。瞬时动作安全钳，制动是瞬时完成的，它造成的冲击力较大。瞬时动作安全钳的拉杆、楔块和安全嘴之间的装配关系如图5-82所示。

②渐进式安全钳。渐进式安全钳是一种使用弹性元件，能使制动力限制在一定范围内的装置。制动时，轿厢可滑移一定距离，故有缓冲作用，减少冲击力。适用于额定速度大于1m/s的电梯，如图5-83所示。

2）安全钳的制停距离及制停减速度应符合产品设计要求。

3）安全钳楔块工作面与导轨侧工作面之间的间隙应符合产品设计要求。当设计无要求时，应保持在3mm以内。如果不合乎要求，应调整楔块拉杆的端螺母（间隙过小容易刹车）。

4）如果采用双楔块式安全钳，导轨两侧工作面与两侧的楔块工作面的间隙应该一致，否则会造成误动作。

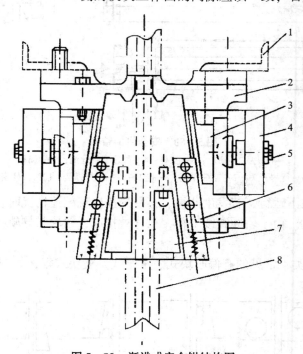

图5-83 渐进式安全钳结构图
1—轿架下梁；2—壳体；3—塞铁；4—安全垫头；
5—调整箍；6—滚筒器；7—楔块；8—导轨

5）安全钳联动开关，在动作瞬间，应断开控制回路，并且不能自动复位。

6）安全钳绳头处的提拉力应为 150～300N。

7）调整完毕后，做好整定标记，并对整定标记进行必要的保护。

2. 缓冲器安装

（1）安装缓冲器底座。安装前，要检查缓冲器底座与缓冲器是否配套，并进行组装。无问题时，方可将缓冲器底座安装在导轨底座上。对于设有导轨底座的电梯，宜采用加工方法增装导轨底座。如采用混凝土底座，要保证不破坏井道底的防水层，避免渗水后患，且需采取措施，使混凝土底座与井道底连成一体。

（2）安装缓冲器。

1）要同时考虑缓冲器中心位置、垂直偏差和水平偏差等指标。

确定缓冲器中心位置：在轿厢（或对重）碰击板中心放一线坠，移动缓冲器，使其中心对准线坠来确定缓冲器的位置，其偏移不得超过 20mm，如图 5-84 所示。

2）用水平尺测量缓冲器顶面，要求其水平误差小于 4S/1000，如图 5-85 所示。

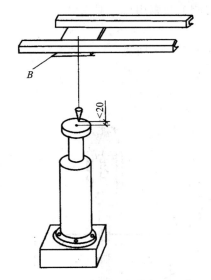

图 5-84 缓冲器中心位置找正示意图

B—碰击板

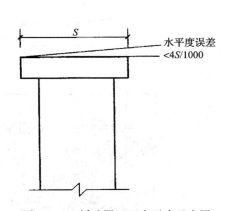

图 5-85 缓冲器顶面水平度示意图

3）如果作用于轿厢（或者对重）的缓冲器由两个组成一套时，两个缓冲器顶面应在一个水平面上，相差不应大于 2mm。

4）油压缓冲器活塞柱垂直度的测量：如图 5-86 所示，其中 a 和 b 两个尺寸的差不得大于 1mm，测量时，应于相差 90°的两个方向进行测量。

5）调整缓冲器时，需在缓冲器底部基座间垫金属片。垫入垫片的面积不得小于缓冲器底部面积的 1/2。调整后要将地脚螺栓紧固，地脚螺栓要求加弹簧垫圈或以双螺母紧固。螺纹要露出螺母之上 3～5 扣。

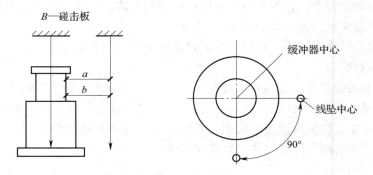

图 5-86　缓冲器活塞垂直度测量示意图

5.1.8　悬挂装置、随行电缆、补偿装置

1. 悬挂装置安装

电梯悬挂装置通常由端接装置、钢丝绳、张力调节装置组成，其安装质量直接关系人身安全和影响电梯的性能。

轿厢悬挂装置的安装，以曳引比 1:1 为例，如图 5-87 所示。

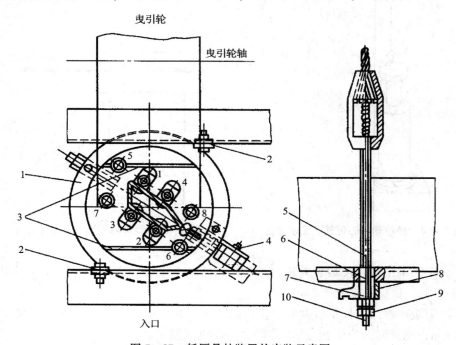

图 5-87　轿厢悬挂装置的安装示意图

1—联结板；2—紧固螺栓；3—纵向符号；4—开关；5—螺纹螺栓；
6—紧固间隔套；7—松绳套；8—弹簧；9—螺母；10—螺杆

1）将联结板紧固在上梁的两个支承板上。板的位置是纵向符号必须与曳引轮平行（用来松紧钢丝开关的紧固孔是这样对准的：易于从入口侧面板触及开关）。

2）安装钢绳套结。

3）根据绳的数目，将螺纹螺栓穿过它们在板上相应的孔内（例如，对于6根绳：使用1号孔至6号孔）。用弹簧、螺母和开尾销紧固间隔套（仅对于φ9和φ11的钢绳）和松绳套。

4）将整个松绳开关安装在板下面。

5）安装防钢丝绳扭转装置。

6）拆除脚手架。通过手盘车将轿厢降下，致使所有钢丝绳承受到负荷。把曳引轮上的夹绳装置拆除。用手盘车把对重向上提起约30mm。检查钢丝绳拉力是否均匀，然后重新将螺母锁紧。

7）将防扭转装置穿过绳套并安装妥当。

2．随行电缆安装

1）全行程随行电缆，井道电缆架应装在高出轿厢顶1.3～1.5m的井道壁上。半行程安装的随行电缆，井道电缆架应装在电梯正常提升高度的1/2处加1.5m的井道壁上。

2）电缆安装前应预先自由悬吊，充分退扭，多根电缆安装后应长短一致。

3）随行电缆的另一端绑扎固定在轿底下梁的电缆架上，称轿底电缆架。轿底电缆架安装位置应以下述原则确定：8芯电缆其弯曲半径应不小于250mm；16～24芯电缆的弯曲半径应不小于400mm；一般弯曲半径不小于电缆直径的10倍；随行电缆安装示意图如图5-88所示。

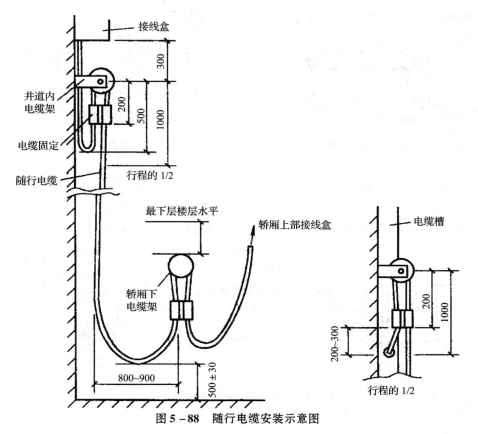

图5-88 随行电缆安装示意图

4）多根电缆组成的随行电缆应从电缆架开始以 1~1.5m 间隔的距离用绑线进行交叉固定。

5）在中间接线盒底面下方 200mm 处安装随缆架。固定随缆架要用不小于 $\phi16$ 的膨胀螺栓两条以上（视随缆重量而定），以保证其牢度（图 5-89）。

6）随行电缆的长度应使轿厢缓冲器完全压缩后略有余量，但不得拖地。也可根据中线盒及轿厢底接线盒实际位置，加上两头电缆支架绑扎长度及接线余量确定。保证在轿厢蹲底或撞顶时不使随缆拉紧，在正常运行时不蹭轿厢和地面，蹲底时随缆距地面 100~200mm 为宜。多根并列时，长度应一致。

7）用塑料绝缘导线（BV1.5mm²）将随缆牢固地绑扎在随缆支架上（图 5-90）。

8）随行电缆两端以及不运动部分应可靠固定。电缆入接线盒应留出适当余量，压接牢固，排列整齐。

9）随行电缆在运动中有可能与井道内其他部件挂、碰时，必须采取防护措施。当随缆距导轨支架过近时，为了防止随缆损坏，可自底坑沿导轨支架焊 $\phi6$ 圆钢至高于井道中部 1.5m 处，或设保护网。

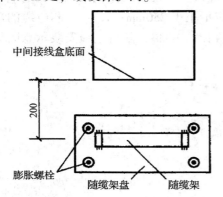

图 5-89　在中间接线盒下方
安装随缆架

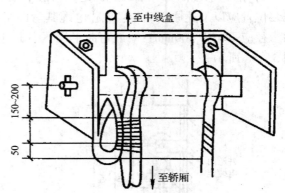

图 5-90　随行电缆绑扎固定示意图

10）随行电缆检查时，采用观察检查。在轿厢上下移动时，随行电缆无论在快、慢车时，都不可使其与电缆架、线槽等相擦或吊、卡。在轿底的支架处随行电缆应按图 5-91 所示进行绑扎，绑扎长度为 30~70mm，绑扎线应用 1mm² 或 0.75mm² 的铜芯塑料线绑扎。

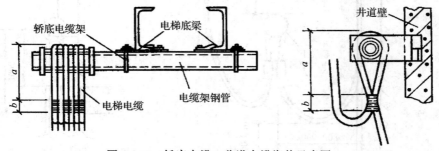

图 5-91　轿底电缆、井道电缆绑扎示意图

a—钢管直径的 2.5 倍，且不大于 200mm；b=30~70mm

使轿厢处于井道下部极限位置时，可用尺丈量电缆离地坑地面高度，电缆不应拖地；轿厢处于井道上部极限位置时，电缆不应张紧。

3. 补偿装置安装

补偿装置是用来平衡电梯运行过程中钢丝绳和随行电缆重量的装置。

1）轿厢上的悬挂。补偿装置在轿厢上的悬挂如图 5 – 92 所示。

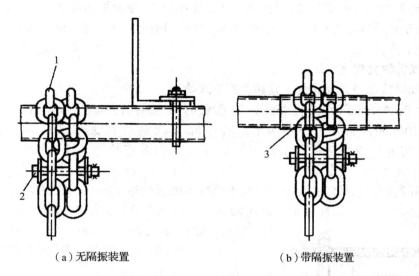

（a）无隔振装置　　　　　　　（b）带隔振装置

图 5 – 92　补偿装置在轿厢上的悬挂示意图
1—链条双圈缠绕；2—把螺栓装在尽可能靠近管子的地方；3—隔振装置

2）对重上的悬挂。补偿装置在对重上的悬挂和在轿厢上的悬挂方法基本相同，这里不再叙述。

必须强调的是，补偿装置如果是采用链条的，则应在没有扭转时进行悬挂。为了消除工作噪声，应当采用润滑剂进行润滑，并有消声措施。

3）当电梯额定速度小于 2.5m/s 时，应采用有消声措施的补偿链，补偿链固定在轿厢底部及对重底部的两端，且有防补偿链脱链的保险装置。当轿厢将缓冲器完全压缩后，补偿链不应拖地，且在轿厢运行过程中补偿链不应碰擦轿厢壁。

4）当电梯额定速度大于 2.5m/s 时，应采用有张紧装置的补偿绳，并应设有防止该装置的防跳装置，当防跳装置动作时，应有一个电气限位开关动作，使电梯驱动主机停止运转，该开关应动作灵敏、安全可靠。

5.1.9　电气装置

1. 控制柜安装

1）根据机房布置图及现场情况确定控制柜位置。与门窗、墙壁的距离不小于600mm，控制柜的维修侧与墙壁的距离不小于 600mm，其封闭侧不小于 50mm；双面维修的控制柜成排安装，其总宽度超过 5m 时，两端均应留有出入通道，通道宽度不应小于600mm，控制柜与设备的距离不应小于 500mm。

2）控制柜的过线盒要按安装图的要求用膨胀螺栓固定在机房地面上。若无控制柜过线盒，则要用10#槽钢制作控制柜底座或混凝土底座，底座高度为50～100mm。控制柜与槽钢底座采用镀锌螺栓连接固定（连接螺栓由下向上穿）。控制柜与混凝土底座采用地脚螺栓连接固定。控制柜要和槽钢底座、混凝土底座连接固定牢靠，控制柜底座更要与机房地面固定可靠。

3）多台控制柜并排安装时，其间应无明显缝隙，且控制柜面应在同一平面上，布局应美观，相互间开门不能有影响，在其中任一台控制柜进行紧急运行时，都可以观察到相应曳引机的工作状态。

2．中间接线盒安装

1）中间接线盒设在梯井内，其高度按下式确定：

高度（最底层层门地坎至中间接线盒底的垂直距离）= $a/2$（a 为电梯行程）+1500mm + 200mm，如图5–93所示。若中间接线盒设在夹层或机房内，其高度（盒底）距离夹层或机房地面不低于300mm，若电缆直接进入控制柜时，可不设中间接线盒。

2）中间接线盒水平位置要根据随行电缆既不能碰轨道支架又不能碰层门地坎的要求来确定。若梯井较小，轿厢门地坎和中间接线盒在水平位置上的距离较近时，要统筹计划，其间距不得小于40mm，如图5–94所示。

3）中间接线盒用M10膨胀螺栓固定于墙壁上。

3．配管、配线槽及金属软管安装

机房和井道内的配线，应使用电线管和电线槽保护，但在井道内严禁使用可燃性及易碎性材料制成的管、槽，不易受机械损伤和较短分支处可用软管保护。金属电线槽沿机房地面明设时，其壁厚不得小于1.5mm。

（1）配管。

1）机房配管除图纸规定沿墙敷设明管外，均要敷设暗管，梯井允许敷设明管。电线管的规格要根据敷设导线的数量决定。电线管内敷设导线总截面积（含绝缘层）不应大于管内净截面积的40%。

2）钢管敷设前应符合下列要求：

①电线管的弯曲处，不应有褶皱、凹陷和裂纹等，弯扁程度不大于管外径的10%，管内无铁屑及毛刺，电线管不允许用电气焊切割，切断口应锉平，管口应倒角光滑。

②钢管连接。

a．丝扣连接：管端套丝长度不应小于管箍长

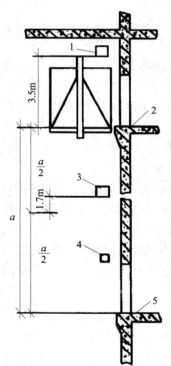

**图5－93　梯井内中间接线盒的安装
高度示意图**

1—总接线盒；2—顶层层站；3—中间接线盒；

4—层楼分线盒；5—底层层站；

度的 1/2，钢管连接后在管箍两端应用圆钢焊跨接地线（φ15 ~ φ22 管用 φ5 圆钢，φ32 ~ φ48 管用 φ6 圆钢，φ50 ~ φ63 管用 25mm × 3mm 扁钢），跨接地线两端焊接面不得小于该跨接线截面的 6 倍。焊缝均匀牢固，焊接处要清除药皮，刷防腐漆。

b. 套管连接：套管长度为连接管外径的 2.5 ~ 3 倍，连接管对口处应在套管的中心，焊口应焊接牢固、严密。

③电线管拐弯要用弯管器，弯曲半径应符合：明配时，一般不应小于管外径的 4 倍；暗配时，不应小于管外径的 6 倍；埋设于地下或混凝土楼板下，不应小于管外

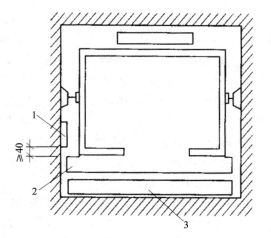

图 5 - 94　中间接线盒与轿厢地坎间距的确定示意图

1—中间接线盒；2—轿厢地坎；3—厅门地坎

径的 10 倍。一般管径为 20mm 及以下时，用手扳弯管器；管径为 25mm 及以上时，使用液压弯管器和管加热方法。当管路超过 3 个 90°弯时，应加装接线盒、箱。

④薄壁钢管（镀锌管）的连接必须用丝扣连接。

3）进入落地配电箱（柜）的电线管路，应排列整齐，管口高于基础面不小于 50mm。

4）明配管需设支架或管卡子固定：竖管每隔 1.5 ~ 2m，横管每隔 1 ~ 1.5m，拐弯处及出入箱盒两端 150 ~ 300mm，每根电线管不少于两个支架或管卡子。支架可直埋在墙内或用膨胀螺栓固定（支架的规格设计无规定时，应不小于下列规定：扁钢支架 30mm × 3mm；角钢支架 L 25 × 25 × 3，埋入支架应有燕尾）。电线管也可直接用管卡子固定于墙壁上，管卡子可用膨胀螺栓或塑料膨胀塞等方法来固定，绝不允许用塞木楔方法固定管卡子。电线管也不允许直接焊在支架或设备上。

5）钢管进入接线盒及配电箱，暗配管可用焊接固定，管口露出盒（箱）小于 5mm，明配管应用锁紧螺母固定，露出螺母的丝扣为 2 ~ 4 扣。管口应光滑，并应装设护口。

6）钢管与设备连接，要把钢管敷设到设备外壳的进线口内，如有困难，可采用下述两种方法：

①在钢管出线口处加软塑料管引入设备，但钢管出线口与设备进线口距离应在 200mm 以内。

②设备进线口和钢管出线口用配套的金属软管和软管接头连接，软管应用管卡固定。

7）设备表面上的明配管或金属软管应随设备外形敷设，以求美观，例如抱闸配管。

8）井道内敷设电线管时，各层应装分支接线盒（箱），并根据需要加装接线端子板。

（2）配线槽。

1）机房配线槽均应沿墙、梁板下面敷设。电线槽的规格要根据敷设导线的数量决定。电线槽内敷设导线总截面积（包括绝缘层）不应超过线槽总截面积的60%。

2）敷设电线槽应横平竖直，无扭曲、变形，内壁无毛刺，线槽采用射钉和膨胀螺栓固定，每根配线槽固定点不应少于2点。底脚压板螺栓应稳固，露出线槽不宜大于10mm；安装后其水平度和垂直偏差值不应大于2‰，全长最大偏差值不应大于20mm。并列安装时，应使线槽盖便于开启，接口应平直，接板应严密，槽盖应齐全，盖好后应平整、无翘角，出线口应无毛刺，位置应准确。在线槽的弯曲处应垫上橡胶垫。

3）梯井线槽引出分支线，如果距指示灯、按钮盒较近，可用金属软管敷设；若距离超过2m，应用钢管敷设。

4）梯井线槽到每层的分支导线较多时，应设分线盒并考虑加端子板。

5）电线槽、箱和盒开孔应用开孔器开孔，孔径不大于管外径1mm。

6）机房和井道内的电线槽、电线管、随缆架、箱盒与可移动的轿厢、钢丝绳、电缆的距离为：机房内不得小于50mm，井道内不得小于20mm。

7）切断线槽需用手锯操作（不能用电气焊及砂轮机），拐弯处不允许锯直口，应沿穿线方向弯成90°保护口，以防伤线。

8）线槽应有良好的接地保护，线槽接头应严密并做明显可靠的跨接地线。但电线槽不得作为保护线使用。

镀锌线槽可利用线槽连接固定螺丝跨接黄绿双色绝缘4mm²以上的铜芯导线。

（3）安装金属软管。

1）金属软管不得有机械损伤、松散，敷设长度不应超过2m。

2）金属软管安装应尽量平直，弯曲半径不应小于管外径的4倍。

3）金属软管安装固定点均匀，间距小于或等于1m，不固定端头长度小于或等于0.1m，固定点要用管卡子固定。管卡子要用膨胀螺栓或塑料膨胀塞等方法固定，不允许用塞木楔的方法来固定管卡子。

4）金属软管与箱、盒、槽连接时，应使用专用管接头连接。

5）金属软管安装在轿厢上应防止振动和摆动，与机械配合的活动部分，其长度应满足机械部分的活动极限，两端应可靠固定。轿顶上的金属软管应有防止机械损伤的措施。

6）金属软管内电线电压大于36V时，要用大于或等于1.5mm²的黄绿双色绝缘铜芯导线焊接保护地线。厂家有特殊要求的如低于36V也加地线。

7）不得利用金属软管作为接地导体。

8）内壁不光滑的金属软管不应在土建结构中暗设，机房地面和底坑地面不得敷设金属软管。

4. 强迫减速开关、限位开关、极限开关及其碰铁安装

1）碰铁一般安装在轿厢侧面，应无扭曲、变形，表面应平整光滑。安装后调整其垂直偏差值不大于1‰，最大偏差值不大于3mm（碰铁的斜面除外）。

2）强迫减速开关、限位开关、极限开关的安装。

①强迫减速开关安装在井道的两端，当电梯失控不正常换速冲向端站时，首先要碰撞强迫减速开关。该开关在正常换速点相应位置动作，以保证电梯有足够的换速距离。一般

交流低速电梯（1m/s 及以下），采取一级强迫减速，将快速转换为慢速运行。使用限位开关，当轿厢因故超过上下端站 50～100mm 时，即切断顺路方向的控制电路。电梯停止顺方向启动，但可以反方向启动运行。

②快速电梯（1m/s 以上）在端站强迫减速开关之后加设一级或多级减速开关，这些开关的动作时间略滞后于同级正常减速动作时间。当作正常减速失效时，该装置按照规定级别进行减速。

③极限开关的安装。极限开关动作时切断电梯控制电源及上下行接触器电源，此时电梯立即停止运行并不能再启动，调整极限开关上下碰轮的位置，应在轿厢或对重与缓冲器接触前，极限开关断开。且在缓冲器被压缩期间，开关始终保持断开状态，如图 5–95 所示。

开关装完后，应连续试验 5 次，均应动作灵活可靠，且不得提前与限位开关同时动作。

3）开关安装应牢固，不得焊接固定，安装后要进行调整，使其碰轮与碰铁可靠接触，开关触点应可靠操作，碰轮沿碰铁全长移动不应有卡阻，且碰轮略有压缩余量，当碰铁脱离碰轮后，其开关应立即复位，碰轮距碰铁边大于或等于 5mm，如图 5–96 所示。

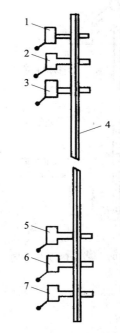

图 5–95　极限开关的分布

1—上终端极限开关；2—上限位开关；
3—上强迫减速开关；4—导轨；
5—下强迫减速开关；6—下限位开关；
7—下终端极限开关

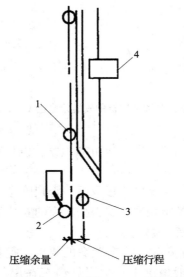

压缩余量　　　压缩行程

图 5–96　碰铁与碰轮

1—碰轮正常压缩后的位置；2—碰轮极限压缩位置；
3—压缩前的位置；4—支架；5—碰铁；6—碰轮

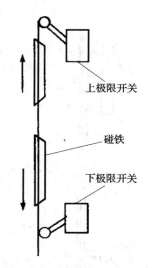

图 5 – 97 碰轮的安装方向

4）开关碰轮的安装方向应符合要求，以防损坏，如图 5 – 97所示。

5. 感应开关和感应板安装

1）无论装在轿厢上的平层感应开关及开门感应开关，还是装在轨道上的选层、截车感应开关，其形式基本相同。安装应横平竖直，各侧面应在同一垂直面上，其垂直偏差小于或等于1mm。感应板安装应垂直，其偏差值小于或等于1‰，插入感应器时应位于中间。插入深度距感应器底10mm，偏差值小于或等于2mm，若感应器灵敏度达不到要求时，可适当调整感应板，但与感应器内各侧间隙小于或等于7mm，如图5 – 98所示。

2）开门感应器装于上、下平层感应器中间，其偏差小于等于2mm。不同形式控制的电梯所装的感应器数量和作用也不相同，一般装3只感应器，即上、下平层和门区；有的电梯增加了校正感应器，当层楼指示发生错位时，只须增加感应器作为复位信号，如图5 – 99所示。

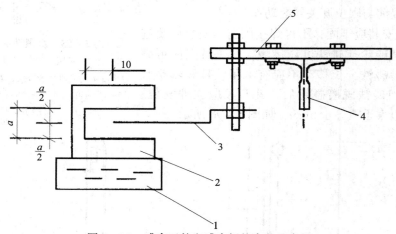

图 5 – 98 感应开关和感应板的安装示意图
1—接线盒；2—感应器；3—感应板；4—导轨；5—感应板支架

3）感应板应能上下、左右调节，调节后螺栓应可靠锁紧，电梯正常运行时不得与感应器产生摩擦，严禁碰撞。

4）感应器安装完毕后启用时，应将封闭磁路板取下，否则感应器将不起作用。

5）不同的电梯厂家采取的感应器各不相同，要根据厂家的安装手册进行安装。

6. 指示灯盒、召唤盒及操纵盘安装

（1）指示灯盒、召唤盒安装。根据安装平面布置图的要求，把各层站的召唤箱和指层灯箱稳固安装在各层站层门外。一般情况下，指层灯箱装在层门正上方距离门框为0.25～0.30m处。召唤箱装在层门右侧，距离门框为0.20～0.30m处，距离地面约1.3m。也有把指层灯箱和召唤箱合并为一个部件装在层门侧面的。指层灯箱和召唤箱经安装调整、校正校平后，面板应垂直水平，凸出墙壁2～3mm。

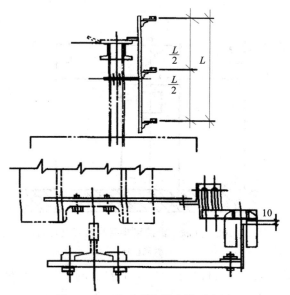

图 5-99 校正感应器安装示意图

主要用于交流双速梯的干簧管换速平层装置，换速干簧管传感器和隔磁板允许在开动电梯后，使电梯在慢速运行状态下，边安装边调整校正。经调整后，隔磁板应位于干簧管传感器盒凹形口中心，与底面的距离应为 4~6mm，确保传感器中的干簧管安全可靠地动作。

层门召唤盒、指示灯盒及联盒的安装应符合下列规定：

1）盒体应平正、牢固，不变形；埋入墙内的盒口不应突出装饰面。

2）面板安装后应与墙面贴实，不得有明显的凹凸变形和歪斜。

3）安装位置当无设计规定时，应符合下列规定（图 5-100、图 5-101）：

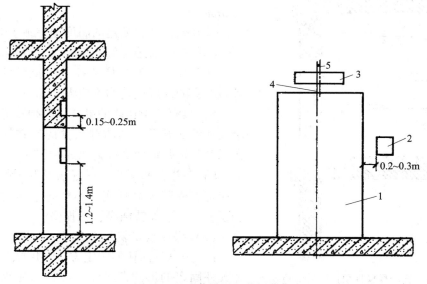

图 5-100 单梯层门装置位置

1—层门（厅门）；2—召唤盒；3—层门指示灯盒；4—层门中心线；5—指示灯盒中心线

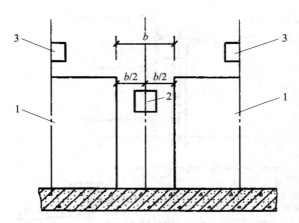

图 5 – 101   并联、群控电梯召唤盒安装位置图

1—层门；2—召唤盒；3—层门指示灯盒

①层门指示灯盒应装在层门口以上 0.15~0.25m 的层门中心处，指示灯在召唤盒内的除外。

②层门指示灯盒安装后，其中心线与层门中心线的偏差不应大于 5mm。

③召唤盒应装在层门右侧距地 1.2~1.4m 的墙壁上，且盒边与层门边的距离应为 0.2~0.3m。

④并联、群控电梯的召唤盒应装在两台电梯的中间位置。

4）在同一候梯厅有 2 台及 2 台以上电梯并列或相对安装时，各层门装置的对应安装位置应一致，并应符合下列规定（图 5 – 102、图 5 – 103）：

①并列梯各层门指示灯盒的高度偏差不应大于 5mm。

②并列梯各召唤盒的高度偏差不应大于 2mm。

③各召唤盒距离偏差不应大于 10mm。

④并列安装的电梯，各层门指示灯盒偏差和各召唤盒的高度偏差均不应大于 5mm。

5）具有消防功能的电梯，必须在基站或撤离层设置消防开关，消防开头盒应装在呼梯盒的上方，其底边距地面高度为 1.6~1.7m。

6）各层门指示灯、呼梯盒及开关的面板安装后应与墙壁装饰面贴实，不得有明显的凹凸变形和歪斜，并应保持洁净、无损伤。

（2）操纵盘安装。

1）操纵盘面板的固定方法有用螺钉固定和搭扣夹住固定的形式，操纵盘面板与操纵盘轿壁间的最大间隙应在 1mm 以内。

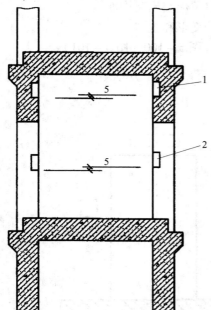

图 5 – 102   同一候梯厅层门装置对应高差

1—层门指示灯盒；2—召唤盒

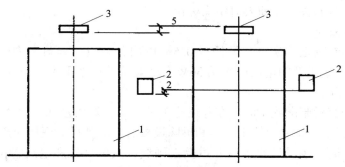

图 5 – 103　并列梯层门装置相应位置差
1—层门；2—召唤盒；3—层门指示灯盒

2）指示灯、按钮、操纵盘的指示信号应清晰、明亮、准确，遮光罩良好，不应有漏光和串光现象。按钮及开关应动作灵活可靠，不有卡阻现象；消防开关工作可靠。

7. 底坑检修盒安装

1）检修盒的安装位置距层门口不应大于 1m。应选择在距线槽或接线盒较近、操作方便、不影响电梯运行的地方。图 5 – 104 为底坑检修盒。

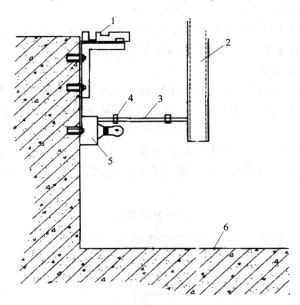

图 5 – 104　底坑检修盒安装示意图
1—厅门底坎；2—线槽；3—电线管；4—用管卡沿墙固定；5—底坑检修盒；6—底坑地面

2）底坑检修盒用膨胀螺栓或塑料胀塞固定在井壁上。检修盒、电线盒、配线槽之间都要跨接地线。

3）检修盒上或近旁的停止开关的操作装置，应是红色非自动复位的双稳态开关，并标有"停止"字样加以识别。

4）在检修盒上或附近适当的位置，须装设照明和电源插座，照明应加控制开关，并采用 36V 电压。电源插座应选用 2P + PE250V 型，以供维修时插接电动工具使用。

5）检修盒上各开关、按钮要有中文标识。

8.井道照明安装

1）井道照明在井道的最高和最低点 0.5m 以内各装设一盏灯，中间每隔 7m（最大值）装设一盏灯，井道照明电压应采用 36V 安全电压。有地下室的电梯也应采用 36V 安全电压作为井道照明。

2）井道照明装置暗配施工时，在井道施工过程中将灯头盒和电线管路随井道施工预埋在所要求的位置上，待井道施工完毕和拆除模板后，应进行清理接线盒和扫管工作。

3）明配施工时，按设计要求在井道壁上画线，找好灯位和电线管位置，用 4、6 号膨胀螺栓分别将灯头盒固定在井道壁的灯位上，并进行配管。

4）从机房井道照明开关开始穿线，灯头盒内导线按要求做好导线接头，并将相线、零线做好标记。

5）将塑料台固定在灯头盒上，将接灯线从塑料台的出线孔中穿出。将螺口平灯底座固定在塑料台上，分别给灯头压接线，相线接在灯头中心触点的端子上，零线接在灯头螺纹的端子上。用兆欧表测量回路绝缘电阻应大于 0.25MΩ，确认绝缘摇测无误后再送电试灯。

9.导线的敷设及连接

1）穿线前将电线管或线槽内清扫干净，不得有积水、污物。

2）要检查各个管口的护口是否齐全，如有遗污和破损，均应补齐和更换。电梯电气安装中的配线，应使用额定电压不低于 500V 的铜芯导线。穿线时不能损伤绝缘或有扭结等现象，并留出适当备用线。

3）导线要按布线图敷设，电梯的供电电源必须单独敷设。动力和控制线路应分别敷设，微信号及电子线路应按产品要求单独敷设或采取抗干扰措施，若在同一配线槽中敷设，其间要加隔板。

4）在配线槽的内拐角处要垫橡胶板等软物，以保护导线（图 5-105）。导线在配线槽的垂直段，用尼龙绑扎带绑扎成束，并固定在配线槽底板下。出入电线管或配线槽的导线应有保护措施。

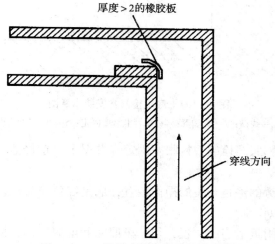

图 5-105　线槽内拐角保护导线措施

5）导线截面为 6mm² 及以下的单股铜芯线与电气器具的端子可直接连接，但多股铜芯线的线芯应焊接或压接端子并涮锡后，再与电气器具的端子连接。

6）导线接头包扎时，首先用橡胶（或自粘塑料带）绝缘带从导线接头处始端的完好绝缘层开始，缠绕 1~2 个绝缘带幅宽度，再以半幅宽度重叠进行缠绕。在包扎过程中应尽可能收紧绝缘带，最后在绝缘层上缠绕 1~2 圈后，再进行回缠，而后用黑胶布带包扎，以半幅宽度边压边进行缠绕，在包扎过程中收紧胶布，导线接头处两端应用黑胶布带包封严密。

7）引进控制盘（柜）的控制电缆、橡胶绝缘芯线应外套绝缘管保护。控制盘（柜）压线前应将导线沿接线端子方向整理成束，排列整齐，用小线或尼龙扎带分段绑扎，做到横平竖直，整齐美观。

8）导线终端应有清晰的线路编号。导线压接要严实，不能有松脱、虚接现象。

5.1.10　整机调试

1. 调试运行前的检查准备工作

紧急操作装置动作必须正常。可拆卸的装置必须置于驱动主机附近易接近处，紧急救援操作说明必须贴于紧急操作时易见处。

（1）整机检查。

1）整机应安全装置齐全。

2）整机安装应符合本标准的规定。

（2）机房内安装运行前检查。

1）机房内所有电气线路的配置及接线工作应已完成；各电气设备的金属外壳应有良好接地装置，且接地电阻值不大于 4Ω。

2）机房内曳引绳与接板孔洞每边间隙应为 20~40mm，通向井边的孔洞四周应筑有 50mm 以上、宽度适当的防水台阶。

3）机房内应有足够照明，并有电源插座，通风良好。

（3）井道内的检查。

1）清除井道内余留的脚手架和安装电梯时留下的杂物。

2）清除轿厢内、轿顶上、轿厢门和厅门地坎槽中的杂物。

（4）安全检查。

1）轿厢或配重侧的安全钳应已安装到位，限速器应灵活可靠，限速器与安全钳联动动作必须可靠。

2）确保各层厅门和轿门关好、并锁住，严禁非专业人员打开厅门。

（5）润滑工作。

1）按规定对曳引机轴承、减速箱、限速器等传动机构注油。

2）对导轨自动注油器、门滑轨、滑轮进行注油润滑。

3）对液压型缓冲器加注液压油。

（6）调试通电前的电气检查。

1）测量电网输入电压，电压波动范围应在额定电压值的 ±7% 范围内。

2）控制柜及其他电气设备的接线必须正确。

3）动力电路、控制电路、安全电路必须有与负载匹配的短路保护装置；动力电路必须有过载保护装置。

4）环境空气中不应有含有腐蚀性和易燃性气体及导电尘埃存在。

（7）下列安全开关，必须动作可靠。

1）限速器绳张紧开关。

2）液压缓冲器复位开关。

3）有补偿张紧轮时，补偿绳张紧开关。

4）当额定速度大于 3.5m/s 时，补偿绳轮防跳开关。

5）轿厢安全窗（如果有）开关。

6）安全门、底坑门、检修活板门（如果有）的开关。

7）对可拆卸式紧急操作装置所需要的安全开关。

8）悬挂钢丝绳（链条）为两根时，防松动安全开关。

9）厅门、轿门的电气联锁。

10）检查门、安全门及检修的活动门关闭后的联锁触点。

11）检查断绳开关。

12）检查限速器达到115%额定速度时的启动动作。

13）检查端站开关、限位开关。

14）检查各急停开关。

（8）调试前的机械部件检查。

1）制动器的调整检查。

①制动器动作应灵活。

②制动力矩的调整：根据不同型号的电梯进行调整。在没有打开抱闸（制动器）的情况下，人为扳动盘车轮，应不转动。

③制动闸瓦与制动轮间隙调整：制动器制动后，要求制动闸瓦与制动轮接触可靠，面积大于80%；松闸后制动闸瓦与制动轮完全脱离，无摩擦，无异常声音。制动器间隙应符合产品设计要求。

2）自动门机构调整检查。

①门锁装置必须与其型式试验证书相符。

②厅门应开关自如、无异常声音。

③轿厢运行前应将厅门有效地锁紧在关门位置上，只有在锁紧元件啮合达到7mm，且厅门辅助电气锁点同时闭合时轿厢才能启动。

④厅门自动关闭：无论厅门因何原因开启，应确保能自动关闭。

2．电梯的整机运行调试

（1）电梯的慢速调试运行。在电梯运行前，应确保各层厅门已关闭。井道内无任何杂物，监护人员不得擅自离岗。

1）检测电动机阻值，应符合要求。

2）检测电源，电压、相序应与电梯动力装置相匹配。

3）继电器动作与接触器动作及电梯运转方向，应确保一致。

4）应在机房检修运行后才能在轿顶上使电梯处于检修状态，按动检修盒上的慢上或慢下按钮，电梯应以检修速度慢上或慢下。同时清扫井道和轿厢以及配重导轨上的灰沙及油坏，然后加油使导轨润滑。

5）以检修速度逐层安装井道内的各层平层及换速装置，以及上、下端站的强迫减速开关、方向限位开关和极限开关，并使各开关安全有效。

（2）自动门机调试。

1）电梯处在检修状态。

2）在轿厢内操纵盘上按开门或关门按钮，门电动机应转动，且方向应与开关门方向一致。若不一致，应调换门电动机极性或相序。

3）调整开、关门减速及限位开关，使轿厢门启闭平稳而无撞击声，并调整关门时间约为 3s，开门时间约为 2.5s，并测试关门阻力（如有该装置时）。

4）每层层门必须能够用三角钥匙正常开启。

5）当一个层门或轿门（在多扇门中任何一扇门）非正常打开时，电梯严禁启动或继续运行。

（3）电梯的快速运行调试。在电梯完成了上述调试检查项目后，并且安全回路正常，且无短接线的情况下，即可在机房内准备快车试运行。

1）轿内、轿顶均无安装调试人员。

2）轿内、轿顶、机房均为正常状态。

3）轿厢应在井道中间位置。

4）在机房内进行快车试验运行。继电器、接触器应与运行方向一致，且无异常声音。

5）操作人员进入轿内运行，逐层开关门运行，开关门应无异常声音，并且运行舒适。

6）在电梯内加入 50% 的额定载重量，进行精确平层的调整，使平层均符合标准，即可认为电梯的慢、快车运行调试工作已全部完成。

3．试验

（1）试验条件。

1）试验时机房空气温度应保持在 5～40℃ 之间。

2）背景噪声应比所测对象噪声至少低 10dB（A）。如不能满足规定要求应修正，测试噪声值即为实测噪声值减去修正值。

（2）安全装置试验及电梯整机功能试验。当控制柜三相电源中任何一相断开或任何二相错接时，断相、错相保护装置或功能应使电梯不发生危险故障。当错相不影响电梯正常运行时可没有错相保护装置或功能。

1）限速器—安全钳装置试验。

①限速器上的轿厢（对重、平衡重）下行标志必须与轿厢（对重、平衡重）的实际下行方向相符。限速器铭牌上的额定速度、动作速度必须与被检电梯相符。限速器、安全钳必须与其型式试验证书相符。

②限速器与安全钳电气开关在联动试验中必须动作可靠，且应使驱动主机立即制动。

③对瞬时式安全钳，轿厢应载有均匀分布的额定载重量；对渐进式安全钳，轿厢应载有均匀分布的125%额定载重量。当短接限速器及安全钳电气开关，轿厢以检修速度下行，人为使限速器机械动作时，安全钳应可靠动作，轿厢必须可靠制动，且轿底倾斜度不应大于5%。

④试验完成以后，各个电气开关应恢复正常，并检查导轨，必要时要修复到正常状态。

2）缓冲器试验。

①缓冲器必须与其型式试验证书相符。检查缓冲器内是否有润滑油。

②蓄能型缓冲器：轿厢以额定载重量、按检修速度下降，对轿厢缓冲器进行静压5min，然后轿厢脱离缓冲器，缓冲器应回复到正常位置。

③耗能型缓冲器：轿厢或对重装置分别以检修速度下降将缓冲器全部压缩，从轿厢或对重开始离开缓冲器瞬间起，缓冲器柱塞复位时间不大于120s。缓冲器开关应为非自动复位的安全触点开关，电气开关动作时电梯不能运行。

3）极限开关试验。

上、下极限开关必须是安全触点，在端站位置进行动作试验时必须动作正常。在轿厢或对重（如果有）接触缓冲器之前必须动作，且缓冲器完全压缩时，保持动作状态。

4）层门与轿厢门电气联锁装置试验：当层门或轿门没有关闭时，操作运行按钮，电梯应不能运行。电梯运行时，将层门或轿门打开，电梯应停止运行。

5）紧急操作装置试验：停电或电气系统发生安全故障时应有慢速移动轿厢的措施，检查措施是否齐备和可用。

6）急停保护装置试验：机房、轿顶、轿内、底坑应装有急停保护开关，逐一检查开关的功能。

7）运行速度和平衡系数试验：

①运行速度试验：当电源为额定频率和额定电压、轿厢载有50%额定载荷时，向下运行至行程中段（除去加速加减速段）时的速度，不应大于额定速度的105%，且不应小于额定速度的92%，记录电流、电压及转速的数值。

②平衡系数试验：宜在轿厢以额定载重量的0%、25%、40%、50%、75%、100%、110%时做上、下运行，当轿厢与对重运行到同一水平位置时，记录电流、电压及转速的数值（对于交流电动机可不测量电压）。曳引式电梯的平衡系数应为0.4~0.5。

③平衡系数的确定：绘制电流—负荷曲线，以向上、向下运行曲线的交点来确定。

8）启、制动加、减速度和轿厢运行的垂直、水平振动加速度的试验方法（此项仅在用户有特殊要求时进行）：

①在进行电梯的加、减速度和轿厢运行的垂直振动加速度试验时，传感器应安放在轿厢地面的正中，并紧贴地板，传感器的敏感方向应与轿厢地面垂直。

②在轿厢运行的水平振动加速度试验时，传感器应安放在轿厢地面的正中，并紧贴地板，传感器的敏感方向应分别与轿厢门平行或垂直。

9）噪声试验：

①机房噪声测试：当电梯正常运行时，传感器距地面1.5m，距声源1m处进行测试，测试点不少于3点，取最大值为依据。对额定速度小于或等于4m/s的电梯，不应大于80dB（A）；对额定速度大于4m/s的电梯，不应大于85dB（A）。

②运行中轿厢内噪声测试：传感器置于轿厢内中央距轿厢地面1.5m处，取最大值。乘客电梯和病床电梯运行中轿内噪声：对额定速度小于等于4m/s的电梯，不应大于55dB（A）；对额定速度大于4m/s的电梯，不应大于60dB（A）。

③开关门过程噪声测试：传感器分别置于层门和轿门宽度的中央，距门0.24m，距地面高1.5m，取最大值。乘客电梯和病床电梯的开关门过程噪声不应大于65dB（A）。

10）轿厢平层准确度检验：

①在空载工况和额定载重量工况时进行试验。当电梯的额定速度不大于1m/s时，平层准确度的测量方法为轿厢自底层端站向上逐层运行和自顶层端站向下逐层运行。

②当轿厢在两个端站之间直驶。按上述两种工况测量当电梯停靠层站后，轿厢地坎上平面对层门地坎上平面在开门宽度1/2处垂直方向的差值。

③平层准确度应符合下列规定：

额定速度小于或等于0.63m/s的交流双速电梯，应在±15mm的范围内，但应符合产品设计要求。

额定速度大于0.63m/s且小于等于1.0m/s的交流双速电梯，应在±30mm的范围内，但应符合产品设计要求。

其他调速方式的电梯，应在±15mm的范围内。

11）观感检查应符合下列规定：

①轿门带动层门开、关运行，门扇与门扇、门扇与门套、门扇与门楣、门扇与门口处轿壁、门扇下端与地坎应无刮碰现象。

②门扇与门扇、门扇与门套、门扇与门楣、门扇与门口处轿壁、门扇下端与地坎之间各自的间隙在整个长度上应基本一致。

③对机房（如果有）、导轨支架、底坑、轿顶、轿内、轿门、层门及门地坎等部位应进行清理。

④检查轿厢、轿门、层门及可见部分的表面及装饰是否平整，涂漆是否达到标准要求。信号指示是否正确。焊缝、焊点及紧固件是否牢固。

12）曳引式电梯的曳引能力试验必须符合下列规定：

①轿厢在行程上部范围空载上行及行程下部范围载有125%额定载重量下行，分别停层3次以上，轿厢必须可靠地制停（空载上行工况应平层）。轿厢载有125%额定载重量以正常运行速度下行时，切断电动机与制动器供电，电梯必须可靠制动。

②当对重完全压在缓冲器上，且驱动主机按轿厢上行方向连续运转时，空载轿厢严禁向上提升。

13）轿厢分别在空载、额定载荷工况下，按产品设计规定的每小时启动次数和负载持续率各运行1000次（每天不少于8h），电梯应运行平稳、制动可靠、连续运行无故障（从电梯每完成一个全过程运行为一次，即启动—运行—停止，包括开、关门）。整个可靠性试验 60000 次应在 60 日内完成。

14）功能实验：按厂家的产品说明逐条检查。

15）把电梯运行的试验结果记录完整，并保护好成品。

5.2 液压电梯安装

5.2.1 液压系统安装

1. 液压缸体安装

（1）底座安装。

1）液压缸底座用配套的膨胀螺栓固定在基础上，中心位置与图纸尺寸相符，液压缸底座的中心与油缸中心线的偏差不大于 1mm，见图 5 – 106（a）。

2）液压缸底座顶部的水平偏差不大于 1/600。液压缸底座立柱的垂直偏差（正、侧面两个方向测量）全高不大于 0.5mm，如图 5 – 106（b）所示。

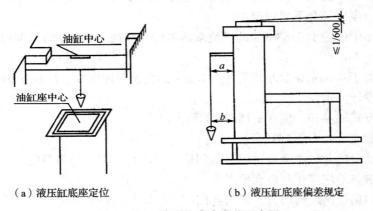

（a）液压缸底座定位   （b）液压缸底座偏差规定

图 5 – 106 液压缸底座安装示意图

3）液压缸底座垂直度可用垫片配合调整。

（2）液压缸的安装。

1）在对着将要安装的液压缸中心位置的顶部固定吊链。

2）用吊链慢慢地将液压缸吊起，当液压缸底部超过液压缸底座 200mm 时停止起吊，使液压缸慢慢下落，并轻轻转动缸体，对准安装孔，然后穿上固定螺栓。

3）用 U 形卡子把液压缸固定在相应的液压缸支架上，但不要把 U 形卡子螺丝拧紧（以便调整）。

4）调整液压缸中心，使之与样板基准线前后左右偏差小于 2mm，如图 5 – 107（a）所示。

（3）液压缸垂直度测量。

用通长的线坠、钢板尺测量液压缸的垂直度。正面、侧面进行测量；测量点在离液压缸端点或接口 15～20mm 处，全长偏差要在 0.4‰以内。按上述所规定的要求找好后，上紧螺丝，然后再进行校验，直到合格为止，如图 5 – 107（b）所示。

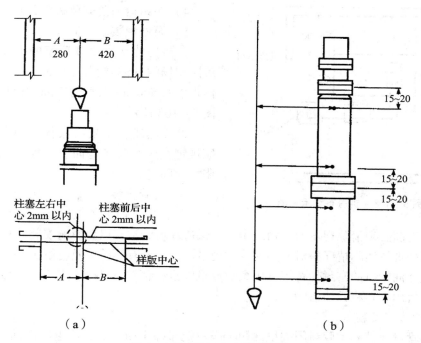

图5-107　油缸中心偏差调整

液压缸找好固定后，应把支架可调部分焊接，以防位移。

（4）液压缸对接。

1）上液压缸顶部安装有一块压板，下液压缸顶部装有一吊环，该板及吊环是液压缸搬运过程中的保护装置、吊装点，安装时应拆除。

2）两液压缸对接部位应连接平滑，丝扣旋转到位，无台阶，否则必须在厂方技术人员的指导下方可处理，不得擅自打磨。

3）液压缸抱箍与液压缸接合处，应使液压缸自由垂直，不得使缸体产生拉力变形。

4）液压缸安装完毕，柱塞与缸体结合处必须进行防护，严禁进入杂质。

2．液压缸顶部滑轮组件安装

1）用吊链将滑轮吊起，将其固定在液压缸顶部，然后再将梁两侧导靴嵌入轨道，落到滑轮架上并安装螺栓。

2）梁找平后紧固螺栓。

3）注意如果液压缸离结构墙较近，液压缸找直固定前，应先把滑轮组件安装上。

4）液压缸中心、滑轮中心必须符合图纸及设计要求，误差不应超过0.5mm。

3．泵站安装

1）设备的运输及吊装。

2）液压电梯的电动机、油箱及相应的附属设备集中装在同一箱体内，称为泵站。泵站的运输、吊装、就位要由起重工配合操作。

3）泵站吊装时用吊索拴住相应的吊装环，在钢丝绳与箱体棱角接触处要垫上布、纸板等细软物，以防吊起后钢丝绳将箱体的棱角、漆面磨坏。

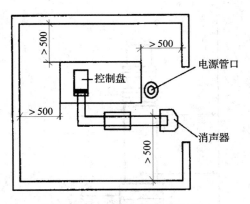

图 5 - 108　机房布置示意图

4）泵站运输要避免磕碰和剧烈的振动。

5）泵站稳装。

①机房的布置要按厂家的平面布置图且参照现场的具体情况统筹安排。一般泵站箱体距墙留 500mm 以上的空间，以便维修，如图 5 - 108 所示。

②无底座、无减振橡胶垫的泵站可按厂家规定直接安放在地面上，找平找正后用膨胀螺栓固定。

4. 油管安装

（1）安装前准备工作。

1）施工前必须清除现场的污物及尘土，保持环境清洁，以免影响安装质量。

2）根据现场实际情况核对配用油管的规格尺寸，若有不符应及时解决。

3）拆开油管口的密封带对管口用煤油或机油进行清洗（不可用汽油，以免使橡胶圈变质），然后用细布将锈沫清除。

（2）油管路安装。

1）油管口端部和橡胶封闭圈里面用干净白绸布擦干净以后，涂上润滑油，将密封圈轻轻套入油管头。

2）泵站按图 5 - 108 的要求就位后，要注意防振橡胶垫要垂直压下，不可有搓、滚现象。

3）把密封圈套入后露出管口，把要组对的两管口对接严密。

4）把密封圈轻轻推向两管接口处，使密封圈封住的两管长度相等。

5）用手在密封圈的顶部及两侧均匀地轻压，使密封圈和油管头接触严密。

6）在橡胶密封圈外均匀地涂上液压油，用两个管钳一边固定一边用力紧固螺母。其要求应遵照厂家技术文件规定，无规定的应以不漏油为原则。

7）油管与油箱及油缸的连接均采用此方法。

（3）油管固定。在要固定的部位包上专用的齿型橡胶皮，使齿在外边。然后用卡子加以固定。也有沿地面固定的，方法是直接用 Q 形卡打胀塞固定，固定间距为 1000 ~ 1200mm 为宜，如图 5 - 109 所示。

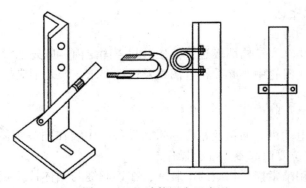

图 5 - 109　油管固定示意图

（4）回油管安装。

1）在轿厢连续运行中，由于柱塞的反复升降，会有部分液压油从油缸顶部密封处压出。为了减少油的损失，在油缸顶部装有接油盘，接油盘里的油通过回油管送回到储油箱。回油管头和油盘的连接应十分认真。

2）回油管因为没有压力，连接处不漏油即可。但回油管途径较长，固定要美观、合理，固定在不易碰撞、践踏地方。

3）油管连接处必须在安装时才可拆封，擦拭时必须使用白绸布，严禁残留任何杂物。

4）所有油管接口处必须密封严密，严禁漏油。

5.2.2　悬挂装置、随行电缆安装

1．绳头组合

（1）施工质量要求。液压电梯如果有绳头组合，绳头组合必须安全可靠，且每个绳头组合必须安装防螺母松动和脱落的装置。

电梯悬挂装置通常由端接装置、钢丝绳、张力调节装置组成，绳头组合是指端接装置和钢丝绳端部的组合体。绳头组合必须安全可靠，其一指端接装置自身的结构、强度应满足要求；其二指钢丝绳与端接装置的结合处应至少能承受钢丝绳最小破断载荷的80%，以避免绳头组合断裂，导致重大伤亡事故。由于绳头组合端部的固定通常采用螺纹联接，因此要求必须安装防止螺母松动以及防止螺母脱落的装置，绳头组合的松动或脱落将影响钢丝绳受力均衡，使钢丝绳和曳引轮磨损加剧，严重时同样会导致钢丝绳或绳头组合的断裂，造成严重事故。

（2）施工监理、控制措施。钢丝绳与绳头组合的连接制作应严格按照安装说明书的工艺要求进行，不得损坏钢丝绳外层钢丝。钢丝绳与其端接装置连接必须采用金属或树脂充填的绳套、自锁紧楔形绳套、至少带有三个合适绳夹的鸡心环套、手工捻接绳环、带绳孔的金属吊杆、环圈（套筒）压紧式绳环或具有同等安全的任何其他装置。

如采用钢丝绳绳夹，应把夹座扣在钢丝绳的工作段上，U形螺栓扣在钢丝绳尾段上；钢丝绳夹间的间距应为6～7倍的钢丝绳直径；离环套最远的绳夹不得首先单独紧固，离环套最近的绳夹应尽可能靠近套环。

绳头组合应固定在轿厢、对重或悬挂部位上。防螺母松动装置通常采用防松螺母，安装时应把防松螺母拧紧在固定螺母上以使其起到防松作用。防螺母脱落装置通常采用开口销，防松螺母安装完成后，就应安装防螺母脱落装置。

2．随行电缆。

（1）随行电缆基本要求。

1）施工质量要求。

①随行电缆严禁有打结和波浪扭曲现象。

②随行电缆安装时，若出现打结和波浪扭曲，容易使电缆内芯线折断、损坏绝缘层，电梯运行时，还会引起随行电缆摆动，增大振动，甚至导致其刮碰井道壁或井道内其他部

件，引发电梯故障。

2）施工监理及控制措施。检查人员站在轿顶，电梯以检修速度从随行电缆在井道壁上的悬挂固定部位向下运行至底层，观察随行电缆；检查人员进入底坑，电梯以检修速度从底层上行，观察随行电缆。

（2）随行电缆一般要求。

1）质量要求。

①随行电缆端部应固定可靠。

②随行电缆在运行中应避免与井道内其他部件干涉。当轿厢完全压在缓冲器上时，随行电缆不得与底坑地面接触。

端部是指随行电缆在井道壁和轿厢上固定部位。固定可靠是指端部的固定方法、位置应符合安装说明书的要求，并不是指固定部件把随行电缆端部夹得（或拧得）越紧越好，太紧会造成随行电缆绝缘层损坏、内芯线容易折断等缺陷。

如果随行电缆与井道内其他部件干涉，会导致随行电缆被挂断或绝缘层损坏，同样，当轿厢完全压在缓冲器上时，随行电缆若与底坑地面接触，会磨损绝缘层，以及容易擦碰、挂在底坑内其他部件，引发安全事故。

2）施工监理及控制措施。电梯在检修状态，检查人员站在轿顶，将轿厢停在容易观察、检查随行电缆井道壁固定端的位置，检查随行电缆端部固定是否符合安装说明书的要求；检查人员进入底坑，将轿厢停在容易观察、检查随行电缆轿厢固定端的位置，检查随行电缆端部固定，应符合安装说明书的要求。

电梯在底层平层后，检查人员测量随行电缆最低点与底坑地面之间的距离，该距离应大于轿厢缓冲器撞板与缓冲器顶面之间的距离与轿厢缓冲器的行程两者之和的一半。也可以通过以下方法：人为将下极限开关、下强迫减速开关短接，检查人员蹲下后，使轿厢完全压在缓冲器上，检查人员观察随行电缆，不得与底坑地面接触。

5.2.3　整机安装验收

液压电梯安装工程，与电力驱动的曳引式或强制式电梯类似，实质上是电梯产品的现场组装、调试过程，与一般设备的就位安装有很大不同。在很大程度上，电梯的安装调试质量决定电梯产品的技术性能指标、运行质量和安全性能指标能否最终达到产品设计要求，因此液压电梯整机安装验收是对安装调试质量总的检验。

验收准备工作：

1）随机文件的有关图纸、说明书应齐全。调试人员必须掌握电梯调试大纲的内容，熟悉该电梯的性能特点和测试仪器仪表的使用方法，调试认真负责，细致周到，并严格做好安全工作。

2）对导轨、层门导轨等机械电气设备进行清洁除尘。

3）对全部机械设备的润滑系统，均应按规定加好润滑油，齿轮箱应冲洗干净，加好符合产品设计要求的齿轮油。

各功能装置试验与检查：

1. 安全保护验收

液压电梯安全保护验收必须符合下列规定：

1）必须检查以下安全装置或功能：

①断相、错相保护装置或功能。当控制柜三相电源中任何一相断开或任何二相错接时，断相、错相保护装置或功能应使电梯不发生危险故障。

注：当错相不影响电梯正常运行时可没有错相保护装置或功能。

②短路、过载保护装置。动力电路、控制电路、安全电路必须有与负载匹配的短路保护装置；动力电路必须有过载保护装置。

③防止轿厢坠落、超速下降的装置。液压电梯必须装有防止轿厢坠落、超速下降的装置，且各装置必须与其型式试验证书相符。

④门锁装置。门锁装置必须与其型式试验证书相符。

⑤上极限开关。上极限开关必须是安全触点，在端站位置进行动作试验时必须动作正常。它必须在柱塞接触到其缓冲制停装置之前动作，且柱塞处于缓冲制停区时保持动作状态。

⑥机房、滑轮间（如果有）、轿顶、底坑停止装置。位于轿顶、机房、滑轮间（如果有）、底坑的停止装置的动作必须正常。

⑦液压油温升保护装置。当液压油达到产品设计温度时，温升保护装置必须动作，使液压电梯停止运行。

⑧移动轿厢的装置。在停电或电气系统发生故障时，移动轿厢的装置必须能移动轿厢上行或下行，且下行时还必须装设防止顶升机构与轿厢运动相脱离的装置。

2）下列安全开关，必须动作可靠：

①限速器（如果有）张紧开关。

②液压缓冲器（如果有）复位开关。

③轿厢安全窗（如果有）开关。

④安全门、底坑门、检修活板门（如果有）的开关。

⑤悬挂钢丝绳（链条）为两根时，防松动安全开关。

2. 限速器（安全绳）安全钳联动试验

限速器（安全绳）安全钳联动试验必须符合下列规定：

1）限速器（安全绳）与安全钳电气开关在联动试验中必须动作可靠，且应使电梯停止运行。

2）联动试验时轿厢载荷及速度应符合下列规定：

①当液压电梯额定载重量与轿厢最大有效面积符合表5-7的规定时，轿厢应载有均匀分布的额定载重量；当液压电梯额定载重量小于表5-7规定的轿厢最大有效面积对应的额定载重量时，轿厢应载有均匀分布的125%的液压电梯额定载重量，但该载荷应不超过表5-7规定的轿厢最大有效面积对应的额定载重量。

为了便于理解"当液压电梯额定载重量小于表5-7规定的轿厢最大有效面积对应的额定载重量时，轿厢应载有均匀分布的125%的液压电梯额定载重量，但该载荷应不超过表5-7规定的轿厢最大有效面积对应的额定载重量"。

表 5－7　额定载重量与轿厢最大有效面积之间关系

额定载重量（kg）	轿厢最大有效面积（m²）	额定载重量（kg）	轿厢最大有效面积（m²）
100①	0.37	900	2.20
180②	0.58	975	2.35
225	0.70	1000	2.40
300	0.90	1050	2.50
375	1.10	1125	2.65
400	1.17	1200	2.80
450	1.30	1250	2.90
525	1.45	1275	2.95
600	1.60	1350	3.10
630	1.66	1425	3.25
675	1.75	1500	3.40
750	1.90	1600	3.56
800	2.00	2000	4.20
825	2.05	2500③	5.00

注：对中间的载重量其面积由线性插入法确定。

①一人电梯的最小值。

②二人电梯的最小值。

③超过 2500kg 时，每增加 100kg 轿厢面积增加 0.16m²。

②对瞬时式安全钳，轿厢应以额定速度下行；对渐进式安全钳，轿厢应以检修速度下行。

通常用钢卷尺测量液压电梯轿厢的最大有效面积，确定试验载荷；根据液压电梯采用的安全钳种类，确定试验速度。

3）当装有限速器安全钳时，使下行阀保持开启状态（直到钢丝绳松弛为止）的同时，人为使限速器机械动作，安全钳应可靠动作，轿厢必须可靠制动，且轿底倾斜度应不大于 5%。

为了便于试验结束后轿厢卸载及松开安全钳，试验尽量在轿门对着层门的位置进行。试验之后，应确认未出现对电梯正常使用有不利影响的损坏，在特殊情况下，可以更换摩擦部件。

本规定的轿底倾斜度不是相对于水平位置，而是相对于正常位置，所谓正常位置指轿厢分项工程验收合格时，轿厢地板的实际位置。

试验完成后，可以以检修速度向上行，释放安全钳复位，并恢复限速器和安全钳电气安全开关；确认试验没有出现对电梯正常使用有不利影响的损坏。

4）当装有安全绳安全钳时，使下行阀保持开启状态（直到钢丝绳松弛为止）的同时，人为使安全绳机械动作，安全钳应可靠动作，轿厢必须可靠制动，且轿底倾斜度应不大于5%。

值得注意的是：安全绳的端部连接装置应满足安装说明书要求，以确保当悬挂钢丝绳（链）断裂时，安全绳能产生足够的拉力使安全钳动作，又能防止安全绳被拉断。

3. 层门与轿门试验

层门与轿门的试验必须符合下列规定：

1）每层层门必须能够用三角钥匙正常开启。

2）当一个层门或轿门（在多扇门中任何一扇门）非正常打开时，电梯严禁启动或继续运行。

4. 超载试验

超载试验必须符合下列规定：

当轿厢载荷达到110%的额定载重量，且10%的额定载重量的最小值按75kg计算时，液压电梯严禁启动。

本规定主要是为了防止液压电梯在超载的状态下运行，引发安全事故。超载状态是指轿厢内载荷达到110%额定载重量，且10%的额定载重量至少为75kg的情况，也就是对于额定载重量大于或等于750kg的液压电梯，轿厢内载荷达到110%额定载重量时为超载状态，对于额定载重量小于750kg的液压电梯，当轿厢内载荷达到额定载重量+75kg时为超载状态。

液压电梯设计时还应注意，当液压电梯处在超载状态时，超载装置应防止轿厢启动，以及再平层运行；自动门应处于全开位置；手动操纵门应保持在开锁状态；轿内应装设听觉信号（如蜂鸣器、警铃、简单语音等）或视觉信号（如为此设的警灯闪亮等）提示乘客。

5. 运行试验

液压电梯安装后应进行下列运行试验：轿厢在额定载重量工况下，按产品设计规定的每小时启动次数运行1000次（每天不少于8h），液压电梯应平稳、制动可靠、连续运行无故障。

液压电梯是在现场组装的产品，安装后的运行试验是检验液压电梯安装调试是否正确的必要手段。

规范要求运行在轿厢载有额定载重量工况下进行，主要是考虑轿厢满载工况，相对来说是液压电梯最不利的工况；从能够达到综合检验电梯安装工程质量的目的角度及考虑检验工作强度、时间等因素，要求在此工况下运行1000次，运行一次是指电梯完成一个启动、正常运行和停止过程；为了保证能够检验液压电梯连续运行能力、可靠性，以及将整机运行试验持续的总时间控制在一个合理的范围内，规定每天工作时间不少于8h。

另外，与曳引式电梯不同的是，液压电梯轿厢上方向运行是通过电力实现，而下方向运行是通过轿厢和载荷的重力实现，因此为了避免过于频繁的启动对油泵电动机和控制系统造成损害，在进行液压电梯运行试验时，只要求以产品设计规定的每小时启动次数（一般为60次/h）进行，而对负载持续率没有要求。

6. 噪声检验

噪声检验应符合下列规定：

1）液压电梯的机房噪声应不大于85dB（A）。

2）乘客液压电梯和病床液压电梯运行中轿内噪声应不大于 55dB（A）。

3）乘客液压电梯和病床液压电梯的开关门过程噪声应不大于 65dB（A）。

7．平层准确度检验

平层准确度检验应符合下列规定：液压电梯平层准确度应在 ±15mm 范围内。

8．运行速度检验

运行速度检验应符合下列规定：

空载轿厢上行速度与上行额定速度的差值应不大于上行额定速度的 8%；载有额定载重量的轿厢下行速度与下行额定速度的差值应不大于下行额定速度的 8%。

由于液压电梯的上行、下行额定速度可以不同，因此本规定的速度差值应分别对上行、下行额定速度而言。上行、下行额定速度是指电梯设计时所规定的轿厢上、下运行速度，即液压电梯铭牌上所标明的速度。液压电梯的实际运行速度应在层站之间的稳定运行段（除去加、减速段）检测。

由于液压电梯需要电力上行，因此在检查上行速度时，供电电源的额定电压、额定频率应与液压电梯产品设计值相符，产品设计值可在液压电梯土建布置图中查出。通常用电压表测量电源输入端的相电压，测得电压值应与液压电梯土建布置图要求相符；确认电源的额定频率与液压电梯土建布置图要求相符。

对于上行速度，首先在轿厢空载工况下进行，轿厢由底层（若层站较多或提升高度较大，可从不影响轿厢达到稳定速度的层站）上行，在速度稳定时（除去加、减速段）测量、记录。

对于下行速度，在轿厢载有额定载重量工况下进行，轿厢由顶层（若层站较多或提升高度较大，可从不影响轿厢达到稳定速度的层站）下行，在速度稳定时（除去加、减速段）测量、记录。

液压电梯的运行速度可在轿顶上使用线速度表直接测得；也可使用电梯专用测试仪在轿内测量，在此种测速装置经有关部门计量认可的情况下，按仪器使用说明书进行检测。通常也可按下述方式进行检验和计算：

在液压电梯平稳运行区段（不包括加、减速度区段），事先确定一个不少于 2m 的试验距离。电梯启动以后，用行程开关或接近开关和电秒表分别测出通过上述试验距离时，空载轿厢向上运行所消耗的时间和额定载重量轿厢向下运行所消耗的时间，并按式（5-3）和式（5-4）计算速度（试验分别进行 3 次，取其平均值）：

$$v_1 = L/t_1 \tag{5-3}$$
$$v_2 = L/t_2 \tag{5-4}$$

式中：v_1——空载轿厢上行速度（m/s）；

　　　t_1——空载轿厢运行时间（s）；

　　　L——试验距离（m）；

　　　v_2——额定载重量轿厢下行运行速度（m/s）；

　　　t_2——额定载重量轿厢运行时间（s）。

空载轿厢上行速度对于上行额定速度的相对误差按式（5-5）计算：

$$\Delta v_1 = \left[\left(v_1 - v_m \right) / v_m \right] \times 100\% \tag{5-5}$$

式中：Δv_1——相对误差；

　　　v_m——上行额定速度（m/s）。

额定载重量轿厢下行速度对下行额定速度的相对误差按式（5-6）计算：

$$\Delta v_2 = \left[(v_2 - v_d) / v_d \right] \times 100\% \tag{5-6}$$

式中：Δv_2——相对误差；

　　　v_d——下行额定速度（m/s）。

测量和计算结果，分别记入表5-8中。

表5-8　额定速度试验记录表

液压电梯型号		厂家			
工程名称		建设单位			
上行试验序号	1	2		3	平均
运行区段距离 L（m）					
空载运行时间 t_1（s）					
空载上行速度 $v_1 =$					
下行试验序号	1	2		3	平均
运行区段距离 L（m）					
空载运行时间 t_2（s）					
空载下行速度 $v_2 =$					
相对误差≤8%	$\Delta v_1 = \left[(v_1 - v_m) / v_m \right] \times 100\%$				
	$\Delta v_2 = \left[(v_2 - v_d) / v_d \right] \times 100\%$				

9. 额定载重量沉降量试验

额定载重量沉降量试验应符合下列规定：

载有额定载重量的轿厢停靠在最高层站时，停梯10min，沉降量应不大于10mm，但因油温变化而引起的油体积缩小所造成的沉降不包括在10mm内。

本项试验的目的主要是检查液压系统泄漏现象，防止其影响液压电梯性能和造成安全隐患。

由于油温度升高，油黏度会降低，泄漏的可能性会相应的增加，又因为我国不同地区同一季节环境温度可能差别较大，同一地区不同季节环境温度差别也较大，因此建议做此试验时，宜在油温不低于40℃的工况下进行，以尽量模拟不利工况和减少环境温度对此试验的影响。

当油温高于环境温度时，停梯10min，油温会降低，油的体积会相对缩小，这也会造成轿厢沉降。由于试验停梯10min期间，油温的变化是不可避免的，因此本条规定油温变化而引起的油体积缩小所造成的沉降不包括在沉降量10mm之内。油体积变化量（ΔV）和油温变化引起的轿厢下沉量（ΔH）可分别通过以下公式计算得出：

$$\Delta V = V \beta_t (T_1 - T_0) \tag{5-7}$$

式中：ΔV——油体积变化量（m^3）；

　　　V——油缸、油缸至控制阀块的油管及下行阀至油管等液压部件中油的体积（m^3）；

　　　T_1——停梯 10min 后油的温度（℃）；

　　　T_0——开始停梯时油的温度（℃）；

　　　β_t——体积膨胀系数，即液体在压力不变的条件下，每升高一个单位的温度所发生的体积相对变化量，可认为它是一个只取决于液体本身而与压力和温度无关的常数：

$$\Delta H_t = \frac{\Delta V \times 10^9}{\pi r^2} i \qquad (5-8)$$

式中：ΔH_t——油温变化引起的轿厢下沉量（mm）；

　　　ΔV——油体积变化量（m^3）；

　　　r——油缸柱塞的半径（mm）；

　　　i——悬挂系统的绕绳比。

另外，液压电梯设计时，应设置防止轿厢的沉降措施，可参照表 5-9 采取沉降措施。沉降量的检测可参考以下步骤进行：

1）将额定载重量均匀分布在轿内。

2）用温度计测量油的温度，如果油的温度不高于40℃，宜先运行电梯，使液压油温度不低于40℃。

3）将轿厢停靠在最高层站，并测量此层站轿厢平层准确度。

4）停梯 10min 后，测量轿厢的下沉量（ΔH_0）和油管及油缸中油的温度，根据式（5-7）及式（5-8）计算温度变化产生的下沉量（ΔH_t）。

5）计算本款要求的下沉量 $\Delta H = \Delta H_0 - \Delta H_t$。

表 5-9　防止轿厢自由落体、超速下行与沉降措施的组合

	防止轿厢自由坠落或超速下降	防止轿厢沉降措施			
		轿厢向下沉降触发安全钳动作	轿厢向下沉降触发夹紧装置动作	棘爪装置	电气防沉降系统
直接式液压梯	通过限速器触发安全钳	√		√	√
	管路破断阀		√	√	√
	节流阀		√	√	√
间接式液压梯	通过限速器触发安全钳	√		√	√
	管路破断阀 + 通过悬挂机构失效或安全绳触发的安全钳	√		√	√
	节流阀 + 通过悬挂机构失效或安全绳触发的安全钳	√		√	

注：√——可选择的组合。

10. 液压泵站溢流阀压力检查

液压泵站溢流阀压力检查应符合下列规定：

液压泵站上的溢流阀应设定在系统压力为满载压力的140%~170%时动作。

溢流阀的作用是使液压系统压力限制在不高于预先设定值，以保护液压系统。它应设置在油泵和截止阀之间，溢流时液压油应直接返回油箱。通常溢流阀的设定压力应限定在满载压力的140%，只有当系统的内部压力损失较大时，溢流阀的设定压力可大于满载压力的140%，但应不超过170%。

应注意以下两点：其一所测得的溢流阀的设定压力应在满载压力的140%~170%之间；其二所测得的溢流阀的设定压力应与电梯产品设计值（即安装说明书或施工工艺中要求的值）相等。可按以下方法进行检验：

1）当液压电梯上行时，逐渐地关闭截止阀，直至溢流阀开启。

2）读取压力表上的压力值。

3）此压力值应与产品安装说明书相符，且应为满载压力的140%~170%。

11. 压力试验

压力试验符合下列规定：轿厢停靠在最高层站，在液压顶升机构和截止阀之间施加200%的满载压力，持续5min后，液压系统应完好无损。

本项试验可采用以下两种方法之一进行：

1）关闭截止阀，将200%的额定载重量均匀分部在轿厢内并停靠在最高层站，持续5min，观察液压系统应无明显的泄漏和破损。

2）将载有额定载重量的轿厢停靠在最高层站，操作手动油泵使轿厢上行至柱塞的极限位置，当系统压力达到200%的满载压力时，停止操作手动油泵，持续5min，观察液压系统应无明显的泄漏和破损。采用此种方法试验时，不应关闭截止阀。

进行本试验时，应将轿厢停靠在最高层站，目的是使液压系统处于最不利的状态。

在液压顶升机构和截止阀之间施加200%的满载压力，可通过以下两种方法实现：

①使轿厢停靠在最高层站，将截止阀关闭，在轿内施加200%的额定载重量。对额定载重量较小的液压电梯，由于容易准备200%额定载重量的试验砝码，因此这种方法简单易行。

②对额定载重量较大的液压电梯，如果难以准备200%额定载重量的试验砝码，采用方法①就有一定困难。如果液压电梯的液压泵站设有手动油泵，则可采用以下方法：将载有额定载重量的轿厢停靠在最高层站，操作手动油泵使轿厢上行至柱塞的极限位置，当系统压力达到200%的满载压力时，停止操作手动油泵，试验时不应关闭截止阀。这种方法适用于装设手动油泵的液压电梯；对于没有装设手动油泵的液压电梯，可使用仅用于试验的手动油泵，先将其溢流阀压力限制在满载压力的2.3倍，然后连接在泵站上的单向阀或下行阀与截止阀之间预留的接口处，完成此试验后，还要注意取下手动油泵时，应将预留接口处按安装说明书要求封好。

另外，为了防止本试验过程中发生安全事故，本试验应在防止轿厢自由坠落和超速下降的试验完成之后进行。

12. 观感检查

观感检查应符合下列规定：

1）轿门带动层门开、关运行，门扇与门扇、门扇与门套、门扇与门楣、门扇与门口处轿壁、门扇下端与地坎应无刮碰现象。

2）门扇与门扇、门扇与门套、门扇与门楣、门扇与门口处轿壁、门扇下端与地坎之间各自的间隙在整个长度上应基本一致。

3）对机房（如果有）、导轨支架、底坑、轿顶、轿内、轿门、层门及门地坎等部位应进行清理。

5.3　自动扶梯、自动人行道安装

5.3.1　自动扶梯驱动机安装

驱动机的很多重要综合技术指标都是靠安装工艺完成的，安装是获得高质量驱动机的最关键的工序，故安装的每道工序都要认真处理，不可马虎。下面就驱动机主要部件的安装作简要介绍。

1．驱动机轴承安装

驱动机安装过程中，最敏感的问题就是轴承的安装。实践统计结果表明，轴承损坏归因于安装处理不当，污染物进入轴承或润滑不良的约占60%以上，其结果导致轴承寿命缩短、温升过高、噪声和振动过大，造成驱动机无法继续工作。因此对轴承的安装要充分重视。

（1）清洗轴承和相配零件。轴承安装前，轴承及相配零件必须彻底清洗，然后用不起毛的布擦干或烘烤干，再用油蜡纸或不起毛的布盖好，防止污染。

清洗方法有两种，一种是冷洗，即用煤油洗净轴承和零件；一种是热洗，即把稀机油加热到120℃清洗轴承和零件。热洗效果比冷洗好。清洗时要用两个盆，一个用于清洗，一个用于最后冲洗。

（2）轴承冷安装。冷安装是指轴承或支承架不预热的安装，一般用于小尺寸轴承、轴承外圈（分离体轴承）、过盈量较小的配合轴承、双边有密封盖的轴承（自身润滑）等。

1）冷安装工具要求。冷安装最常用的工具是锤子和安装套筒，套筒结构如图5－110所示。安装套筒的外圆和内孔尺寸，要和轴承内外圈相适应，长度由轴承在轴上的位置确定，套筒的一端为盲盖。锤子勿用软性材质。

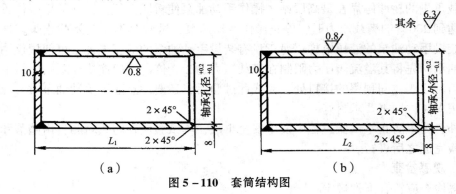

图 5－110　套筒结构图

驱动机轴承安装最好用安装套筒与压力机配合使用，这种冷安装方法优于锤子击打。

2）冷安装工序。

①开封轴承用不起毛的布擦净。

②检查轴承。

③将轴承放入洗净的轴上。

④检查与轴的同轴度（严禁歪斜）。

⑤将安装套筒紧靠在轴承内圈上。

⑥用锤子敲打套筒（轻打筒盖中间），确认轴承没有歪斜时，可用力击套筒盖（不许套筒相对轴承蹦跳，始终保持紧靠在一起）直至到位。

⑦转动轴承无异常现象时，用蜡纸或不起毛的布包好。

（3）轴承热安装。热安装是驱动机轴承安装的最常用方法。所谓热安装就是把轴承内环加热装在轴上，或整个轴承加热装在轴上，冷却后再装入箱体孔内（一般为冷安装）；也可以把箱体加热，箱体也进行热安装（驱动机不必用这种方法）。

1）热安装工具要求。

①加热箱或加热槽。加热箱是指恒温箱；加热槽是常用的加热工具，槽内放入足够的稀机油、槽中间有隔板（多孔隔板），把轴承放在隔板上，槽底用电炉烘烤，轴承绝对不允许放在底板上，油中温度计也绝不能与底板接触。如图5-111（a）所示。若没有中间隔板，则可把轴承悬挂在油池中，如图5-111（b）所示。

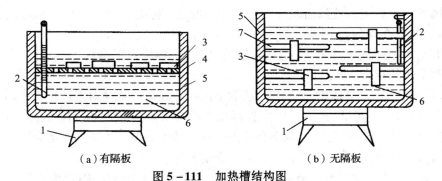

（a）有隔板　　　　（b）无隔板

图5-111　加热槽结构图

1—电炉；2—温度计；3—轴承；4—隔板；5—油槽；6—油；7—圆棒

②自动消磁的感应加热器、可调式节温器、加热铝环等。

③汞柱温度计或点式温度计（最常用、最安全可靠的温度计）。严禁用火焰或把轴承放入火盆和电炉上烘烤。

2）热安装工序。

①开封轴承用不起毛的布擦净。

②检查轴承。

③加热轴承（圆锥滚子轴承可不加热外圈）至80~90℃，恒温保持0.5h（切记温度不得高于125℃）。

④将轴承装在轴径上，不要歪斜，立即用冷装的办法，将套筒靠压在轴承内圈上，敲打套筒盖，直到轴承到位。

⑤用蜡纸或干净的布包住，同时把外圈也包在一起（切记轴承间不要互换外圈）。

⑥安装外圈。一般用冷装法。若用加热法，可把箱体加热 20～50℃，然后安装外圈。

2. 驱动机蜗杆副安装

蜗杆副的安装标准是实现"最佳"啮合状态。在安装过程中要保证两点：

（1）保证入口处 20% 的齿长区域不参与啮合。啮合面积一般为 30%～35%，不可过大和过小，彻底改变啮合面积越大越好的错误观点。

（2）保证轴窜量适中。过小要发热，过大要引起啮合冲击力和啮合过程中中心距微量浮动，引起振动和噪声。

影响接触斑点大小和部位的因素很多，所有不利影响因素不可能在安装过程中一次性消除，故允许对有些零件细心修研，包括蜗轮齿面。

3. 制动器安装

制动器安装的原则是：抱闸臂和抱闸轮的间隙要均匀，磁力器打开抱闸臂的时间要一致（单向打开磁力器例外）。

通常安装工序为：

1）磁力器安装在箱体上。

2）抱闸臂用销轴装在箱体上（销轴和轴孔间不得有间隙）。

3）装弹簧拉杆。

4）装弹簧及导向螺母。

5）测试抱闸臂间的接触面积（不得小于 70%），把抱闸臂打开后，和抱闸轮的间隙为 0.2mm，且分布均匀。

6）制动力矩测试（加 120% 的输入轴转矩 T_1），即静力矩测试。

4. 驱动机的跑合

跑合是驱动机有益的精磨合工艺，它能把齿面上残留的金属屑去掉；将齿面凸凹不平的凸峰顶半径增大，降低 H_{if} 值，增大膜厚比；增大实际接触面积，减小赫尔兹应力值；降低接触点处的塑性变形指数，减小黏着力；补偿精度误差，为减小振动和噪声创造了条件；通过跑合可校检驱动机各接触面间的吻合情况等。

（1）驱动机跑合的特点。驱动机跑合的特点主要是：磨粒磨损速度很快，一般可达到正常磨粒磨损速度的 100 倍；跑合速度与运行速度、载荷大小、润滑油等有密切关系；当跑合条件给定后，最快的跑合磨损速度发生在 1h 之内；若跑合条件选择不当，可能发生进展性磨损，造成失效，跑合阶段决不允许出现进展性磨损。

（2）跑合施加的载荷。驱动机跑合初期，由于实际接触面积很小，不宜加过大载荷，否则要发生进展性磨损。为了加快跑合速度，改善齿面质量，多采用逐级加载法，即首先空载运行 1h，然后加额定载荷的 25%、50%、75%、100%，分别进行跑合。还应提出，采用交替加载法会取得更好效果。所谓交替加载法是指，加 25% 的额定载荷跑合规定时间后，将载荷降到 15%，再运转 1/2 规定时间，然后加 50% 的额定载荷跑合规定时间，再降低载荷到 25%，运行 1/2 规定时间。交替加载法不但可加快跑合速度，而且可改善跑合质量。

（3）跑合时间。根据跑合特点，建议每级载荷跑合时间为 1.5h，这样跑合速度快，质量好，但最后一级载荷必须跑合到平衡温度。若采用交替加载法，建议每级载荷跑合1h，同样，最后一级载荷也必须跑合到平衡温度。

（4）跑合速度的选择。最省事的办法是选用驱动机的工作转速，但跑合效果不太理想。效果较好的办法是：在空载至75%的额定载荷阶段，采用比工作转速低一级的速度跑合，加载100%时，应采用比工作转速高一级的速度进行跑合。交替加载法可仿照执行。

（5）跑合阶段的润滑油选择。跑合用润滑油选择十分重要，选择不当可能出现进展性磨损，影响跑合质量，或造成跑合时间拖长。较好的润滑油选择方法是：所用润滑油黏度要比工作用润滑油黏度低20%～30%，并加入20%～30%的柴油。但要特别注意，最后一级载荷时所用润滑油黏度应高于工作润滑油黏度，或直接用工作用润滑油作为跑合润滑油。

（6）驱动机跑合质量管理。

1）驱动机跑合工艺跑合完毕后，要清洗油箱更换新油，再空转2h，若没有异常现象，即可认为跑合完毕。

2）驱动机跑合结束后要对齿面质量、接触面积大小、接触部位、油温升、蜗杆齿面有无涂敷现象进行全面质检，若有问题，还要及时处理，重新跑合。

3）驱动机在跑合过程中轴承盖处发热原因分析及对策。

原因分析：

①蜗杆轴窜量太小。

②轴承润滑油过多或过少。

③轴承支承压盖偏心。

④轴上的向心轴承与箱孔配合太紧。

⑤止动垫圈和轴承的轴承架或外圈摩擦，缺油（不按规定加换润滑油）。

处理措施：

①蜗杆轴窜量要严格控制在图样要求范围内。

②轴承是用锂基脂润滑，用润滑脂量要适当，绝不是越多越好。

③轴承外圈和箱体孔的配合，轴承支承压盖止口与箱体的配合，对该机型驱动机的安装质量影响极大，该三支点选用的配合公差要避免产生附加载荷，其中至少有一个公差选得大一些。

④止动垫圈不能和轴承架及外圈摩擦，若产生摩擦，不仅严重发热，而且产生较大的噪声。

⑤按时加换轴承润滑脂。

5．驱动装置的性能测试

（1）运行试验。

1）空载运行。驱动装置安装在试验台上，接通电源，然后正反转各连续运行60min。运行过程中，减速器应平稳、无异常声响。

2）负载运行。驱动装置在空载运行试验后，应进行负载试验。负载装置可以用磁粉加载器或其他耗能型负载器。负载量可以通过测定输入电动机功率或输出轴的扭矩来确定。试验时，采用分级加载跑合的方法，先加50%的额定载荷，正、反方向各连续运行30min，然后再在额定载荷下正、反连续运行60min。运行试验过程中，应检查驱动装置的运行平稳性及有无异常声响，各连接件、紧固件有无松动现象。运行试验停机 1h 后检查密封处、接合处的渗漏情况，如有渗漏油处，每小时渗漏出的油迹面积不得大于 $150cm^2$。

（2）温升试验。温升试验可以和驱动装置的负载运行试验同时进行。试验时环境条件应尽量接近实际使用条件。测量时，将温度计浸没在油液中，每 5min 测量一次，待油温稳定后，至少再连续运行 30min，最后实测的稳定油温应不超过 85℃。

5.3.2　梯级与梳齿板安装

1. 梯级链及梯级导轨安装

1）扶梯轨道安装是整机系统的关键项目，决定了扶梯运行的舒适感，必须对轨道的中心距离，道节的处理要特别仔细认真，一定要达到规范要求范围之内。轨道的连接应注意：

①分装扶梯框架对接之后，还要进行轨道和链条连接，这部分工作可在吊装就位之后进行。

②轨道和链条厂家在厂区已经安装完毕，只有分节处理需要进行拼接，所以安装好的部位不得乱动，需要现场拼接的部位，应使用该部位的连接件，不得换用他处的连接件，以保证达到出厂前厂家调准的状态。

③现场需要连接的轨道有专用件和垫片，把专用件螺栓穿入相应空洞（长眼），轻轻敲动专用件使其与两节轨道贴严，如不平可用垫片进行调整，直至缝隙严密无台阶，将螺栓拧紧。

④油石把接头处进一步处理，直至完整合一为止。

⑤板尺进行复查其平整度，不合格应反复调整垫片或打平。

2）将梯级链在下层站组装在一起，移去桁架上的基准线，连接两相邻链节时应在外侧链节上进行。应注意：

①梯级链分段运到现场，应在现场连在一起。

②连接时在下层站进行，装配方法如图 5 - 112 所示。

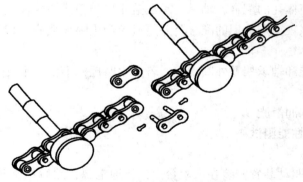

图 5 - 112　梯级链的连接装配

2. 梯级安装

梯级装拆一般在张紧装置处进行，将需要安装梯级的空隙部位运行至转向壁上的装卸口，在该处徐徐将待装的梯级装入（图 5 - 113）。然后，将梯级的两个轴承座推向梯级主轴轴套，并盖上轴承盖，拧紧螺钉（图 5 - 114）。

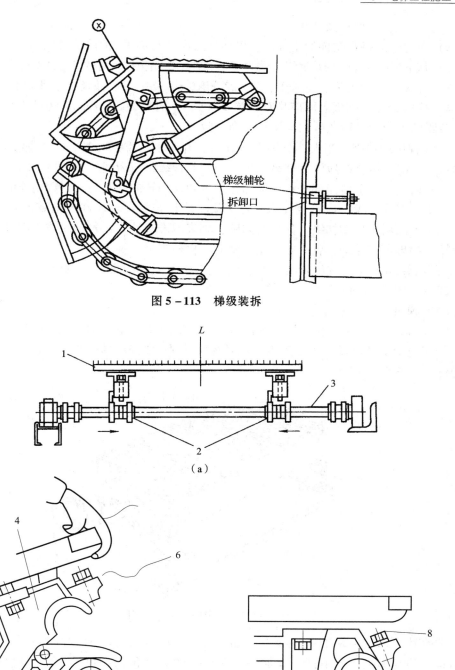

图 5 - 113 梯级装拆

图 5 - 114 梯级安装方法示意图

1、6—梯级；2—轴套；3—梯轴；4—推梯级；5—盖；7—梯级轴；8—安装螺栓

（1）梯级安装顺序及要求。

1）应先预装每台扶梯的主梯级，以便使梳齿片与梯级之间的间隙正确。

2）从下层站开始，安装梯级总数的45%，在下层站根据现时的梳齿片对梯级进行调节。

3）梯级通过梳齿片时应居中，且二者间隙符合要求。使梯级通过且无卡阻现象。

4）梯级踏面：踏板表面应具有槽深≥10mm、槽宽为5~7mm、齿顶宽为2.5~5mm的等节距的齿形，且齿条方向与运行方向一致。

（2）梯级的检查。当大部分梯级装好后，开车上、下试运转，检查梯级在整个梯路中的运行情况。检查时应注意梯级踏板齿与相邻梯级踏板齿间是否有恒定的间隙，梯级应能平稳地通过上、下转向部分；梯级辅轮通过两端的转向壁及与转向壁相连的导轨接头处时所产生的振动与噪声应符合要求。停车后，应检查梯级辅轮在转向壁的导轨内有无间隙。方法可以用手拉动梯级。如果有间隙，则表示准确性好；若无间隙，则可用手转动梯级辅轮。如果不能转动，就必须调正。然后，再检查另一梯级。

（3）梯级的调整。如果梯级略偏于一侧，则可对梯级轴承与梯级主轴轴肩间的垫圈进行调整（图5-114）。

（4）梯级试验。

1）静态试验：该试验应在完整的梯级，包括滚轮（不转动）、通轴或短轴（如有的话）处在一个水平位置（水平支承）以及梯级可适用的最大倾斜角度（斜倾支承）情况下进行，如图5-115所示。

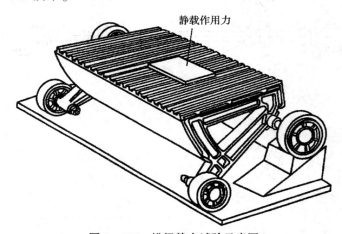

图5-115 梯级静态试验示意图

试验时，通过一块200mm×300mm、厚度不小于25mm的钢制垫板的中心（使其200mm一边与梯级前缘平行）施加一个3000N的力（包括垫板重量）。由梯级踏板表面所测得的最大挠度值应不超过4mm，且无永久变形（但沉陷允差是容许的）。

2）动态试验：同样地，梯级如图5-115安放。梯级在其可适用的最大倾斜角度（倾斜支承）情况下，与滚轮（不转动）、通轴或短轴（如果有的话）一起进行试验。当试验频率在5~20Hz之间，载荷幅值为500~3000N之间，其无干扰的谐振力波如图5-116所示。此载荷也是垂直作用于梯级踏面中心一块大小为200mm×300mm、厚度至少为25mm的钢板上。

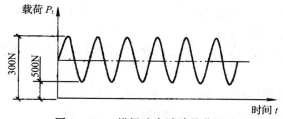

图 5 - 116　梯级动态试验载荷图示

梯级动态载荷 P_t 的数学表达式为：

$$P_t = 1750 + 1250\sin 2\pi ft \quad (N) \tag{5-9}$$

$$f = 5 \sim 20Hz \tag{5-10}$$

梯级经过这样的脉动载荷循环 5×10^6 次数以后，不应出现裂纹，梯级踏面不应出现大于 4mm 的永久变形。

在动态试验期间，如滚轮损坏，则允许更换。

3. 梳齿板安装

为确保乘客上下扶梯的安全，必须在自动扶梯的进出口处设置梳齿板。

1）前沿板安装：前沿板是地平面的延伸，高低不能发生差异，它与梯级踏板上表面的高度差应 ≤80mm。

2）梳齿板安装：一边支撑前沿板上，另一边作为梳齿的固定面，其水平角 ≤40°，梳齿板的结构为可调式，以保证梳齿与踏板齿槽的啮合深度 ≥6mm，与胶带齿槽的啮合深度 ≥4mm。

3）梳齿安装：齿的宽度 ≥2.5mm，端部为圆角，水平倾角 ≥40°。

4）自动人行道的胶带应具有沿运行方向且与梳齿板的梳齿相啮合的齿槽。

5）胶带齿槽的高度不应小于 1.5mm，齿槽深度不应小于 5mm，齿的宽度不应小于 4.5mm，且不大于 8mm。

6）梳齿板试验要点：

对于自动扶梯、踏步式自动人行道的梳齿板应有适当的强度和刚度，并设计成当有异物卡入时，其梳齿在变形情况下，仍能保持与梯级或踏步正常啮合或梳齿发生断裂。

试验时，一个 1200N 的垂直力（包括垫板重量）通过一块 300mm × 450mm、厚度至少为 25mm 钢制垫板中心，再作用于梳齿前沿板中心区域，如图 5 - 117 所示。在载荷作用后，梳齿前沿板底面与梯级之间不得发生碰擦现象。

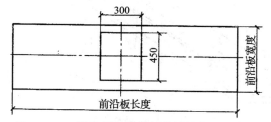

图 5 - 117　梳齿板加载垫板的放置位置示意图

4. 其他规定及要求

1）胶带应能连续地自动张紧，不允许用拉伸弹簧作张紧装置。

2）自动扶梯、自动人行道的踏板或自动人行道的胶带上空，垂直净高度不小于2.3m。

3）梯级间或踏板间的间隙：

在工作区段的任何位置。从踏面测得的两个相邻梯级或两个相邻踏板之间的间隙不应超过6mm。

4）自动扶梯的围裙板设置在梯级、踏板或胶带的两侧，任何一侧的水平间隙不应大于4mm，在两侧对称位置处测得的间隙总和不应大于7mm。

5）梳齿板梳齿与胶带齿槽、踏板齿槽的间隙不应超过4mm。

5.3.3　围裙板及护壁板安装

1. 围裙板安装

围裙板应有足够的强度和刚度。对裙板的最不利部分垂直施加一个1500N的力于25cm²的面积上，此时其凹陷值应不大于4mm，且不应产生永久变形。

1）围裙板试验：

试验时，在力传感器上加置一个圆形或方形的尼龙或橡胶块，其面积为25cm²。然后用一杠杆机构或小型的千斤顶，缓慢地加力，直至1500N为止。此时，裙板的凹陷变形应不大于4mm，且在载荷卸除后检查其有否永久变形。

2）围裙板应垂直，围裙板上缘与梯级、踏板或胶带踏面之间的垂直距离不应小于25mm。

3）围裙板应坚固、平滑，且是对接缝的。长距离的自动人行道跨越建筑伸缩缝部位的围裙板，其接缝可采用特殊方法替代对接缝。

4）安装底部护板应按照先上后下的搭接顺序进行，以免机内油污渗漏到底部护板下面，污染室内物件。

2. 护壁板安装

护壁板要求与裙板基本相同，但其试验加载力要比裙板小。在护壁板表面的任何部位的25cm²面积上垂直施加一个500N的力时，不应出现大于4mm以上的凹陷和永久变形。

（1）玻璃护壁板安装。玻璃护壁板安装采用由下而上的顺序进行安装，如图5-118所示。

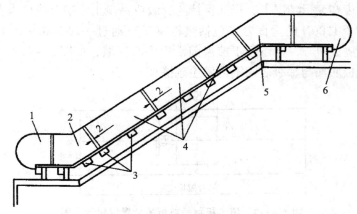

图5-118　玻璃护壁板安装

1—下部端头玻璃板；2—下部曲线段玻璃板；3—紧固夹紧座；

4—倾斜直线段玻璃板；5—上部曲线段玻璃板；6—上部端头玻璃板

1）下部曲线段玻璃板安装：将玻璃夹衬放入玻璃夹紧型材靠近夹紧座的地方，用玻璃吸盘将玻璃板慢慢插入预先放好的夹衬中，调整玻璃板的位置，调好后紧固夹紧座。

2）下部端头玻璃板的安装：在玻璃夹紧型材中放入夹衬，在与上一块玻璃板接合处放置两个U形橡胶衬垫，将玻璃板放入夹衬中，正确调整玻璃板接缝间隙，使间隙上下一致，且间隙一般调整为2mm，调好后紧固夹紧座。

3）其他玻璃板的安装：安装方法与上面相同。安装时，在玻璃夹紧型材中均匀地放置玻璃夹衬，如图5-119所示。然后将玻璃板放置其中，注意保持两相邻玻璃板的间隙一致，玻璃板应竖直，并与夹紧型材垂直。确认位置正确后，用力矩扳手拧紧夹紧座上的螺栓，注意用力不能过猛，以免损坏玻璃（夹紧力矩一般为35N·m）。

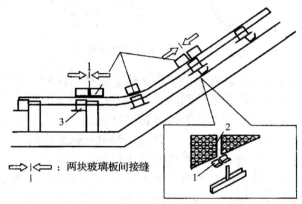

⇨|⇦：两块玻璃板间接缝

图5-119　玻璃夹衬设置位置示意图
1—玻璃夹衬；2—U形橡胶衬垫；3—夹紧座

4）玻璃的厚度不应小于6mm，该玻璃应当是有足够强度和刚度的钢化玻璃。

（2）金属护壁板安装。

1）朝向梯级踏板和胶带一侧的扶手装置部分应是光滑的。压条或镶条的装设方向与运行方向不一致时，其凹凸高度不应超过3mm，且应坚固和具有圆角或倒角的边缘。此类压条或镶条不允许装设在围裙板上。

2）沿运行方向的盖板连接处（特别是围裙板与护壁板之间的连接处）的结构应使勾绊的危险降至极小。

3）护壁板之间的空隙不应大于4mm，其边缘应呈圆角和倒角状。

3．内外盖板安装

（1）内盖板。连接围裙板和护壁的盖板，它和护壁板与水平面的倾斜角不应小于25°。

（2）外盖板。位于扶手带下方的外装饰板的盖板。

5.3.4　扶手系统安装

由于运输或空间狭窄等原因，扶手部分往往未安装好就将自动扶梯直接运往建筑物内，在现场进行扶手的安装；或是在制造厂内将已经安装好的扶手部分卸下，或是在待安装的大楼前卸下扶手，在现场安装。

1．扶手带安装

1）展开扶手带并将扶手带放到梯级上。

2）用专用工具将扶手带安装在驱动段护壁的端部，确保扶手带不滑脱，如图5-120所示。

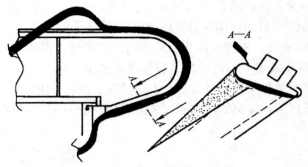

图5-120　扶手带安装示意图

3）将返程区域内的扶手带放置到位，防止扶手带从支撑轮、导向轮等部件上滑脱。

4）将扶手带安装在张紧段护壁的端部。

5）自上而下地将扶手带安装在扶手带导轨型材上。

6）通过压带弹簧上的螺栓调整弹簧张紧度，调整并张紧压带。

7）通过张紧轮组件上的调节弹簧对扶手带进行初步张紧。

8）测试运行扶手带：沿上行和下行方向多次运行扶手带，注意观察其运行轨迹和松紧度，并通过相应的部件进行调整，使其经过摩擦轮时应尽可能地对中；扶手带的运行中心与扶手带导轨型材的中心应对齐；用小于70kg的力人为地拉住下行中的扶手带时，扶手带应照常运行；当改变运行方向后，扶手带几乎不跑偏。

9）扶手带与护壁边缘之间的距离不应超过50mm。

10）扶手带距梯级前缘或踏板面或胶带面之间的垂直距离不应小于0.9m，且不大于1.1m。

2．扶手带调整

1）扶手所需的曳引力是通过张紧轮取得的，调节下弯曲处扶手张力支架以使扶手张力正确，如图5-121所示。

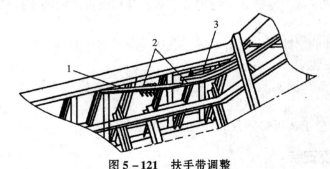

图5-121　扶手带调整
1—扶手带；2—扶手导辊；3—扶手带张力支架

2）调整支架的高度即可放松张力，张力装置的调节用定位螺钉来回调节，张力装置与主驱动链轮及导辊应在一直线上。

3）调节扶手驱动力要求：

在上层站用 15～20kg 的力拉住扶手，如扶手不停住，用 25～30kg 的力重复试验，最终扶手对扶手驱动力产生摩擦，扶手不再转动；如用力 25～30kg 使扶手仍不停住，则调节扶手驱动系统使张力正确。

3．扶手带试验

（1）扶手带破断试验。扶手带的破断载荷不得小于 25kN。试验时，取一段扶手胶带试样，一端固定，一端均匀而缓慢地加载直至胶带断裂。记录下断裂前的最大承载力。

（2）扶手带表面受力试验。为了考察扶手带表面的承载能力，先将扶手带安装定位于与其实际工作状态相符的试验台上，或实际的自动扶梯上。然后用一个 900N 的力（包括垫板重量）均匀施加于扶手带宽度表面居中位置的 500mm 长、厚度至少为 25mm 的钢制垫板上。试验位置如图 5－122 所示的上、中、下三处。

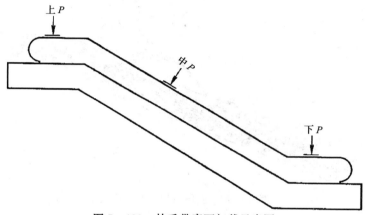

图 5－122　扶手带表面加载示意图

试验后，扶手带表面应不产生永久变形或断裂，扶手装置的任何零部件不产生位移。

4．扶手带导轨型材的安装

1）安装上部和下部回转链，保证回转链不扭曲，辊轮应能灵活转动，如图 5－123 所示。

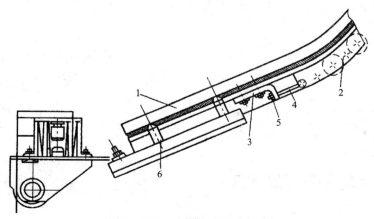

图 5－123　回转链安装示意图

1—端部护壁型材；2—回转链；3—支架；4—钩头螺栓；5—螺母；6—紧固螺栓

2）将下列各段导轨型材依次安装在护壁型材上：

下部曲线段型材、下部扶手带导轨型材、中间段导轨型材、上部导轨型材、上部曲线段型材、上部扶手带水平段导轨型材、补偿段型材。

3）用压板螺栓固定导轨型材。

5.3.5　安全保护装置安装

1. 断链保护装置

当链条过分伸长、缩短或断裂时，使安全开关动作，从而断电停梯。调整时链条的张紧度要合适，以防保护开关误动作，如图 5 – 124 所示。

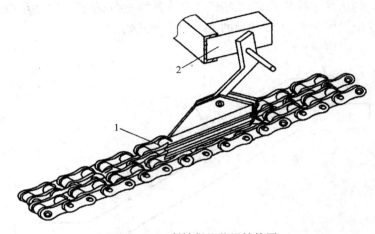

图 5 – 124　断链保护装置结构图

1—驱动链；2—限位开关

2. 扶手带安全防护装置

1）扶手带在扶手转向端的入口处最低点与地板之间的距离 h_3 不应小于 0.1m，且不大于 0.25m，如图 5 – 125（a）所示。

2）扶手转向端的扶手带入口处的手指和手的保护开关应能可靠工作，当手或障碍物进入时，须使自动扶梯自动停止运转，如图 5 – 125（b）所示。

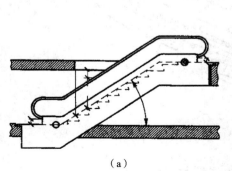
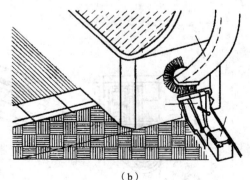

（a）　　　　　　　　　　　　　　　　　（b）

图 5 – 125　扶手带安全防护装置结构图

1—扶手带；2—毛刷；3—板；4—安全开关

3）调节定位螺栓使制动杆的位置及操作压力合适，开关能可靠工作，制动杆与开关之间的距离约为 1mm。

3．超速保护装置

如果交流电动机与梯级、踏步或胶带的驱动是非摩擦驱动（即啮合传动），且其转差率不超过 10%，则允许不设超速保护装置。除此之外，应设超速保护装置。即当自动扶梯和自动人行道速度超过额定速度的 1.2 倍时，超速保护装置（速度控制器）应能切断自动扶梯或自动人行道的电源。

超速保护装置的试验方法类同于电梯用限速器动作速度的测定，对装于电动机轴端的离心式限速装置，必须在曳引机总装之前调节整定好离心块与安全开关之间的距离，并予以铅封固定。如果超速保护装置是非机械式的，则可在现场调整。

4．紧急制动的附加制动器

附加制动器安装在驱动主轴上，在传动链断裂和超速及非操纵改变规定运行方向时动作，使自动扶梯或人行道停止运行。

5．停止开关

1）能切断驱动主机电源，使工作制动器制动，有效地使自动扶梯或自动人行道停止运行。

2）停止开关应是受动式的，具有清晰的、永久性的转换位置标记，开关被按下后，扶梯或自动人行道将维持停止状态，除非将钥匙开关转到行驶的方向，见图 5 - 126。

3）停止开关应能在驱动和转向站中使自动扶梯或自动人行道停止运行。

6．梳齿异物保护装置

该装置安装在扶梯或自动人行道的两头，扶梯或自动人行道在运行中一旦有异物卡阻梳齿时，梳齿板向上或向下移动，使拉杆向后移动，从而使安全开关动作，达到断电停机的目的。梳齿板保护开关的闭合距离为 2 ~ 3.5mm，如图 5 - 127 所示。

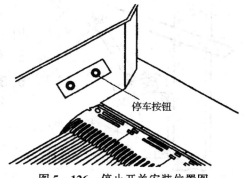

停车按钮

图 5 - 126　停止开关安装位置图

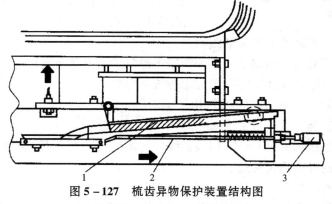

图 5 - 127　梳齿异物保护装置结构图

1—梳齿板；2—拉杆；3—安全开关

7．梯级下沉保护装置

该装置在梯级断开或梯级辊轮有缺陷时起作用，开关动作点应整定在梯级下降超过3～5mm时，此时安全装置即啮合，打开保护开关，切断电源停梯，如图5－128所示。

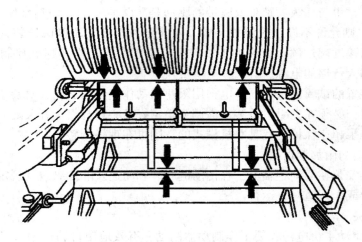

图5－128 梯级下沉保护装置动作示意图

8．扶手带断带保护装置

当扶手带破断截面载荷小于25kN时，扶梯或自动人行道的扶手带应装有此装置，以防扶手带断裂时，使自动扶梯或自动人行道停止运行，如图5－129所示。

5.3.6 电气装置安装

1．控制器

1）控制器安装在上层站的上端。

2）观察每一组继电器及接触器的接线头，有松动的端子应拧紧接线端子的螺丝，确保接线牢固。

3）从控制箱到驱动机的动力连线，要通过线管或蛇皮管加以保护。

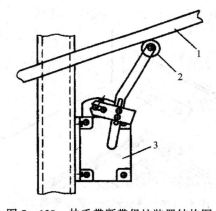

图5－129 扶手带断带保护装置结构图

1—扶手带；2—辊轮；3—安全开关

4）在靠近控制箱的地方安装断路器开关。

5）机械零件未完全安装完毕的，控制箱不得与主动力电源线相连。

6）检查工作线路熔丝或断路器，额定等级一定要正确。

7）将所有接触器、断路器的灰尘用吹尘器清理干净。

2．控制线路连接

1）按照电气接线图的标号认真连接，线号与图纸要一致，不得随意变更。

2）电气设备的外壳均需接地。

3）电气连接有特殊要求的，应按照厂家的要求正确连接。

4）动力和电气安全装置电路的绝缘电阻值不小于500kΩ；其他电路（控制、照明、信号）的绝缘电阻值不小于 250kΩ。

5）扶梯或人行道电源应为专用电源，由建筑物配电室送到扶梯总开关。

6）电气照明、插座应与扶梯或人行道的主电路包括控制电路的电源分开。

7）安装灯管接线时，必须牢固、可靠、安全。

8）安装内盖板时，应将扶梯上下两个操作控制盘安装在端部的内盖板上。

9）将各安全触点开关和监控装置的位置调整到位，并检查其是否正常工作。

10）校核电气线路的接线，确保正确无误。

3. 操作盘

1）钥匙操作的控制开关安装在扶梯的出入口附近。

2）该开关启动自动扶梯或人行道使其上行或下行。

3）启动钥匙开关移去后，方向继电器接点能保持其运行方向。

6 智能建筑工程施工

6.1 综合布线系统

6.1.1 线缆敷设和终接

1. 线缆敷设一般要求

1）线缆两端应有防水、耐摩擦的永久性标签，标签书写应清晰、准确。

2）管内线缆间不应拧绞，不得有接头。

3）线缆的最小弯曲半径应符合表6-1的规定。

表6-1 电缆最小允许弯曲半径

序号	电缆种类	最小允许弯曲半径
1	无铅包钢铠护套的橡皮绝缘电力电缆	10D
2	有钢铠护套的橡皮绝缘电力电缆	20D
3	聚氯乙烯绝缘电力电缆	10D
4	交联聚氯乙烯绝缘电力电缆	15D
5	多芯控制电缆	10D

注：D 为电缆外径。

4）线管出线口与设备接线端子之间，应采用金属软管连接，金属软管长度不宜超过 2m，不得将线裸露。

5）桥架内线缆应排列整齐，不得拧绞；在线缆进出桥架部位、转弯处应绑扎固定；垂直桥架内线缆绑扎固定点间隔不宜大于 1.5m。

6）线缆穿越建筑物变形缝时应留置相适应的补偿余量。

7）线缆布放应自然平直，不应受外力挤压和损伤。

8）线缆布放宜留存不小于 0.15mm 调节余量。

9）从配线架引向工作区各信息端口 4 对对绞电缆的长度不应大于 90m。

10）线缆敷设拉力及其他保护措施应符合产品厂家的施工要求。

11）线缆弯曲半径宜符合下列规定：

①非屏蔽 4 对对绞电缆弯曲半径不宜小于电缆外径 4 倍。

②屏蔽 4 对对绞电缆弯曲半径不宜小于电缆外径 8 倍。

③主干对绞电缆弯曲半径不宜小于电缆外径 10 倍。

④光缆弯曲半径不宜小于光缆外径 10 倍。

12）线缆间净距应符合现行国家标准《综合布线系统工程验收规范》GB 50312—2007 第5.1.1 条的规定。

13）室内光缆桥架内敷设时宜在绑扎固定处加装垫套。

14）线缆敷设施工时，现场应安装稳固的临时线号标签；线缆上配线架、打模块前应安装永久线号标签。

15）线缆经过桥架、管线拐弯处，应保证线缆紧贴底部，且不应悬空、不受牵引力。在桥架的拐弯处应采取绑扎或其他形式固定。

16）距信息点最近的一个过线盒穿线时应宜留有不小于0.15mm 的调节余量。

2. 预埋线槽和暗管敷设缆线

1）敷设线槽和暗管的两端宜用标志表示出编号等内容。

2）预埋线槽宜采用金属线槽，预埋或密封线槽的截面利用率应为30% ~50%。

3）敷设暗管宜采用钢管或阻燃聚氯乙烯硬质管。布放大对数主干电缆及4 芯以上光缆时，直线管道的管径利用率应为50% ~60%，弯管道应为40% ~50%。暗管布放4 对对绞电缆或4 芯及以下光缆时，管道的截面利用率应为25% ~30%。

3. 缆线终接

1）缆线在终接前，必须核对缆线标识内容是否正确。

2）缆线中间不应有接头。

3）缆线终接处必须牢固、接触良好。

4）对绞电缆与连接器件连接应认准线号、线位色标，不得颠倒和错接。

4. 对绞电缆终接

1）终接时，每对对绞线应保持扭绞状态，扭绞松开长度对于3 类电缆不应大于75mm；对于5 类电缆不应大于13mm；对于6 类电缆应尽量保持扭绞状态，减小扭绞松开长度。

2）对绞线与8 位模块式通用插座相连时，必须按色标和线对顺序进行卡接。插座类型、色标和编号应符合图6 -1 的规定。两种连接方式均可采用，但在同一布线工程中两种连接方式不应混合使用。

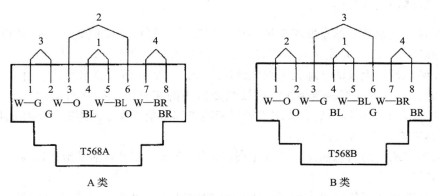

图6 -1　8 位模块式通用插座连接图

G（Green）—绿；BL（Blue）—蓝；BR（Brown）—棕；

W（White）—白；O（Orange）—橙

3）7 类布线系统采用非 RJ45 方式终接时，连接图应符合相关标准规定。

4）屏蔽对绞电缆的屏蔽层与连接器件终接处屏蔽罩应通过紧固器件可靠接触，缆线屏蔽层应与连接器件屏蔽罩 360°圆周接触，接触长度不宜小于 10mm。屏蔽层不应用于受力的场合。

5）对不同的屏蔽对绞线或屏蔽电缆，屏蔽层应采用不同的端接方法。应对编织层或金属箔与汇流导线进行有效的端接。

6）每个 2 口 86 面板底盒宜终接 2 条对绞电缆或 1 根 2 芯/4 芯光缆，不宜兼做过路盒使用。

5．光缆芯线终接

1）采用光缆连接盘对光纤进行连接、保护，在连接盘中光纤的弯曲半径应符合安装工艺要求。

2）光纤熔接处应加以保护和固定。

3）光纤连接盘面板应有标志。

4）光纤连接损耗值，应符合表 6－2 的规定。

表 6－2 光纤连接损耗值（dB）

连接类别	多 模		单 模	
	平均值	最大值	平均值	最大值
熔接	0.15	0.3	0.15	0.3
机械连接	—	0.3	—	0.3

6．各类跳线的终接

1）各类跳线缆线和连接器件间接触应良好，接线无误，标志齐全。跳线选用类型应符合系统设计要求。

2）各类跳线长度应符合设计要求。

6.1.2 信息插座的安装

1）综合布线系统的信息插座多种多样，安装前必须仔细阅读施工图样和设计要求，做到信息插座和光纤（光缆）终端正确安装、对号入座、完整无缺。

2）安装在地面上或活动地板上的地面信息插座，插座面板有水平式和直立式（可以倒下成平面）等几种；缆线连接固定在接线盒体内的装置上，接线盒均埋在地面下，其盒盖面与地面齐平，可以开启，要求必须严密防水和防尘。在不使用时，插座面板与地面齐平，不得影响人们日常行动。

3）安装在墙上的信息插座，按规定高出地坪 30cm，如果有活动地板还应加上活动地板内的净高尺寸。

4）信息插座底座的固定方法虽有不同（如射钉、一般螺钉或扩张螺钉等），但安装必须牢固可靠，不应有松动现象。

5）信息插座盒体宜采用暗装方式，与暗敷管路系统配合，在墙壁上预留洞孔（一般为86型标准盒），按照隐蔽工程要求检查验收。预埋孔盒时注意深度，应估计装饰面距离在内，使加装插座面与装饰面齐平。

6.1.3　机柜、机架和配线架的安装

1. 机柜、机架安装要求

1）机柜、机架安装完毕后，垂直偏差度不应大于3mm。机柜、机架安装位置应符合设计要求。

2）机柜、机架的安装应牢固，如有抗震要求时，应根据施工图的抗震设计进行加固。

3）机柜、机架上的各种零件不得脱落或有碰坏现象，漆面如有脱落应予以补漆，各种标志应完整、清晰。

4）机柜不宜直接安装在活动地板上，宜按设备的底平面尺寸制作底座，底座直接与地面固定，机柜固定在底座上，底座高度应与活动地板高度相同，然后敷设活动地板。

5）安装机架面板，架前应预留有800mm空间，机架背面离墙距离应大于600mm，背板式配线架可直接由背板固定于墙面上。壁挂式机柜底距地面不应小于300mm。

2. 配线架安装要求

1）卡入配线架连接模块内的单根缆线色标应与缆线的色标相一致，大对数电缆按标准色谱的组合规定进行排序。

2）端接于RJ45口的配线架的线序及排列方式按有关国际标准规定的两种端接标准之一（T568A或T568B）进行端接，但必须与信息插座模块的线序排列使用同一种标准。

3）各直列垂直倾斜误差不应大于3mm，底座水平误差每平方米不应大于2mm。

4）接线端子的各种标志应齐全。

5）背板式配线架应经配套的金属背板及线管理架安装在可靠固定的墙壁上，金属背板与墙壁应紧固。

6.1.4　系统测试

1. 综合布线系统工程电气测试方法及测试内容

1）3类和5类布线系统按照基本链路和信道进行测试，5e类和6类布线系统按照永久链路和信道进行测试，测试按图6-2~图6-4进行连接。

①基本链路连接模型应符合图6-2的方式。

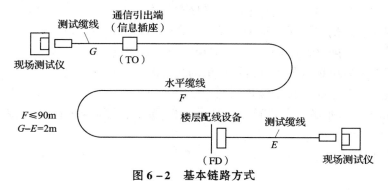

图6-2　基本链路方式

②永久链路连接模型。适用于测试固定链路（水平电缆及相关连接器件）性能。链路连接应符合图6－3的方式。

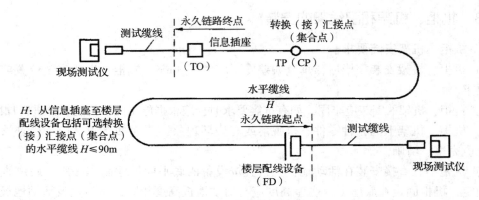

图6－3　永久链路方式

③信道连接模型。在永久链路连接模型的基础上，包括工作区和电信间的设备电缆和跳线在内的整体信道性能。信道连接应符合图6－4方式。

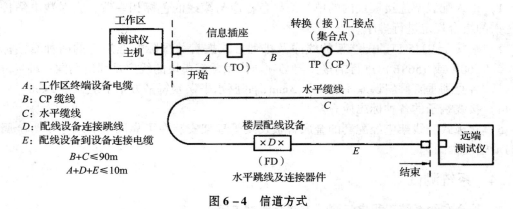

图6－4　信道方式

信道包括：最长90m的水平线缆、信息插座模块、集合点、电信间的配线设备、跳线、设备线缆在内，总长不得大于100m。

2）测试包括以下内容：

①接线图的测试：主要测试水平电缆终接在工作区或电信间配线设备的8位模块式通用插座的安装连接正确或错误。正确的线对组合为：1/2、3/6、4/5、7/8，分为非屏蔽和屏蔽两类，对于非RJ45的连接方式按相关规定要求列出结果。

布线过程中可能出现以下正确或不正确的连接图测试情况，具体如图6－5所示。

②布线链路及信道缆线长度应在测试连接图所要求的极限长度范围之内。

3）3类和5类水平链路及信道测试项目及性能指标应符合表6－3和表6－4的要求（测试条件为环境温度20℃）。

4）5e类、6类和7类信道测试项目及性能指标应符合以下要求（测试条件为环境温度20℃）。

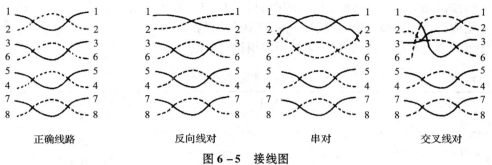

| 正确线路 | 反向线对 | 串对 | 交叉线对 |

图 6 - 5　接线图

表 6 - 3　3 类水平链路及信道性能指标

频率（MHz）	基本链路性能指标		信道性能指标	
	近端串音（dB）	衰减（dB）	近端串音（dB）	衰减（dB）
1.00	40.1	3.2	39.1	4.2
4.00	30.7	6.1	29.3	7.3
8.00	25.9	8.8	24.3	10.2
10.00	24.3	10.0	22.7	11.5
16.00	21.0	13.2	19.3	14.9
长度（m）	94		100	

表 6 - 4　5 类水平链路及信道性能指标

频率（MHz）	基本链路性能指标		信道性能指标	
	近端串音（dB）	衰减（dB）	近端串音（dB）	衰减（dB）
1.00	60.0	2.1	60.0	2.5
4.00	51.8	4.0	50.6	4.5
8.00	47.1	5.7	45.6	6.3
10.00	45.5	6.3	44.0	7.0
16.00	42.3	8.2	40.6	9.2
20.00	40.7	9.2	39.0	10.3
25.00	39.1	10.3	37.4	11.4
31.25	37.6	11.5	35.7	12.8
62.50	32.7	16.7	30.6	18.5
100.00	29.3	21.6	27.1	24.0
长度（m）	94		100	

注：基本链路长度为 94m，包括 90m 水平缆线及 4m 测试仪表的测试电缆长度，在基本链路中不包括 CP 点。

①回波损耗（RL）。只在布线系统中的 C、D、E、F 级采用，信道的每一线对和布线的两端均应符合回波损耗值的要求，布线系统信道的最小回波损耗值应符合表 6 - 5 的规定，并可参考表 6 - 6 所列关键频率的回波损耗建议值。

表 6 - 5　信道回波损耗值

级别	频率（MHz）	最小回波损耗（dB）
C	$1 \leqslant f \leqslant 16$	15.0
D	$1 \leqslant f < 20$	17.0
	$20 \leqslant f \leqslant 100$	$30 - 10\lg (f)$
E	$1 \leqslant f < 10$	19.0
	$10 \leqslant f < 40$	$24 - 5\lg (f)$
	$40 \leqslant f < 250$	$32 - 10\lg (f)$
F	$1 \leqslant f < 10$	19.0
	$10 \leqslant f < 40$	$24 - 5\lg (f)$
	$40 \leqslant f < 251.2$	$32 - 101\lg (f)$
	$251.2 \leqslant f \leqslant 600$	8.0

表 6 - 6　信道回波损耗建议值

频率（MHz）	最小回波损耗（dB）			
	C 级	D 级	E 级	F 级
1	15.0	17.0	19.0	19.0
16	15.0	17.0	18.0	18.0
100	—	10.0	12.0	12.0
250	—	—	8.0	8.0
600	—	—	—	8.0

②插入损耗（IL）。布线系统信道每一线对的插入损耗值应符合表 6 - 7 的规定，并可参考表 6 - 8 所列关键频率的插入损耗建议值。

表 6 - 7　信道插入损耗值

级别	频率（MHz）	最大插入损耗（dB）[①]
A	$f = 0.1$	16.0
B	$f = 0.1$	5.5
	$f = 1$	5.8
C	$1 \leqslant f \leqslant 16$	$1.05 \times (3.23\sqrt{f}) + 4 \times 0.2$
D	$1 \leqslant f \leqslant 100$	$1.05 \times (1.9108\sqrt{f} + 0.0222 \times f + 0.2/\sqrt{f}) + 4 \times 0.02 \times \sqrt{f}$
E	$1 \leqslant f \leqslant 250$	$1.05 \times (1.82\sqrt{f} + 0.0169 \times f + 0.25/\sqrt{f}) + 4 \times 0.02 \times \sqrt{f}$
F	$1 \leqslant f \leqslant 600$	$1.05 \times (1.8\sqrt{f} + 0.01 \times f + 0.2/\sqrt{f}) + 4 \times 0.02 \times \sqrt{f}$

注：①插入损耗（IL）的计算值应大于或等于 4.0dB，若小于 4.0dB 应进行相应调整。

表 6-8　信道插入损耗建议值

频率（MHz）	最大插入损耗（dB）					
	A 级	B 级	C 级	D 级	E 级	F 级
0.1	16.0	5.5	—	—	—	—
1	—	5.8	4.2	4.0	4.0	4.0
16	—	—	14.4	9.1	8.3	8.1
100	—	—	—	24.0	21.7	20.8
250	—	—	—	—	35.9	33.8
600	—	—	—	—	—	54.6

③近端串音（NEXT）。在布线系统信道的两端，线对与线对之间的近端串音值均应符合表 6-9 的规定，并可参考表 6-10 所列关键频率的近端串音建议值。

表 6-9　信道近端串音值

级别	频率（MHz）	最小 NEXT（dB）
A	$f = 0.1$	27.0
B	$0.1 \leqslant f \leqslant 1$	$25 - 15\lg(f)$
C	$1 \leqslant f \leqslant 16$	$39.1 - 16.4\lg(f)$
D	$1 \leqslant f \leqslant 100$	$-20\lg\left[10^{\frac{65.3-15\lg(f)}{-20}} + 2 \times 10^{\frac{83-20\lg(f)}{-20}}\right]^{①}$
E	$1 \leqslant f \leqslant 250$	$-20\lg\left[10^{\frac{74.3-15\lg(f)}{-20}} + 2 \times 10^{\frac{94-20\lg(f)}{-20}}\right]^{②}$
F	$1 \leqslant f \leqslant 600$	$-20\lg\left[10^{\frac{102.4-15\lg(f)}{-20}} + 2 \times 10^{\frac{102.4-15\lg(f)}{-20}}\right]^{②}$

注：①NEXT 计算值大于 60.0dB 时均按 60.0dB 考虑。

②NEXT 计算值大于 65.0dB 时均按 65.0dB 考虑。

表 6-10　信道近端串音建议值

频率（MHz）	最小 NEXT（dB）					
	A 级	B 级	C 级	D 级	E 级	F 级
0.1	27.0	40.0	—	—	—	—
1	—	25.0	39.1	60.0	65.0	65.0
16	—	—	19.4	43.6	53.2	65.0
100	—	—	—	30.1	39.9	62.9
250	—	—	—	—	33.1	56.9
600	—	—	—	—	—	51.2

④近端串音功率 N（PS NEXT）。只应用于布线系统的 D、E、F 级，信道的每一线对和布线的两端均应符合 PS NEXT 值要求，布线系统信道的最小 PS NEXT 值应符合表 6 - 11 的规定，并可参考表 6 - 12 所列关键频率的近端串音功率和建议值。

表 6 - 11　信道 PS NEXT 值

级别	频率（MHz）	最小 PS NEXT（dB）
D	$1 \leqslant f \leqslant 100$	$-20\lg\left[10^{\frac{62.3-15\lg(f)}{-20}} + 2\times10^{\frac{80-20\lg(f)}{-20}}\right]$①
E	$1 \leqslant f \leqslant 250$	$-20\lg\left[10^{\frac{72.3-15\lg(f)}{-20}} + 2\times10^{\frac{90-20\lg(f)}{-20}}\right]$②
F	$1 \leqslant f \leqslant 600$	$-20\lg\left[10^{\frac{99.4-15\lg(f)}{-20}} + 2\times10^{\frac{99.4-15\lg(f)}{-20}}\right]$②

注：①PS NEXT 计算值大于 57.0dB 时均按 57.0dB 考虑。
　　②PS NEXT 计算值大于 62.0dB 时均按 62.0dB 考虑。

表 6 - 12　信道 PS NEXT 建议值

频率（MHz）	最小 PS NEXT（dB）		
	D 级	E 级	F 级
1	57.0	62.0	62.0
16	40.6	50.6	62.0
100	27.1	37.1	59.9
250	—	30.2	53.9
600	—	—	48.2

⑤线对与线对之间的衰减串音比（ACR）。只应用于布线系统的 D、E、F 级，信道的每一线对和布线的两端均应符合 ACR 值要求。布线系统信道的 ACR 值可用以下计算公式进行计算，并可参考表 6 - 13 所列关键频率的 ACR 建议值。

表 6 - 13　信道 ACR 建议值

频率（MHz）	最小 ACR（dB）		
	D 级	E 级	F 级
1	56.0	61.0	61.0
16	34.5	44.9	56.9
100	6.1	18.2	42.1
250	—	-2.8	23.1
600	—	—	-3.4

线对 i 与 k 间衰减串音比的计算公式：

$$ACRik = NEXTik - ILk \qquad (6-1)$$

式中：i——线对号；

　　　k——线对号；

NEXTik——线对 i 与线对 k 间的近端串音；

　ILk——线对 k 的插入损耗。

⑥ACR 功率和（PS ACR）。为近端串音功率和与插入损耗之间的差值，信道的每一线对和布线的两端均应符合要求。布线系统信道的 PS ACR 值可用以下计算公式进行计算，并可参考表 6-14 所列关键频率的 PS ACR 建议值。

表 6-14　信道 PS ACR 建议值

频率（MHz）	最小 PS ACR（dB）		
	D 级	E 级	F 级
1	53.0	58.0	58.0
16	31.5	42.3	53.9
100	3.1	15.4	39.1
250	—	-5.8	20.1
600	—	—	-6.4

线对 k 的 ACR 功率和的计算公式：

$$PS\ ACRk = PS\ NEXTk - ILk \qquad (6-2)$$

式中：　k——线对号；

PS NEXTk——线对 k 的近端串音功率和；

　　ILk——线对 k 的插入损耗。

⑦线对与线对之间等电平远端串音（ELFEXT）。为远端串音与插入损耗之间的差值，只应用于布线系统的 D、E、F 级。布线系统信道每一线对的 ELFEXT 数值应符合表 6-15 的规定，并可参考表 6-16 所列关键频率的 ELFEXT 建议值。

表 6-15　信道 ELFEXT 值

级别	频率（MHz）	最小 ELFEXT（dB）[1]
D	$1 \leqslant f \leqslant 100$	$-20\lg\left[10^{\frac{63.8-20\lg(f)}{-20}} + 4 \times 10^{\frac{75.1-20\lg(f)}{-20}}\right]$ [2]
E	$1 \leqslant f \leqslant 250$	$-20\lg\left[10^{\frac{67.8-20\lg(f)}{-20}} + 4 \times 10^{\frac{83.1-20\lg(f)}{-20}}\right]$ [3]
F	$1 \leqslant f \leqslant 600$	$-20\lg\left[10^{\frac{94-20\lg(f)}{-20}} + 4 \times 10^{\frac{90-15\lg(f)}{-20}}\right]$ [3]

注：①与测量的近端串音 FEXT 值对应的 ELFEXT 值若大于 70.0dB 则仅供参考。

　　②ELFEXT 计算值大于 60.0dB 时均按 60.0dB 考虑。

　　③ELFEXT 计算值大于 65.0dB 时均按 65.0dB 考虑。

表 6 – 16　信道 ELFEXT 建议值

频率（MHz）	最小 ELFEXT （dB）		
	D 级	E 级	F 级
1	57.4	63.3	65.0
16	33.3	39.2	57.5
100	17.4	23.3	44.4
250	—	15.3	37.8
600	—	—	31.3

⑧等电平远端串音功率和（PS ELFEXT）。布线系统信道每一线对的 PS ELFEXT 数值应符合表 6 – 17 的规定，并可参考表 6 – 18 所列关键频率的 PS ELFEXT 建议值。

表 6 – 17　信道 PS ELFEXT 值

级别	频率（MHz）	最小 PS ELFEXT （dB）[1]
D	$1 \leqslant f \leqslant 100$	$-20\lg\left[10^{\frac{60.8-20\lg(f)}{-20}}+4\times10^{\frac{72.1-20\lg(f)}{-20}}\right]$[2]
E	$1 \leqslant f \leqslant 250$	$-20\lg\left[10^{\frac{64.8-20\lg(f)}{-20}}+4\times10^{\frac{80.1-20\lg(f)}{-20}}\right]$[3]
F	$1 \leqslant f \leqslant 600$	$-20\lg\left[10^{\frac{91-20\lg(f)}{-20}}+4\times10^{\frac{87-15\lg(f)}{-20}}\right]$[3]

注：[1]与测量的远端串音 FEXT 值对应的 PS ELFEXT 值若大于 70.0dB 则仅供参考。

[2]PS ELFEXT 计算值大于 57.0dB 时均按 57.0dB 考虑。

[3]PS ELFEXT 计算值大于 62.0dB 时均按 62.0dB 考虑。

表 6 – 18　信道 PS ELFEXT 建议值

频率（MHz）	最小 PS ELFEXT （dB）		
	D 级	E 级	F 级
1	54.4	60.3	62.0
16	30.3	36.2	54.5
100	14.4	20.3	41.4
250	—	12.3	34.8
600	—	—	28.3

⑨直流（D.C.）环路电阻。布线系统信道每一线对的直流环路电阻应符合表 6 – 19 的规定。

表 6 – 19　信道直流环路电阻

最大直流环路电阻（Ω）					
A 级	B 级	C 级	D 级	E 级	F 级
560	170	40	25	25	25

⑩传播时延。布线系统信道每一线对的传播时延应符合表 6 – 20 的规定，并可参考表 6 – 21 所列的关键频率建议值。

表 6 – 20　信道传播时延

级别	频率（MHz）	最大传播时延（μs）
A	$f = 0.1$	20.000
B	$0.1 \leqslant f \leqslant 1$	5.000
C	$1 \leqslant f \leqslant 16$	$0.534 + 0.036/\sqrt{f} + 4 \times 0.0025$
D	$1 \leqslant f \leqslant 100$	$0.534 + 0.036/\sqrt{f} + 4 \times 0.0025$
E	$1 \leqslant f \leqslant 250$	$0.534 + 0.036/\sqrt{f} + 4 \times 0.0025$
F	$1 \leqslant f \leqslant 600$	$0.534 + 0.036/\sqrt{f} + 4 \times 0.0025$

表 6 – 21　信道传播时延建议值

频率（MHz）	最大传播时延（μs）					
	A 级	B 级	C 级	D 级	E 级	F 级
0.1	20.000	5.000	—	—	—	—
1	—	5.000	0.580	0.580	0.580	0.580
16	—	—	0.553	0.553	0.553	0.553
100	—	—	—	0.548	0.548	0.548
250	—	—	—	—	0.546	0.546
600	—	—	—	—	—	0.585

传播时延偏差。布线系统信道所有线对间的传播时延偏差应符合表 6 – 22 的规定。

表 6 – 22　信道传播时延偏差

级别	频率（MHz）	最大传播时延（μs）
A	$f = 0.1$	—
B	$0.1 \leqslant f \leqslant 1$	—
C	$1 \leqslant f \leqslant 16$	0.050[①]
D	$1 \leqslant f \leqslant 100$	0.050[①]
E	$1 \leqslant f \leqslant 250$	0.050[①]
F	$1 \leqslant f \leqslant 600$	0.030[②]

注：① 0.050 为 0.045 + 4 × 0.00125 计算结果。

② 0.030 为 0.025 + 4 × 0.00125 计算结果。

5）5e 类、6 类和 7 类永久链路或 CP 链路测试项目及性能指标应符合以下要求：

①回波损耗（RL）。布线系统永久链路或 CP 链路每一线对和布线两端的回波损耗值应符合表 6-23 的规定，并可参考表 6-24 所列的关键频率建议值。

表 6-23　永久链路或 CP 链路回波损耗值

级别	频率（MHz）	最小回波损耗（dB）
C	$1 \leq f \leq 16$	15.0
D	$1 \leq f < 20$	19.0
	$20 \leq f \leq 100$	$32 - 10\lg (f)$
E	$1 \leq f < 10$	21.0
	$10 \leq f < 40$	$26 - 5\lg (f)$
	$40 \leq f < 250$	$34 - 10\lg (f)$
F	$1 \leq f < 10$	21.0
	$10 \leq f < 40$	$26 - 5\lg (f)$
	$40 \leq f < 251.2$	$34 - 101\lg (f)$
	$251.2 \leq f \leq 600$	10.0

表 6-24　永久链路回波损耗建议值

频率（MHz）	最小回波损耗（dB）			
	C 级	D 级	E 级	F 级
1	15.0	19.0	21.0	21.0
16	15.0	19.0	20.0	20.0
100	—	12.0	14.0	14.0
250	—	—	10.0	10.0
600	—	—	—	10.0

②插入损耗（IL）。布线系统永久链路或 CP 链路每一线对的插入损耗值应符合表 6-25 的规定，并可参考表 6-26 所列的关键频率建议值。

表 6-25　永久链路或 CP 链路插入损耗值

级别	频率（MHz）	最大插入损耗（dB）[①]
A	$f = 0.1$	16.0
B	$f = 0.1$	5.5
	$f = 1$	5.8
C	$1 \leq f \leq 16$	$0.9 \times (3.23 \sqrt{f}) + 3 \times 0.2$

续表 6-25

级别	频率（MHz）	最大插入损耗（dB）[①]
D	$1 \leq f \leq 100$	$(L/10) \times (1.9108\sqrt{f} + 0.0222 \times f + 0.2/\sqrt{f}) + n \times 0.04 \times \sqrt{f}$
E	$1 \leq f \leq 250$	$(L/10) \times (1.82\sqrt{f} + 0.0169 \times f + 0.25/\sqrt{f}) + n \times 0.02 \times \sqrt{f}$
F	$1 \leq f \leq 600$	$(L/10) \times (1.8\sqrt{f} + 0.01 \times f + 0.2/\sqrt{f}) + n \times 0.02 \times \sqrt{f}$

注：①插入损耗（IL）的计算值若小于 4.0dB 应进行相应调整。

$$L = L_{FC} + L_{CP}Y$$

式中：L_{FC}——固定电缆长度（m）；

L_{CP}——CP 电缆长度（m）；

Y——CP 电缆衰减（dB/m）与固定水平电缆衰减（dB/m）比值；

n——当 $n = 2$ 时是表示对于不包含 CP 点的永久链路的测试或仅测试 CP 链路；

当 $n = 3$ 时是表示对于包含 CP 点的永久链路的测试。

表 6-26　永久链路插入损耗建议值

频率（MHz）	最大插入损耗（dB）					
	A 级	B 级	C 级	D 级	E 级	F 级
0.1	16.0	5.5	—	—	—	—
1	—	5.8	4.0	4.0	4.0	4.0
16	—	—	12.2	7.7	7.1	6.9
100	—	—	—	20.4	18.5	17.7
250	—	—	—	—	30.7	28.8
600	—	—	—	—	—	46.6

③近端串音（NEXT）。布线系统永久链路或 CP 链路每一线对和布线两端的近端串音值应符合表 6-27 的规定，并可参考表 6-28 所列的关键频率建议值。

表 6-27　永久链路或 CP 链路近端串音值

级别	频率（MHz）	最小 NEXT（dB）
A	$f = 0.1$	27.0
B	$0.1 \leq f \leq 1$	$25 - 15\lg(f)$
C	$1 \leq f \leq 16$	$40.1 - 15.8\lg(f)$
D	$1 \leq f \leq 100$	$-20\lg\left[10^{\frac{65.3 - 15\lg(f)}{-20}} + 10^{\frac{83 - 20\lg(f)}{-20}}\right]$ [①]
E	$1 \leq f \leq 250$	$-20\lg\left[10^{\frac{74.3 - 15\lg(f)}{-20}} + 10^{\frac{94 - 20\lg(f)}{-20}}\right]$ [②]
F	$1 \leq f \leq 600$	$-20\lg\left[10^{\frac{102.4 - 15\lg(f)}{-20}} + 10^{\frac{102.4 - 15\lg(f)}{-20}}\right]$ [②]

注：①NEXT 计算值大于 60.0dB 时均按 60.0dB 考虑。

②NEXT 计算值大于 65.0dB 时均按 65.0dB 考虑。

表 6-28　永久链路近端串音建议值

频率（MHz）	最小 NEXT（dB）					
	A 级	B 级	C 级	D 级	E 级	F 级
0.1	27.0	40.0	—	—	—	—
1	—	25.0	40.1	60.0	65.0	65.0
16	—	—	21.1	45.2	54.6	65.0
100	—	—	—	32.3	41.8	65.0
250	—	—	—	—	35.3	60.4
600	—	—	—	—	—	54.7

④近端串音功率和（PS NEXT）。只应用于布线系统的 D、E、F 级，布线系统永久链路或 CP 链路每一线对和布线两端的近端串音功率和值应符合表 6-29 的规定，并可参考表 6-30 所列的关键频率建议值。

表 6-29　永久链路或 CP 链路近端串音功率和值

级别	频率（MHz）	最小 PS NEXT（dB）
D	$1 \leqslant f \leqslant 100$	$-20\lg\left[10^{\frac{62.3-15\lg(f)}{-20}}+10^{\frac{80-20\lg(f)}{-20}}\right]$[1]
E	$1 \leqslant f \leqslant 250$	$-20\lg\left[10^{\frac{72.3-15\lg(f)}{-20}}+10^{\frac{90-20\lg(f)}{-20}}\right]$[2]
F	$1 \leqslant f \leqslant 600$	$-20\lg\left[10^{\frac{99.4-15\lg(f)}{-20}}+10^{\frac{99.4-15\lg(f)}{-20}}\right]$[2]

注：①PS NEXT 计算值大于 57.0dB 时均按 57.0dB 考虑。
　　②PS NEXT 计算值大于 62.0dB 时均按 62.0dB 考虑。

表 6-30　永久链路近端串音功率和建议值

频率（MHz）	最小 PS NEXT（dB）		
	D 级	E 级	F 级
1	57.0	62.0	62.0
16	42.2	52.2	62.0
100	29.3	39.3	62.0
250	—	32.7	57.4
600	—	—	51.7

⑤线对与线对之间的衰减串音比（ACR）。只应用于布线系统的 D、E、F 级，布线系统永久链路或 CP 链路每一线对和布线两端的 ACR 值可用以下计算公式进行计算，并可参考表 6-31 所列关键频率的 ACR 建议值。

表 6 – 31　永久链路 ACR 建议值

频率（MHz）	最小 ACR（dB）		
	D 级	E 级	F 级
1	56.0	61.0	61.0
16	37.5	47.5	58.1
100	11.9	23.3	47.3
250	—	4.7	31.6
600	—	—	8.1

线对 i 与线对 k 间 ACR 值的计算公式：

$$ACRik = NEXTik - ILk \qquad (6-3)$$

式中：i——线对号；

　　　　k——线对号；

NEXTik——线对 i 与线对 k 间的近端串音；

　　ILk——线对 k 的插入损耗。

⑥ACR 功率和（PS ACR）。布线系统永久链路或 CP 链路每一线对和布线两端的 PS ACR 值可用以下计算公式进行计算，并可参考表 6 – 32 所列关键频率的 PS ACR 建议值。

表 6 – 32　永久链路 PS ACR 建议值

频率（MHz）	最小 PS ACR（dB）		
	D 级	E 级	F 级
1	53.0	58.0	58.0
16	34.5	45.1	55.1
100	8.9	20.8	44.3
250	—	2.0	28.6
600	—	—	5.1

线对 k 的 PS ACR 值计算公式：

$$PS ACRk = PS NEXTk - ILk \qquad (6-4)$$

式中：　k——线对号；

PS NEXTk——线对 k 的近端串音功率和；

　　ILk——线对 k 的插入损耗；

⑦线对与线对之间等电平远端串音（ELFEXT）。

只应用于布线系统的 D、E、F 级。布线系统永久链路或 CP 链路每一线对的等电平远端串音值应符合表 6 – 33 的规定，并可参考表 6 – 34 所列的关键频率建议值。

表 6 – 33　永久链路或 CP 链路等电平远端串音值

级别	频率（MHz）	最小 ELFEXT（dB）[1]
D	$1 \leqslant f \leqslant 100$	$-20\lg\left[10^{\frac{63.8-20\lg(f)}{-20}} + n \times 10^{\frac{75.1-20\lg(f)}{-20}}\right]$[2]
E	$1 \leqslant f \leqslant 250$	$-20\lg\left[10^{\frac{67.8-20\lg(f)}{-20}} + n \times 10^{\frac{83.1-20\lg(f)}{-20}}\right]$[3]
F	$1 \leqslant f \leqslant 600$	$-20\lg\left[10^{\frac{94-20\lg(f)}{-20}} + n \times 10^{\frac{90-15\lg(f)}{-20}}\right]$[3]

注：n——当 $n = 2$ 时是表示对于不包含 CP 点的永久链路的测试或仅测试 CP 链路。

当 $n = 3$ 时是表示对于包含 CP 点的永久链路的测试。

[1]与测量的远端串音 FEXT 值对应的 ELFEXT 值若大于 70.0dB 则仅供参考。

[2]ELFEXT 计算值大于 60.0dB 时均按 60.0dB 考虑。

[3]ELFEXT 计算值大于 65.0dB 时均按 65.0dB 考虑。

表 6 – 34　永久链路等电平远端串音建议值

频率（MHz）	最小 ELFEXT（dB）		
	D 级	E 级	F 级
1	58.6	64.2	65.0
16	34.5	40.1	59.3
100	18.6	24.2	46.0
250	—	16.2	39.2
600	—	—	32.6

⑧等电平远端串音功率和（PS ELFEXT）。布线系统永久链路或 CP 链路每一线对的 PS ELFEXT 值应符合表 6 – 35 的规定，并可参考表 6 – 36 所列的关键频率建议值。

表 6 – 35　永久链路或 CP 链 PS ELFEXT 值

级别	频率（MHz）	最小 PS ELFEXT（dB）[1]
D	$1 \leqslant f \leqslant 100$	$-20\lg\left[10^{\frac{60.8-20\lg(f)}{-20}} + n \times 10^{\frac{72.1-20\lg(f)}{-20}}\right]$[2]
E	$1 \leqslant f \leqslant 250$	$-20\lg\left[10^{\frac{64.8-20\lg(f)}{-20}} + n \times 10^{\frac{80.1-20\lg(f)}{-20}}\right]$[3]
F	$1 \leqslant f \leqslant 600$	$-20\lg\left[10^{\frac{91-20\lg(f)}{-20}} + n \times 10^{\frac{87-15\lg(f)}{-20}}\right]$[3]

注：n——当 $n = 2$ 时是表示对于不包含 CP 点的永久链路的测试或仅测试 CP 链路。

当 $n = 3$ 时是表示对于包含 CP 点的永久链路的测试。

[1]与测量的远端串音 FEXT 值对应的 PS ELFEXT 值若大于 70.0dB 则仅供参考。

[2]PS ELFEXT 计算值大于 57.0dB 时均按 57.0dB 考虑。

[3]PS ELFEXT 计算值大于 62.0dB 时均按 62.0dB 考虑。

表 6 - 36 永久链路 PS ELFEXT 建议值

频率（MHz）	最小 PS ELFEXT（dB）		
	D 级	E 级	F 级
1	55.6	61.2	62.0
16	31.5	37.1	56.3
100	15.6	21.2	43.0
250	—	13.2	36.2
600	—	—	29.6

⑨直流（DC）环路电阻。布线系统永久链路或 CP 链路每一线对的直流环路电阻应符合表 6 - 37 的规定，并可参考表 6 - 38 所列的建议值。

表 6 - 37 永久链路或 CP 链路直流环路电阻值

级别	最大直流环路电阻（Ω）
A	530
B	140
C	34
D	$(L/100) \times 22 + n \times 0.4$
E	$(L/100) \times 22 + n \times 0.4$
F	$(L/100) \times 22 + n \times 0.4$

注：$L = L_{FC} + L_{CP}Y$

式中：L_{FC}——固定电缆长度（m）；

L_{CP}——CP 电缆长度（m）；

Y——CP 电缆衰减（dB/m）与固定水平电缆衰减（dB/m）比值；

n——当 $n=2$ 时是表示对于不包含 CP 点的永久链路的测试或仅测试 CP 链路；

当 $n=3$ 时是表示对于包含 CP 点的永久链路的测试。

表 6 - 38 永久链路直流环路电阻建议值

最大直流环路电阻					
A 级	B 级	C 级	D 级	E 级	F 级
530	140	34	21	21	21

⑩传播时延。布线系统永久链路或 CP 链路每一线对的传播时延应符合表 6 - 39 的规定，并可参考表 6 - 40 所列的关键频率建议值。

表 6 – 39　永久链路或 CP 链路传播时延值

级别	频率（MHz）	最大传播时延（μs）
A	$f = 0.1$	19.400
B	$0.1 \leqslant f \leqslant 1$	4.400
C	$1 \leqslant f \leqslant 16$	$(L/100) \times (0.534 + 0.036/\sqrt{f}) + n \times 0.0025$
D	$1 \leqslant f \leqslant 100$	$(L/100) \times (0.534 + 0.036/\sqrt{f}) + n \times 0.0025$
E	$1 \leqslant f \leqslant 250$	$(L/100) \times (0.534 + 0.036/\sqrt{f}) + n \times 0.0025$
F	$1 \leqslant f \leqslant 600$	$(L/100) \times (0.534 + 0.036/\sqrt{f}) + n \times 0.0025$

注：$L = L_{FC} + L_{CP}$

式中：L_{FC}——固定电缆长度（m）；

L_{CP}——CP 电缆长度（m）；

n——当 $n = 2$ 时是表示对于不包含 CP 点的永久链路的测试或仅测试 CP 链路；

当 $n = 3$ 时是表示对于包含 CP 点的永久链路的测试。

表 6 – 40　永久链路传播时延建议值

频率（MHz）	最大传播时延（μs）					
	A 级	B 级	C 级	D 级	E 级	F 级
0.1	19.400	4.400	—	—	—	—
1	—	4.400	0.521	0.521	0.521	0.521
16	—	—	0.496	0.496	0.496	0.496
100	—	—	—	0.491	0.491	0.491
250	—	—	—	—	0.490	0.490
600	—	—	—	—	—	0.489

传播时延偏差。布线系统永久链路或 CP 链路所有线对间的传播时延偏差应符合表 6 – 41 的规定，并可参考表 6 – 42 所列的建议值。

表 6 – 41　永久链路或 CP 链路传播时延偏差

级别	最大直流环路电阻（Ω）
A	—
B	—
C	$(L/100) \times 0.045 + n \times 0.00125$
D	$(L/100) \times 0.045 + n \times 0.00125$

续表 6 - 41

级　别	最大直流环路电阻（Ω）
E	$(L/100) \times 0.045 + n \times 0.00125$
F	$(L/100) \times 0.045 + n \times 0.00125$

注：$L = L_{FC} + L_{CP}$

式中：L_{FC}——固定电缆长度（m）；

　　　L_{CP}——CP 电缆长度（m）；

　　　n——当 $n = 2$ 时是表示对于不包含 CP 点的永久链路的测试或仅测试 CP 链路；

　　　当 $n = 3$ 时是表示对于包含 CP 点的永久链路的测试。

表 6 - 42　永久链路传播时延偏差建议值

级别	频率（MHz）	最大传播时延（μs）
A	$f = 0.1$	—
B	$0.1 \leqslant f \leqslant 1$	—
C	$1 \leqslant f \leqslant 16$	0.044[①]
D	$1 \leqslant f \leqslant 100$	0.044[①]
E	$1 \leqslant f \leqslant 250$	0.044[①]
F	$1 \leqslant f \leqslant 600$	0.026[②]

注：①0.044 为 $0.9 \times 0.045 + 3 \times 0.00125$ 计算结果。

　　②0.026 为 $0.9 \times 0.025 + 3 \times 0.00125$ 计算结果。

6）所有电缆的链路和信道测试结果应有记录，记录在管理系统中并纳入文档管理。

2. 光纤链路测试方法

1）测试前应对所有的光连接器件进行清洗，并将测试接收器校准至零位。

2）测试应包括以下内容：

①在施工前进行器材检验时，一般检查光纤的连通性，必要时宜采用光纤损耗测试仪（稳定光源和光功率计组合）对光纤链路的插入损耗和光纤长度进行测试。

②对光纤链路（包括光纤、连接器件和熔接点）的衰减进行测试，同时测试光跳线的衰减值可作为设备连接光缆的衰减参考值，整个光纤信道的衰减值应符合设计要求。

3）测试应按图 6 - 6 进行连接。

①在两端对光纤逐根进行双向（收与发）测试，连接方式如图 6 - 6 所示。

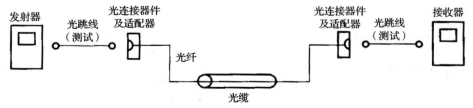

图 6 - 6　光纤链路测试连接（单芯）方式

注：光连接器件可以为工作区 TO、电信间 FD、设备间 BD、CD 的 SC、ST、SFF 连接器件。

②光缆可以为水平光缆、建筑物主干光缆和建筑群主干光缆。

③光纤链路中不包括光跳线在内。

4）布线系统所采用光纤的性能指标及光纤信道指标应符合设计要求。不同类型的光缆在标称的波长，每公里的最大衰减值应符合表6-43的规定。

表6-43　光缆衰减

最大光缆衰减（dB/km）			
项目	OM1，OM2及OM3多模		OS1单模
波长	850mm	1300mm	1310mm	1550mm
衰减	3.5	1.5	1.0	1.0

5）光缆布线信道在规定的传输窗口测量出的最大光衰减（介入损耗）应不超过表6-44的规定，该指标已包括接头与连接插座的衰减在内。

表6-44　光缆信道衰减范围

级别	最大信道衰减（dB）			
	单模		多模	
	1310mm	1550mm	850mm	1300mm
OF-300	1.80	1.80	2.55	1.95
OF-500	2.00	2.00	3.25	2.25
OF-2000	3.50	3.50	8.50	4.50

注：每个连接处的衰减值最大为1.5dB。

6）光纤链路的插入损耗极限值可用以下公式计算（表6-45）：

$$光纤链路损耗 = 光纤损耗 + 连接器件损耗 + 光纤连接点损耗 \qquad (6-5)$$
$$光纤损耗 = 光纤损耗系数（dB/km）×光纤长度（m） \qquad (6-6)$$
$$连接器件损耗 = 连接器件损耗/个×连接器件个数 \qquad (6-7)$$
$$光纤连接点损耗 = 光纤连接点损耗/个×光纤连接点个数 \qquad (6-8)$$

表6-45　光纤链路损耗参考值

种　类	工作波长（mm）	衰减系数（dB/km）
多模光纤	850	3.5
多模光纤	1300	1.5
单模室外光纤	1310	0.5
单模室外光纤	1550	0.5
单模室内光纤	1310	1.0
单模室内光纤	1550	1.0
连接器件衰减	0.75dB	
光纤连接点衰减	0.3dB	

7）所有光纤链路测试结果应有记录，记录在管理系统中并纳入文档管理。

6.2　信息网络系统

6.2.1　计算机网络系统检测

1）计算机网络系统的检测可包括连通性、传输时延、丢包率、路由、容错功能、网络管理功能和无线局域网功能检测等。采用融合承载通信架构的智能化设备网，还应进行组播功能检测和 QoS 功能检测。

2）计算机网络系统的检测方法应根据设计要求选择，可采用输入测试命令进行测试或使用相应的网络测试仪器。

3）计算机网络系统的连通性检测应符合下列规定：

①网管工作站和网络设备之间的通信应符合设计要求，并且各用户终端应根据安全访问规则只能访问特定的网络与特定的服务器。

②同一 VLAN 内的计算机之间应能交换数据包，不在同一 VLAN 内的计算机之间不应交换数据包。

③应按接入层设备总数的 10% 进行抽样测试，且抽样数不应少于 10 台；接入层设备少于 10 台的，应全部测试。

④抽检结果全部符合设计要求的，应为检测合格。

4）计算机网络系统的传输时延和丢包率的检测应符合下列规定：

①应检测从发送端口到目的端口的最大延时和丢包率等数值。

②对于核心层的骨干链路、汇聚层到核心层的上联链路，应进行全部检测；对接入层到汇聚层的上限链路，应按不低于 10% 的比例进行抽样测试，且抽样数不应少于 10 条；上联链路数不足 10 条的，应全部检测。

③抽检结果全部符合设计要求的，应为检测合格。

5）计算机网络系统的路由检测应包括路由设置的正确性和路由的可达性，并应根据核心设备路由表采用路由测试工具或软件进行测试。检测结果符合设计要求的，应为检测合格。

6）计算机网络系统的组播功能检测应采用模拟软件生成组播流。组播流的发送和接收检测结果符合设计要求的，应为检测合格。

7）计算机网络系统的 QoS 功能应检测队列调度机制。能够区分业务流并保障关键业务数据优先发送的，应为检测合格。

8）计算机网络系统的容错功能应采用人为设置网络故障的方法进行检测，并应符合下列规定：

①对具备容错能力的计算机网络系统，应具有错误恢复和故障隔离功能，并在出现故障时自动切换。

②对有链路冗余配置的计算机网络系统，当其中的某条链路断开或有故障发生时，整个系统仍应保持正常工作，并在故障恢复后应能自动切换回主系统运行。

③容错功能应全部检测，且全部结果符合设计要求的应为检测合格。

9）无线局域网的功能检测除应符合 3）～8）的规定外，尚应符合下列规定：

①在覆盖范围内接入点的信道信号强度应不低于 −75dBm。

②网络传输速率不应低于 5.5Mbit/s。

③应采用不少于 100 个 ICMP 64Byte 帧长的测试数据包，不少于 95% 路径的数据包丢失率应小于 5%。

④应采用不少于 100 个 ICMP 64Byte 帧长的测试数据包，不少于 95% 且跳数小于 6 的路径的传输时延应小于 20ms。

⑤应按无线接入点总数的 10% 进行抽样测试，抽样数不应少于 10 个；无线接入点少于 10 个的，应全部测试。抽检结果全部符合①～④要求的，应为检测合格。

10）计算机网络系统的网络管理功能应在网管工作站检测，并应符合下列规定：

①应搜索整个计算机网络系统的拓扑结构图和网络设备连接图。

②应检测自诊断功能。

③应检测对网络设备进行远程配置的功能，当具备远程配置功能时，应检测网络性能参数含网络节点的流量、广播率和错误率等。

④检测结果符合设计要求的，应为检测合格。

6.2.2　网络安全系统检测

1）网络安全系统检测宜包括结构安全、访问控制、安全审计、边界完整性检查、入侵防范、恶意代码防范和网络设备防护等安全保护能力的检测。检测方法应依据设计确定的信息系统安全防护等级进行制定，检测内容应按现行国家标准《信息安全技术　信息系统安全等级保护基本要求》GB/T 22239—2008 执行。

2）业务办公网及智能化设备网与互联网连接时，应检测安全保护技术措施。检测结果符合设计要求的，应为检测合格。

3）业务办公网及智能化设备网与互联网连接时，网络安全系统应检测安全审计功能，并应具有至少保存 60d 记录备份的功能。检测结果符合设计要求的，应为检测合格。

4）对于要求物理隔离的网络，应进行物理隔离检测，且检测结果符合下列规定的应为检测合格：

①物理实体上应完全分开。

②不应存在共享的物理设备。

③不应有任何链路上的连接。

5）无线接入认证的控制策略应符合设计要求，并应按设计要求的认证方式进行检测，且应抽取网络覆盖区域内不同地点进行 20 次认证。认证失败次数不超过 1 次的，应为检测合格。

6）当对网络设备进行远程管理时，应检测防窃听措施。检测结果符合设计要求的，应为检测合格。

6.3　建筑设备监控系统

6.3.1　暖通空调系统

1. 温、湿度传感器安装

1）室内温、湿度传感器的安装位置宜距门、窗和出风口大于 2m；在同一区域内安装的室内温、湿度传感器，距地高度应一致，高度差不应大于 10mm。

2）室外温、湿度传感器应有防风、防雨措施。

3）室内、外温、湿度传感器不应安装在阳光直射的地方，应远离有较强振动、电磁干扰、潮湿的区域。

4）风管型温、湿度传感器应安装在风速平稳的直管段的下半部。

5）水管温度传感器的安装应符合下列规定：

①应与管道相互垂直安装，轴线应与管道轴线垂直相交。

②温段小于管道口径的 1/2 时，应安装在管道的侧面或底部。

2．压力、压差传感器安装

1）风管型压力传感器应安装在管道的上半部，并应在温、湿度传感器测温点的上游管段。

2）水管型压力与压差传感器应安装在温度传感器的管道位置的上游管段，取压段小于管道口径的 2/3 时，应安装在管道的侧面或底部。

3．风压压差开关安装

1）安装完毕后应做密闭处理。

2）安装高度不宜小于 0.5m。

4．水流开关安装

水流开关应垂直安装在水平管段上。水流开关上标识的箭头方向应与水流方向一致，水流叶片的长度应大于管径的 1/2。

5．水流量传感器的安装

1）水管流量传感器的安装位置距阀门、管道缩径、弯管距离不应小于 10 倍的管道内径。

2）水管流量传感器应安装在测压点上游，并距测压点 3.5～5.5 倍管内径的位置。

3）水管流量传感器应安装在温度传感器测温点的上游，距温度传感器 6～8 倍管径的位置。

4）流量传感器信号的传输线宜采用屏蔽和带有绝缘护套的线缆，线缆的屏蔽层宜在现场控制器侧一点接地。

6．室内空气质量传感器的安装

1）探测气体比重轻的空气质量传感器应安装在房间的上部，安装高度不宜小于 1.8m。

2）探测气体比重重的空气质量传感器应安装在房间的下部，安装高度不宜大于 1.2m。

7．风管式空气质量传感器的安装

1）风管式空气质量传感器应安装在风管管道的水平直管段。

2）探测气体比重轻的空气质量传感器应安装在风管的上部。

3）探测气体比重重的空气质量传感器应安装在风管的下部。

8．风阀执行器的安装

1）风阀执行器与风阀轴的连接应固定牢固。

2）风阀的机械机构开闭应灵活，且不应有松动或卡涩现象。

3）风阀执行器不能直接与风口挡板轴相连接时，可通过附件与挡板轴相连，但其附件装置应保证风阀执行器旋转角度的调整范围。

4）风阀执行器的输出力矩应与风阀所需的力矩相匹配，并应符合设计要求。

5）风阀执行器的开闭指示位应与风阀实际状况一致，风阀执行器宜面向便于观察的位置。

9. 电动水阀、电磁阀的安装

1）阀体上箭头的指向应与水流方向一致，并应垂直安装于水平管道上。

2）阀门执行机构应安装牢固、传动应灵活，且不应有松动或卡涩现象；阀门应处于便于操作的位置。

3）有阀位指示装置的阀门，其阀位指示装置应面向便于观察的位置。

6.3.2　变配电系统

1. 设备接地

电量变送柜或开关柜外壳及其有金属管的外接管应有接地跨接线，外壳应有良好的接地，满足设计及有关规范要求。

2. 监测设备安装与调试

相应监测设备的 CT、PT 输出端通过电缆接入电量变送器柜，必须按设计和产品说明书提供的接线图接线，并检查其量程是否匹配（包括输入阻抗、电压、电流的量程范围），再将其对应的输出端接入 DDC 相应的监测端，并检查量程是否匹配。

3. 变送器安装

1）常用的电量变送器有电压变送器、电流变送器、频率变送器、有功功率变送器、功率因数变送器和有功电量变送器。安装在监测设备（高、低压开关柜）内或者设置一个单独的电量变送器柜，将全部的变送器放在该柜内。因此这种柜外壳及其有金属管的外接管应有接地跨接线，外壳应有良好的接地，满足设计及有关规范要求。

2）变送器接线时，严禁其电压输入端短路和电流输入端开路。通电前必须检查是否通断。

3）必须检查变送器输入、输出端的范围，与设计和 DDC 所要求的信号是否相符。

4. 柴油发电机检查

1）检查柴油发电机单机运行工况正确，并严禁其输出电压接入正常的供配电回路的情况下，进行柴油发电机模拟测试。

2）模拟启动柴油发电机组的启动控制程序，按设计和监控点表的要求确认相应开关设备动作和运行工况正常。

5. 电量计费测试检查

按系统设计的要求，启动电量计费测试程序，检查其输出打印报告的数据，与用计算方法或用常规电能计量仪表得到的数据进行比较，其测试数据应满足设计和计量要求。

6. 模拟量输入信号的精度测试检查

在变送器输出端测量其输出信号的数值，通过计算与主机 CRT 上显示数值进行比较，其误差应满足设计和产品的技术要求。

7. 机柜检查

1）控制开关及保护装置规格、型号符合设计要求。

2）闭锁装置动作准确、可靠。

3）主开关的辅助开关切换动作与主开关动作一致。

4）柜、屏、台、箱、盘上的标识器件表明被控设备编号及名称，或操作位置；接线端子有编号，且清晰、工整、不易脱色。

5）回路中的电子元器件不应参加交流工频耐压试验，48V 及以下回路可不做交流工频耐压试验。

8. 变配电设备的 BAS 监控项目

变配电设备的 BAS 监控项目必须全部测试检查，必须全部符合设计要求。

6.3.3　公共照明系统

1. 配电箱盘检查与调试

1）将柜内工具、杂物等清理出柜，并将柜体内外清扫干净。

2）电器元件各紧固螺丝牢固，刀开关、空气开关等操作机构动作应灵活自如，不应出现卡滞或操作用力过大现象。

3）开关电器的通断应可靠，接触面接触良好，辅助接点通断准确可靠。

4）母线连接应良好，其附件、安装件及绝缘支撑件应安装牢固可靠。

5）电工指示仪表与互感器的变比、极性应连接正确可靠。

6）熔断器的熔芯规格选用是否正确，继电器的整定值是否符合设计要求，动作是否准确可靠。

7）绝缘电阻摇测，测量母线线间和对地电阻，测量二次结线间和对地电阻，应符合现行国家施工验收规范的规定。在测量二次回路电阻时，不应损坏其他半导体元件，摇测绝缘电阻时应将其断开。绝缘电阻摇测时应做记录。

2. 设备单体测试

1）按设计图纸和通信接口的要求，检查强电柜与 DDC 通信方式的接线是否正确，数据通信协议、格式、速率、传输方式应符合设计要求。

2）系统监控点的测试检查。根据设计图纸和系统监控点表的要求，按有关规定的方式逐点进行测试。确认受 BAS 控制的照明配电箱设备运行正常情况下，启动顺序、照度或时间控制程序，按照明系统设计和监控要求，按顺序、时间程序或分区方式进行测试。

6.3.4　给水排水系统

1. 水流开关安装

1）水流开关不应安装在焊缝处，或在焊缝边缘上开孔及焊接处安装。

2）水流开关应安装在水平管段上，不应安装在垂直管段上，并应处于方便调试、维修的地方。

2．设备单体调试

1）按设计监控要求，检查各类水泵的电气控制柜与 DDC 之间的接线是否正确，严防强电串入 DDC。

2）检查各类受控传感器（温度传感器、水位传感器、水量传感器）或水位开关，安装应符合规范要求，接线应正确。

3）检查各类水泵等受控设备，在手动控制状态下应运行正常。

4）按规定的要求检测设备 AO、AI、DO、DI 点，确认其满足设计监控点和联动联锁的要求。

3．系统验收

（1）验收应具备的条件。

1）必须具备各种设计技术文件文档和资料。

2）必须提供工程质量隐蔽工程验收资料、工程施工记录和单体设备的调试记录、系统调试报告和运行记录与报告。

（2）对现场单体设备进行安装质量和性能抽查。

1）传感器抽验率为 5%，小于 10 台的 100% 抽查。

2）执行器抽检率为 5%，小于 10 台的 100% 抽查。

3）DDC 抽检率为 5%，小于 10 台的 100% 抽查。

（3）系统联动功能测试验收。本系统与其他子系统联动，应按设计要求对各类监控点进行测试，应满足设计功能要求或系统集成的要求，尤其是实时性能测试和可靠性测试。

6.3.5　中央管理工作站与操作分站

1．设备安装与连接

1）应垂直、平正、牢固，其垂直度允许偏差为每米 1.5mm；水平方向的倾斜度允许偏差为每米 1mm。

2）相邻设备顶部高度允许偏差为 2mm，相邻设备接缝处平面度允许偏差为 1mm。

3）相邻设备接缝的间隙不超过 2mm；相邻设备连接超过五处时，平面度的最大允许偏差为 5mm。

4）按系统设计图检查主机、网络控制设备、打印机、UPS、HUB 集线器等设备之间的连接电缆型号，连接方式应正确，符合设计及产品设备的技术要求。

5）必须检查主机与 DDC 之间的通信线，且须有备用线。

2．中央管理工作站的检测

中央管理工作站是对楼宇内各子系统的 DDC 站数据进行采集、控制、刷新和报警的中央处理装置。检测的项目如下：

1）在中央管理工作站上观察现场状态的变化，中央管理工作站屏幕上的状态数据是否不断被刷新。

2）通过中央管理工作站控制下属系统模拟输出量或数字输出量，观察现场执行机构或对象是否动作正确、有效及动作响应返回中央管理工作站的时间。

3）人为促使中央管理工作站失电，重新恢复送电后，中央监控站能否自动恢复全部监控管理功能。

4）人为在 DDC 站的输入侧制造故障时，观察在中央监控站屏幕是否有报警故障数据登陆，并发出声响提示及其响应时间。

5）检测中央管理工作站是否对进行操作的人员赋予操作权限，以确保 BA 系统的安全。应从非法操作、越权操作的拒绝，给予证实。

6）人机界面是否汉化，由中央监控站屏幕以画面查询、控制设备状态、观察设备运防过程是否直观操作方便，来证实界面的友好性。

7）检测中央管理工作站显示器和打印机是否能以报表图形及趋势图方式，提供所有或重要设备运行的时间、区域、状态和编号的信息。

8）检测中央管理工作站是否具有设备组的状态自诊断功能。

9）检测系统是否提供可进行系统设计、应用、建立图形的软件工具。

10）检测中央管理工作站所设的控制对象参数，现场所测得的对象参数是否与设计精度相符。

11）检测中央管理工作站显示各设备运行状态数据是否准确、完整。

3．操作分站的检测

操作分站（DDC 站）是一个可以独立运行的（下位机）计算机监控系统，对现场各种变送器、传感器的过程信号不断进行采集、计算、控制、报警等，通过通信网络传送到（上位机）中央管理工作站的数据库，供中央管理工作站进行实时控制、显示、报警、打印等。

检测操作分站的项目如下：

1）人为制造中央管理工作站停机，观察各操作分站（DDC 站）能否正常工作。

2）人为制造操作分站（DDC 站）断电，重新恢复送电后，子系统能否自动恢复失电前设置的运行状态。

3）人为制造操作分站（DDC 站）与中央管理工作站通信网络中断，现场设备是否保持正常的自动运行状态，且中央管理工作站是否有 DDC 站高线故障报警信号登录。

4）检测操作分站（DDC 站）时钟是否与中央管理工作站时钟保持同步，以实现中央管理工作站对各类操作分站（DDC 站）进行监控。

6.4　火灾自动报警系统

6.4.1　火灾和可燃气体探测系统

1．火灾探测器的选择

1）火灾探测器的选择应符合下列要求：

①对火灾初期有阻燃阶段，产生少量的热和大量的烟，很少或没有火焰辐射的场所，

应选择感烟探测器。

②对火灾发展迅速，可产生大量热、烟和火焰辐射的场所，可选择感温探测器、感烟探测器、火焰探测器或其组合。

③对火灾发展迅速，有强烈的火焰辐射和少量的烟、热的场所，应选择火焰探测器。

④对火灾形成特征不可预料的场所可根据模拟试验的结果选择探测器。

⑤对生产、使用或聚集可燃气体或可燃液体蒸汽的场所应选择可燃气体探测器。

2）对不同高度的房间可按表 6-46 选择点型火灾探测器。

表 6-46　对不同高度的房间点型火灾探测器的选择

房间高度 h（mm）	感烟 探测器	感温探测器			火焰探测器
		一级	二级	三级	
12 < h ≤ 20	不适合	不适合	不适合	不适合	适合
8 < h ≤ 12	适合	不适合	不适合	不适合	适合
6 < h ≤ 8	适合	适合	不适合	不适合	适合
4 < h ≤ 6	适合	适合	适合	不适合	适合
h ≤ 4	适合	适合	适合	适合	适合

3）下列场所宜选择点型感烟探测器：

①饭店、旅馆、教学楼、办公楼的厅堂、办公室、卧室等。

②电子计算机机房、通信机房、电影或电视放映室等。

③书库、档案库等。

④走道、楼梯、电梯机房等。

⑤有电气火灾危险的场所。

4）符合下列条件之一的场所不宜选择光电感烟探测器：

①可能产生黑烟、蒸汽和油雾。

②有大量粉尘、水雾滞留。

③在正常情况下有烟滞留。

5）符合下列条件之一的场所不宜选择离子感烟探测器：

①相对湿度通常大于95%。

②气流速度大于5m/s。

③有大量粉尘、水雾滞留。

④在正常情况下有烟滞留。

⑤可能产生腐蚀性气体。

⑥产生醇类、醚类、酮类等有机物质。

6）符合下列条件之一的场所宜选择感温探测器：

①相对湿度通常大于95%。

②无烟火灾。

③有大量粉尘。

④在正常情况下有烟和蒸汽滞留。

⑤厨房、锅炉房、发电机房、烘干车间和吸烟室等。

⑥其他不宜安装感烟探测器的厅堂和公共场所。

7）可能产生阴燃火或发生火灾时不及时报警而造成重大损失的场所，不宜选择感温探测器；温度在0℃以下的场所，不宜选择定温探测器；温度变化较大的场所，不宜选择差温探测器。

8）火焰探测器的选择

①符合下列条件之一的场所宜选择火焰探测器：

a. 火灾时有强烈的火焰辐射。

b. 液体燃烧火灾等无阻燃阶段的火灾。

c. 需要对火焰做出快速反应。

②符合下列条件之一的场所不宜选择火焰探测器：

a. 可能发生无烟火灾。

b. 在火焰出现前有浓烟扩散。

c. 探测器的镜头易被污染。

d. 探测器的"视线"易被遮挡。

e. 探测器易受阳光或其他光源直接或间接照射。

f. 在正常情况下有明火作业以及X射线、弧光等影响。

9）下列场所宜选择可燃气体探测器：

①使用管道煤气或天燃气的场所。

②煤气站和煤气表房以及存储液化石油气罐的场所。

③有可能产生一氧化碳气体的场所宜选择一氧化碳气体探测器。

④其他散发可燃气体和可燃蒸汽的场所。

10）装有联动装置、自动灭火系统以及用单一探测器不能有效确认火灾的场合宜采用感烟探测器、感温探测器、火焰探测器、（同类型或不同类型）的组合。

11）无遮挡大空间或有特殊要求的场所宜选择红外光束感烟探测器。

12）下列场所或部位宜选择缆式线型定温探测器：

①电缆隧道、电缆竖井、电缆桥架、电缆夹层等。

②开关设备、配电装置、变压器等。

③各种皮带输送装置。

④控制室、计算机室的闷顶内、地板下及重要设施隐蔽处等。

⑤其他环境恶劣不适合安装点型探测器的危险场所。

13）下列场所宜选择空气管式线型差温探测器：

①可能产生油类火灾且环境恶劣的场所。

②不易安装点型探测器的夹层、闷顶。

2. 点型火灾探测器的设置数量和布置

1）探测区域的每个房间内至少应设置一只火灾探测器。

2）在有梁的顶棚上设置感烟探测器、感温探测器时，应符合下列规定：

①当梁突出顶棚的高度小于 200mm 时，可不计梁对探测器保护面积的影响。

②当梁突出顶棚的高度为 200~600mm 时，应按确定梁对探测器保护面积的影响和一只探测器能够保护的梁间区域的个数设置。

③当梁突出顶棚的高度超过 600mm 时，被梁隔断的每个梁间区域至少应设置一只探测器。

④当被梁隔断的区域面积超过一只探测器的保护面积时，被隔断的区域应按上述 1)的规定计算探测器的设置数量。

⑤当梁间净距小于 1m 时，可不计梁对探测器保护面积的影响。

3) 在宽度小于 3m 的内走道顶棚上设置探测器时，宜居中布置。感温探测器的安装间距不应超过 10m；感烟探测器的安装间距不应超过 15m；探测器至端墙的距离不应大于探测器安装间距的一半。

4) 探测器周围 0.5m 内不应有遮挡物。

5) 探测器至墙壁、梁边的水平距离不应小于 0.5m。

6) 房间被设备、书架或隔断等分隔，其顶部至顶棚或梁的距离小于房间净高的 5%时，每个被隔开的部分至少应安装一只探测器。

7) 探测器至空调送风口边的水平距离不应小于 1.5m，并宜接近回风口安装；探测器至多孔送风顶棚孔口的水平距离不应小于 0.5m。

8) 当屋顶有热屏障时，感烟探测器下表面至顶棚或屋顶的距离应符合表 6-47 的规定。

表 6-47　感烟探测器下表面至顶棚或屋顶的距离

探测器的安装高度 h（mm）	感烟探测器下表面至顶棚或屋顶的距离 d（mm）					
	顶棚或屋顶坡度 θ					
	$\theta \leqslant 15°$		$15° < \theta \leqslant 30°$		$\theta > 30°$	
	最小	最大	最小	最大	最小	最大
$h \leqslant 6$	30	200	200	300	300	500
$6 < h \leqslant 8$	70	250	250	400	400	600
$8 < h \leqslant 10$	100	300	300	500	500	700
$10 < h \leqslant 12$	150	350	350	600	600	800

由于屋顶受辐射热作用或因其他因素影响，在顶棚附近可能会产生空气滞留层，从而形成热屏障。火灾时，该热屏障将在烟雾和气流通向探测器的道路上形成障碍作用，影响探测器探测烟雾。同样，带有金属屋顶的仓库，在夏天，屋顶下边的空气可能被加热而形成热屏障，使得烟在热屏障下边开始分层。而冬天，降温作用也会妨碍烟的扩散。这些都将影响探测器的灵敏度，而这些影响通常还与屋顶或顶棚形状以及安装高度有关。为此，按表 6-47 规定感烟探测器下表面至顶棚或屋顶的必要距离安装探测器，从而减少上述影响。

在人字型屋顶和锯齿型屋顶情况下，热屏障的作用特别明显。图 6-7 给出探测器在不同形状顶棚或屋顶下，其下表面至顶棚或屋顶的距离 d 的示意图。

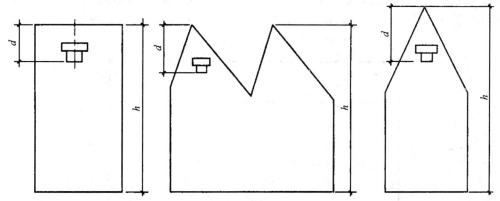

图 6 - 7 感烟探测器在不同形状顶棚或屋顶下, 其下表面至顶棚或屋顶的距离 d

感温探测器通常受这种热屏障的影响较小, 因此感温探测器总是直接安装在顶棚上 (吸顶安装)。

9) 锯齿型屋顶和坡度大于 15°的人字型屋顶应在每个屋脊处设置一排探测器, 探测器下表面至屋顶最高处的距离应符合上述 8) 的规定。

10) 探测器宜水平安装。当倾斜安装时, 倾斜角 θ 不应大于 45°。当倾斜角 θ 大于 45°时, 应加木台安装探测器, 如图 6 - 8 所示。

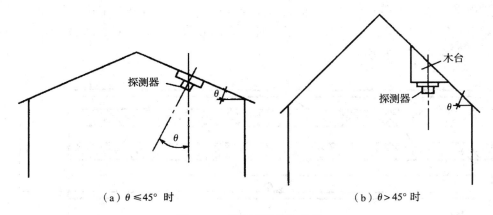

(a) θ≤45° 时   (b) θ>45° 时

图 6 - 8 探测器的安装角度

θ—屋顶的法线与垂直方向的交角

11) 在电梯井、升降机井设置探测器时, 其安装位置宜在井道上方的机房顶棚上。

3. 线型火灾探测器的设置

1) 红外光束感烟探测器的光束轴线至顶棚的垂直距离宜为 0.3 ~ 1.0m, 距地高度不宜超过 20m。

一般情况下, 当顶棚高度不大于 5m 时, 探测器的红外光束轴线至顶棚的垂直距离为 0.3m; 当顶棚高度为 10 ~ 20m 时, 光束轴线至顶棚的垂直距离可为 1.0m。

2) 相邻两组红外光束感烟探测器的水平距离不应大于 14m。探测器至侧墙水平距离不应大于 7m, 且不应小于 0.5m。探测器的发射器和接收器之间的距离不宜超过 100m,

若超过规定距离探测烟的效果将会很差。为有利于探测烟雾，探测器的发射器和接收器之间的距离不宜超过100m，如图6-9所示。

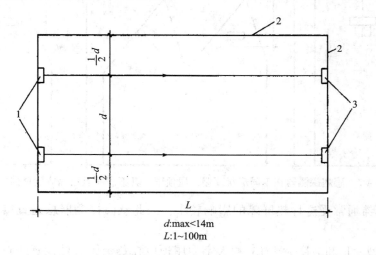

图6-9　红外光束感烟探测器在相对两面墙壁上安装平面示意图
1—发射器；2—墙壁；3—接收器

3）缆式线型定温探测器在电缆桥架或支架上设置时，宜采用接触式布置，即敷设于被保护电缆（表层电缆）外护套上面，如图6-10所示。在各种皮带输送装置上设置时，在不影响正常运行和维护的情况下，应根据现场情况而定，宜将探测器设置在装置的过热点附近，如图6-11所示。

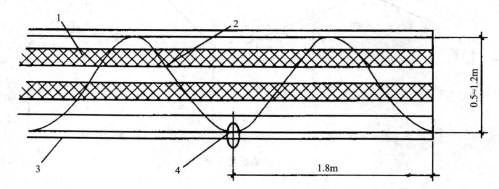

图6-10　缆式线型定温探测器在电缆桥架或支架上接触式布置示意图
1—动力电缆；2—探测器热敏电缆；3—电缆桥架；4—固定卡具
注：固定卡具宜选用阻燃塑料卡具。

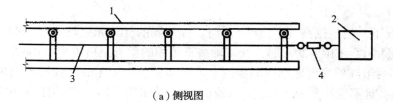

（a）侧视图

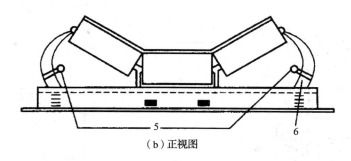

（b）正视图

图 6 - 11　缆式线型定温探测器在皮带输送装置上设置示意图
1—传送带；2—探测器终端电阻；3、5—探测器热敏电缆；
4—拉线螺旋；6—电缆支撑件

4）空气管式线型差温探测器设置在顶棚下方，至顶棚的距离宜为 0.1m；相邻管路之间的水平距离不宜大于 5m；管路至墙壁的距离宜为 1 ~ 1.5m，如图 6 - 12 所示。

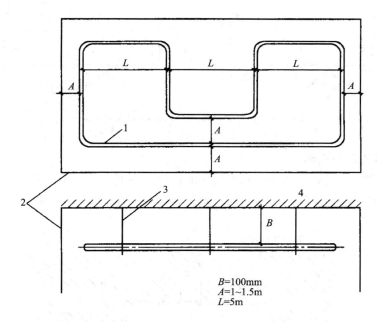

$B=100mm$
$A=1~1.5m$
$L=5m$

图 6 - 12　空气管式线型差温探测器在顶棚下方设置示意图
1—空气管；2—墙壁；3—固定点；4—顶棚

4．可燃气体探测器布置

探测器分墙壁式和吸顶式安装（图 6 - 13）。墙壁式可燃气体探测器应装在距煤气灶 4m 以内，距地面高度为 0.3m；探测器吸顶安装时，应装在距煤气灶 8m 以内的屋顶板上，当屋内有排气口，可燃气体探测器允许装在排气口附近，但位置应距煤气灶 8m 以上；如果房间内有梁时，且高度大于 0.6m，探测器应装在有煤气灶的梁的一侧，探测器在梁上安装时距屋顶不应大于 0.3m。

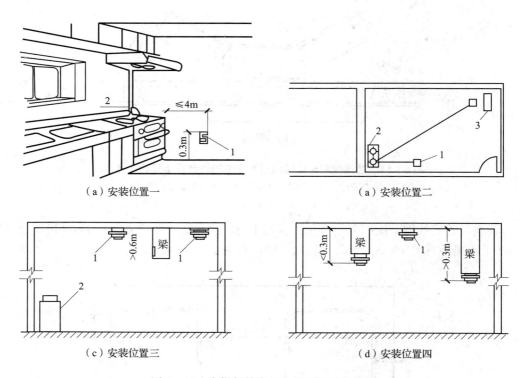

（a）安装位置一   （a）安装位置二

（c）安装位置三   （d）安装位置四

图 6 - 13 有煤气灶房间内探测器安装位置

1—可燃气体探测器；2—煤气灶；3—排气口

5. 探测器安装与接线

探测器的接线，实质上就是探测器底座的接线。在实际施工中，底座的安装和接线是同时进行的，典型探测器的安装与接线方式，如图 6 - 14 ~ 图 6 - 23 所示。

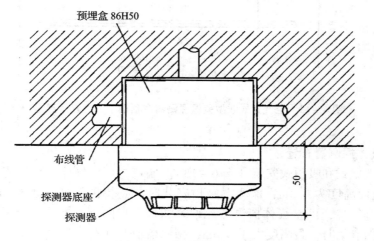

图 6 - 14 探测器安装方式

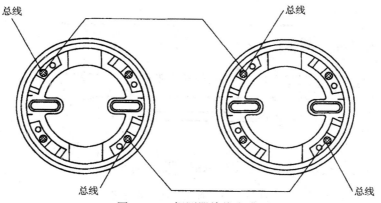

图 6-15 探测器接线方式

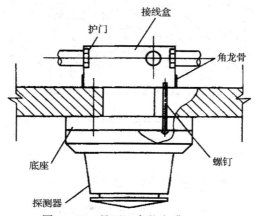

图 6-16 吊顶下安装方式（一）

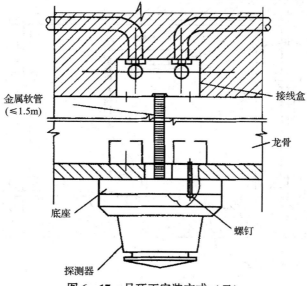

图 6-17 吊顶下安装方式（二）

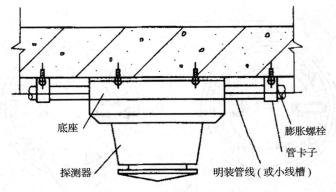

底座

探测器

膨胀螺栓

管卡子

明装管线（或小线槽）

图 6 – 18 顶板下明配管方式

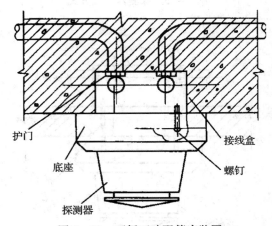

护门

底座

探测器

接线盒

螺钉

图 6 – 19 顶板下暗配管安装图

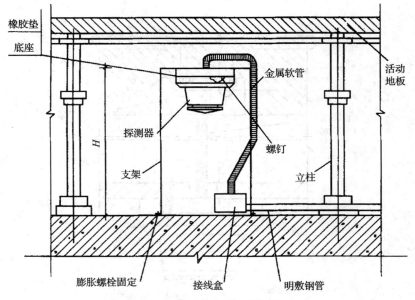

橡胶垫

底座

金属软管

活动地板

探测器

支架

H

螺钉

立柱

膨胀螺栓固定

接线盒

明敷钢管

图 6 – 20 探测器在活动地板下安装图

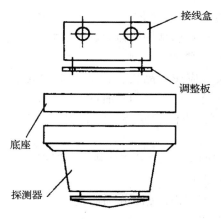

图 6-21 探测器用标准接线盒安装图

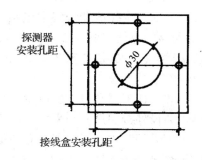

图 6-22 调整板图

安装说明：探测器可采用专用接线盒，亦可采用标准接线盒安装，必要时加调整板调整安装孔距

1）探测器周围 0.5m 内不应有遮挡物。

2）探测器至墙壁、梁边的水平距离不应小于 0.5m。

3）探测器至空调送风口边的水平距离，不应小于 1.5m；至多孔送风顶棚孔口的水平距离，不应小于 0.5m。

4）在宽度小于 3m 的内走道顶棚上设置探测器时，宜居中布置。感温探测器的安装间距，不应超过 10m；感烟探测器的安装间距，不应超过 15m。探测器距端墙的距离，不应大于安装间距的一半。

5）探测器宜水平安装，当必须倾斜安装时，倾斜角度不应大于 45°。

6）探测器的底座应固定牢靠，其导线连接必须可靠压接或焊接。当采用焊接时，不得使用带腐蚀性的助焊剂。

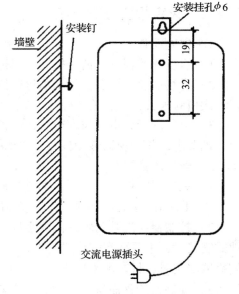

图 6-23 可燃气体探测报警器安装示意

7）探测器的"＋"线应为红色，"－"应为蓝色，其余线应根据不同用途采用其他颜色区分，但同一工程中相同用途的导线颜色应一致。

8）探测器底座的外接导线，应留有不小于 15cm 的余量，入端处应有明显标志。

9）探测器底座的穿线孔宜封堵，安装完毕后的探测器底座应采取防护措施。

10）探测器的确认灯，应面向便于工作人员观察的主要入口方向。

11）探测器在即将调试时方可安装，在安装前应妥善保管，并应采取防尘、防潮、防腐措施。

6. 探测器安装注意事项

1）各类探测器有终端型和中间型之分。每分路（一个探测区内的火灾探测器组成的一个报警回路）应有一个终端型探测器，以实现线路故障监控。一般的感温探测器的探头上有红点标记的为终端型，无红色标记的为中间型；感烟探测器上的确认灯为白色发光二极管者则为终端型，而确认灯为红色发光二极管者则为中间型。

2）最后一个探测器加终端电阻 R，其阻值大小应按产品技术说明书中的规定取值，并联探测器的数值一般取 $5.6k\Omega$。有的产品不需接终端电阻，但是有的终端器为一个半导体硅二极管（ZCK 型或 ZCZ 型）和一个电阻并联，应注意安装二极管时，其负极应接在 +24V 端子或底座上。

3）并联探测器数目一般以少于 5 个为宜，其他相关要求见产品技术说明书。

4）装设外接门灯必须采用专用底座。

5）当采用防水型探测器，有预留线时要采用接线端子过渡分别连接，接好后的端子必须用绝缘胶布包缠好，放入盒内后再固定火灾探测器。

6）采用总线制，并要进行编码的探测器，应在安装前对照厂家技术说明书的规定，按层或区域事先进行编码分类，然后再按照上述工艺要求安装探测器。

6.4.2　火灾报警控制系统

1. 安装准备

1）机房环境检查。消防控制室应符合规范要求，地线、电源必须符合设计要求。

2）进场的控制设备由施工承包单位按规定要求进行检验，尤其是功能检查，并写出试验或检验报告，经有关方确认方准进场。

3）进行图纸会审及技术交底，设备安装位置、方向、缆线走向、槽板支吊架等应符合图纸要求，并与现场进行核对，发现问题及时协商解决。

2. 安装质量控制

1）火灾报警控制器（以下简称控制器）在墙上安装时，其底边距地（楼）面高度宜为 $1.3 \sim 1.5m$；落地安装时，其底宜高出地坪 $0.1 \sim 0.2m$。

2）控制器靠近其门轴的侧面距离不应小于 $0.5m$，正面操作距离不应小于 $1.2m$。落地式安装时，柜下面有进出线地沟；从后面检修时，柜后面板距离不应小于 $1m$，当有一侧靠墙安装时，另一侧距离不应小于 $1m$。

3）控制器的正面操作距离，设备单列布置时不应小于 $1.5m$；双列布置时不应小于 $2m$；在值班人员经常工作的一面，控制盘前距离不应小于 $3m$。

4）控制器应安装牢固，不得倾斜。安装在轻质墙上时应采取加固措施。

5）配线应整齐，避免交叉，并应固定牢固，电缆芯线和所配导线的端部均应标明编号，应与图纸一致。

6）端子板的每个接线端，接线均不得超过两根。

7）导线应绑扎成捆，导线、引入线穿线后，在进线管处应封堵。

8）控制器的主电源引入线应直接与消防电源连接，严禁使用电源插头。主电源应有明显标识。

9）控制器的接地应牢固，并有明显标识。

10）竖向的传输线路应采用竖井敷设，每层竖井分线处应设端子箱，端子箱内的端子宜选择压接或带锡焊接的端子板，其接线端子上应有相应的标号。分线端子除作为电源线、火警信号线、故障信号线、自检线、区域号外，宜设两根公共线供给调试作为通信联络用。

11）消防控制设备的外接导线，当采用金属软管作套管时，其长度不宜大于 2m，且应采用管卡固定，其固定点间距离不应大于 0.5m。金属软管与消防控制设备的接线盒（箱）应采用锁母固定，并应根据配管规定接地。

12）消防控制设备外接导线的端部应有明显标志。

13）消防控制设备盘（柜）内不同电压等级、不同电流的类别的端子应分开，并有明显标志。

14）控制器（柜）接线应牢固、可靠，接触电阻小，而线路绝缘电阻要保证不小于 20MΩ。

3. 区域火灾报警控制器安装要点

1）安装时首先根据施工图，确定好控制器的具体位置，量好箱体的孔眼尺寸，在墙上画好孔眼位置，然后进行钻孔，孔应垂直墙面，使螺栓间的距离与控制器上孔眼位置相同。在安装控制器时，应平直端正，否则，应调整箱体上的孔眼位置。

2）区域火灾报警控制器一般为壁挂式，可以直接安装在墙上，也可以安装在支架上。控制器底边距地面的高度不应小于 1.5m。靠近其门轴的侧面距墙不应小于 0.5m，正面操作距离不应小于 1.2m。

3）控制器安装在墙面上，可采用膨胀螺栓固定。如果控制器重量小于 30kg，则使用 $\phi 8 \times 120$（mm）膨胀螺栓；如果控制器重量大于 30kg，则采用 $\phi 10 \times 120$（mm）的膨胀螺栓固定。

4）报警控制器安装在支架上，应先将支架加工好，并进行防腐处理，支架上钻好固定螺栓的孔眼，然后将支架装在墙上，再将控制箱装在支架上，安装方法同上。

4. 集中火灾报警控制器安装

1）集中火灾报警控制器一般为落地式安装，柜下面有进出线地沟。如果需要从后面检修时，柜后面板距离不应小于 1m，当有一侧靠墙安装时，另一侧距墙不应小于 1m。

2）集中报警控制器的正面操作距离，当设备单列布置时不应小于 1.5m，双列布置时不应小于 2m，在值班人员经常工作的一面，控制盘前距离不应小于 3m。

3）集中火灾报警控制箱（柜）、操作台的安装，应将其安装在型钢基础底座上，一般采用 8~10# 槽钢，也可以采用相应的角钢。型钢底座的制作尺寸，应与报警控制器外形尺寸相符。

4）当火灾报警控制设备经检查，如果内部器件完好、清洁整齐，各种技术文件齐全并且盘面无损坏时，可将设备安装就位。

5）报警控制设备固定好后，用抹布将各种设备擦干净，并应进行内部清扫，柜内不应有杂物，同时应检查机械活动部分是否灵活，导线连接是否紧固。

6）一般设有集中火灾报警器的火灾自动报警系统的控制柜都较大。竖向的传输线路应采用竖井敷设，每层竖井分线处应设端子箱，端子箱内最少有 7 个分线端子，分别作为电源负线、火警信号线、故障信号线、区域号线、自检线、备用 1 和备用 2 分线。两根备用公共线是供给调试时作为通信联络用。由于楼层多、距离远，在调试过程中用步话机联络不上，所以必须使用临时电话进行联络。

5．手动火灾报警按钮的设置

1）每个防火分区应至少设置一个手动火灾报警按钮。从一个防火分区内的任何位置到最邻近的一个手动火灾报警按钮的距离，不应大于 30m。

2）手动火灾报警按钮宜设置在公共活动场所的出入口处。

3）手动火灾报警按钮应设置在明显的和便于操作的部位。当安装在墙上时，其底边距地高度宜为 1.3~1.5m，且应有明显的标志。

6．系统供电

1）火灾自动报警系统应设有主电源和直流备用电源。

2）火灾自动报警系统的主电源应采用消防电源，直流备用电源宜采用火灾报警控制器的集中设置的蓄电池或专用蓄电池。当直流备用电源采用消防系统集中设置的蓄电池时，火灾报警控制器应采用单独的供电回路，并应保证在消防系统处于最大负载状态下不影响报警控制器的正常工作。

3）火灾自动报警系统主电源的保护开关不应采用漏电保护开关。

4）火灾自动报警系统中的 CRT 显示器、消防通信设备等的电源，宜由 UPS 装置供电。

7．布线

1）火灾自动报警系统的传输线路和 50V 以下供电控制线路，应采用电压等级不低于交流 250V 的铜芯绝缘导线或铜芯电缆。采用交流 220V/380V 的供电和控制线路，应采用电压等级不低于交流 500V 的铜芯电缆或铜芯绝缘导线。

2）火灾自动报警系统的传输线路的线芯截面选择，除应满足自动报警装置技术条件的要求外，还应满足机械强度的要求。铜芯绝缘导线、铜芯电缆线芯的最小截面面积不应小于表 6－48 的规定。

表 6－48　铜芯绝缘导线和铜芯电缆的线芯最小截面面积

序　号	类　别	线芯的最小截面面积（mm^2）
1	穿管敷设的绝缘导线	1.00
2	线槽内敷设的绝缘导线	0.75
3	多芯电缆	0.50

3）火灾自动报警系统的传输线路布线方式应采用穿金属管、经阻燃处理的硬质塑料管或封闭式线槽保护。

火灾自动报警系统的传输线路穿线导管与低压配电系统的穿线导管相同，应采用金属管、经阻燃处理的硬质塑料管或封闭式线槽等几种，敷设方式采用明敷或暗敷。

当采用硬质塑料管时，就应采用阻燃型，其氧指数不应小于 30。如采用线槽配线时，要求用封闭式防火线槽；如采用普通型线槽，其线槽内的电缆为干线系统时，此电缆宜选用防火型。

4）消防控制、通信和警报线路采用暗敷时，宜采用金属管或经阻燃处理的硬质塑料管保护，并应敷设在不燃烧体的结构层内，且保护层厚度不宜小于 30mm；当采用明敷时，应采用金属管或金属线槽保护，并应在金属管或金属线槽上采取涂防火涂料等防火保护措施。

采用经阻燃处理的电缆时，可不穿金属管保护，但应敷设在电缆竖井或吊顶内有防火保护措施的封闭式线槽内。由于消防控制、通信和警报线路与火灾自动报警系统传输线路相比较，更加重要，所以这部分的穿线导管选择要求更高，只有在暗敷时才允许采用阻燃型硬质塑料管，其他情况下只能采用金属管或金属线槽。

消防控制、通信和警报线路的穿线导管，一般要求敷设在非燃烧体的结构层内（主要指混凝土层内），其保护层厚度不宜小于 30mm。因管线在混凝土内可以起到保护作用，防止火灾发生时消防控制、通信和警报线路中断，使灭火工作无法进行，从而造成更大的经济损失。

5）火灾自动报警系统用的电缆竖井，宜与电力、照明用的低压配电线路电缆竖井分别设置。如受条件限制必须合用时，两种电缆应分别布置在竖井的两侧。

6）从线槽、接线盒等处引到探测器底座盒、控制设备盒、扬声器箱的线路，均应加金属软管保护。

7）火灾自动报警系统的传输网络不应与其他系统的传输网络合用。

8）火灾探测器的传输线路，宜选择不同颜色的绝缘导线或电缆。正级"＋"线应为红色，负极"－"线应为蓝色。同一工程中相同用途导线的颜色应一致，接线端子应有标号。

9）接线端子箱内的端子宜选择压接或带锡焊接点的端子板，其接线端子上应有相应的标号。

6.5　安全防范系统

6.5.1　视频安防监控系统

1. 前端设备的安装

1）前端设备安装前应按下列要求进行检查：

①将摄像机逐个通电进行检测和粗调，在摄像机处于正常工作状态后，方可安装。

②检查云台的水平、垂直转动角度，并根据设计要求定准云台转动起点方向。

③检查摄像机防护套的雨刷动作。

④检查摄像机在防护套内的紧固情况。

⑤检查摄像机座与支架或云台的安装尺寸。

⑥对数字式（或网络型）摄像机，安装前还需按要求设置网络参数、管理参数。

⑦检查云台控制解码器的设置是否正确，是否能够正确传送与接收控制信号。

2）摄像机的安装应符合下列规定：

①在搬动、架设摄像机过程中，不得打开镜头盖。

②在高压带电设备附近架设摄像机时，应根据带电设备的要求确定安全距离。

③在强电磁干扰环境下，摄像机的安装应与地绝缘隔离。

④摄像机及其配套装置安装应牢固稳定，运转应灵活。应避免破坏，并与周边环境相协调。

⑤从摄像机引出的电缆宜留有1m的余量，不得影响摄像机的转动，摄像机的电缆和电源线均应固定，并不得用插头承受电缆的自重。

⑥摄像机的信号线和电源线应分别引入，外露部分用护管保护。

⑦先对摄像机进行初步安装，经通电试看、细调，检查各项功能，观察监视区域的覆盖范围和图像质量，符合要求后方可固定。

⑧当摄像机在室外安装时，应检查其防雨、防尘、防潮的设施是否合格。

3）支架、云台、控制解码器的安装应符合下列规定：

①根据设计要求安装好支架，确认摄像机、云台与其配套部件的安装位置合适。

②解码器固定安装在建筑物或支架上，留有检修空间，不能影响云台、摄像机的转动。

③云台安装好后，检查云台转动是否正常，确认无误后，根据设计要求锁定云台的起点、终点。

④检查确认解码器、云台、摄像机联动工作是否正常。

⑤当云台、解码器在室外安装时，应检查其防雨、防尘、防潮的设施是否合格。

4）声音采集和报警控制设备在室外安装时，应检查其防雨、防尘、防潮的设施是否合格。

5）视频编码设备的安装应符合下列规定：

①确认视频编码设备和其配套部件的安装位置符合设计要求。

②视频编码设备宜安装在室内设备箱内，应采取通风与防尘措施。如果必须安装在室外时，应将视频编码设备安装在具备防雨、防尘、通风、防盗措施的设备箱内。

③视频编码设备固定安装在设备箱内，应留有线缆安装空间与检修空间，在不影响设备各种连接线缆的情况下，分类安放并固定线缆。

④检查确认视频编码设备工作正常，输入、输出信号正确，且满足设计要求。

2．线路的敷设

1）电缆的敷设应符合下列规定：

①多芯电缆的最小弯曲半径应大于其外径的6倍，其他电缆的弯曲半径应大于电缆直径的15倍。

②交流电源线宜与信号线、控制线分开敷设。

③室外设备连接电缆时，宜从设备（或设备箱）的下部进线。

④电缆长度应逐盘核对，并根据设计图上各段线路的长度来选配电缆。不宜使用有接续的电缆；当需要接续时，应采用专用接插件。

⑤线缆在沟道内敷设时，应敷设在支架上或线槽内。当线缆进入建筑物后，线缆沟道与建筑物间的缝隙应采取密封措施。

⑥电缆接头处应当进行防锈、防氧化焊接，或采用专用接头鼻压接。

⑦电缆两头应有码号标识，并与施工设计图纸相一致。

2）架设架空电缆时，宜将电缆吊线固定在电杆上，再用电缆挂钩把电缆卡挂在吊线上；挂钩的间距宜为 0.5~0.6m。根据气候条件，每一杆档应留出余兜。

3）墙壁电缆的敷设，沿室外墙面宜采用吊挂方式，室内墙面宜采用卡子方式。墙壁电缆当沿墙角转弯时，应在墙角处设转角横担。电缆卡子的间距在水平路径上宜为 0.6m，在垂直路径上宜为 1m。

4）电缆沿支架或在线槽内敷设时应在下列各处牢固固定：

①电缆垂直排列或倾斜坡度超过 45°时的每一个支架上。

②电缆水平排列或倾斜坡度不超过 45°时，在每隔 1~2 个支架上。

③在引入接线盒及分线箱前 150~300mm 处。

5）直埋电缆的埋深不得小于 0.8m，并应埋在冻土层以下；紧靠电缆处应用沙或细土覆盖，其厚度应大于 0.1m，且上压一层砖石保护。通过交通要道时，应穿钢管保护。电缆应采用具有铠装的直埋电缆，不得用非直埋式电缆作直接埋地敷设。转弯地段的电缆，地面上应有电缆标志。

6）敷设管道电缆应符合下列规定：

①敷设管道线之前应先清刷管孔。

②管孔内预设一根镀锌铁线。

③穿放电缆时宜涂抹黄油或滑石粉。

④管口与电缆间应衬垫铅皮，铅皮应包在管口上。

⑤进入管孔的电缆应保持平直，并应采取防潮、防腐蚀、防鼠害等处理措施。

7）管道电缆或直埋电缆在引出地面时，均应采用钢管保护。钢管伸出地面不宜小于 2.5m，埋入地下宜为 0.3~0.5m。

8）线缆槽敷设截面利用率不应大于 60%，线缆穿管敷设截面利用率不应大于 40%。

9）电缆在管内或线槽内不应有接头和扭结。电缆的接头应在接线盒内焊接或用接线端子连接。

10）四对对绞电缆的敷设与终接应符合下列规定：

①电缆不得中间直接绞接，不能挤压或损坏外护套。

②终接时扭绞松开长度不应大于 13mm，确保终接处压接紧密，电气接触良好。

③终接模块宜采用 T568B 标准，统一色标和线对顺序。

④如采用以太网供电（POE）技术对设备进行供电时，应满足防雷、防水的安装要求。

⑤电缆敷设后，宜测量连通性。

⑥四对对绞电缆的其他敷设要求应符合现行国家标准《综合布线系统工程验收规范》GB 50312—2007 的有关规定。

11）光缆的敷设应符合下列规定：

①敷设电缆前，应对光纤进行检查；光纤应无断点，其衰耗值应符合设计要求。

②核对光缆的长度，并应根据施工图的敷设长度来选配光缆。配盘时应使接头避开河沟、交通要道和其他障碍物，架空光缆的接头应设在杆旁 1m 以内。

③敷设光缆时，其弯曲半径不应小于光缆外径的 20 倍。光缆的牵引端头应做好技术

处理，可采用牵引力自动控制性能的牵引机进行牵引。牵引力应加于加强芯上，其牵引力不应超过 1500N；牵引速度宜为 10m/min；一次牵引的直线长度不宜超过 1km。

④光缆接头的预留长度不应小于 8m，且每隔 1km 要有 1% 的盘留量。

⑤光缆敷设完毕，应检查光纤有无损伤，并对光缆敷设损耗进行抽测。确认没有损伤时，再进行接续。

12）架空光缆应在杆下设置伸缩余兜，其数量应根据所在冰凌负荷区级别确定，对重负荷区宜每杆设一个；中负荷区宜 2～3 根杆设一个；轻负荷区可不设，但中间不得绷紧。光缆余兜的宽度宜为 1.52～2.00m，深度宜为 0.20～0.25m。光缆架设完毕，应将余缆端头用塑料胶带包扎，盘成圆置于光缆预留盒中；预留盒应固定在杆上。地下光缆引上电杆，必须采用钢管保护（图 6-24）。

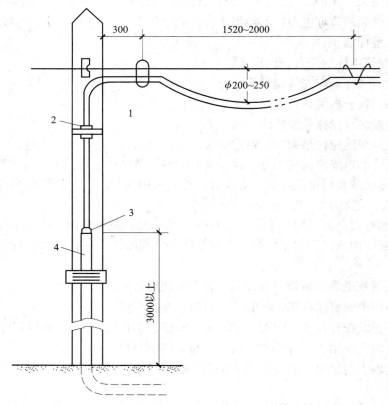

图 6-24　光缆的余兜及引上线钢管保护示意图
1—固定线；2—橡胶片；3—堵头；4—引上保护管

13）在桥上敷设光缆时，宜采用牵引机终点牵引和中间人工辅助牵引。光缆在电缆槽内敷设不应过紧；当遇桥身伸缩接口处时应做 3～5 个 "S" 弯，并在每处宜预留 0.5m。当穿越铁路桥面时，应外加金属管保护。光缆经垂直走道时，应固定在支持物上。

14）管道光缆敷设时，无接头的光缆在直道上敷设应由人工逐个入孔同步牵引。预先做好接头的光缆，其接头部分不得在管道内穿行；光缆端头应用塑料胶带包好，并盘成圈放置在托架高处。

15）光缆的接续应由受过专门训练的人员操作，接续时应采用光功率计或其他仪器进行监视，使接续损耗达到最小；接续后应做好接续保护，并安装好光缆接头护套。

16）光缆敷设后，宜测量通道的总损耗，并用光时域反射仪观察光纤通道全程波导衰减特性曲线。

17）在光缆的接续点和终端应做永久性标志。

3．监控（分）中心

1）机架、机柜的安装应符合下列规定：

①安装位置应符合设计要求，当有困难时可根据电缆地槽和接线盒位置做适当调整。

②机架、机柜的底座应与地面固定。

③安装应竖直平稳，垂直偏差不得超过1‰。

④几个机架或机柜并排在一起，面板应在同一平面上并与基准线平行，前、后偏差不得大于3mm；两个机架或机柜中间缝隙不得大于3mm。对于相互有一定间隔而排成一列的设备，其面板前、后偏差不得大于5mm。

⑤机架或机柜内的设备、部件的安装，应在机架或机柜定位完毕并加固后进行，安装在机架或机柜内的设备应牢固、端正。

⑥机架或机柜上的固定螺丝、垫片和弹簧垫圈均应按要求紧固，不得遗漏。

2）控制台的安装应符合下列规定：

①控制台位置应符合设计要求。

②控制台应安放竖直，台面水平。

③附件应完整，无损伤，螺丝紧固，台面整洁无划痕。

④台内接插件和设备接触应可靠，安装应牢固；内部接线应符合设计要求，无扭曲脱落现象。

3）监控（分）中心内电缆的敷设应符合下列规定：

①采用地槽或墙槽时，电缆应从机架、机柜和控制台底部引入，将电缆顺着所盘方向理直，按电缆的排列次序放入槽内；拐弯处应符合电缆曲率半径要求。

②电缆离开机架、机柜和控制台时，应在距起弯点10mm处成捆空绑，根据电缆的数量应每隔100~200mm空绑一次。

③采用架槽时，架槽宜每隔一定距离留出线口。电缆由出线口从机架、机柜上方引入，在引入机架、机柜时，应成捆绑扎。

④采用电缆走道时，电缆应从机架、机柜上方引入，并应在每个梯铁上进行绑扎。

⑤采用活动地板时，电缆在地板下宜有序布放，并应顺直无扭绞；在引入机架、机柜和控制台处还应成捆绑扎。

4）在敷设的电缆两端应留适度余量，并标示明显的永久性标记。

5）引入、引出房屋的电（光）缆，在出入口处应加装防水套；向上引入、引出的电（光）缆，在出入口处还应做滴水弯，其弯度不得小于电（光）缆的最小弯曲半径。电（光）缆沿墙自上、下引入、引出时应设支持物。电（光）缆应固定（绑扎）在支持物上，支持物的间隔距离不宜大于1m。

6）监控（分）中心内的光缆在电缆走道上敷设时，光端机上的光缆宜预留 10m；余缆盘成圈后应妥善放置。光缆至光端机的光纤连接器的耦合工艺，应严格按有关要求进行。

7）计算机与存储设备的安装和调试应符合下列规定：

①设备宜安装在专用机架和机箱内，或嵌入操作台中。

②设备操作面板前的空间不得小于 0.1m，设备四周的空间间隙应保证良好的通风或散热。

③设备连接端口用于插接线缆的空间不得小于 0.2m。

④设备之间的信号线、控制线的连接应正确无误。

⑤应根据设计要求，对计算机和设备的硬盘空间进行分区，并安装相应的操作系统、控制和管理软件。

⑥应根据设计要求对软件系统进行配置，系统功能应完整。

⑦网络附属存储（NAS）、存储域网络（SAN）系统或其他存储设备安装时，应满足承重、散热、通风等要求。

8）监视器的安装应符合下列规定：

①监视器的安装位置应使屏幕不受外来光直射，如不能避免时，应加遮光罩遮挡。

②监视器可装设在固定的机架和柜上，也可装设在控制台操作柜上。应满足承重、散热、通风等要求。

③监视器的外部可调节部分，应暴露在便于操作的位置，并可加保护盖。

④监视器的板卡、接头等部位的连接应紧密、牢靠。

9）系统的调整与测试应符合下列规定：

①设备与线缆安装、连接完成后，应联调系统功能。

②联调中应记录测试环境、技术条件、测试结果。

③联调各项硬/软件技术指标、功能的完整性、可用性。

④应测试与其他系统的联动性。

4. 系统检测

视频安防监控系统的检测应符合下列规定：

1）应检测系统控制功能、监视功能、显示功能、记录功能、回放功能、报警联动功能和图像丢失报警功能等，并应按表 6-49 的规定执行。

表 6-49　视频安防监控系统检验项目、检验要求及测试方法

序号	检验项目		检验要求及测试方法
1	系统控制功能检验	编程功能检验	通过控制设备键盘可手动或自动编程，实现对所有的视频图像在指定的显示器上进行固定或时序显示、切换
		遥控功能检验	控制设备对云台、镜头、防护罩等所有前端受控部件的控制应平稳、准确

续表 6 – 49

序号	检验项目	检验要求及测试方法
2	监视功能检验	1. 监视区域应符合设计要求。监视区域内照度应符合设计要求，如不符合要求，检查是否有辅助光源； 2. 对设计中要求必须监视的要害部位，检查是否实现实时监视、无盲区
3	显示功能检验	1. 单画面或多画面显示的图像应清晰、稳定； 2. 监视画面上应显示日期、时间及所监视画面前端摄像机的编号或地址码； 3. 应具有画面定格、切换显示、多路报警显示、任意设定视频警戒区域等功能； 4. 图像显示质量应符合设计要求，并按国家现行标准《民用闭路监视电视系统工程技术规范》GB 50198—2011 对图像质量进行 5 级评分
4	记录功能检验	1. 对前端摄像机所摄图像应能按设计要求进行记录，对设计中要求必须记录的图像应连续、稳定； 2. 记录画面上应有记录日期、时间及所监视画面前端摄像机的编号或地址码； 3. 应具有存储功能。在停电或关机时，对所有的编程设置、摄像机编号、时间、地址等均可存储，一旦恢复供电，系统应自动进入正常工作状态
5	回放功能检验	1. 回放图像应清晰，灰度等级、分辨率应符合设计要求； 2. 回放图像画面应有日期、时间及所监视画面前端摄像机的编号或地址码，应清晰、准确； 3. 当记录图像为报警联动所记录图像时，回放图像应保证报警现场摄像机的覆盖范围，使回放图像能再现报警现场； 4. 回放图像与监视图像比较应无明显劣化，移动目标图像的回放效果应达到设计和使用要求
6	报警联动功能检验	1. 当入侵报警系统有报警发生时，联动装置应将相应设备自动开启。报警现场画面应能显示到指定监视器上，应能显示出摄像机的地址码及时间，应能单画面记录报警画面； 2. 当与入侵探测系统、出入口控制系统联动时，应能准确触发所联动设备； 3. 其他系统的报警联动功能，应符合设计要求
7	图像丢失报警功能检验	当视频输入信号丢失时，应能发出报警
8	其他功能项目检验	具体工程中具有的而以上功能中未涉及的项目，其检验要求应符合相应标准、工程合同及正式设计文件的要求

2）对于数字视频安防监控系统，还应检测下列内容：

①具有前端存储功能的网络摄像机及编码设备进行图像信息的存储。

②视频智能分析功能。

③音视频存储、回放和检索功能。

④报警预录和音视频同步功能。

⑤图像质量的稳定性和显示延迟。

6.5.2　入侵报警系统

1.系统设备的安装

入侵报警系统设备的安装除应执行国家现行标准《安全防范工程技术规范》GB 50348—2004第6.3.5条和《民用建筑电气设计规范》JGJ 16—2008第14.2节的规定外，尚应符合下列规定：

1）探测器应安装牢固，探测范围内应无障碍物。

2）室外探测器的安装位置应在干燥、通风、不积水处，并应有防水、防潮措施。

3）磁控开关宜装在门或窗内，安装应牢固、整齐、美观。

4）振动探测器安装位置应远离电机、水泵和水箱等振动源。

5）玻璃破碎探测器安装位置应靠近保护目标。

6）紧急按钮安装位置应隐蔽、便于操作、安装牢固。

7）红外对射探测器安装时接收端应避开太阳直射光，避开其他大功率灯光直射，应顺光方向安装。

2.系统检测

入侵报警系统的检测应包括入侵报警功能、防破坏及故障报警功能、记录及显示功能、系统自检功能、系统报警响应时间、报警复核功能、报警声级、报警优先功能等，并应按表6-50的规定执行。

表6-50　入侵报警系统检验项目、检验要求及测试方法

序号	检验项目		检验要求及测试方法
1	入侵报警功能检验	各类入侵探测器报警功能检验	各类入侵探测器应按相应标准规定的检验方法检验探测灵敏度及覆盖范围。在设防状态下，当探测到有入侵发生，应能发出报警信息。防盗报警控制设备上应显示出报警发生的区域，并发出声、光报警。报警信息应能保持到手动复位。防范区域应在入侵探测器的有效探测范围内，防范区域内应无盲区
		紧急报警功能检验	系统在任何状态下触动紧急报警装置，在防盗报警控制设备上应显示出报警发生地址，并发出声、光报警。报警信息应能保持到手动复位。紧急报警装置应有防误触发措施，被触发后应自锁。当同时触发多路紧急报警装置时，应在防盗报警控制设备上依次显示出报警发生区域，并发出声、光报警信息，报警信息应能保持到手动复位，报警信号应无丢失

续表 6－50

序号	检验项目		检验要求及测试方法
1	入侵报警功能检验	多路同时报警功能检验	当多路探测器同时报警时，在防盗报警控制设备上应显示出报警发生地址，并发出声、光报警信息。报警信息应能保持到手动复位，报警信号应无丢失
		报警后的恢复功能检验	报警发生后，入侵报警系统应能手动复位。在设防状态下，探测器的入侵探测与报警功能应正常；在撤防状态下，对探测器的报警信息应不发出报警
2	防破坏及故障报警功能检验	入侵探测器防拆报警功能检验	在任何状态下，当探测器机壳被打开，在防盗报警控制设备上应显示出探测器地址，并发出声、光报警信息，报警信息应能保持到手动复位
		防盗报警控制器防拆报警功能检验	在任何状态下，防盗报警控制器机盖被打开，防盗报警控制设备应发出声、光报警，报警信息应能保持到手动复位
		防盗报警控制器信号线防破坏报警功能检验	在有线传输系统中，当报警信号传输线被开路、短路及并接其他负载时，防盗报警控制器应发出声、光报警信息，应显示报警信息，报警信息应能保持到手动复位
		入侵探测器电源线防破坏功能检验	在有线传输系统中，当探测器电源线被切断，防盗报警控制设备应发出声、光报警信息，应显示线路故障信息，该信息应能保持到手动复位
		防盗报警控制器主备电源故障报警功能检验	当防盗报警控制器主电源发生故障时，备用电源应自动工作，同时应显示主电源故障信息；当备用电源发生故障或欠压时，应显示备用电源故障或欠压信息，该信息应能保持到手动复位
		电话线防破坏功能检验	在利用市话网传输报警信号的系统中，当电话线被切断，防盗报警控制设备应发出声、光报警信息，应显示线路故障信息，该信息应能保持到手动复位
3	记录、显示功能检验	显示信息检验	系统应具有显示和记录开机、关机时间、报警、故障、被破坏、设防时间、撤防时间、更改时间等信息的功能
		记录内容检验	应记录报警发生时间、地点、报警信息性质、故障信息性质等信息。信息内容要求准确、明确
		管理功能检验	具有管理功能的系统，应能自动显示、记录系统的工作状况，并具有多级管理密码

续表 6 - 50

序号	检验项目		检验要求及测试方法
4	系统自检功能检验	自检功能检验	系统应具有自检或巡检功能，当系统中入侵探测器或报警控制设备发生故障、被破坏，都应有声光报警，报警信息应保持到手动复位
		设防/撤防、旁路功能检验	系统应能手动/自动设防/撤防，应能按时间在全部及部分区域任意设防和撤防；设防、撤防状态应有显示，并有明显区别
5	系统报警响应时间检验		1. 检测从探测器探测到报警信号到系统联动设备启动之间的响应时间，应符合设计要求； 2. 检测从探测器探测到报警发生并经市话网电话线传输，到报警控制设备接收到报警信号之间的响应时间，应符合设计要求； 3. 检测系统发生故障到报警控制设备显示信息之间的响应时间，应符合设计要求
6	报警复核功能检验		在有报警复核功能的系统中，当报警发生时，系统应能对报警现场进行声音或图像复核
7	报警声级检验		用声级计在距离报警发声器件正前方 1m 处测量（包括探测器本地报警发声器件、控制台内置发声器件及外置发声器件），声级应符合设计要求
8	报警优先功能检验		经市话网电话线传输报警信息的系统，在主叫方式下应具有报警优先功能。检查是否有被叫禁用措施
9	其他项目检验		具体工程中具有的而以上功能中未涉及到的项目，其检验要求应符合相应标准、工程合同及设计任务书的要求

6.5.3 出入口控制系统

1. 系统设备安装

出入口控制系统设备的安装除应执行现行国家标准《出入口控制系统工程设计规范》GB 50396—2007 的有关规定外，尚应符合下列规定：

1) 识读设备的安装位置应避免强电磁辐射辐射源、潮湿、有腐蚀性等恶劣环境。

2) 控制器、读卡器不应与大电流设备共用电源插座。

3) 控制器宜安装在弱电间等便于维护的地点。

4) 读卡器类设备完成后应加防护结构面，并应能防御破坏性攻击和技术开启。

5) 控制器与读卡机间的距离不宜大于 50m。

6) 配套锁具安装应牢固，启闭应灵活。

7) 红外光电装置应安装牢固，收、发装置应相互对准，并应避免直射。

8）信号灯控制系统安装时，警报灯与检测器的距离不应大于 15m。

9）使用人脸、眼纹、指纹、掌纹等生物识别技术进行识读的出入口控制系统设备的安装应符合产品技术说明书的要求。

2. 系统检测

出入口控制系统的检测应包括出入目标识读装置功能、信息处理/控制设备功能、执行机构功能、报警功能和访客对讲功能等，并应按表 6-51 的规定执行。

表 6-51　出入口控制系统检验项目、检验要求及测试方法

序号	检验项目	检验要求及测试方法
1	出入目标识读装置功能检验	1. 出入目标识读装置的性能应符合相应产品标准的技术要求； 2. 目标识读装置的识读功能有效性应满足《出入口控制系统技术要求》GA/T 394—2002 的要求
2	信息处理/控制设备功能检验	1. 信息处理/控制/管理功能应满足《出入口控制系统技术要求》GA/T 394—2002 的要求； 2. 对各类不同的通行对象及其准入级别，应具有实时控制和多级程序控制功能； 3. 不同级别的入口应有不同的识别密码，以确定不同级别证卡的有效进入； 4. 有效证卡应有防止使用同类设备非法复制的密码系统。密码系统应能修改； 5. 控制设备对执行机构的控制应准确、可靠； 6. 对于每次有效进入，都应自动存储该进入人员的相关信息和进入时间，并能进行有效统计和记录存档。可对出入口数据进行统计、筛选等数据处理； 7. 应具有多级系统密码管理功能，对系统中任何操作均应有记录； 8. 出入口控制系统应能独立运行。当处于集成系统中时，应可与监控中心联网； 9. 应有应急开启功能
3	执行机构功能检验	1. 执行机构的动作应实时、安全、可靠； 2. 执行机构的一次有效操作，只能产生一次有效动作
4	报警功能检验	1. 出现非授权进入、超时开启时应能发出报警信号，应能显示出非授权进入、超时开启发生的时间、区域或部位，应与授权进入显示有明显区别； 2. 当识读装置和执行机构被破坏时，应能发出报警

续表 6-51

序号	检验项目	检验要求及测试方法
5	访客（可视）对讲电控防盗门系统功能检验	1. 室外机与室内机应能实现双向通话，声音应清晰，应无明显噪声； 2. 室内机的开锁机构应灵活、有效； 3. 电控防盗门及防盗门锁具应符合《楼寓对讲电控安全门通用技术条件》GA/T 72—2013 等相关标准要求，应具有有效的质量证明文件；电控开锁、手动开锁及用钥匙开锁，均应正常可靠； 4. 具有报警功能的访客对讲系统报警功能应符合入侵报警系统相关要求； 5. 关门噪声符合设计要求； 6. 可视对讲系统的图像应清晰、稳定。图像质量应符合设计要求
6	其他项目检验	具体工程中具有的而以上功能中未涉及的项目，其检验要求应符合相应标准、工程合同及正式设计文件的要求

6.5.4　停车库（场）管理系统

1. 系统安装

停车库（场）管理系统安装除应执行国家现行标准《安全防范工程技术规范》GB 50348—2004 第 6.3.5 条第 8 款和《民用建筑电气设计规范》JGJ 16—2008 第 14.6 节的规定外，尚应符合下列规定：

1) 感应线圈埋设位置应居中，与读卡器、闸门机的中心间距宜为 0.9~1.2m。

2) 挡车器应安装牢固、平整；安装在室外时，应采取防水、防撞、防砸措施。

3) 车位状况信号指示器应安装在车道出入口的明显位置，安装高度应为 2.0~2.4m，室外安装时应采取防水、防撞措施。

2. 系统检测

停车库（场）管理系统的检测应符合下列规定：

1) 应检测识别功能、控制功能、报警功能、出票验票功能、管理功能和显示功能等，并应按表 6-52 的规定执行。

表 6-52　停车库（场）管理系统检验项目、检验要求及测试方法

序号	检验项目	检验要求及测试方法
1	识别功能检验	对车型、车号的识别应符合设计要求，识别应准确、可靠
2	控制功能检验	应能自动控制出入挡车器，并不损害出入目标
3	报警功能检验	当有意外情况发生时，应能报警

续表 6 - 52

序号	检验项目	检验要求及测试方法
4	出票验票功能检验	在停车库（场）的入口区、出口区设置的出票装置、验票装置，应符合设计要求，出票验票均应准确、无误
5	管理功能检验	应能进行整个停车场的收费统计和管理（包括多个出入口的联网和监控管理）； 应能独立运行，应能与安防系统监控中心联网
6	显示功能检验	应能明确显示车位，应有出入口及场内通道的行车指示，应有自动计费与收费金额显示
7	其他项目检验	具体工程中具有的而以上功能中未涉及的项目，其检验要求应符合相应标准、工程合同及设计任务书的要求

2）应检测紧急情况下的人工开闸功能。

6.5.5 电子巡查管理系统

1. 电子巡查设备安装

1）在线巡查或离线巡查的信息采集点（巡查点）的数目应符合设计与使用要求，其安装高度离地 1.3 ~ 1.5m。

2）安装应牢固，注意防破坏。

2. 系统检测

电子巡查系统的检测应包括巡查设置功能、记录打印功能、管理功能等，并应按表 6 - 53 的规定执行。

表 6 - 53　电子巡查系统检验项目、检验要求及测试方法

序号	检验项目	检验要求及测试方法
1	巡查设置功能检验	在线式的电子巡查系统应能设置保安人员巡查程序，应能对保安人员巡逻的工作状态（是否准时、是否遵守顺序等）进行实时监督、记录。当发生保安人员不到位时，应有报警功能。当与入侵报警系统、出入口控制系统联动时，应保证对联动设备的控制准确、可靠； 离线式的电子巡查系统应能保证信息识读准确、可靠
2	记录打印功能检验	应能记录打印执行器编号、执行时间、与设置程序的比对等信息
3	管理功能检验	应能有多级系统管理密码，对系统中的各种状态均应有记录
4	其他项目检验	具体工程中具有的而以上功能中未涉及的项目，其检验要求应符合相应标准、工程合同及正式设计文件的要求

6.6　防雷与接地

6.6.1　接地装置

1）人工接地体宜在建筑物四周散水坡外大于1m处埋设，在土壤中的埋设深度不应小于0.5m。冻土地带人工接地体应埋设在冻土层以下。水平接地体应挖沟埋设，钢质垂直接地体宜直接打入地沟内，其间距不宜小于其长度的2倍并均匀布置。铜质材料、石墨或其他非金属导电材料接地体宜挖坑埋设或参照生产厂家的安装要求埋设。

2）垂直接地体坑内、水平接地体沟内宜用低电阻率土壤回填并分层夯实。

3）接地装置宜采用热镀锌钢质材料。在高土壤电阻率地区，宜采用换土法、长效降阻剂法或其他新技术、新材料降低接地装置的接地电阻值。

4）钢质接地体应采用焊接连接。其搭接长度应符合下列规定：

①扁钢与扁钢（角钢）搭接长度为扁钢宽度的2倍，不少于三面施焊。

②圆钢与圆钢搭接长度为圆钢直径的6倍，双面施焊。

③圆钢与扁钢搭接长度为圆钢直径的6倍，双面施焊。

④扁钢和圆钢与钢管、角钢互相焊接时，除应在接触部位双面施焊外，还应增加圆钢搭接件；圆钢搭接件在水平、垂直方向的焊接长度各为圆钢直径的6倍，双面施焊。

⑤焊接部位应在除去焊渣后作防腐处理。

5）铜质接地装置应采用焊接或热熔焊，钢质和铜质接地装置之间连接应采用热熔焊，连接部位应作防腐处理。

6）接地装置连接应可靠，连接处不应松动、脱焊、接触不良。

7）接地装置施工结束后，接地电阻值必须符合设计要求，隐蔽工程部分应有随工检查验收合格的文字记录档案。

6.6.2　接地线

1）接地装置应在不同位置至少引出两根连接导体与室内总等电位接地端子板相连接。接地引出线与接地装置连接处应焊接或热熔焊。连接点应有防腐措施。

2）接地装置与室内总等电位接地端子板的连接导体截面积，铜质接地线不应小于$50mm^2$，当采用扁铜时，厚度不应小于2mm；钢质接地线不应小于$100mm^2$，当采用扁钢时，厚度不应小于4mm。

3）等电位接地端子板之间应采用截面积符合表6-54要求的多股铜芯导线连接，等电位接地端子板与连接导线之间宜采用螺栓连接或压接。当有抗电磁干扰要求时，连接导线宜穿钢管敷设。

4）接地线采用螺栓连接时，应连接可靠，连接处应有防松动和防腐蚀措施。接地线穿过有机械应力的地方时，应采取防机械损伤措施。

5）接地线与金属管道等自然接地体的连接，应根据其工艺特点采用可靠的电气连接方法。

表 6 – 54   各类等电位连接导体最小截面积

名　　称	材　　料	最小截面积（mm²）
垂直接地干线	多股铜芯导线或铜带	50
楼层端子板与机房局部端子板之间的连接导体	多股铜芯导线或铜带	25
机房局部端子板之间的连接导体	多股铜芯导线	16
设备与机房等电位连接网络之间的连接导体	多股铜芯导线	6
机房网格	铜箔或多股铜芯导体	25

6.6.3　等电位接地端子板（等电位连接带）

1）在雷电防护区的界面处应安装等电位接地端子板，材料规格应符合设计要求，并应与接地装置连接。

2）钢筋混凝土建筑物宜在电子信息系统机房内预埋与房屋内墙结构柱主钢筋相连的等电位接地端子板，并宜符合下列规定：

①机房采用 S 型等电位连接时，宜使用不小于 25mm × 3mm 的铜排作为单点连接的等电位接地基准点。

②机房采用 M 型等电位连接时，宜使用截面积不小于 25mm² 的铜箔或多股铜芯导体在防静电活动地板下做成等电位接地网络。

3）砖木结构建筑物宜在其四周埋设环形接地装置。电子信息设备机房宜采用截面积不小于 50mm² 铜带安装局部等电位连接带，并采用截面积不小于 25mm² 的绝缘铜芯导线穿管与环形接地装置相连。

4）等电位连接网络的连接宜采用焊接、熔接或压接。连接导体与等电位接地端子板之间应采用螺栓连接，连接处应进行热搪锡处理。

5）等电位连接导线应使用具有黄绿相间色标的铜质绝缘导线。

6）对于暗敷的等电位连接线及其连接处，应做隐蔽工程记录，并在竣工图上注明其实际部位、走向。

7）等电位连接带表面应无毛刺、明显伤痕、残余焊渣，安装平整、连接牢固，绝缘导线的绝缘层无老化龟裂现象。

6.6.4　浪涌保护器

1）电源线路浪涌保护器的安装应符合下列规定：

①电源线路的各级浪涌保护器应分别安装在线路进入建筑物的入口、防雷区的界面和靠近被保护设备处。各级浪涌保护器连接导线应短直，其长度不宜超过0.5m，并固定牢靠。浪涌保护器各接线端应在本级开关、熔断器的下桩头分别与配电箱内线路的同名端相线连接，浪涌保护器的接地端应以最短距离与所处防雷区的等电位接地端子板连接。配电箱的保护接地线（PE）应与等电位接地端子板直接连接。

②带有接线端子的电源线路浪涌保护器应采用压接；带有接线柱的浪涌保护器宜采用接线端子与接线柱连接。

③浪涌保护器的连接导线最小截面积宜符合表6-55的规定。

表6-55　浪涌保护器连接线最小截面积

SPD级数	SPD的类型	导线截面积（mm^2）	
		SPD连接相线铜导线	SPD接地端连接铜导线
第一级	开关型或限压型	6	10
第二级	限压型	4	6
第三级	限压型	2.5	4
第四级	限压型	2.5	4

注：组合型SPD参照相应保护级别的截面积选择。

2）天馈线路浪涌保护器的安装应符合下列规定：

①天馈线路浪涌保护器应安装在天馈线与被保护设备之间，宜安装在机房内设备附近或机架上，也可以直接安装在设备射频端口上。

②天馈线路浪涌保护器的接地端应采用截面积不小于$6mm^2$的铜芯导线就近连接到$LPZ0_A$或$LPZ0_B$与LPZ1交界处的等电位接地端子板上，接地线应短直。

3）信号线路浪涌保护器的安装应符合下列规定：

①信号线路浪涌保护器应连接在被保护设备的信号端口上。浪涌保护器可以安装在机柜内，也可以固定在设备机架或附近的支撑物上。

②信号线路浪涌保护器接地端宜采用截面积不小于$1.5mm^2$的铜芯导线与设备机房等电位连接网络连接，接地线应短直。

7 施工现场项目管理

7.1 技 术 管 理

7.1.1 技术管理作用

1）保证施工过程符合技术规范的要求，保证施工按正常秩序进行。

2）通过技术管理，不断提高技术管理水平和职工的技术素质，能预见性地发现问题，最终达到高质量完成施工任务的目的。

3）充分发挥施工中人员及材料、设备的潜力，针对工程特点和技术难题，开展合理化建议和技术攻关活动，在保证工程质量和生产计划的前提下，降低工程成本，提高经济效益。

4）通过技术管理，积极开发与推广新技术、新工艺、新材料，促进施工技术现代化，提高竞争能力。

5）有利于用新的科研成果对技术管理人员、施工作业人员进行教育培养，不断提高技术管理素质和技术能力。

7.1.2 技术管理任务

1）正确贯彻执行国家各项技术政策和法令，认真执行国家和有关主管部门制定的技术标准、规范和规定。

2）科学地组织技术工作，建立施工项目正常的施工生产技术秩序。

3）积极地采用新技术、新工艺、新材料、新设备等科技成果，努力实现建筑施工技术现代化，依靠技术进步提高施工项目的经济效益。

4）为保证施工项目的"优质、高速、低耗、安全"，应加强技术教育、技术培训，不断提高技术人员和工人的技术素质。

7.1.3 技术管理内容

技术管理包括技术管理基础工作和技术管理基本工作两种，如图 7-1 所示。其中，技术管理基本工作包括施工技术准备工作、施工过程技术工作和技术开发工作等，其内容主要包括以下两个方面：

1. 经常性的技术管理工作

1）施工图样的熟悉、审查和会审。

2）编制施工管理规划。

3）组织技术交底。

4）工程变更和变更洽谈。

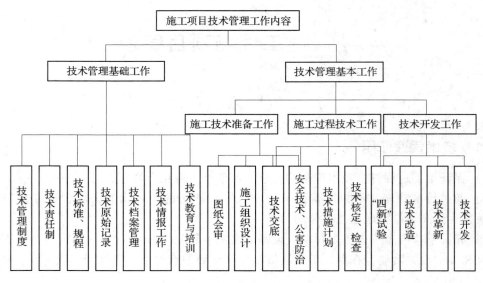

图 7 - 1 技术管理工作内容

5）制定技术措施和技术标准。

6）建立技术岗位责任制。

7）进行技术检验、材料和半成品的试验与检测。

8）贯彻技术规范和规程。

9）技术情报、技术交流、技术档案的管理工作。

10）监督与控制技术措施的执行，处理技术问题等。

2. 开发性的技术管理工作

1）组织各类技术培训工作。

2）根据项目的需要，制定新的技术措施和技术标准。

3）进行技术改造和技术创新。

4）开发新技术、新结构、新材料、新工艺等。

7.2 进度管理

7.2.1 施工项目进度控制原理

　　施工项目进度控制是项目施工中的控制目标之一，是保证施工项目按期完成，合理安排资源供应、节约工程成本的重要措施。施工进度控制就是在既定的工期内，通过调查收集资料，确定施工方案，编制出符合工程项目要求的最佳施工进度计划。并且在执行该计划的施工中，经常检查施工实际进度情况，并将其与计划进度相比较，若出现偏差，便分析产生的原因和对工期的影响程度，采取处理措施，通过不断地调整直至工程竣工验收，其最终目标是通过控制来保证施工项目的既定目标工期的实现。

7.2.2 施工项目进度计划的实施和检查

按施工阶段分解，突出节点控制：以关键线路为线索，以计划起止里程碑为控制点，在不同施工阶段确定重点控制对象，制定施工细则，保证控制节点的实现。

按专业工程分解，确定交接时间：在不同专业和不同工程的任务之间，进行综合平衡，并强调相互间的衔接配合，确定相互交接的日期，强化工期的严肃性，保证工程进度不在本工序造成延误。通过对各道工序完成的质量与时间的控制，保证各分部工程进度的实现。

按总进度计划的时间要求，将施工总进度计划分解为季度、月度、旬度和周进度计划。

7.2.3 保证工期的管理措施

1．建立定期巡查制度

每周由项目部组织各施工队对工程现场巡查，巡查的目的是检查施工进度、现场文明施工情况、安全生产情况等。

2．建立例会制度

1）定期召开工程例会，处理工程进行中碰到的计划进度、安全消防、工程质量、技术等问题，施工队汇报现场施工进度和存在问题。做到会而有议，议而有决，决而有行。

2）建立现场协调会制度，根据现场的实际需要召开不定期的施工技术管理人员会议，对施工中存在的问题做到随时发现、随时解决，同时相应地调整阶段性计划，保证工期不被延误。

工作例会上确定和解决的问题要形成会议纪要，印发各施工队执行。

3．奖惩制度

依据已制订的管理制度，严格落实奖惩制度。

4．具体措施

1）合理协调和安排工序，使之与已确定的施工技术方案吻合，按各工序间的衔接关系顺序组织，均衡施工；首先安排工期最长、技术难度最高和占用劳动力最多的主导工序；优先安排易受季节条件影响的工序，尽量避开季节因素对工期的影响；优化小流水交叉作业。

2）和土建或其他专业交叉施工时，由专业人员共同根据整体计划编制具体交叉作业的月、周、日综合进度计划，逐一落实施工条件和进度安排，对机械设备、场地制定协调指令，限制使用范围、时间并严格执行，使各专业顺利施工。

3）严格执行计划和统计工作，及时发现和纠正计划的偏差。

4）施工中严格控制施工质量，工前交底培训、持证上岗、挂牌施工，坚持自检、互检、专业检，确保工程验收一次通过率，避免由于返工和修改影响到后序工作，从而影响工期。

7.3 成 本 管 理

7.3.1 施工项目成本管理的内容

施工项目成本管理是一项牵涉施工管理各个方面的系统工作，这一系统的具体工作内容包括：成本预测、成本计划、成本控制、成本核算、成本分析和成本考核等。施工项目经理部在项目施工过程中对所发生的各种成本信息，通过有组织、有系统地进行预测、计划、控制、核算、分析和考核等工作，促使施工项目系统内各种要素按照一定的目标运行，使施工项目的实际成本能够控制在预定的计划成本范围内。

1. 成本预测

施工项目成本预测是在施工开始前，通过现有的成本信息和针对项目的具体情况，并运用一定的专门方法，对未来的成本水平及其可能发展趋势作出科学的估计，其实质就是在施工以前对成本进行核算。通过成本预测，可以使项目经理部在制定施工组织计划时，选择成本低、效益好的最佳成本方案，并能够在施工项目成本形成过程中，针对薄弱环节，加强成本控制，克服盲目性，提高预见性。因此，施工项目成本预测是施工项目成本决策与计划的依据。

2. 成本计划

施工项目成本计划是施工准备阶段编制的项目经理部对项目施工成本进行计划管理的指导性文件，类似于工程图纸对项目质量的作用。它是以货币形式编制施工项目在计划期内的生产费用、成本水平、成本降低率以及为降低成本所采取的主要措施和规划的书面方案，是建立施工项目成本管理责任制、开展成本控制和核算的基础，也是设立目标成本的依据。一般来说，一个施工项目成本计划应包括从开工到竣工所必需的施工成本。可以说，成本计划是目标成本的一种形式。

3. 成本控制

施工项目成本控制是指在施工过程中，对影响施工项目成本的各种因素加强管理，并采取各种有效措施，将施工中实际发生的各种消耗和支出严格控制在成本计划范围内，随时揭示并及时反馈，严格审查各项费用是否符合标准，计算实际成本和计划成本之间的差异并进行分析，消除施工中的损失浪费现象，发现和总结先进经验。通过成本控制，使之最终实现甚至超过预期的成本节约目标。

施工项目成本控制应贯穿在施工项目从招投标阶段开始直到项目竣工验收的全过程，它是企业全面成本管理的重要环节。因此，必须明确各级管理组织和各级人员的责任和权限，这是成本控制的基础之一，必须给予足够的重视。

4. 成本核算

施工项目成本核算是在施工过程中对所发生的各种费用所形成的项目成本的核算。它包括两个基本环节：一是按照规定的成本开支范围，分阶段地对施工费用进行归集，计算出施工费用的额定发生额和实际发生额，核算所提供的各种成本信息，是成本计划、成本控制的结果，同时又成为成本分析和成本考核等环节的依据，作为反馈信息指导下一步成本控制；二是根据竣工的成本核算对象，采用适当的方法，计算出该项目的总成本和单位成本。为该项目的总成本分析和成本考核提供依据，为下一轮施工提供借鉴。因此，成本核算工作做得好，做得及时，成本管理就会成为一个动态管理系统，对降低施工项目成本、提高企业的经济效益有积极的作用。

5. 成本分析

施工项目成本分析是在成本形成过程中，分阶段地对施工项目成本进行的对比评价和剖析总结工作，它贯穿于施工项目成本管理的全过程，也就是说施工项目成本分析主要利用施工项目的成本核算资料（成本信息），与目标成本（计划成本）、预算成本以及类似的施工项目的实际成本等进行比较，了解成本的变动情况，同时也要分析主要技术经济指标对成本的影响，系统地研究成本变动的因素，检查成本计划的合理性，并通过成本分析，深入揭示成本变动的规律，寻找降低施工项目成本的途径，以便有效地进行成本控制，减少施工中的浪费，促使项目经理部遵守成本开支范围和财务纪律，更好地调动广大职工的积极性，加强施工项目的全员成本管理。

6．成本考核

所谓成本考核，就是施工项目完成后，对施工项目成本形成中的各责任者，按施工项目成本目标责任制的有关规定，将成本的实际指标与计划、定额、预算进行对比和考核，评定施工项目成本计划的完成情况和各责任者的业绩，并以此给予相应的奖励和处罚。通过成本考核，做到有奖有惩，赏罚分明。

总之，施工项目成本管理系统中每一个环节都是相互联系和相互作用的。成本预测是项目决策的前提，成本计划是决策所确定目标的具体化。成本控制则是对成本计划的实施进行监督，保证决策的成本目标实现，而成本核算又是成本计划是否实现的检验，它所提供的成本信息又对下一个施工项目成本预测和决策提供基础资料。成本考核是实现成本目标责任制的保证和实现决策的目标的重要手段。

7.3.2 施工项目成本管理的基础工作

为了加强施工项目成本管理，首先必须把基础工作搞好，它是搞好施工项目成本管理的前提。

1．强化施工项目成本观念

按照我国传统的管理模式，建筑企业成本管理的核算单位不在项目经理部，一般都以工程处进行成本核算，企业的主要负责人对具体施工项目（或单位工程）的成本无暇过问，因而对施工项目的盈亏说不清楚，也无人负责。建筑企业实行项目管理并以项目经理部作为核算单位后（项目经理负责制），要求项目经理、项目管理班子和作业层全体人员都必须具有经济观念、效益观念和成本观念，对项目的盈亏负责，这是一项深化建筑业企业体制改革的重大措施。因此，要搞好施工项目成本管理，必须首先对项目经理部人员加强成本管理教育并采取措施，只有在施工项目中培养强烈的成本意识，让参与施工项目管理与实施的每个人员都意识到加强施工项目成本管理对施工项目的经济效益及个人收入所产生的重大影响，各项成本管理工作才能在施工项目管理中得到贯彻和实施。

2．抓好定额和预算管理

要进行施工项目成本管理，必须具有完善的定额资料（技术力量雄厚的企业，可以建立企业定额），搞好施工预算和施工图预算。除了国家统一的建筑、安装工程基础定额以及市场的劳务、材料价格信息外，建筑企业的核算依据还有施工定额。施工定额既是编制单位工程施工预算及成本计划的依据，又是衡量人工、材料、机械消耗的标准。要对施工项目成本进行控制，分析成本节约或超支的原因，不能离开施工定额。按照国家统一的定额和取费标准编制的施工图预算也是成本计划和控制的基础资料，可以通过"两算对比"确定成本降低水平。实践证明，加强定额和预算管理，不断完善企业内部定额资料，对节约材料消耗、提高劳动生产率、降低施工项目成本，都有着十分重要的意义。

3．重视建立和健全原始记录与统计工作

施工中的原始记录是生产经营活动的第一次直接记载，是反映生产经营活动的原始资料，是编制成本计划、制定各项定额的主要依据，也是统计和成本管理的基础。建筑业企业在施工中对人工、材料、机械台班消耗、费用开支等，都必须做好及时的、完整的、准确的原始记录。原始记录应符合成本管理要求，记录格式内容和计算方法要统一，填写、签署、报送、传递、保管和存档等制度要健全并有专人负责，对项目经理部有关人员要进行训练，以掌握原始记录的填制、统计、分析和计算方法，做到及时准确地反映施工活动情况。原始记录还应有利于开展班组经济核算，力求简便易行，讲求实效，并根据实际使用情况，随时补充和修改，以充分发挥原始凭证作用。

4．强化各项责任制度

为了对施工项目成本进行全过程的成本管理，不仅需要有周密的成本计划和目标，而且需要实现这种计划和目标的控制方法和项目施工中有关的各项责任制度，对施工项目成本进行控制方法将在下面详细叙述。有关施工项目成本管理的各项责任制度包括：计量验收制度，考勤、考核制度，原始记录和统计制度，成本核算分析制度以及完善的成本目标责任制体系。

7.3.3　施工项目成本的主要形式

出于认识和掌握成本的特性，搞好成本管理的需要，可以先从两个不同的角度对施工项目成本进行考察，由此可将项目成本划分为两种不同的成本形式。

1．从成本发生时间来划分

施工项目成本可分为（表示为）承包成本、计划成本和实际成本。

（1）承包成本（中标价）。（中标价和承包成本应该是有差别的）工程承包成本是反映企业竞争水平的成本。它是根据施工图由全国统一的工程量计算规则计算出来的工程量，全国统一的建筑、安装工程基础定额和由各地区的市场劳务价格、材料价格信息及价差系数，并按有关取费的指导性费率进行计算，得出预算价格，再考虑本企业的实际管理水平以及投标中的诸多影响因素，对预算价格进行必要调整后的结果。承包成本是中标企业编制计划成本和评价实际成本的依据。

（2）计划成本。项目计划成本是指施工项目经理部根据计划期的有关资料（如工程的具体条件和企业为实施该项目的各项技术组织措施），在实际成本发生前预先计算的成本。亦即建筑业企业考虑降低成本措施后的成本计划数，反映了企业在计划期内应达到的成本水平。它对于加强企业和项目经理部的经济核算，建立和健全施工项目成本管理责任制，控制施工过程中生产费用，降低施工项目成本具有十分重要的作用。计划成本的最常见形式是施工预算。

（3）实际成本。实际成本是施工项目在进行期内实际发生的各项生产费用的总和。把实际成本与计划成本比较，可揭示成本的节约和超支，考核企业施工技术水平及技术组织措施的贯彻执行情况和企业的经营效果。实际成本与承包成本比较，可以反映工程盈亏

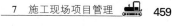

情况。因此，计划成本和实际成本都反映出施工企业的成本水平，它是受企业本身生产技术、施工条件及生产经营管理水平所制约。

理想的项目成本管理结果应该是：承包成本＞计划成本＞实际成本。

2．按生产费用计入成本的方法来划分

工程项目成本可划分为直接成本和间接成本两种形式。

（1）直接成本。直接成本是指施工过程中直接耗费的构成工程实体或有助于工程形成的各项支出，包括人工费、材料费、机械使用费和施工措施费等。

（2）间接成本。间接成本是指非直接用于也无法直接计入工程对象，但为进行工程施工所必须发生的费用，通常是按照直接成本的比例来计算。施工项目间接成本应包括：管理人员工资、劳动保护费、职工福利费、固定资产使用费、工具用具使用费等。

应该指出，企业的有些支出不仅不得列入施工项目成本，也不能列入企业成本。例如，为购置和建造固定资产、无形资产和其他资产的支出；对外投资的支出；没收的财物，支付的滞纳金、罚款、违约金、赔偿金，以及企业赞助、捐赠支出，国家法律、法规规定以外的各种付费和国家规定不得列入成本费用的其他支出。

按上述分类方法，能正确反映工程成本的构成，考核各项生产费用的使用是否合理，便于找出降低成本的途径。

7.3.4 施工项目成本目标责任制

所谓目标，是人们在各自岗位的工作范围内，根据客观的需要和可能，制定在一定时期内应该得到的"期望结果"。因此，任何施工项目经理部在进行施工项目成本管理中要想使其富有成效，就必须为该项目成本管理树立目标，并且努力使项目经理部的每一位成员尽可能在追求成本目标以及达到这一目标的手段上取得一致，用统一的规范和责任来约束和指导个人的行动，保证整个项目各项施工活动达到预定的目标。施工项目成本目标责任制就是项目经理部将施工项目的成本目标，按管理层次进行再分解为各项活动的子目标，落实到每个职能部门和作业班组，把与施工项目成本有关的各项工作组织起来，并且和经济责任制挂钩，形成一个严密的成本管理工作体系。建立施工项目成本目标责任制，可以将计划、实施、检查和处理等科学管理环节在施工项目成本管理中应用和具体化。

1．成本目标责任制的确立

在建施工项目成本目标责任制的核心是对成本目标的分解和明确项目经理部每一个成员的责任，并使责、权、利相对应。只要施工项目中各项成本目标责任关系清楚、明确，就为施工项目的成本控制奠定了良好的基础。

在建立施工项目成本目标责任制时，首先需要解决以下两个关键问题。

（1）目标责任者责任范围的划分。项目经理部中的管理人员大多都是成本目标的责任者，但并不是每个成员都对施工项目的所有成本目标和总的目标成本负责，应该有自己的职责范围。例如，一个工长仅对其负责的工段所消耗的各种资源用量负有责任，而对这些资源的进货价格的高低，则不属其职责范围。

（2）目标责任者对费用的可控程度。在项目施工过程中，某一种材料费用的控制往往由若干个责任体系共同负责。因此，必须对该材料费用按其性能和控制主体来进行划分，以便分清各责任体的控制对象和对其业绩进行考核。

落实施工项目成本目标责任制的关键是：要赋予责任者相应的权力和制定适当的奖罚措施，以充分调动项目经理部中各个责任体和责任人对成本控制的积极性，最终实现施工项目的成本目标。

2．成本目标责任制的分解

成本目标责任制是施工项目经理责任制中一个组成部分，是以施工项目经理为责任中心，通过项目经理部将成本目标和相应的责任进行分解，落实到项目经理部中各个管理部门和全体人员；通过成本控制和分析，督促其挖掘降低成本的潜力；并对各成本目标责任人员进行考核，据以确定奖惩，保证施工项目成本目标的实现。

7.4 质 量 管 理

7.4.1 施工质量管理的依据

质量管理的主要依据是：招标文件、施工合同、施工标准规范、法规、施工图纸、设备说明书、现场环境及气候条件、以往的经验和教训等。

7.4.2 质量管理的方法

由项目总工程师组织相关技术、质量人员，在熟悉施工合同、设计图纸、现场条件的基础上进行管理策划，管理策划的方法有按施工阶段进行、按质量影响因素进行和按工程施工层次进行三种。一般整体工程的质量控制管理策划应按施工阶段来进行关键过程、特殊过程或对技术质量要求较高的过程，可按质量影响因素进行详细管理策划，也可以将三种方法结合起来进行。管理策划的结果形成施工准备工作计划、施工组织设计、施工方案和专题措施。

7.4.3 施工质量管理策划的主要内容

1）按施工阶段进行质量管理策划可分为事前控制、事中控制和事后控制三个方面：

①事前控制主要包括：工程项目划分及质量目标的分解、质量管理组织及其职责、质量控制依据的文件、施工人员计划及资格审查、原材料半成品计划及进场管理确定施工工艺、方案及机具控制、检验和试验计划、关键过程和特殊过程、质量控制点设置和施工质量记录要求，进行技术交底、施工图审核、施工测量等控制。

②事中控制主要包括：工序质量、隐蔽工程质量、设备监造、检测及试验、中间产品、成品保护、分项分部工程质量验收或评定等控制以及施工变更等控制。

③事后控制：主要包括联动试车、工程质量验收、工程竣工资料验收、工程回访保修等。

2）按质量影响因素进行质量管理策划的主要内容包括人员控制、设备材料控制、施工机具控制、施工方法控制和施工环境控制。

3）按工程施工层次控制进行质量管理策划的主要内容包括对单位工程（子单位）、

分部工程（子分部）、分项工程中每个层次的质量特性和要求进行质量管理策划。

7.4.4 施工质量影响因素的预控

质量预控是通过施工技术人员和质量检验人员事先对工序质量影响因素进行分析，找出在施工过程中可能或容易出现的质量问题，提出相应的对策，制订质量预控方案，采取措施预防质量问题的产生。

1. 针对影响机电工程施工质量主要因素的预控内容

1）对项目施工的决策者、管理者、操作者预控的主要内容：编制施工人员需求计划，明确技能及资质要求；控制关键、特殊岗位人员的资格认可和持证上岗；制定检查制度。

2）施工机具设备预控的主要内容：编制机具计划进场验收、监督、保养和维修。

验证检测仪器、器具的精度要求和检定或校准状态；建立管理台账、制定操作规程、监督使用。

3）工程设备和材料预控的主要内容：材料计划的准确性；供应商的营业执照、生产许可证等资质文件和厂家现场考察；设备监造；进场检验；搬运、储存、防护、保管、标识及可追溯性，对不合格材料、不适用设备的处置。

4）施工工艺方法预控的主要内容：施工组织设计、施工方案、作业指导书、检验试验计划和方法、质量控制点的编制、审批、更改、修订和实施监督；施工顺序和工艺流程，工艺参数和工艺设备；施工过程的标识及可追溯性。

5）工程技术环境、作业环境、管理环境、周边环境的预控主要包括：针对风、雨、温度、湿度、粉尘、亮度、地质条件等，合理安排现场布置和施工时间，加强质量宣传。

2. 机电工程施工质量预控的方法

1）施工前，项目部对工程项目的施工质量特性进行综合分析，找出影响质量的关键因素，从而制定有效的预防措施加以实施，防止质量问题的产生。

2）施工中，通过对过程质量数据的监测，利用数据分析技术找出质量发展趋势，提前采取补救措施并加以引导，使工程质量始终处于有效控制之中。

3）通过对影响施工质量的因素特性分析，编制质量预控方案（或质量控制图）及质量控制措施，并在施工过程中加以实施。

质量预控方案一般包括工序名称、可能出现的质量问题、提出质量预控措施等。

7.4.5 施工质量检查与检验应遵循的原则

安装工程项目施工质量检查与检验是施工人员利用一定的方法和手段，对工序操作及其完成的项目进行实物测定、查看和检查，并将所结果与该工序的质量特性和技术标准进行比较，判断是否合格。

1. 安装工程施工质量的"三检制"

"三检制"是三级质量检查制度简称，一般情况下，原材料、半成品、成品的检验以专职检验人员为主，生产过程的各项作业的检验则以施工现场操作人员的自检、互检为主，专职检验人员巡回抽检为辅。

1）自检是指由施工人员对自己的施工作业或已完成的分项工程进行自我检验、把关及时消除异常因素，防止不合格品进入下道作业。自检记录由施工现场负责人填写并保存。

2）互检是指同组施工人员之间对所完成的作业或分项工程互相检查，或是本组质检员的抽检，或是下道作业对上道作业的交接检验，是对自检的复核和确认。"互检"记录由领工员负责填写（要求上下道工序施工负责人签字确认）并保存。

3）专检是指质量检验员对分部、分项工程进行检验，用以弥补自检、互检的不足。"专检"记录由各相关质量检查人员负责填写，每周日汇总保存。

2．机电工程施工质量检验的要求

1）机电工程采用的设备、材料和半成品应按各专业施工质量验收规范的规定进行检验；检验应当有书面记录和专人签字；未经检验或者检验不合格的，不得使用。

2）机电工程各专业工程应根据相关施工规范的要求，执行施工质量检验制度，严格工序管理，按工序进行质量检验和最终检验试验。相关专业之间应进行施工工序交接检。

3）做好隐蔽工程的质量检查和记录，并在隐蔽工程隐蔽前通知建设单位和监理单位。

4）施工质量检验的方法、数量、检验结果记录，应符合专业施工质量验收规范的规定。

7.5 安 全 管 理

7.5.1 施工员安全生产责任制

1）施工员是所管辖区域范围内安全生产的第一责任人，对所管辖范围内的安全生产负直接领导责任。

2）认真贯彻落实上级有关规定，监督执行安全技术措施及安全操作规程，针对生产任务特点，向班组进行书面安全技术交底，履行签字手续，并对规程、措施、交底要求的执行情况经常检查，随时纠正违章作业。

3）负责组织落实所管辖施工队伍的三级安全教育、常规安全教育、季节转换及针对施工各阶段特点等进行的各种形式的安全教育，负责组织落实所管辖施工队伍特种作业人员的安全培训工作和持证上岗的管理工作。

4）经常检查所管辖区域的作业环境、设备和安全防护设施的安全状况，发现问题及时纠正解决。对重点特殊部位施工，必须检查作业人员及各种设备和安全防护设施的技术状况是否符合安全标准要求，认真做好书面安全技术交底，落实安全技术措施，并监督其执行，做到不违章指挥。

5）负责组织落实所管辖班组开展各项安全活动，学习安全操作规程，接受安全管理机构或人员的安全监督检查，及时解决其提出的不安全问题。

6）对工程项目中应用的新材料、新工艺、新技术严格执行申报、审批制度，发现不安全问题，及时停止施工，并上报领导或有关部门。

7）发生因工伤亡及未遂事故必须停止施工，保护现场，立即上报；对重大事故隐患和重大未遂事故，必须查明事故发生原因，落实整改措施，经上级有关部门验收合格后方准恢复施工，不得擅自撤除现场保护设施，强行复工。

7.5.2 施工安全控制的基本要求

1）必须取得安全行政主管部门颁发的《安全施工许可证》后才可开工。

2）总承包单位和每一个分包单位都应持有《施工企业安全资格审查认可证》。

3）各类人员必须具备相应的执业资格才能上岗。

4）所有新员工必须经过三级安全教育，即进公司、进工程项目和进施工班组的安全教育。

5）特殊工种作业人员必须持有特种作业操作证，并严格按规定定期进行复查。

6）对查出的安全隐患要做到"五定"，即定整改责任人、定整改措施、定整改完成时间、定整改完成人、定整改验收人。

7）必须把好安全生产"六关"，即措施关、交底关、教育关、防护关、检查关、改进关。

8）施工现场安全设施齐全，并符合国家及地方有关规定。

9）施工机械必须经安全检查合格后方可使用。

7.5.3 安全技术交底

安全技术交底是指导工人安全施工的技术措施，是项目安全技术方案的具体落实。安全技术交底一般由技术管理人员根据分部分项工程的具体要求、特点和危险因素编写，是操作者的指令性文件，因而，要具体、明确、针对性强，不得用施工现场的安全纪律、安全检查等制度代替，在进行工程技术交底的同时进行安全技术交底。

安全技术交底与工程技术交底一样，实行分级交底制度：

1）大型或特大型工程由公司总工程师组织有关部门向项目经理部和分包商（含公司内部专业公司）进行交底。

2）一般工程由项目经理部总工程师会同现场经理向项目有关施工人员（项目工程管理部、工程协调部、物资部、合约部、安全总监及区域责任工程师、专业责任工程师等）和分包商行政和技术负责人进行交底，交底内容同前款。

3）分包商技术负责人要对其管辖的施工人员进行详尽的交底。

4）项目专业责任工程师要对所管辖的分包商的工长进行分部工程施工安全措施交底，对分包工长向操作班组所进行的安全技术交底进行监督与检查。

5）专业责任工程师要对劳务分承包方的班组进行分部分项工程安全技术交底并监督指导其安全操作。

6）各级安全技术交底都应按规定程序实施书面交底签字制度，并存档以备查用。

7.5.4 施工项目安全检查要求

1. 安全检查的内容

安全检查的内容主要是查思想、查制度、查机械设备、查安全设施、查安全教育培训、查操作行为、查劳保用品使用、查伤亡事故的处理等。

2．安全检查的形式

1）项目每周或每旬由主要负责人带队组织定期的安全大检查。

2）施工班组每天上班前由班组长和安全值日人员组织的班前安全检查。

3）季节更换前，由安全生产管理人员和安全专职人员、安全值日人员等组织的季节劳动保护安全检查。

4）由安全管理小组、职能部门人员、专职安全员和专业技术人员组成对电气、机械设备、脚手架、登高设施等专项设施设备、高处作业、用电安全、消防保卫等进行专项安全检查。

5）由安全管理小组成员、安全专兼职人员和安全值日人员进行日常的安全检查。

6）对塔式起重机等起重设备、井架、龙门架、脚手架、电气设备、吊篮，现浇混凝土模板及支撑等设施设备在安装搭设完成后进行安全验收、检查。

3．安全检查的要求

1）各种安全检查都应根据检查要求配备足够的资源。特别是大范围、全面性的安全检查，应明确检查负责人，选调专业人员，并明确分工、检查内容、标准等要求。

2）每种安全检查都应有明确的检查目的、检查项目、内容及标准。特殊过程、关键部位应重点检查。检查时应尽量采用检测工具，用数据说话。对现场管理人员和操作人员要检查是否有违章指挥和违章作业的行为，还应进行应知应会知识的抽查，以便了解管理人员及操作工人的安全素质。

3）记录是安全评价的依据，要做到认真详细，真实可靠，特别是对隐患的检查记录要具体。如隐患的部位、危险程度及处理意见等。采用安全检查评分表的，应记录每项扣分的原因。

4）全检查记录要用定性定量的方法，认真进行系统分析安全评价。哪些检查项目已达标，哪些项目没有达标，哪些方面需要进行改进，哪些问题需要进行整改，受检单位应根据安全检查评价及时制定改进的对策和措施。

5）是安全检查工作重要的组成部分，也是检查结果的归宿。

4．安全检查的方法

（1）"看"。主要查看管理记录、持证上岗、现场标识、交接验收资料、"三宝"使用情况、"洞口"、"临边"防护情况、设备防护装置等。

（2）"量"。主要是用尺实测实量。

（3）"测"。用仪器、仪表实地进行测量。

（4）"现场操作"。由司机对各种限位装置进行实际动作，检验其灵敏程度。

5．注意事项

1）全检查要深入基层、紧紧依靠职工，坚持领导与群众相结合的原则，组织好检查工作。

2）建立检查的组织领导机构，配备适当的检查力量，挑选具有较高技术业务水平的专业人员参加。

3）做好检查的各项准备工作，包括思想、业务知识、法规政策和检查设备、奖金的准备。

4）明确检查的目的和要求。

5）将自查与互查有机结合起来。

6）坚持查改结合。

7）建立检查档案。

8）制定安全检查表时，应根据用途和目的具体确定安全检查表的种类。

7.6　资料管理

7.6.1　施工日志

施工日志是在建筑工程整个施工阶段的施工组织管理、施工技术等有关施工活动和现场情况变化的真实的综合性记录，也是处理施工问题的备忘录和总结施工管理经验的基本素材，是工程交竣工验收资料的重要组成部分。施工日志可按单位、分部工程或施工工区（班组）建立，由专人负责收集、填写记录、保管。

1．填写施工日记的要求

1）施工日记应按单位工程填写。

2）记录时间：从开工到竣工验收时止。

3）逐日记载不许中断。

4）按时、真实、详细记录，中途发生人员变动，应当办理交接手续，保持施工日记的连续性、完整性。施工日记应由栋号工长记录。

2．施工日记应记录的内容

施工日记的内容可分为五类：基本内容、工作内容、检验内容、检查内容、其他内容。

（1）基本内容。

1）日期、星期、气象、平均温度。平均温度可记为××~××℃，气象按上午和下午分别记录。

2）施工部位。施工部位应将分部、分项工程名称和轴线、楼层等写清楚。

3）出勤人数、操作负责人。出勤人数一定要分工种记录，并记录工人的总人数，以及工人和机械的工程量。

（2）工作内容。

1）当日施工内容及实际完成情况。

2）施工现场有关会议的主要内容。

3）有关领导、主管部门或各种检查组对工程施工技术、质量、安全方面的检查意见和决定。

4）建设单位、监理单位对工程施工提出的技术、质量要求、意见及采纳实施情况。

（3）检验内容。

1）隐蔽工程验收情况。应写明隐蔽的内容、楼层、轴线、分项工程、验收人员、验收结论等。

2）试块制作情况。应写明试块名称、楼层、轴线、试块组数。

3）材料进场、送检情况。应写明批号、数量、生产厂家以及进场材料的验收情况，以后补上送检后的检验结果。

（4）检查内容。

1）质量检查情况：当日混凝土浇注及成型、钢筋安装及焊接、砖砌体、模板安拆、抹灰、屋面工程、楼地面工程、装饰工程等的质量检查和处理记录；混凝土养护记录，砂浆、混凝土外加剂掺用量；质量事故原因及处理方法，质量事故处理后的效果验证。

2）安全检查情况及安全隐患处理（纠正）情况。

3）其他检查情况，如文明施工及场容场貌管理情况等。

（5）其他内容。

1）设计变更、技术核定通知及执行情况。

2）施工任务交底、技术交底、安全技术交底情况。

3）停电、停水、停工情况。

4）施工机械故障及处理情况。

5）冬、雨期施工准备及措施执行情况。

6）施工中涉及的特殊措施和施工方法、新技术、新材料的推广使用情况。

3. 在填写过程中应注意的一些细节

1）书写时一定要字迹工整、清晰，最好用仿宋体或正楷字书写。

2）当日的主要施工内容一定要与施工部位相对应。

3）养护记录要详细，应包括养护部位、养护方法、养护次数、养护人员、养护结果等。

4）焊接记录也要详细记录，应包括焊接部位、焊接方式（电弧焊、电渣压力焊、搭接双面焊、搭接单面焊等）、焊接电流、焊条（剂）牌号及规格、焊接人员、焊接数量、检查结果、检查人员等。

5）其他检查记录一定要具体详细，不能泛泛而谈。检查记录记得很详细还可代替施工记录。

6）停水、停电一定要记录清楚起止时间，停水、停电时正在进行什么工作，是否造成损失。

7.6.2　工程技术核定

1）凡在图纸会审时遗留或遗漏的问题以及新出现的问题，属于设计产生的，由设计单位以变更设计通知单的形式通知有关单位〔施工单位、建设单位（业主）、监理单位〕；属建设单位原因产生的，由建设单位通知设计单位出具工程变更通知单，并通知有关单位。

2）在施工过程中，因施工条件、材料规格、品种和质量不能满足设计要求以及合理化建议等原因，需要进行施工图修改时，由施工单位提出技术核定单。

3）技术核定单由项目专业技术人员负责填写，并经项目技术负责人审核，重大问题须报公司总工审核。核定单应正确、填写清楚、绘图清晰，变更内容要写明变更部位、图别、图号、轴线位置、原设计和变更后的内容和要求等。

4）技术核定单由项目专业技术人员负责送设计单位、建设单位、监理单位办理签证，经认可后方生效。

5）经过签证认可后的技术核定单交项目资料员登记发放施工班组、预算员、质检员，技术、经营预算、质检等部门。

7.6.3 工程技术交底

建筑施工企业中的技术交底，是在某一单位工程开工前，或一个分项工程施工前，由主管技术领导向参与施工的人员进行的技术性交代，其目的是使施工人员对工程特点、技术质量要求、施工方法与措施和安全等方面有一个较详细的了解，以便于科学地组织施工，避免技术质量等事故的发生。各项技术交底记录也是工程技术档案资料中不可缺少的部分。

1. 技术交底分类

1）设计技术交底，即设计图纸交底。这是在建设单位主持下，由设计单位向各施工单位（土建施工单位与各专业施工单位）及建设工程相关单位进行的交底，主要交代建筑物的功能与特点、设计意图与要求等。

2）施工技术交底。一般由施工单位组织，在管理单位专业工程师的指导下，主要介绍施工中遇到的问题，和经常性犯错误的部位，要使施工人员明白该怎么做，规范上是如何规定的等。

2. 施工技术交底的内容

1）工地（队）交底中有关内容：如是否具备施工条件、与其他工种之间的配合与矛盾等，向甲方提出要求、让其出面协调等。

2）施工范围、工程量、工作量和施工进度要求：主要根据自己的实际情况，实事求是地向甲方说明即可。

3）施工图纸的解说：设计者的大体思路，以及自己以后在施工中存在的问题等。

4）施工方案措施：根据工程的实况，编制出合理、有效的施工组织设计以及安全文明施工方案等。

5）操作工艺和保证质量安全的措施：先进的机械设备和高素质的工人等。

6）工艺质量标准和评定办法：参照现行的行业标准以及相应的设计、验收规范。

7）技术检验和检查验收要求：包括自检以及监理的抽检的标准。

8）增产节约指标和措施。

9）技术记录内容和要求。

10）其他施工注意事项。

7.6.4 竣工图

1. 竣工图绘制

竣工图按绘制方法不同可分为以下几种形式：利用电子版施工图改绘的竣工图、利用施工蓝图改绘的竣工图、利用翻晒硫酸纸底图改绘的竣工图、重新绘制的竣工图。编制单位应根据各地区、各工程的具体情况，采用相应的绘制方法。

（1）利用电子版施工图改绘的竣工图。

1）将图纸变更结果直接改绘到电子版施工图中，用云线圈出修改部位，按表7－1的形式做修改内容备注表。

表7－1 修改内容备注表

设计变更、洽商编号	简要变更内容

2）竣工图的比例应与原施工图一致。

3）设计图签中应有原设计单位人员签字。

4）委托本工程设计单位编制竣工图时，应直接在设计图签中注明"竣工阶段"，并应有绘图人、审核人的签字。

5）竣工图章可直接绘制成电子版竣工图签，出图后应有相关责任人的签字。

（2）利用施工图蓝图改绘的竣工图。

1）应采用杠（划）改或叉改法进行绘制。

2）应使用新晒制的蓝图，不得使用复印图纸。

（3）利用翻晒硫酸纸图改绘的竣工图。

1）应使用刀片将需更改部位刮掉，再将变更内容标注在修改部位，在空白处做修改内容备注表；修改内容备注表样式可按表7－1执行。

2）宜晒制成蓝图后，再加盖竣工图章。

（4）重新绘制竣工图。当图纸变更内容较多时，应重新绘制竣工图。重新绘制的竣工图应符合国家现行有关标准及（1）中2）、3）的规定。

2. 竣工图图纸折叠方法

1）图纸折叠应符合下列规定：

①图纸折叠前应按图7－2所示的裁图线裁剪整齐，图纸幅面应符合表7－2的规定。

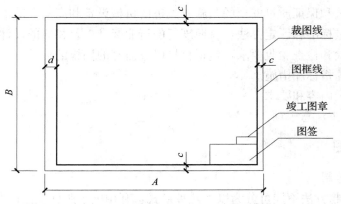

图7－2 图框及图纸边线尺寸示意图

表 7-2 图幅代号及图幅尺寸

基本图幅代号	0#	1#	2#	3#	4#
B (mm) × A (mm)	841 × 1189	594 × 841	420 × 594	297 × 420	297 × 210
C (mm)	10			5	
D (mm)	25				

②折叠时图面应折向内侧成手风琴风箱式。

③折叠后幅面尺寸应以 4# 图为标准。

④图签及竣工图章应露在外面。

⑤3# ~ 0# 图纸应在装订边 297mm 处折一三角或剪一缺口，并折进装订边。

2）3# ~ 0# 图不同图签位的图纸，可分别按图 7-3 ~ 图 7-6 所示方法折叠。

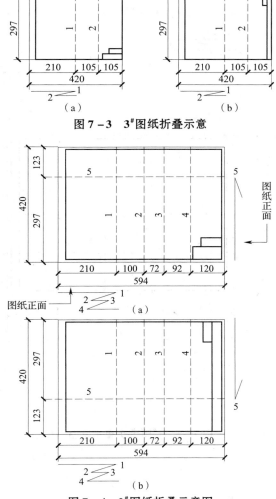

图 7-3 3#图纸折叠示意

图 7-4 2#图纸折叠示意图

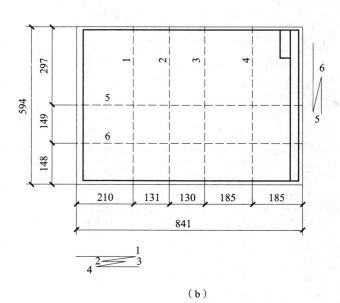

图 7 – 5　1#图纸折叠示意图

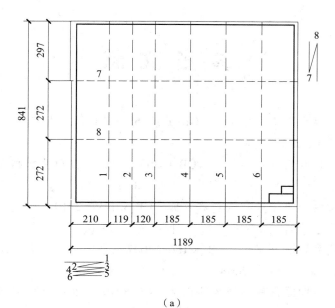

（a）

（b）

图 7－6　0#图纸折叠示意

3）图纸折叠前，应准备好一块略小于 4#图纸尺寸（一般为 292mm×205mm）的模板。折叠时，应先把图纸放在规定位置，然后按照折叠方法的编号顺序依次折叠。

参 考 文 献

[1] 全国电梯标准化技术委员会. GB/T 10060—2011　电梯安装验收规范 [S]. 北京：中国标准出版社，2012.

[2] 全国电梯标准化技术委员会. GB 16899—2011　自动扶梯和自动人行道的制造与安装安全规范 [S]. 北京：中国标准出版社，2011.

[3] 中华人民共和国住房和城乡建设部. GB 50149—2010　电气装置安装工程母线装置施工及验收规范 [S]. 北京：中国计划出版社，2010.

[4] 中华人民共和国公安部. GB 50166—2007　火灾自动报警系统施工及验收规范 [S]. 北京：中国计划出版社，2008.

[5] 中华人民共和国住房和城乡建设部. GB 50198—2011　民用闭路监视电视系统工程技术规范 [S]. 北京：中国计划出版社，2012.

[6] 辽宁省建设厅. GB 50242—2002　建筑给水排水及采暖工程施工质量验收规范 [S]. 北京：中国标准出版社，2004.

[7] 国家建设部. GB 50243—2002　通风与空调工程施工质量验收规范 [S]. 北京：中国计划出版社，2004.

[8] 中国电力企业联合会. GB 50254—2014　电气装置安装工程　低压电器施工及验收规范 [S]. 北京：中国计划出版社，2014.

[9] 中华人民共和国住房和城乡建设部. GB 50268—2008　给水排水管道工程施工及验收规范 [S]. 北京：中国建筑工业出版社，2009.

[10] 浙江省建设厅. GB 50303—2002　建筑电气工程施工质量验收规范 [S]. 北京：中国计划出版社，2004.

[11] 中华人民共和国建设部. GB 50310—2002　电梯工程施工质量验收规范 [S]. 北京：中国建筑工业出版社，2002.

[12] 中国移动通信集团设计院有限公司. GB 50312—2007　综合布线系统工程验收规范 [S]. 北京：中国计划出版社，2007.

[13] 中华人民共和国住房和城乡建设部. GB 50339—2013　智能建筑工程质量验收规范 [S]. 北京：中国建筑工业出版社，2014.

[14] 四川省住房和城乡建设厅. GB 50343—2012　建筑物电子信息系统防雷技术规范 [S]. 北京：中国建筑工业出版社，2012.

[15] 中华人民共和国住房和城乡建设部. GB 50606—2010　智能建筑工程施工规范 [S]. 北京：中国计划出版社，2011.

［16］ 中华人民共和国住房和城乡建设部．GB 50617—2010　建筑电气照明装置施工与验收规范［S］．北京：中国计划出版社，2011．

［17］ 住房和城乡建设部．GB 50738—2011　通风与空调工程施工规范［S］．北京：中国建筑工业出版社，2012．

［18］ 王晓东．通风与空调施工工长手册［M］．北京：中国建筑工业出版社，2009．

［19］ 谢社初，胡联红．建筑电气施工技术［M］．武汉：武汉理工大学出版社，2008．

［20］ 张胜峰．建筑给排水工程施工［M］．北京：水利水电出版社，2010．